# JMPによる
# 統計解析入門 第2版

田久 浩志　林 俊克　小島 隆矢　共著

Ohmsha

JMP®、SAS®、およびその他のSAS Institute Inc.の製品名またはサービス名は、SAS Institute Inc.の登録商標です。これらの商標はすべて、SAS Institute Inc.の米国および各国における登録商標または商標です。®は米国の登録商標を示します。他のブランド名および製品名は、一般に各社の登録商標または商標です。

本書を発行するにあたって、内容に誤りのないようできる限りの注意を払いましたが、本書の内容を適用した結果生じたこと、また、適用できなかった結果について、著者、出版社とも一切の責任を負いませんのでご了承ください。

本書は、「著作権法」によって、著作権等の権利が保護されている著作物です。本書の複製権・翻訳権・上映権・譲渡権・公衆送信権（送信可能化権を含む）は著作権者が保有しています。本書の全部または一部につき、無断で転載、複写複製、電子的装置への入力等をされると、著作権等の権利侵害となる場合がありますので、ご注意ください。
本書の無断複写は、著作権法上の制限事項を除き、禁じられています。本書の複写複製を希望される場合は、そのつど事前に下記へ連絡して許諾を得てください。

(社)出版者著作権管理機構
（電話 03-3513-6969, FAX 03-3513-6979, e-mail : info@jcopy.or.jp）

JCOPY ＜(社)出版者著作権管理機構 委託出版物＞

# はじめに

　大学生にしろビジネスマンにしろ、データ解析をしたい人の最大の目的は、与えられたデータからいかに早く、楽に、有益な情報を得るかです。

　しかし、今までの解析業務はそうではありませんでした。苦労してデータを綺麗にし、グラフをつくり、それから検定にかけてといった作業を行うと、いつしか手段と目的がすり替わり、解析のみに力が入ってしまいます。Excelを用いても、作業が少し楽になるだけです。もし、解析する人がExcelの操作に慣れていなければ、なおさら手間がかかります。

　JMPはこれら欠点をすべて解決してくれます。最初から最後まで「目的」のため、つまり有益な情報を得るための便利な道具として使え、初心者でも簡単な操作で単純な集計、グラフの作成から高度な解析までがすぐに行えます。

　本書ではマーケティングリサーチに手を染める3人が、JMPを用いて統計解析をいかに手間をかけずに行うかを解説しました。そのため、単なるJMPの操作解説のみでなく、基本的な統計の考えを自分で体験して学べるように配慮しました。数式嫌いで統計の基礎的な勉強から逃げている人は、将来の進歩も難しいので、ここは一度目を通すとよいでしょう。例題はできるだけ実際に測定したものを使用し、大学生、ビジネスマンに役立つ内容（アルコールを飲める体質、ネット犯罪など）を選びました。また、商品開発に有用なアンケート調査の例も、その処理過程とともに示しました。

　つまり、従来の理論重視の統計解析の入門書と異なり、大学生、ビジネスマンが苦労せずに、実際に役立つ知識を身につけることを第一の目的として本書を執筆しました。

　この本で、一人でも統計嫌いが少なくなることを祈ります。

　最後にこの本のデータ解析に資料をご提供いただいた皆さん、またJMPについて語っていただいた元東京理科大学教授の芳賀敏郎氏、株式会社日経リサーチ取締役の鈴木督久氏、そしてSAS Institute Japan株式会社JMPジャパン事業部の井上憲樹氏、竹中京子氏にこの場を借りて心からの感謝を述べます。

　2006年11月

田久浩志、林俊克、小島隆矢

# JMPとは何か

## JMPについて

　JMP（ジャンプと読みます）とは、米国SAS Institute社の代表取締役兼CEOであるDr. Jim Goodnight（ジム・グッドナイト）を含む同社創設者4人のうちの1人であり、同社の上級副社長を務めるJohn Sall（ジョン・ソール）が開発したビジュアル探索型データ分析ソフトウェアです。

　JMPは、1989年に販売が開始されて以来、主に企業の製品企画開発部門や品質管理部門、データ分析担当者および医師の個人利用、大学および公共の教育機関などにおいて統計学のリファレンス的ソフトウェアとして利用されてきました。国内でも同ソフトウェアは、統計の専門家だけでなく、幅広いユーザーの支持を受けて市場に浸透しつつあります。

　JMPは、ひとことで言えば「統計の知識がなくても直観でデータマイニングの醍醐味（無味乾燥なデータの羅列の中から役に立つ知識・情報を取り出す快感）を味わえる便利なツール」です。

　メニューは、統計ソフトにありがちな解析手法別ではなく、「2変量の関係を見たい」のか、「モデルを使って何かを他の変数で説明したい」など、何がやりたいのかという目的別のメニューになっています。ユーザーは、「このデータには、どんな解析手法を適用したらいいのだろう？」などと悩む必要はまったくありません。「何を使って、何を説明したいか」それだけです。使う変数のデータタイプからJMPが適切に解析方法を提案してくれるので、ユーザーは何も統計のことを意識することなく、統計解析やデータマイニングそのものに専念することができます。また、解析結果がすべてビジュアル（絵解き）で表現されます。

● **JMP製品の問い合わせ先**

SAS Institute Japan 株式会社　JMPジャパン事業部
〒104-0054 東京都中央区勝どき 1-13-1　イヌイビル・カチドキ
Tel：03-3533-3887　Fax：03-3533-1600
URL：http://www.jmp.com/japan/

## JMPの主な特徴

　JMPの特徴をざっと押さえておきましょう。JMPはExcelに比べると簡単に集計、グラフ作成、統計解析ができる機能を持っています。今まで、Excelで莫大な手間をかけて行っていた、多くの変数の解析もJMPなら極めて短時間でできます。主な特徴として次のようなものがあります。

- **データの編集機能がすばらしい**
  そもそも「何を変数、何をサンプルとするか」が問題で、1つのデータをいろいろな立場で見たいこともあります。特に人と対象と項目に、観点や意識や属性や物理量などがからんだ構造のデータを扱う場合など。
- **直観的に図をいじれる**
  軸のスケールとか、ヒストグラムの階級境界とか、図の大きさとか、デフォルトに手を加えるのが簡単で直観的にできます。
- **デフォルトの設定がよい**
  これは「教育的」にも通じるものでしかも余計な機能は絞ってあります。
- **実験計画や工業品質の分析も容易**
  実験計画や分散分析を中心として、実験系の人にとっても使いやすく、かつ教育的なツールに仕上がっています。
- **高度な分析手法も取り入れられている**
  バージョン5以降になってから、「決定木」「ニューラルネット」といったデータマイニングの手法が追加され、「実験計画」の機能も強化されました。

## EDAとは

　JMPには、統計の初心者だけでなく、プロまでもが引きつけられる魅力があります。その鍵は、「探索的データ解析（EDA）を体現している」というところにあります。

　EDA（Exploratory Data Analysis）というのは、J. W. Tukey（テューキー）という統計学者が1965年に出版した幻の名著と呼ばれる本のタイトルです。Tukeyはこの書の中で「統計に未来はない」といいました。

　ここでいう「統計」というのは、「（母集団正規分布などの）仮定を厳密にして最適解を求める」という、古典的な統計学のことを指しています。

　Tukeyの主張は、

- outlier（外れ値）

> ### JMPと書いてJUMPと読むのココロ
>
> JMPの名称は、もともとはJohn's Macintosh Product（ジョンが作ったMac用のソフト）の頭文字だったとか。ということで、後日談かと思いますが、「ソフトだけではなく分析者たるアナタ（YOU＝U）があって、はじめてJUMPできるのです」という主張が込められ、JMPと書いてジャンプと読むことになったそうです。これが名は体を表した、実によいネーミングになっていると思うのです。
>
> たいていの分析ソフトでは、分析のメニューは「ナントカ分析やれ」というお品書きですが、これでは「ナントカ分析」がわかってからでないと使えません。JMPの場合はメニューが手法ではなく目的別になっています。メニューから「やりたいこと」を選ぶと、適当な分析法が自動的に選択されるか、候補の分析法が提示されるのです。JMPが要求するのは「知識」ではなく「意思」、これぞU尊重の精神といえます。
>
> このことは、初心者にもやさしいということにもつながります。さらに、JMPを使っているうちに、初心者をエキスパートに育ててくれるソフトともいえます。
>
> 例えば、「多くの変数の相関を要約する」「見やすい方からデータを概観する」という2つの用途に使われる「主成分分析」という分析法は、「多変量の相関」と「回転プロット」の両メニューのオプションになっています。一度使えば、分かりやすく視覚化された結果出力との相乗効果で、理論より先に分析手法の概念と用途が、自然にしかも直観的に理解できることでしょう。「主成分分析」が上位メニューになっているソフトでは、こういう教育効果は期待できず、用途や概念を本などでお勉強してからでないと手が出ませんね。

- data cleaning（外れ値を除去したり、層別したり、変数変換したり……）
- graphical method（視覚化）

などを重視して、探索的にデータ解析をしよう、ということで、それを「統計学からデータ解析へ」と表現したのでした。

# JMPのどこが「探索的」か

では、JMPのどこが「探索的」なのでしょうか？

JMPを使っている間は、「サンプルが常に見えている」というイメージを持てるということです。

たいていのグラフィカルな出力ウィンドウが互いにリンクしていて、

- ヒストグラムからでも
- 散布図からでも
- 要因効果を表す図（横軸がカテゴリ、縦軸が数値のプロット）からでも

## データ解析のプロに JMP を語ってもらう

**芳賀敏郎氏（元東京理科大学教授）**

　パソコンが普及し始め、PC98でMS-DOSが一般的だった一時期、JUSE-QCASはすごく売れていました。もともとは自作のMicro-CDAを商用化したもので、当時のインターフェイスとしては、唯一、テューキーの提唱する探索的データ解析（EDA）を体現するものでした。
　ところが、1989年のSASユーザー会にて、Mac用のJMPというソフトを知ったときは、これはかなわないなと思い、それ以来、JMPのファンになりました。

**鈴木督久氏（日経リサーチ取締役）**

　開発者はJohn Sallでしたね。天才といわれています。SASの上級副社長で、初期の重要なプロシージャは彼が設計しました。彼がJMPを作ったとき、従来のSASのGUIから飛躍しすぎたために、グッドナイト社長と営業戦略上の意見が合わなかったとか。また、新規の開発プロジェクト編成では、どうしてもSallが主導してデザインし、グッドナイトも開発者としては「従」の立場で進むのだそうです。やはり天才です。
　あの統一されたデザイン。どこで切り取っても一貫した思想に支えられている西欧的な美しさ。彼のソフトウェアを使っていると、ソフトウェアが思想を語り始める。なぜこれが出力され、あれは出力されないのか。なぜこの指定形式であって、別の形式ではないのか。
　彼はEDAの思想を理解したとたん、思想の現実的表現としてJMPを書き上げたのでした。現在のバージョンアップ作業は、彼の完成の具体的隙間を埋める作業にも見える。どんなに追加しても、その思想が強固に揺るぎないことに反射するだけかのようです。

● クラスター分析[1] のデンドログラム[2] からでも

1) クラスター分析：何らかの根拠によって事例同士が似ているか似ていないかを判断し、似ている事例同士を塊（クラスター）にまとめていく方法。
2) デンドログラム：樹形図のこと。

　任意の（自分が目をつけた）サンプルをクリックなどの簡単な操作で選択できるようになっています。しかも、他のウィンドウでも、選んだサンプルがどこにいるかわかる、さらに、データシート上でも確認できるし、消したり抜き出したり、隠したり見せたり、使ったり使わなかったりできるのです。
　一方、他の多くのソフトはまだまだ「（古典的な）統計学」です。つまり、「ナントカ分析やれ」という命令をしてやると、一方的に分析結果を流してくれるだけです。当然サンプルが見えている感じなどなく、極論すれば他人の書いたレポートを見ているのと大差ないイメージに近いものです。期待に沿う結果なら満足で、おかしな結果なら諦めるしかない。仮説の検証はできても探索はできないというわけです。

JMPとは何か

◆JMPによるクラスター分析のデンドログラムの例

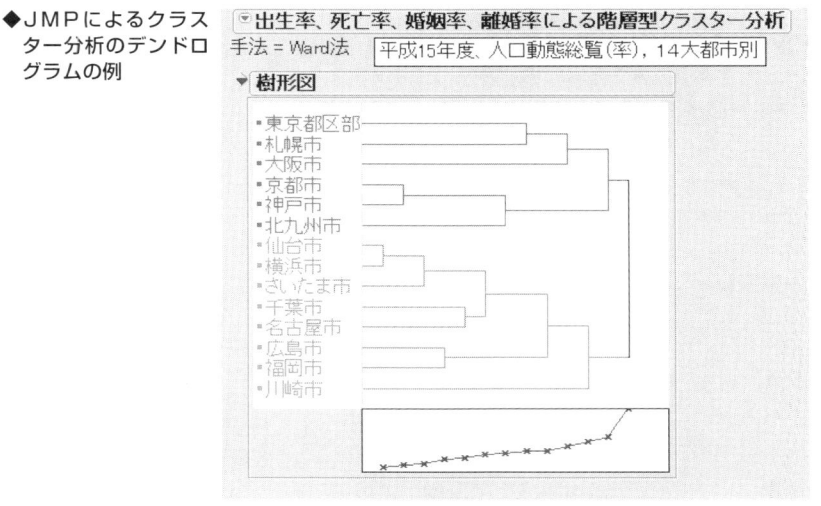

出生率、死亡率、婚姻率、離婚率による階層型クラスター分析
手法 = Ward法　　平成15年度、人口動態総覧(率)，14大都市別
樹形図
・東京都区部
・札幌市
・大阪市
・京都市
・神戸市
・北九州市
・仙台市
・横浜市
・さいたま市
・千葉市
・名古屋市
・広島市
・福岡市
・川崎市

　その点、JMPなら、高度な分析の結果も、しっかりもとのデータや素朴な集計結果とリンクされています。おかしな結果の原因を探索する、あるいは期待に沿う結果に満足せずによりよいやり方を探索する、ということが可能となります。JMPの直観的な操作は思考の中断を必要としないので、この探索作業はかなり自在です。まさに探索的データ解析というわけです。

　「分析結果とは、データの持つさまざまな側面の、ほんの1つの切り口にすぎないのだ」という戒めの言葉がありますが、JMPによる分析は、ある切り口から別の切り口へとひらりひらりと飛び回り（jump）、データが作る多次元世界の中を探検（explor）しているようなものといえるでしょう。

# JMP トライアル版の入手方法

本書はJMPバージョン6（Windows版）で執筆と動作確認をしています。JMPは、SAS Institute Japan株式会社のWebサイトにて入手・購入できます。以下に、JMP 6トライアル版の入手・設定方法を解説します。

### JMP 6が動作するのに必要なシステム条件

- **Windows**

| | |
|---|---|
| OS | Windows XP、Windows 2000<br>Windows NT 4.x（Service Pack 6） |
| CPU | Pentium II または同等のプロセッサ |
| RAM | 最低 128MB、256MB 以上を推奨 |
| ドライブ領域 | 最低 110MB |
| ブラウザ | Microsoft Internet Explorer 5.01 以上 |

- **Macintosh**

| | |
|---|---|
| OS | Mac OS X 10.3 以上 |
| CPU | PowerPC G3、G4、G5<br>Intel プロセッサ（Mac OS X 10.4.8 以降の場合のみ） |
| RAM | 最低 128MB |
| ドライブ領域 | 最低 110MB |

- **Linux**

| | |
|---|---|
| OS | Red Hat 9.0、Fedora Core 1 以上<br>SuSE 9.0、9.1、9.2、9.3<br>Mandrake 9.0、9.1<br>Red Hat Advanced Server 3.0 以上 |
| Kernel | Linux kernel 2.4.20 以上<br>KDEとGnomeデスクトップの互換環境 |
| CPU | Pentium II または同等のプロセッサ |
| RAM | 最低 128MB、256MB 以上を推奨 |
| ドライブ領域 | 最低 110MB |

JMPトライアル版の入手方法

# JMP 6 トライアル版のダウンロード・インストール

JMPソフトウェアのWebサイト http://www.jmp.com/japan/ にアクセスします（図0.1）。JMP 6トライアル版は、機能制限なしで30日間無料で利用できます。

◆図0.1
JMPのホームページ

JMP 6トライアル版のダウンロードサイトに移動します。ここではWindows版ファイルのダウンロードを説明します。いくつかのページを移動すると、ログインを要求するページにたどりつきます。まだ、メールアドレスなどを登録していない場合は、ここで登録する必要があります。登録を完了して、ログインすると、ファイルをダウンロードする画面にたどりつきます（図0.2）。

◆図0.2
ダウンロードサイト
画面

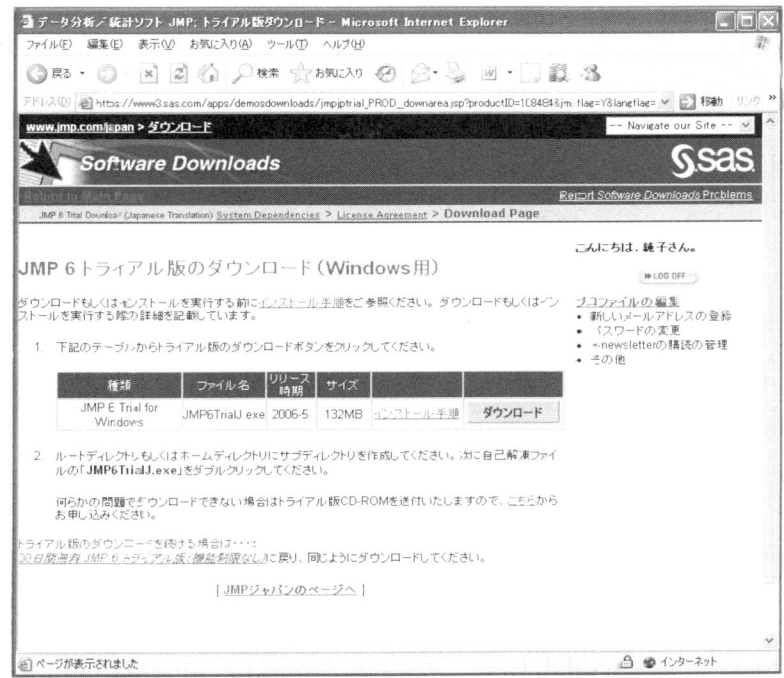

　［ダウンロード］をクリックし、ファイルJMP6TrialJ.exeを保存する場所（ここでは「デスクトップ」）を指定して、ファイルを保存します（図0.3）。Windows版でファイルの大きさが132MBあるので、ダウンロード終了まで時間がかかります（図0.4）。なお、図0.2の画面で「インストール手順」をクリックするとインストールの手順が説明されています。必ず目を通してください。

JMPトライアル版の入手方法

◆図0.3
ファイルを保存

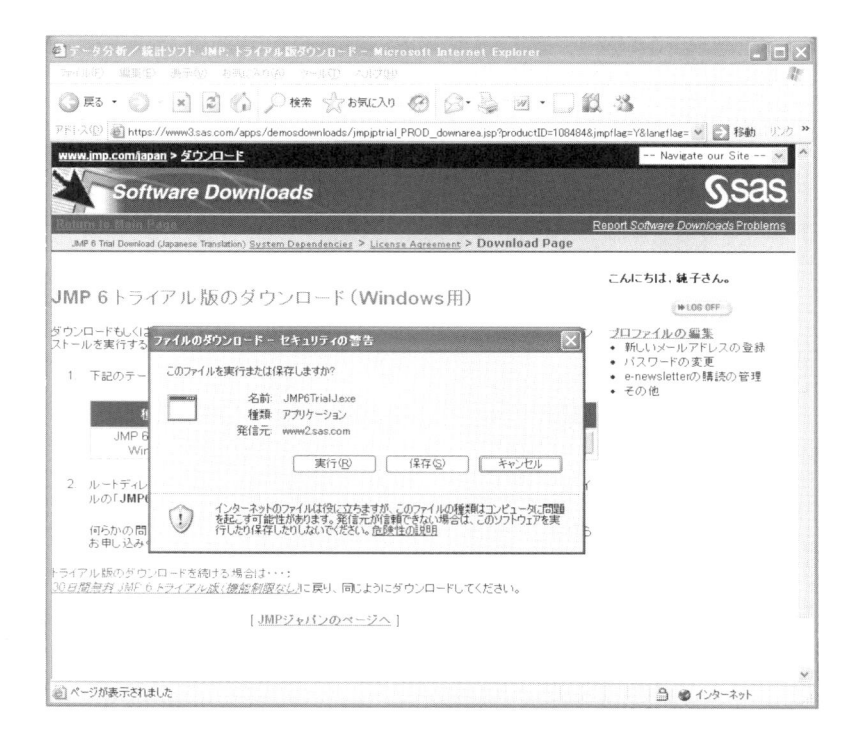

◆図0.4
ファイルを保存中

デスクトップ上に保存されたファイルJMP6TrialJ.exeをダブルクリックして、フォルダを指定してインストールに必要なファイルを解凍します（図0.5）。デフォルトではC:¥JMP6TrialJ_Installフォルダです。

◆図0.5
JMP6TrialJ.exeを
ダブルクリックし
て、インストール
ファイルを解凍する

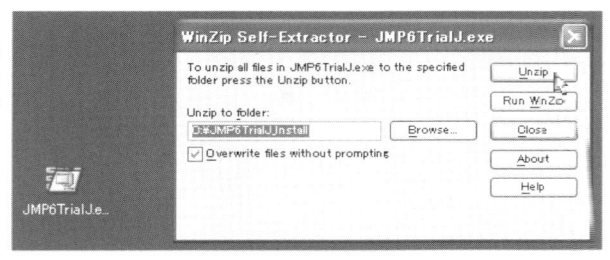

C:¥JMP6TrialJ_InstallフォルダにあるファイルLaunch.exeをダブルクリックします（図0.6）。すると、メニュー画面が表示されます。インストールを開始するには「JMP 6およびサポートファイルのインストール」をクリックします（図0.7）。

◆図0.6
ファイルLaunch.
exeをダブルクリッ
ク

◆図0.7
JMP 6およびサポー
トファイルのインス
トール

すると、インストールが始まります。質問に沿ってインストールとセットアップの作業を進めて、セットアップを完了させてください（図0.8）。

◆図0.8
JMP 6のインストール

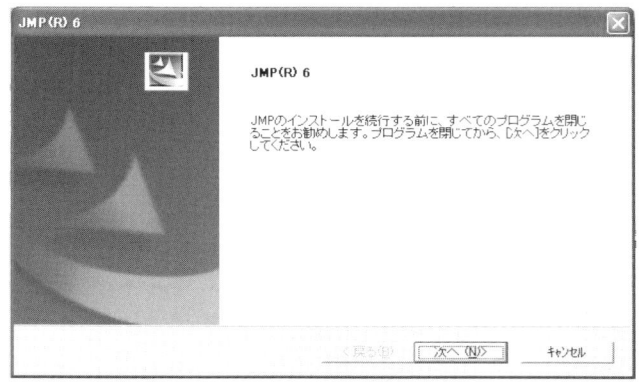

## JMPの起動とマニュアルについて

JMP 6を起動するには、Windowsの［スタート］メニューから［すべてのプログラム］－［JMP 6］－［JMP 6］を選択します（図0.9）。

◆図0.9
JMP 6の起動

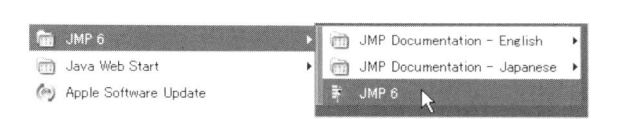

JMPを起動すると、起動するたびにアクティベート（ライセンス認証）を行うかどうかをたずねるウィンドウが表示されるので［スキップ］または［いいえ］ボタンをクリックしてください。JMPがトライアル版として動作します。

JMP 6トライアル版の中には、操作説明書や統計の詳細なマニュアルがPDF形式で保存されています。日本語と英語の両方のドキュメントがインストールされます。PDF文書なので、探したいキーワードの検索は容易です。統計学習に重要な文書も多く入っているので、ぜひ見てみてください。Windowsの［スタート］メニューから［すべてのプログラム］－［JMP 6］－［JMP Documentation - Japanese］から各種のドキュメントを開くことができます（図0.10）。

◆図0.10
JMP 6のドキュメント群

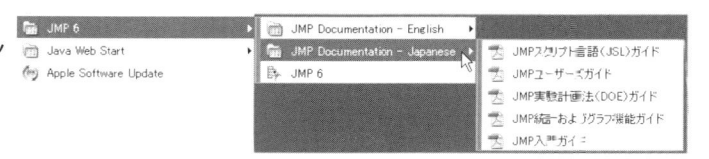

ここでは、JMPトライアル版（バージョン6）の入手方法を説明しました。本書執筆時点でのJMP製品版の最新バージョンは6.0.2です。JMP製品版の購入やアップデートについての詳細は、SAS Institute Japan株式会社のWebサイト（http://www.jmp.com/japan/）をご覧ください。

## サンプルファイルについて

本書のサンプルファイルは、JMP 6日本語版を正常にインストールすると次のフォルダの中に収録されます（Cドライブにインストールした場合、図0.11、図0.12）。

C:¥Program Files¥SAS¥JMP6¥Support Files Japanese¥User-Supplied Samples

◆図0.11
サンプルファイルのあるフォルダ

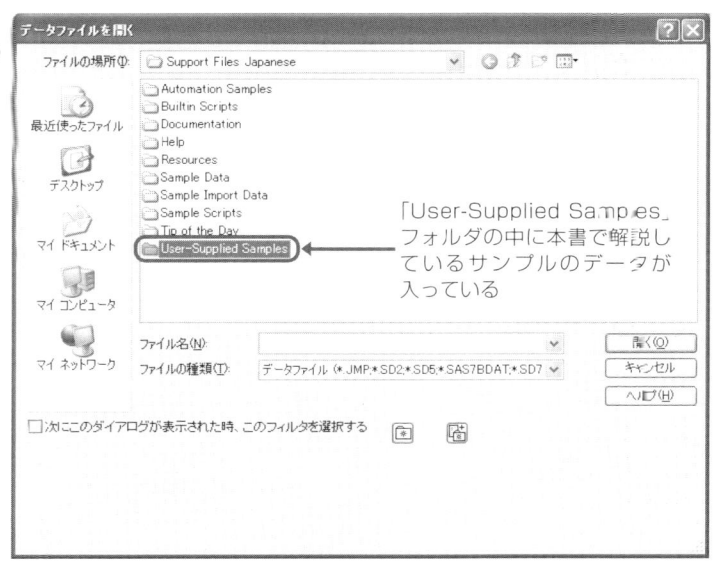

◆図0.12
「User-Supplied Samples」フォルダ内のJMPデータファイル

　　なお、サンプルとして取り上げたデータの一部については、許諾の関係上、収録していません。
　　JMPの具体的な操作方法については本文を参照ください。

---

**❒免責事項**

　本書および本書のサンプルファイルの内容を適用した結果、および適用できなかった結果から生じた、あらゆる直接的および間接的被害に対し、著者、出版社とも一切の責任を負いませんので、ご了承ください。また、ソフトウェアの動作・実行環境・操作についての質問には、一切お答えできません。
　本書の内容は原則として、執筆時点（2006年11月）のものです。その後の状況によって変更されている情報もあり得ますのでご注意ください。

# 目 次

はじめに .................................................................................................. iii
JMPとは何か ........................................................................................... iv
JMPトライアル版の入手方法 ................................................................. ix

## 第1部　JMPを体験する　　　　　　　　　　　　　　　　　　1

### 第1章　データの種類 ............................................................................ 2

#### 1.1　変数の種類 ................................................................................ 2
1.1.1　はじめに ........................................................................... 2
1.1.2　ビッグクラスを使う ........................................................ 2
1.1.3　名義尺度 ........................................................................... 5
1.1.4　順序尺度 ........................................................................... 5
1.1.5　連続尺度 ........................................................................... 6

#### 1.2　一変量の分布 ............................................................................ 6
1.2.1　一変量の選択 ................................................................... 6
1.2.2　新規の列の追加 ............................................................... 8
1.2.3　計算式エディタの利用 .................................................... 9
1.2.4　ラベルの使用 ................................................................. 12
1.2.5　手のひらツールの使用 .................................................. 13
1.2.6　注釈ツールの使用 ......................................................... 14

#### 1.3　二変量の分布 .......................................................................... 15
1.3.1　「二変量の関係」を選択する ...................................... 15
1.3.2　グラフの作成 ................................................................. 17

#### 1.4　データテーブルの作成 .......................................................... 19

目 次

|  |  |  |
|---|---|---|
| 1.4.1 | はじめに | 19 |
| 1.4.2 | キーボードから入力する方法 | 19 |
| 1.4.3 | Excel からデータを転送する方法 | 21 |
| 1.4.4 | 計算式を利用してつくる方法 | 22 |

# 第2部　JMPで学ぶ統計の基礎　　27

## 第2章　分　布 ............................................. 28

### 2.1　確率分布を考える ................................................ 28
2.1.1　はじめに ........................................................ 28
2.1.2　過去のデータの分布 ......................................... 29
2.1.3　理論分布の確認 ............................................... 32
2.1.4　パレート図の応用 ............................................ 34

### 2.2　正規分布を考える ................................................ 36
2.2.1　はじめに ........................................................ 36
2.2.2　データの準備 .................................................. 36
2.2.3　点数の標準化 .................................................. 38
2.2.4　標準得点から偏差値へ ...................................... 39
2.2.5　偏差値から順位へ ............................................ 40
2.2.6　偏差値を見るときの注意点 ................................ 41

### 2.3　正規分布と棄却検定法 .......................................... 43
2.3.1　はじめに ........................................................ 43
2.3.2　正規分布をグラフに描く ................................... 43
2.3.3　標準正規分布での検討 ...................................... 45
2.3.4　2つの変数の分布を考える──棄却検定法 ........... 47
2.3.5　身近な例──女性のヒールの高さ ....................... 49
2.3.6　両側検定と片側検定 ......................................... 51
2.3.7　分布の位置関係と一種の誤差、二種の誤差を体験する ... 52

### 2.4　平均から不偏分散までを体験する .......................... 55
2.4.1　はじめに ........................................................ 55
2.4.2　統計の基本用語 ............................................... 55
2.4.3　データの準備 .................................................. 58

- 2.4.4　平均、偏差平方から母集団の分散へ　　60
- 2.4.5　標本から標本の分散へ　　61

# 第3章　標　本　　66

## 3.1　標本と母集団の大事な関係　　66
- 3.1.1　はじめに　　66
- 3.1.2　平均値のばらつきを考える　　66
- 3.1.3　母集団の分布と平均値の分布　　69
- 3.1.4　平均に潜む誤差を考える　　72

## 3.2　標本から母集団を考える──$t$分布を体感する　　74
- 3.2.1　はじめに　　74
- 3.2.2　データの準備　　74
- 3.2.3　$t$分布を求める　　75
- 3.2.4　重ね合わせプロットによる$t$分布と標準正規分布の表示　　78

# 第4章　検　定　　80

## 4.1　平均の差の分布から$t$検定へ　　80
- 4.1.1　はじめに　　80
- 4.1.2　平均の差の性質を理解する　　80
- 4.1.3　標本の分散　　81
- 4.1.4　2つの標本の平均の比較を考える前に　　84
- 4.1.5　平均の差での分布の考え方　　85
- 4.1.6　平均の差の標準誤差（$SE$）を求める　　86
- 4.1.7　標準誤差（$SE$）を用いて平均の差を検討する　　89

## 4.2　等分散の検定と平均値の差の検定　　91
- 4.2.1　はじめに　　91
- 4.2.2　分散が等しいか否かを検討するには　　92
- 4.2.3　等分散の検定を体験する　　92
- 4.2.4　分散が等しいと見なせる場合　　93
- 4.2.5　分散が等しいと見なせない場合　　95

## 4.3　分散分析を理解する　　97
- 4.3.1　はじめに　　97

4.3.2　分散分析の概念 .................................................................. 98
　　4.3.3　分散分析の実際 .................................................................. 104
　　4.3.4　平均値の多重比較 .............................................................. 106
4.4　回帰分析とは ................................................................................ 109
　　4.4.1　はじめに ............................................................................. 109
　　4.4.2　回帰分析の概念 .................................................................. 109
　　4.4.3　回帰分析の出力 .................................................................. 111
　　4.4.4　分散分析の実際 .................................................................. 113
　　4.4.5　その他 ................................................................................. 114
4.5　カイ2乗分布を考える ................................................................ 115
　　4.5.1　はじめに ............................................................................. 115
　　4.5.2　独立性を考える .................................................................. 116
　　4.5.3　正規分布よりカイ2乗分布を求める ................................ 117
　　4.5.4　カイ2乗分布のグラフをつくる ........................................ 120
　　4.5.5　カイ2乗分布と分割表のばらつき .................................... 121
4.6　ノンパラメトリック検定の概要 ................................................ 124
　　4.6.1　はじめに ............................................................................. 124
　　4.6.2　順位の性質を確認する ...................................................... 124
　　4.6.3　U検定の概略 ...................................................................... 125
　　4.6.4　U検定の詳しい説明 .......................................................... 126
　　4.6.5　実際にU検定の数表を求めてみる .................................... 128

# 第3部　JMPによる解析事例　　　　　　　　　　　133

## 第5章　データのモニタリングと外れ値のチェック ............... 134

5.1　宝くじの解析 ................................................................................ 134
　　5.1.1　はじめに ............................................................................. 134
　　5.1.2　ナンバーズ3とは .............................................................. 134
　　5.1.3　ミニを検討 ......................................................................... 135
　　5.1.4　割合の検定 ......................................................................... 136
　　5.1.5　賞金を考える ..................................................................... 137
　　5.1.6　例数を多くしたら .............................................................. 139

| | | |
|---|---|---|
| 5.1.7 | 下2桁の出現に法則性はあるか | 139 |

## 5.2 企業の求める大学生とは .................................................. 141

| | | |
|---|---|---|
| 5.2.1 | はじめに──企業が学生に求める資質は何か | 141 |
| 5.2.2 | データテーブルの作成 | 142 |
| 5.2.3 | 散布図の作成 | 143 |
| 5.2.4 | 注釈ツールの利用 | 144 |
| 5.2.5 | 結果の解釈 | 145 |

## 5.3 理想と現実の調査 .......................................................... 146

| | | |
|---|---|---|
| 5.3.1 | はじめに | 146 |
| 5.3.2 | データクリーニングの例 | 146 |
| 5.3.3 | 一変量のグラフの作成 | 148 |
| 5.3.4 | グラフ上でデータを選択し移動する | 150 |
| 5.3.5 | グラフの表示を変える | 152 |
| 5.3.6 | データを置換する | 152 |
| 5.3.7 | ラベルを表示し異常なデータを検討する | 153 |
| 5.3.8 | サブセットの抽出 | 155 |
| 5.3.9 | 印刷にあたって | 157 |

# 第6章　クロス集計 .................................................. 159

## 6.1 ネット犯罪データの解析 .................................................. 159

| | | |
|---|---|---|
| 6.1.1 | はじめに | 159 |
| 6.1.2 | WEB110とは | 159 |
| 6.1.3 | サンプルの概要 | 160 |
| 6.1.4 | トラブルの概要 | 160 |
| 6.1.5 | 1999年度のサンプルの解析 | 162 |
| 6.1.6 | 性別とトラブル | 163 |
| 6.1.7 | インターネット経験とトラブル | 165 |
| 6.1.8 | 年度によるトラブルの変化 | 166 |

## 6.2 アルコールの代謝できない体質とは .................................................. 167

| | | |
|---|---|---|
| 6.2.1 | はじめに | 167 |
| 6.2.2 | アルコールを飲んで悪酔いするのは生まれつき？ | 167 |
| 6.2.3 | アルコールの代謝のタイプとエタノールパッチテスト | 168 |

|     |       |                                                    |       |
| --- | ----- | -------------------------------------------------- | ----- |
|     | 6.2.4 | 調査の実施と課題                                   | 169   |

# 第7章　平均値の差の検定 .................................................. 175

## 7.1　心理状態によるヒールの高さの変化 .................................. 175
### 7.1.1　はじめに .................................................. 175
### 7.1.2　対象と方法 ................................................ 175
### 7.1.3　「新おしゃれ度」とヒールの高さ ............................ 176
### 7.1.4　改まった時とヒールの高さ .................................. 178
### 7.1.5　対応のあるペアの変数 ...................................... 179
### 7.1.6　シチュエーションによるヒールの高さ ........................ 181

## 7.2　待ち時間の解析 .................................................... 185
### 7.2.1　はじめに .................................................. 185
### 7.2.2　対象と方法 ................................................ 185
### 7.2.3　ノンパラメトリック検定で「ちょっと待って」を比較する ...... 188
### 7.2.4　3種類の「ちょっと待って」を比較する ........................ 190
### 7.2.5　外れ値と年令の関係を見る .................................. 192
### 7.2.6　変数の分布が正規分布というには ............................ 193
### 7.2.7　正規分布の検定をするには .................................. 195

# 第8章　相関と回帰──多重ロジスティック回帰 .................. 198

## 8.1　アンケート回答を科学する──本当の体重は ........................ 198
### 8.1.1　はじめに .................................................. 198
### 8.1.2　町で答える体重と本当の体重 ................................ 199
### 8.1.3　体重の大小による解析 ...................................... 200
### 8.1.4　「理想の体重」と「本当の体重」 ............................ 202

## 8.2　セクハラに対する拒絶の度合い .................................... 204
### 8.2.1　はじめに .................................................. 204
### 8.2.2　データの説明 .............................................. 204
### 8.2.3　解析結果 .................................................. 205
### 8.2.4　「具体的行動」と「拒絶度」の関係 .......................... 209

# 第9章　多変量解析──主成分分析（バイプロット）・対応分析・決定木... 211

## 9.1　学生は高校で何を学んでくるか .......................................................... 211
### 9.1.1　はじめに .......................................................................................... 211
### 9.1.2　データの説明 .................................................................................. 211
### 9.1.3　操作 .................................................................................................. 213
### 9.1.4　対応分析の実施 .............................................................................. 214
### 9.1.5　データの解釈 .................................................................................. 216

## 9.2　ワインに関する定量調査 ...................................................................... 217
### 9.2.1　はじめに .......................................................................................... 217
### 9.2.2　データの説明 .................................................................................. 217
### 9.2.3　解析結果 .......................................................................................... 219

## 9.3　アトリウムの印象評価データの解析 .................................................. 243
### 9.3.1　はじめに .......................................................................................... 243
### 9.3.2　データの概要 .................................................................................. 243
### 9.3.3　データの入力 .................................................................................. 245
### 9.3.4　「一変量の分布」で評定値の分布を観察する .......................... 247
### 9.3.5　多次元的にデータを眺める .......................................................... 252
### 9.3.6　主成分分析によるバイプロット表示 .......................................... 255
### 9.3.7　バイプロットの活用 ...................................................................... 261

## 9.4　ワインに関する定量調査のデータマイニング .................................. 264
### 9.4.1　はじめに .......................................................................................... 264
### 9.4.2　データの説明 .................................................................................. 264
### 9.4.3　パーティションを使う .................................................................. 264

# 第10章　テキストマイニング .......................................................................... 272

## 10.1　定量調査と定性調査 .............................................................................. 272
## 10.2　ワインに関する定性調査 ...................................................................... 273
### 10.2.1　はじめに .......................................................................................... 273
### 10.2.2　データの説明 .................................................................................. 273
### 10.2.3　解析結果 .......................................................................................... 275
## 10.3　住民意識調査で得られた非定型自由文データの分析 ...................... 278

xxiii

- 10.3.1 はじめに ... 278
- 10.3.2 データの概要 ... 279
- 10.3.3 非定型自由文の回答例 ... 280
- 10.3.4 分析方針 ... 281
- 10.3.5 茶筌による形態素データの作成 ... 281
- 10.3.6 形態素データと他の設問のデータの結合 ... 283
- 10.3.7 分析対象とする語句の絞り込み ... 284
- 10.3.8 語句×地区の対応分析 ... 287

## 10.4 ワインに関する定性調査から因果関係を把握する ... 291
- 10.4.1 はじめに ... 291
- 10.4.2 データの説明 ... 292
- 10.4.3 解析結果 ... 293

## 索 引 ... 305

# 第 1 部

# JMP を体験する

　統計解析をしたい人は、車の使用者に例えれば車の構造、仕組み、理論を知りたい人でなく、車でいかにしてどこに遊びに行くかを知りたい人たちです。

　JMPはユーザーにやさしい素直な統計ソフトウェアです。メモリの制限はありますが、データは何件でも、変数は何個でも使用できます。また、変数を配置すれば適切な解析手法が自動的に選ばれます。そのため、統計の初心者の方も、上級者の方もストレスを感じずに解析ができます。

　第1部では、基本的なJMPの使い方を説明します。まずは、使って慣れてみましょう。今までの使いにくかった統計ソフトに別れを告げて、統計解析の冒険に出かけましょう。

# 第1章 データの種類

## 1.1 変数の種類

### 1.1.1 はじめに

　最初にJMPの特徴を押さえておきましょう。JMPはExcelに比べて簡単に集計、グラフ作成、統計解析をできる機能を持っています。今まで、Excelで莫大な手間をかけて行っていた、多くの変数の解析もJMPなら極めて短時間でできます。
　本章では、初心者の人にとって押さえておくべきJMPの機能として、一変量の分布、二変量の関係、データテーブルの作成について解説します。

### 1.1.2 ビッグクラスを使う

　JMPの細かな機能の説明は、［ヘルプ］メニューの中を見ると詳細にわかりますが、ここでは大まかにJMPを体験してみましょう。
　JMPを立ち上げるとJMPスターターの画面が開きます（図1.1）。設定によってはちょっとしたヒントである「Tip of the Day」の画面が出ます。なかなか役に立つことが書いてあるので、余裕があれば読んでみるのをおすすめします。
　［データテーブルを開く］ボタンを押すか、メニューから［ファイル］-［開く］と選んで、「Sample Data」フォルダ（JMPをCドライブのデフォルトのフォルダにインストールした場合、「Program Files」-「SAS」-「JMP6」-「Support Files Japanese」-「Sample Data」と選ぶ）の中の「ビッグクラス.JMP」（Windowsのデフォルトの設定では拡張子.JMPは表示されません）というファイルを開きます。
　この「ビッグクラス.JMP」は、JMPのマニュアルの例題として使用されているファイルで米国の学生の、名称、年令、性別、体重、身長を記述したものです（図1.2）。

1.1 変数の種類

◆図1.1
JMPスターター画面

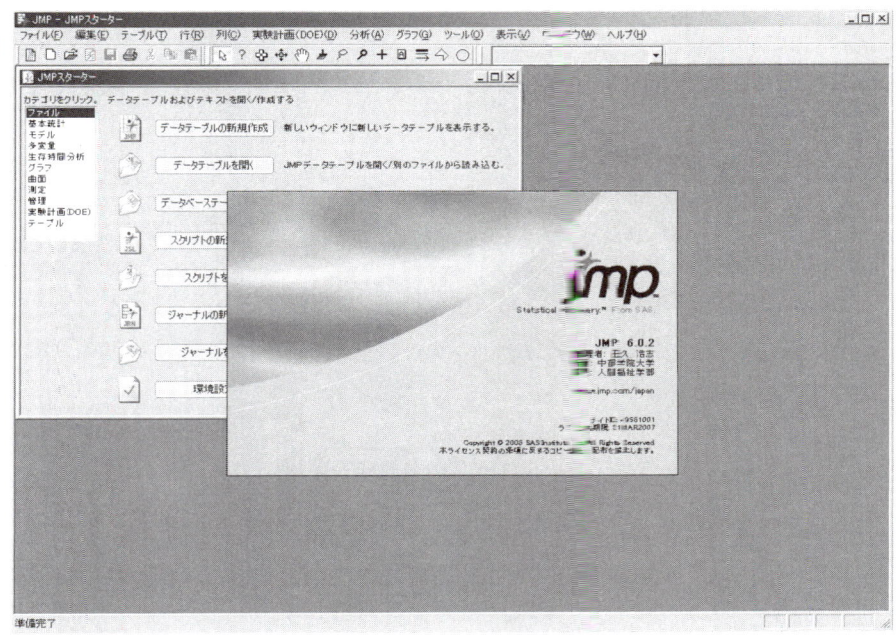

◆図1.2
「ビッグクラス
.JMP」の内容

　画面の各部分には図1.3のような名称がついています。列パネルと行パネルにはそれぞれ、列と行の情報が示されます。行を選ぶには行番号を、列を選ぶには変数名（この場合は「名前」のところ）をクリックします。JMPでは1つの列に1つの変数を割り当てるため、本書では変数名と列名を同じ意味で用います。また、本書では一般的にデータ部分を示すときにはデータテーブルの表現を用いています。

3

## 第1章 データの種類

◆図1.3
画面の名称

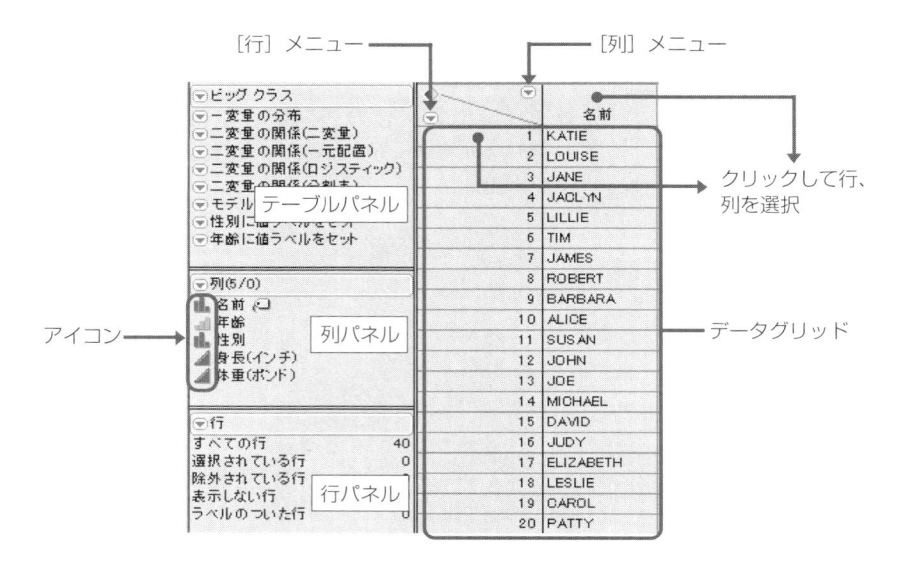

[行]メニュー　　　[列]メニュー
テーブルパネル
列パネル
アイコン
行パネル
クリックして行、列を選択
データグリッド

例えば「名前」を選んだ後で、[列]メニュー、[行]メニューの赤い▼をクリックすると、選んだ行や列に応用できる操作が表示されます（図1.4、図1.5）。これらのメニューは、列パネル変数を選択した後に、マウスを右クリックしても表示されます。

◆図1.4
[列]メニュー

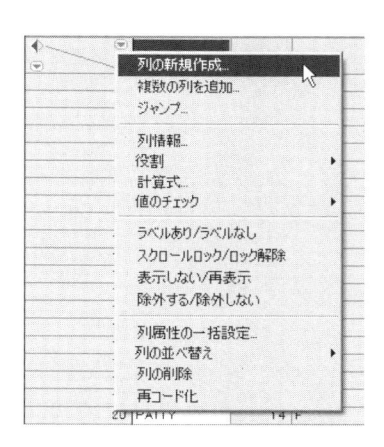

◆図1.5
[行]メニュー

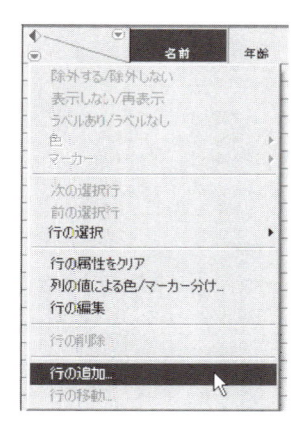

　図1.3の列パネルの変数名に前にある小さなグラフのアイコンの形状に注目してください。JMPでは変数を名義尺度(赤い棒グラフ)、順序尺度(緑色の棒グラフ)、連続尺度(青いグラフ)の3種類に分類し、その尺度に応じて最適の解析を行います。各尺度の意味を以下に示します。

## 1.1.3　名義尺度

　これは類別尺度ともいい、データの区別のみ意味があるものです。例としては性別、国籍、人種、色、模様、都道府県、人間の肌の色などがあげられます。医療・看護関係では、病棟、処置、疾病、血液型などの例があります。データのタイプとしては数字か文字で、JMPでは順序のない離散量として扱います。平均値、中央値、標準偏差、すべて意味を持ちません。

## 1.1.4　順序尺度

　順序尺度はデータの大小または、順位のみが意味を持つ尺度です。年代、満足度、不満足度、競技の着順、各種のスケール、多くの主観的アンケートの採点が例としてあげられます。順序尺度では平均値、標準偏差に意味を持たず中央値のみが意味を持ちます。JMPでは順序のあるカテゴリカルな離散量として扱います。

　順序尺度は数値か文字のどちらかです。値が数値なら大きさで順序が決まり、文字なら並べ替え順序で大きさが決まります。そのため「1：とてもいい」「2：普通」「3：悪い」などは順序尺度として扱えます。

## 1.1.5 連続尺度

連続した数値で表される尺度で間隔・比例尺度ともいわれます。一般的に、間隔尺度は平均値、中央値、標準偏差が意味を持つ尺度で個々のデータの間に等間隔が保証されている尺度です。比例尺度は、間隔尺度の性質に加えて、ゼロを基点とすることができる尺度です。テストの点数、体重、身長、BMI（Body Mass Index、肥満指数もしくは体格指数ともいう）など多くの変数がこの尺度に当てはまります。

JMPでは間隔尺度と比例尺度を合わせて連続尺度として扱います。連続尺度の値は数値でなければならず、その数値はそのまま計算に用います。

# 1.2 一変量の分布

## 1.2.1 一変量の選択

すでに開いている「ビッグクラス.JMP」を使いJMPの機能の概要を知るために、メニューから［分析］-［一変量の分布］を選びます（図1.6）。

◆図1.6
一変量の選択

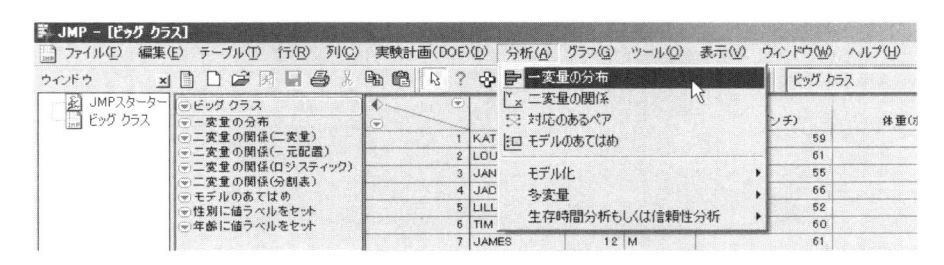

「Shift」キーを押しながら「年令」「性別」「身長（インチ）」をクリックした後、「Y, 列」をクリックし、［OK］ボタンを押します（図1.7）。

◆図1.7
変数の選択

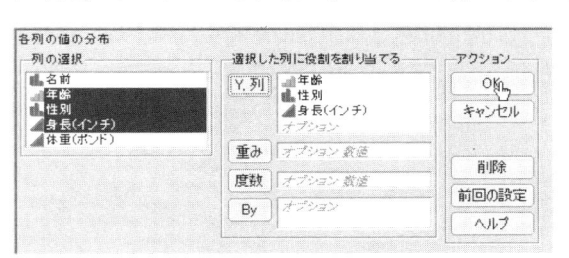

その結果、名義尺度の「性別」と順序尺度の「年令」では、ヒストグラム、度数が、連続尺度の「身長（インチ）」はヒストグラム、箱ひげ図、分位点、モーメン

## 1.2 一変量の分布

ト（平均、標準偏差など）が表示されます（図1.8）。

◆図1.8
表示された一変量の
分布

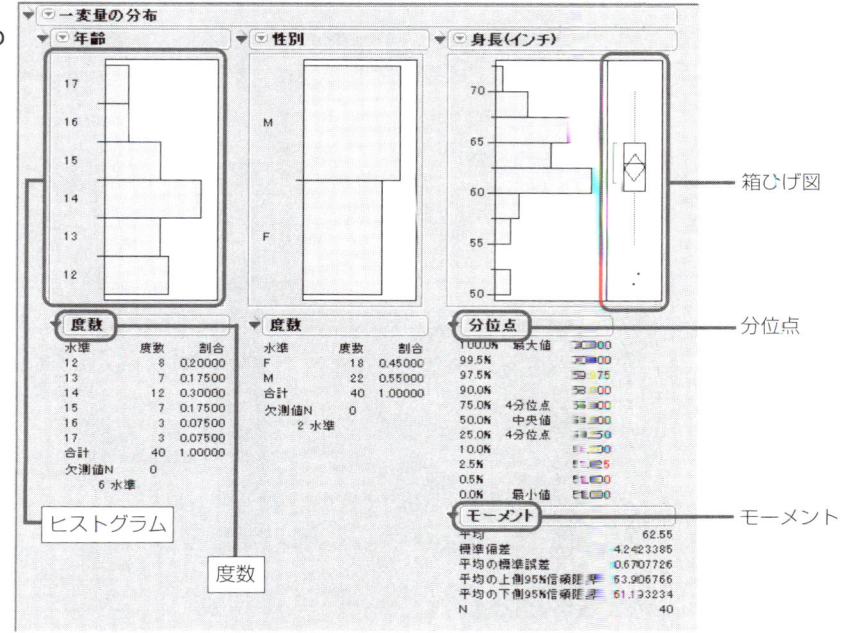

箱ひげ図
分位点
ヒストグラム
度数
モーメント

名義尺度や順序尺度の場合に表示される度数には、各水準が何件あるかの度数と、全体に占めるパーセントが表示されます。連続尺度の場合に表示されるモーメントの表示には、分位点、平均値、中央値、最頻値、範囲、パーセンタイル、標準偏差などの基本統計量が示されます。

- **平均**：列の変数の算術平均。これは欠損値（データが存在しない値、欠測値ともいう）以外の値の合計を、欠損値以外の値の数で割った値になる。
- **N**：欠損値以外の値の数。
- **分位点**：パーセンタイルともいう。75%の右側の数字（図1.8では65.000）は75パーセンタイルを意味し、全体の分布の75%がその値以下であることを示す。25パーセンタイル、75パーセンタイルは4分位点ともいい、どの値までが全体の何パーセントを占めるかの検討をつけるのに便利です。
- **最小値**：欠損値を除く列内の最小値。
- **最大値**：欠損値を除く列内の最大値。
- **中央値(メディアン)**：全体の中央に位置する値。50パーセンタイルともいう。

「年齢」は順序尺度であるため、度数の表示のみです。どの変数の水準が何件あるかの度数とその全体に示す割合が表示されます。この例では、14が最頻値とな

ります。度数の一番下にある「6水準」という記述は全体で「年齢」が何種類あるかを示しています。

「性別」は名義尺度であるため、順序尺度と同じく度数のみの表示になります。「身長（インチ）」は連続尺度であるため分位点とモーメントの表示となります。

図1.7で「By」を指定すると「Y, 列」の変数の分布（度数あるいは分位点など）を「By」で指定した変数ごとに求めます。

## 1.2.2 新規の列の追加

新規に列の変数を加えるには、データグリッドの最上部でダブルクリックするか（図1.9）、メニューから［列］－［列の新規作成］を選びます（図1.10）。

◆図1.9
ダブルクリックによる列の追加

◆図1.10
列の追加

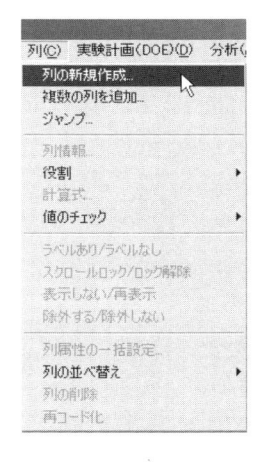

後で身長をインチからcmに変えるため、変数名として「身長（cm）」を入力します（図1.11）。この画面では、変数の数値、文字の種類を示すデータタイプ、尺度の種類、表示形式、数字の桁数などを指定します。その結果、データテーブルに新規の列が追加されます。この時点では値が未定なので数値の欠損値としてピリオドが表示されています。もし文字変数の欠損値であれば空白が示されます。同様に「体重（kg）」「BMI」の列を作成します。BMIはBody Mass Indexの略で「体重（kg）／（身長（m））$^2$」で表現されます。

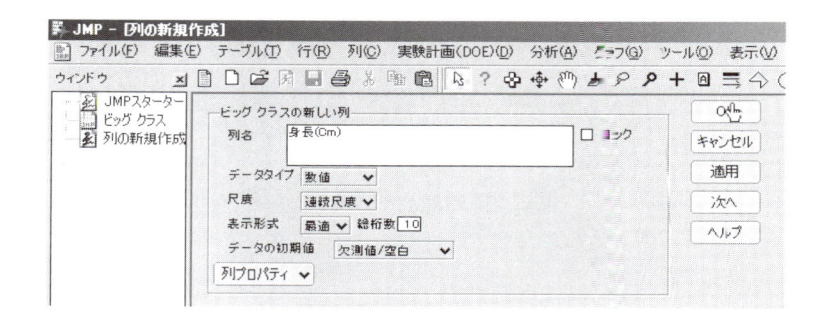

◆図1.11
新しい列の定義

## 1.2.3　計算式エディタの利用

　　変数がインチとポンドで表現されても日本人にとってはわかりにくいかと思います。国内でインチを使うのは、自転車のタイヤ、テレビ画面の大きさ、舶来もののジーンズのサイズ、ワープロの文字のポイント数（1.72インチが1ポイント）ぐらいで、ポンドを使うのはバターの重さかボクシングの選手の体重ぐらいしかありません。そこで、1インチ = 2.54cm、1ポンド = 0.453kgとして変数をcmとkgに変換してみましょう。

　　列パネルの「身長（cm）」を選択し、マウスを右クリックし、メニューから［列］－［計算式］を選びます（図1.12）。

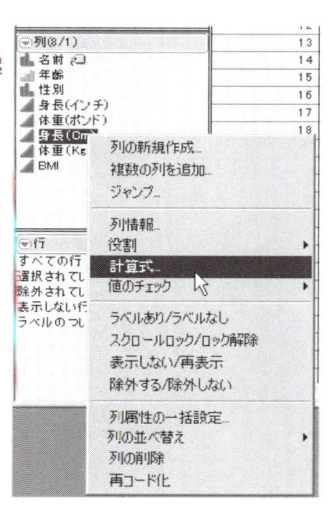

◆図1.12
計算式エディタの起動

　　計算式エディタの画面が表示されますので「身長（インチ）」をクリックした後、画面中央の四則演算のアイコン中の「×」のアイコンをクリックし、数字で2.54を入力し［適用］ボタンをクリックします（図1.13）。これは、身長（cm）の列は、身長（インチ）に2.54を掛けて求めることを意味します。その結果、身長（cm）

が求まります。その後［OK］ボタンを押し、データテーブルの画面に戻ります。

◆図1.13 数式の入力

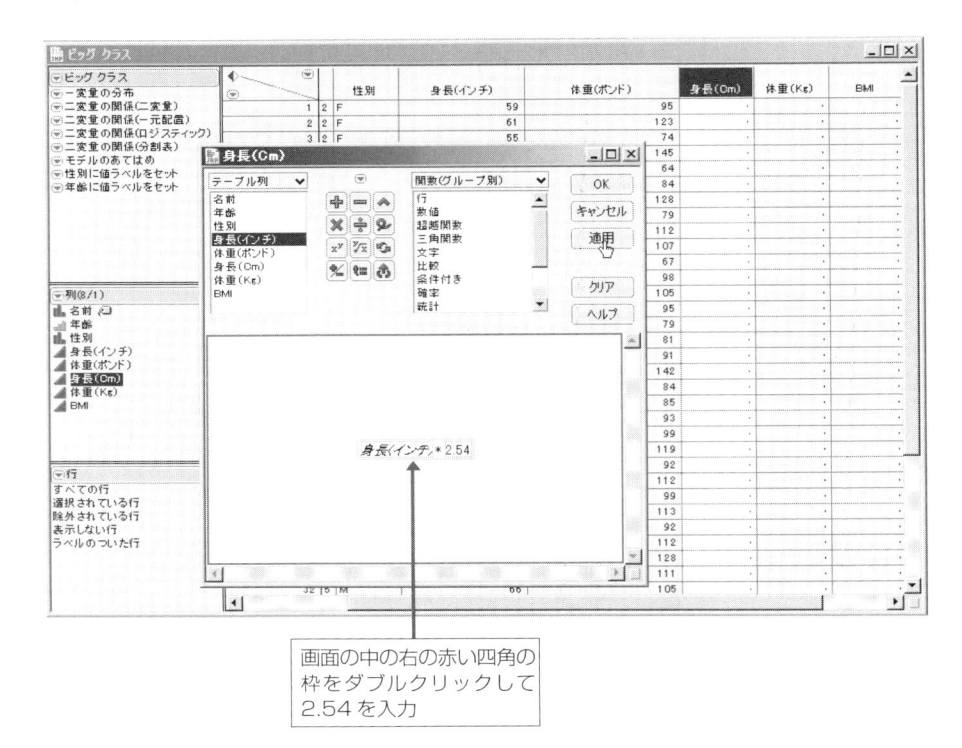

画面の中の右の赤い四角の枠をダブルクリックして2.54を入力

同様にして、「体重（kg）＝体重（ポンド）×0.453」、「BMI＝身長（cm）／（体重（kg）／100）×（体重（kg）／100）」を求めます（図1.14、図1.15）。センチをメートルに直す関係で100で割る部分があることに注意してください。

◆図1.14 BMIの定義

1.2 一変量の分布

◆図1.15
身長(cm)、体重(kg)、BMIを求める

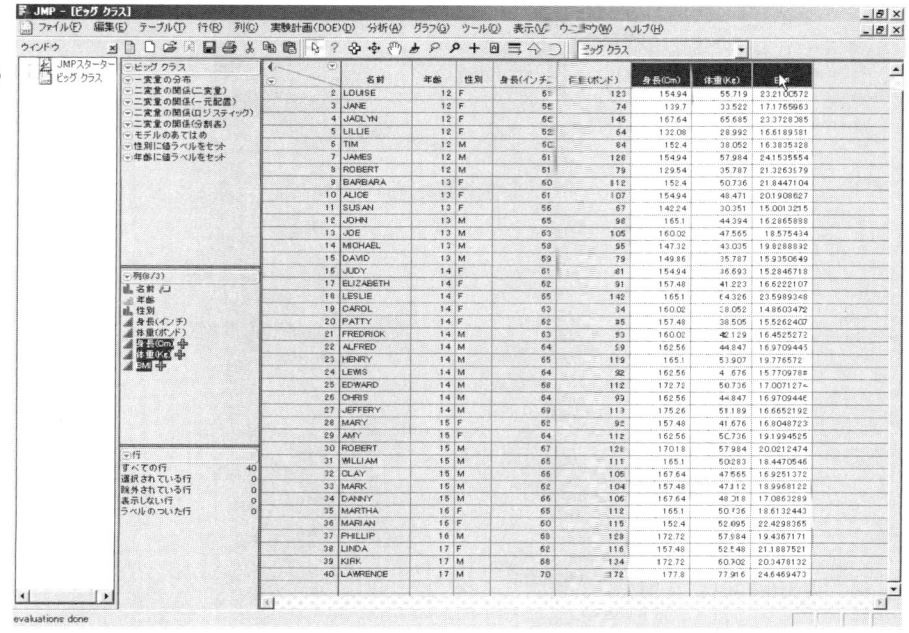

新しい3種類の変数についても、以前と同様にヒストグラムを求めることができます。見てわかるように、JMPでは列全体に計算式で演算ができます。Excelが数式をセルに入れても対象とするセル全体に貼り付けなければならないのに比べて、JMPは迅速に処理ができる特徴があります。

◆図1.16
変数のヒストグラム

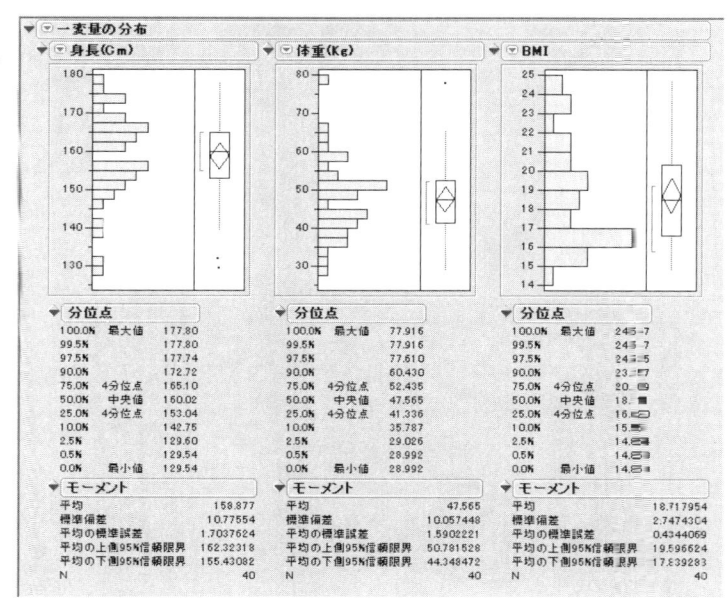

## 1.2.4 ラベルの使用

身長（インチ）のヒストグラムの箱ひげ図で、外れ値に矢印ツールをあててみます（図1.17）。実は、変数の「名前」には前もって、ラベルが割り当てられているので、画面上にラベルの内容が表示されます。ラベルを設定し（図1.18）、外れ値を矢印ツールで指定すると、その内容が表示され便利です。なお、「性別」をラベルありに指定すると、どのような表示になるかも確かめてください。

◆図1.17 ラベルの表示

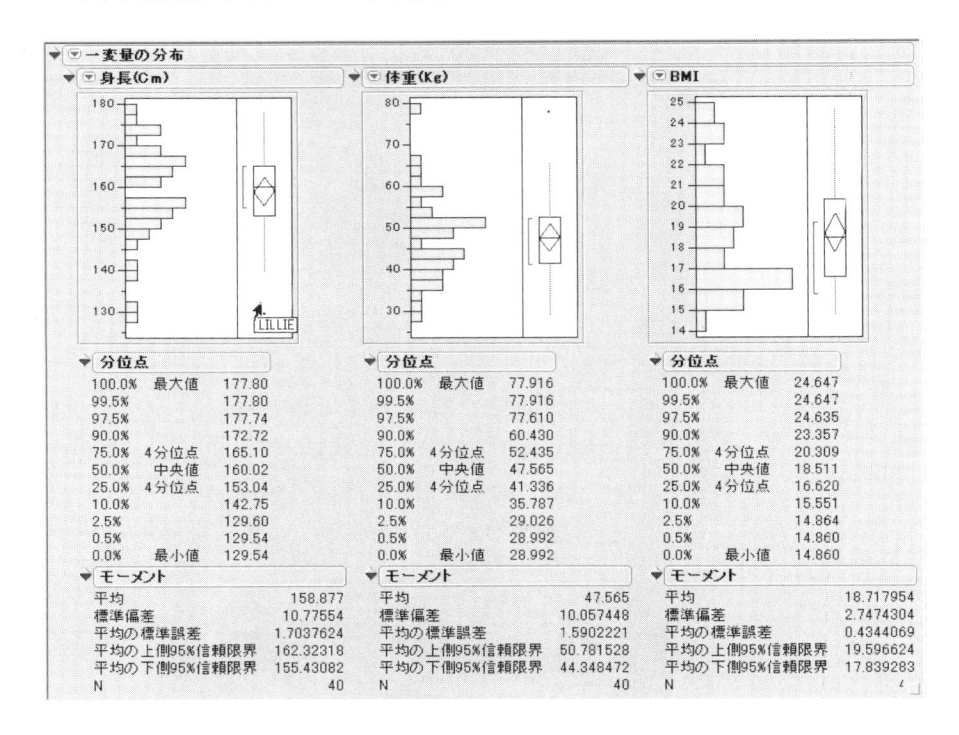

◆図1.18 ラベルの設定

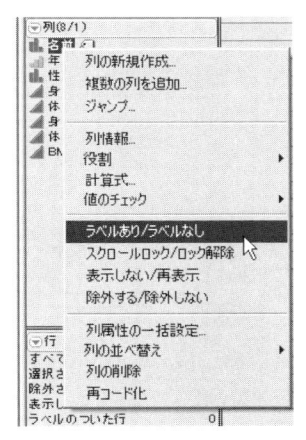

## 1.2.5　手のひらツールの使用

　　手のひらのアイコンは手のひらツールです。手のひらツールは、メニューから［ツール］－［手のひらツール］を選択して用いることができます。ヒストグラムなどの上を手のひらツールで左右にドラッグするとヒストグラムの幅が変化します（図1.19、図1.20）。この機能により、変数がどのような分布になるか瞬時にわかります。データを解析時には、データの分布を確認するのが一番重要で、そのような目的に手のひらツールは便利に使えます。

◆図1.19
右方向にドラッグすると棒グラフの幅が減少

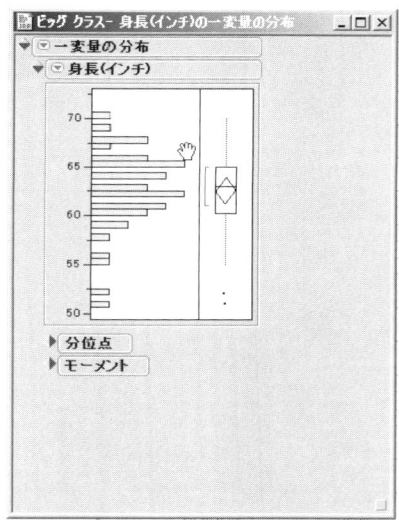

◆図1.20
左方向にドラッグすると棒グラフの幅が増加

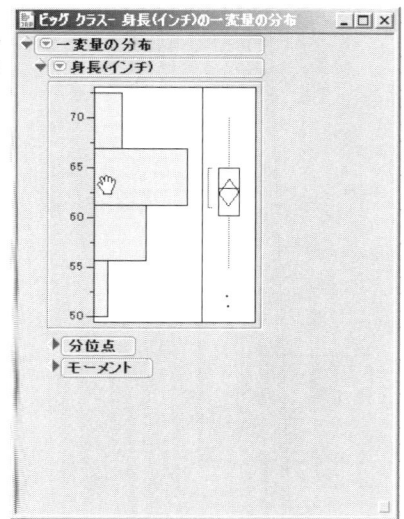

## 1.2.6 注釈ツールの使用

図1.21の「A」アイコンのボタンは注釈ツールです。注釈ツールはメニューから［ツール］－［注釈ツール］を選択して用いることができます。

注釈ツールを用いると、グラフの上にコメントを記入できます。また直線、多角形、基本図形などのツールも用いて注釈を入れると表現力を増したグラフを作成できます。

◆図1.21
注釈ツール

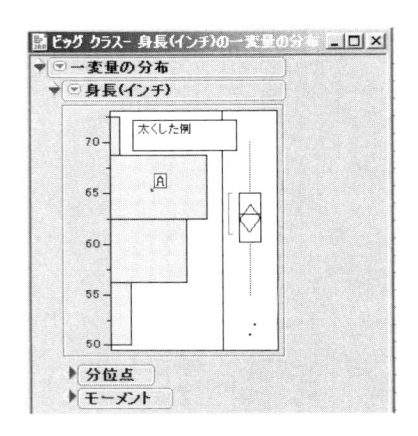

BMIは20が通常といわれています。しかし今回のデータではBMIが15という非常にやせた学生が混じっています。これは19番のCAROLのものです。CAROLのように身長160cmで38kg、という人もいるでしょうが拒食症で異様にやせた方か、「ビッグクラス.JMP」が架空のデータかのどちらかでしょう。このような例では、図1.22のような注釈を書き込むとグラフの表現力が増します。

◆図1.22
注釈をつけた例

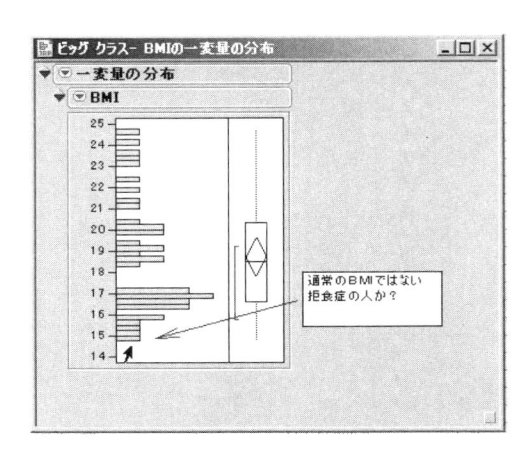

## 1.3　二変量の分布

### 1.3.1　「二変量の関係」を選択する

　　　　　これまでは、一変量の分布に関して示してきました。ここでは、データ解析の基礎である二変量の関係について説明します。

　　　　　今まで修正を重ねてきた「ビッグクラス.JMP」を用いメニューから［分析］－［二変量の関係］を選ぶと図1.23のような画面が表示されます。ここで、「X, 説明変数」に「体重（ポンド）」、「Y, 目的変数」に「身長（インチ）」を指定して［OK］ボタンを押すと、2変数の散布図が自動的に生成されます（図1.24）。

◆図1.23
「X, 説明変数」と「Y, 目的変数」の指定

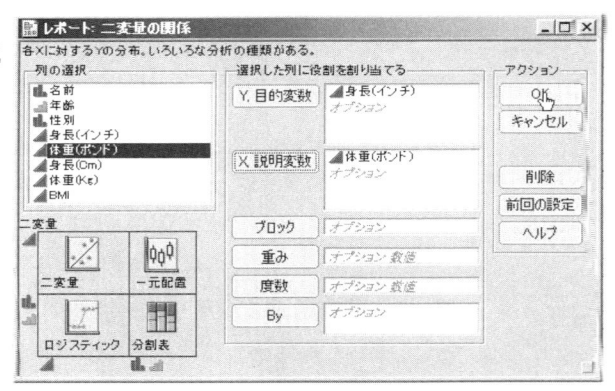

◆図1.24
身長と体重の散布図

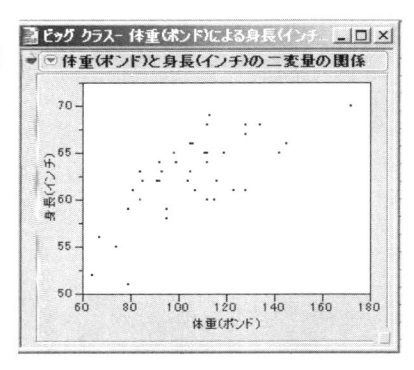

実は変数を配置するだけで自動的に最適の手法を選んで処理をするのがJMPの大きな特徴です。図1.23の画面の左下にあった表示に注目してください。

数の尺度の組み合わせに対して、ロジスティック回帰、二変量の散布図、分割表、一元配置の分散分析の4種類が選択できます（図1.25）。

- ロジスティック：連続尺度の変数0から1の間の確率を予測する。
- 二変量：一般に散布図とよばれるもので回帰分析などができる。
- 分割表：クロス集計表、カイ2乗検定などができる。
- 一元配置：検定でポピュラーな$t$検定、ノンパラメトリック統計などができる。

◆図1.25
変数の尺度と解析の関係

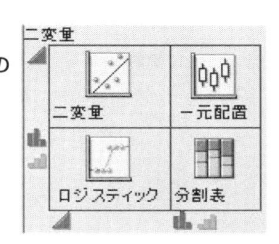

「$X$, 説明変数」に名義尺度の「性別」、「$Y$, 目的変数」に順序尺度の「年齢」を割り当てるとモザイク図と分割表が生成され、それとともにカイ2乗検定が行われます（図1.26）。

◆図1.26
分割表の例

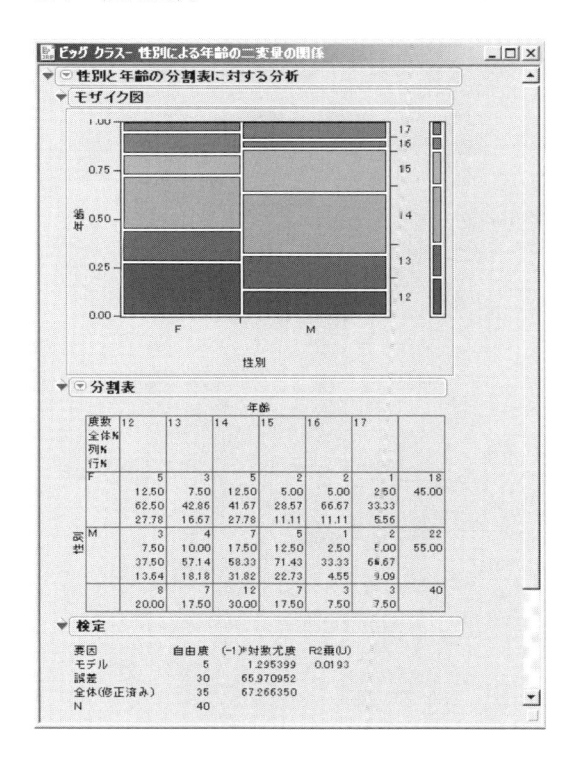

## 1.3.2 グラフの作成

「X, 説明変数」に名義尺度の「性別」、「Y, 目的変数」に連続尺度の「体重（kg）」を割り当てると図1.27のようなグラフが生成されます。画面上部のアウトライン（「性別による体重（kg）の一元配置分析」と表示されている部分）の赤い▼をクリックし、[表示オプション]から[点をずらす]と[箱ひげ図]を、[平均の比較]から[各ペア, Studentの $t$ 検定]（図1.28）を選びます。

◆図1.27
基本的な一元配置分析の結果

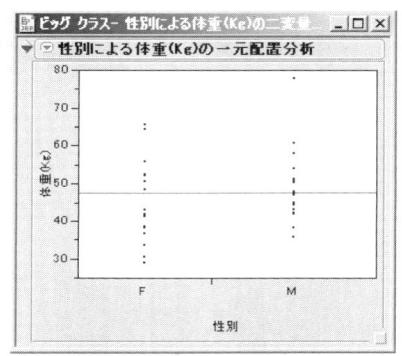

◆図1.28
[各ペア, Studentの $t$ 検定]を指定

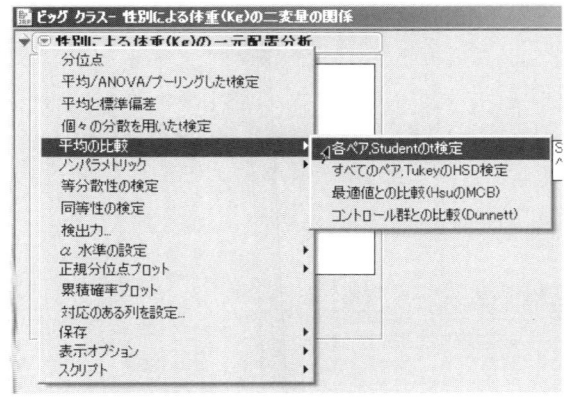

その結果、図1.29のような表示となります。右側の縁をクリックし、太い円と同じ色の円になったものの間に有意な差が存在します。この詳細については第7章で説明しますが、簡単に平均値の差の検定ができるのがわかります。

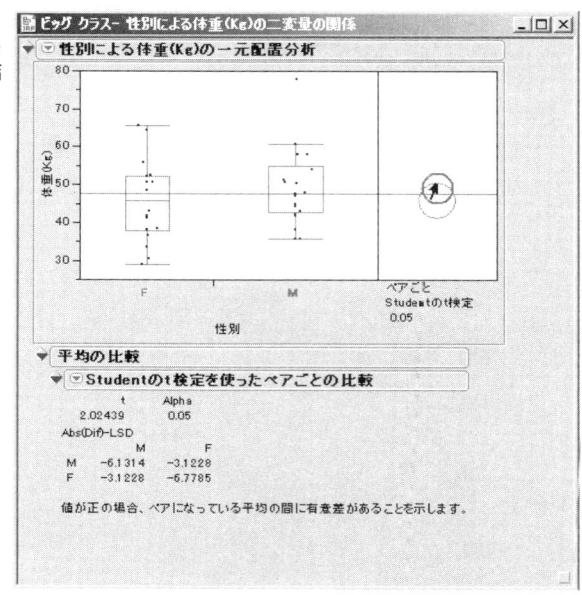

◆図1.29
オプションを指定した一元分散分析の結果

「X, 説明変数」に連続尺度の「身長（cm）」、「Y, 目的変数」に連続尺度の「年齢」を割り当てるとロジスティック回帰が行われます（図1.30）。今回は成長期の学生のデータを用いているため、身長と年齢の間にある程度の関係があります。連続尺度の身長から順序尺度とした年齢になる確率を求めるような解析がロジスティック回帰です。縦に引いた垂線が逆S字型カーブと交わっている長さが、ある身長においてその年齢になる確率を表しています。図1.30のように＋型の十字ツールで逆S字型カーブの上をクリックすると、150cmの学生が13歳である確率は約35％だとわかります。

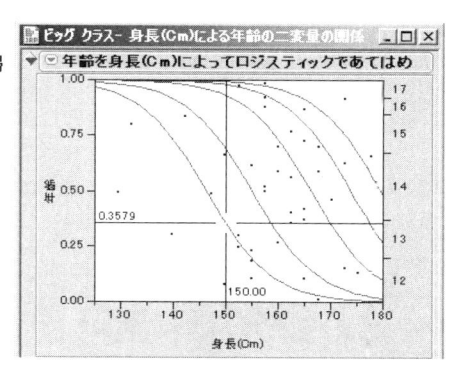

◆図1.30
ロジスティック回帰の例

## まとめ

ここではJMPの典型的な使用方法を概説しました。ここまでの機能をマスターしただけで、かなりの範囲のデータ解析ができます。次節では実際にデータテーブルをつくる方法を解説します。

# 1.4　データテーブルの作成

## 1.4.1　はじめに

統計学を学ぶのに、数式のみで理解しようとするのはかなり大変です。それよりも、実際にいろいろなデータを入力して自分の手で扱って体験をすると統計学の理解もしやすくなります。そこで、本節ではこれから先の学習に必要なデータテーブルをどのようにつくるかを解説します。本節を終わる頃には、これから先の学習に必要なデータテーブルの作成知識が身につきます。

## 1.4.2　キーボードから入力する方法

新規でデータテーブルを作成するには、メニューから［ファイル］－［新規作成］－［データテーブル］を選びます。そして、「列名」をダブルクリックし（図1.31）、列名、データタイプ、変数の尺度、表示形式などを指定して［OK］ボタンを押します（図1.32）。

◆図1.31
列名をダブルクリック

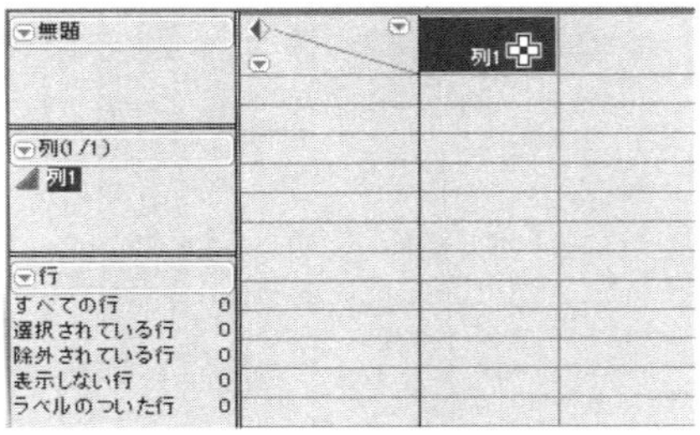

◆図1.32
列名の属性を決定

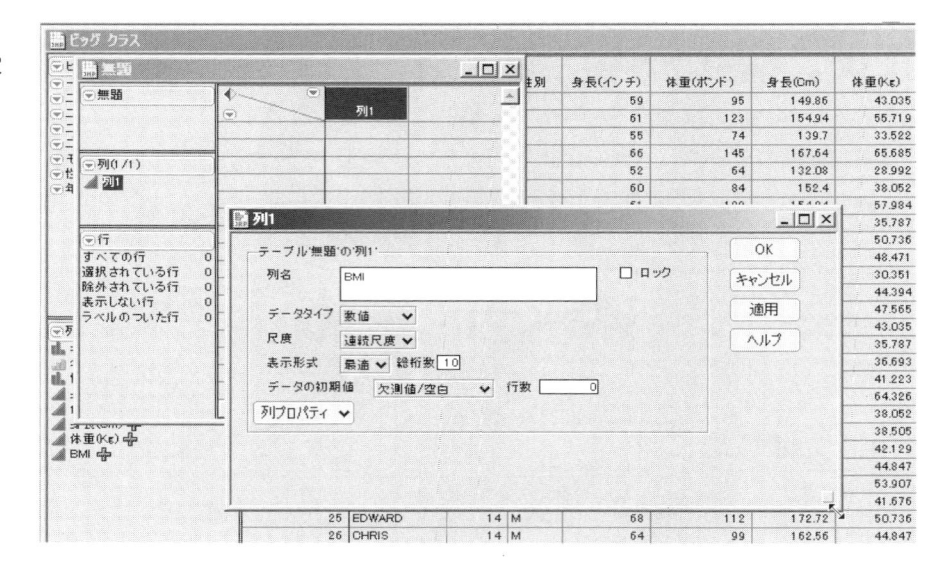

その後、キーボードから、データを入力し「Enter」もしくは「Tab」キーを押せば、逐次データが入力されていきます（図1.33）。

最後にメニューから［ファイル］－［名前を付けて保存］を選べば、作成したデータテーブルが保存されます。なお、保存時にファイルの種類を指定すれば、Excel、dBase、Accessなどのファイル形式でも保存できます。

◆図1.33
データの入力

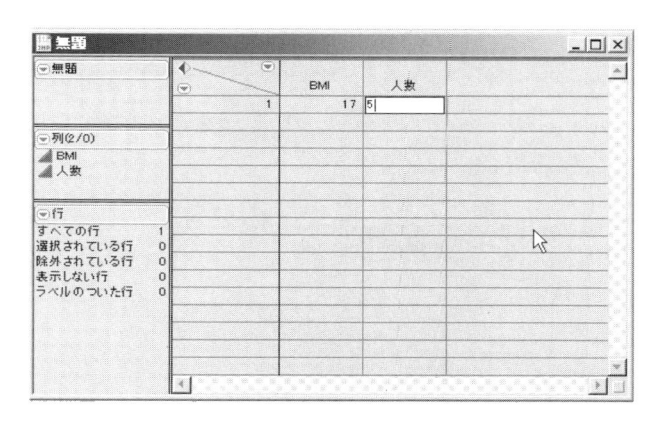

## 1.4.3　Excelからデータを転送する方法

キーボードからデータを入力するのは煩雑なので、既存のExcelのデータを一度クリップボードにコピーし、JMPの中で貼り付けると簡単にデータテーブルができます。

最初に転送するExcelのリスト部分（変数名と値の記述された矩形領域）を選択し、クリップボードにコピーします。

◆図1.34
リストのコピー

JMPを立ち上げて、新規データテーブルを作成し「Shift」キーを押しながらメニューから［編集］－［貼り付け］を選びます（図1.35）。これで、列名に自動的にExcelのリストの変数名が設定されてデータが貼り付けられます（図1.36）。このとき、列の属性は一番上の行のデータのタイプ（数値、文字）で決まります。

◆図1.35
「Shift」キーを押しながら貼り付ける

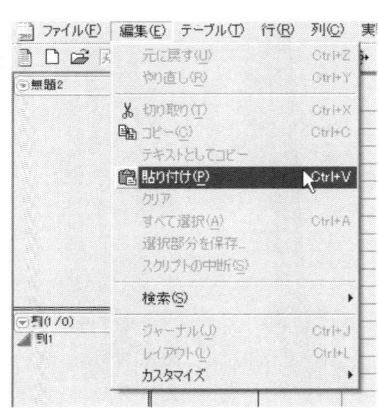

◆図1.36
転送された結果

### 1.4.4　計算式を利用してつくる方法

　JMPでは各列が変数に対応し、その列に対して準備されている関数を用いていろいろな演算を行えます。また、「行の追加」機能を用いると何万件でも瞬時にデータを追加できます。そこで本書のいくつかの例では計算式でデータテーブルをつくり練習用のデータテーブルを作成しています。

　新規のデータテーブルを作成し、「No」「X」という2種類の列を作成します。列パネルの列名、もしくはデータテーブルの上部の列名の場所で「No」を右クリックをし、[計算式] を選びます（図1.37）。

◆図1.37
計算式の適用

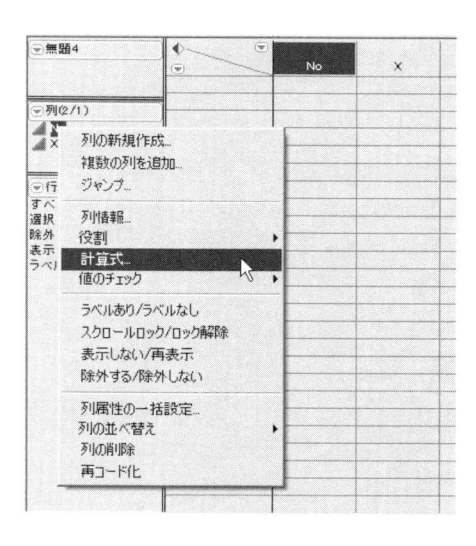

　計算式エディタの画面が表示されます。ここでは列同士の四則演算などができますが、関数も利用できます。「No」では試しにRow関数を使います。「関数（グループ別）」をポイントし、「行」を選択してから、「Row」を選択します（図1.38）。Row関数は行番号を与えるものです。本書では行番号を用いた練習用のデータを数箇所

で使用しています。

式を入力した後は［適用］ボタンを押してから［OK］ボタンを押します。これ以降、計算式を入力した後は必ず［適用］ボタンを押すようにしてください。

◆図1.38
「No」にRow関数を用いる

「X」列にはRandom Normal関数を与えます。この関数は初期値で平均0、分散1の正規分布に従う乱数を発生します。

◆図1.39
Random Normal関数の指定

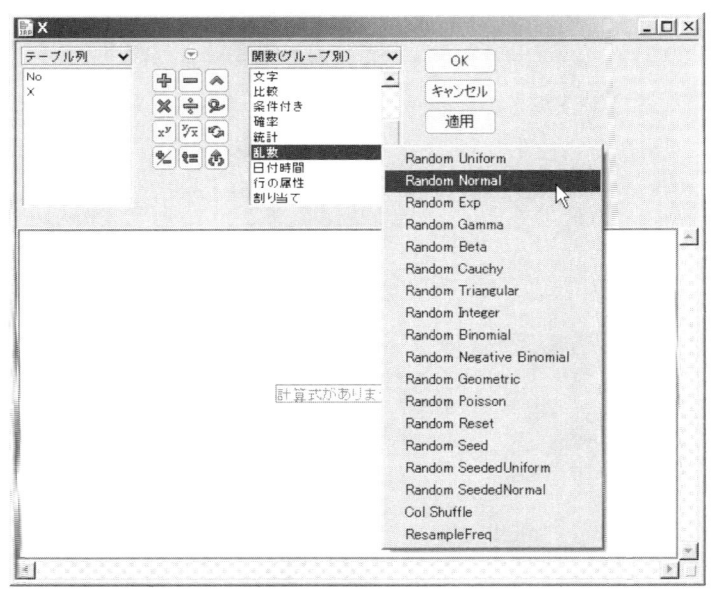

この段階で画面にまだ数値は表示されていません。次にメニューから［行］－［行の追加］を選び、「追加する行数」に「100000」を指定します。これで正規分布に従う乱数が100,000行生成されます。実際に100,000件のデータを集めるのは困難ですが、このようにすればシミュレーション用のデータをいくらでも生成できとても便利です。本書では、東京都の18歳の全人口に近い170,000件、関東近県の私立中学の入学者数40,000人、同じく私立中学の受験者延べ人数200,000人などを例として用いています。

◆図1.40
生成されたデータテーブル

試しに生成されたデータテーブルの一変量の分布を求めると、このデータでは全体で100,000件、平均0.0044849、標準偏差1.000174の正規分布のデータが生成されているのがわかります。一変量の分布のアウトラインの横の赤い▼を押して［積み重ねて表示］を選択すると図1.41のような表示になります。なお、平均、分散、標準偏差などは2.4節で詳しく解説します。

◆図1.41
生成したデータの表示

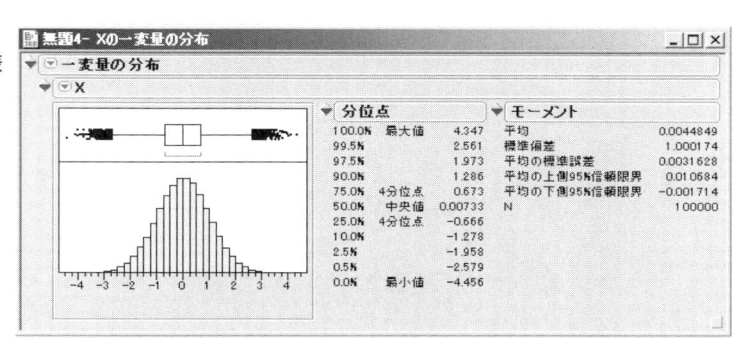

## まとめ

　統計の学習者にとって、実際に自分でデータを扱い解析しないとなかなか理解が進みません。しかしたくさんのデータを入手するのは困難です。本章で示した計算式でデータテーブルをつくる方法を用いると、擬似的な母集団データをいくらでも作成できます。

　後述する章のいくつかでは、このシミュレーションデータを用いた説明を行っていきます。自分でデータを生成して解析すれば、今までよりも楽に統計の学習ができるはずです。今の段階で必ず、計算式でデータテーブルを大量につくる方法をマスターしておいてください。

**チェックポイント**
- □ 計算式エディタを操作できる。
- □ 練習用の大量のデータを生成できる。
- □ Row 関数を理解できる。
- □ Random Normal 関数を理解できる。
- □ 大量のデータから、平均、標準偏差を求められる。

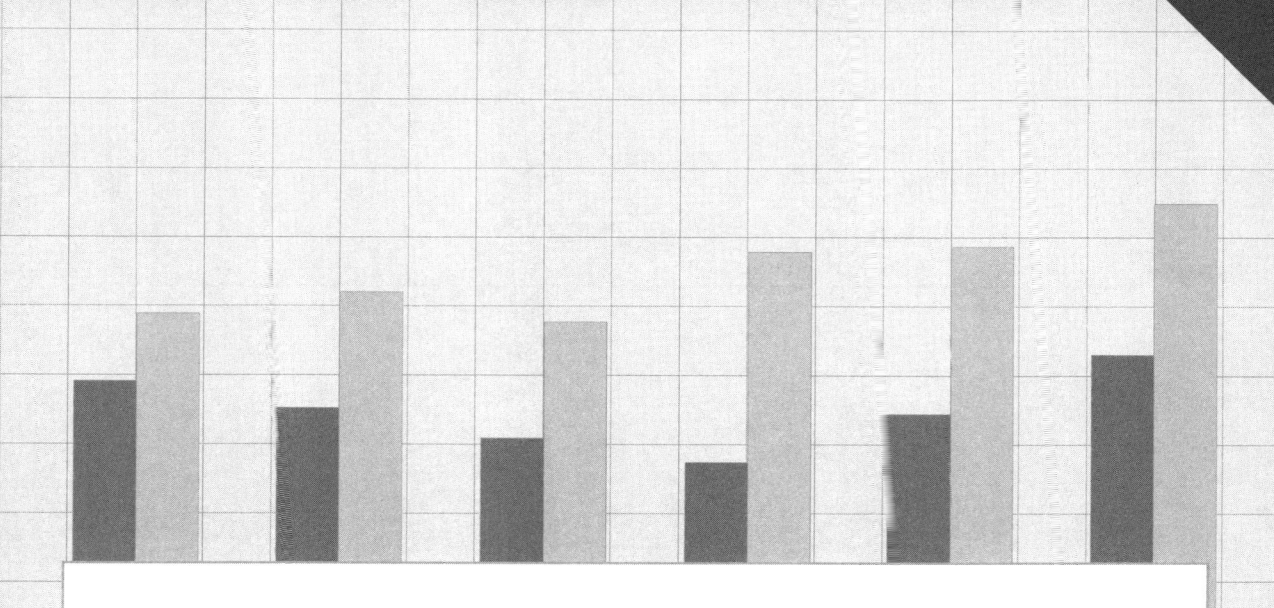

# 第2部

# JMPで学ぶ統計の基礎

　あなたは、統計ソフトウェアはとにかく数字を入れて結果が出ればよいという人ですか。「また出た数式！」などといって頭から拒否する人ですか。それではいつまでたっても統計の腕が上達しません。しかし、数式だけで統計の基礎が学べるのなら誰もが楽に統計を理解できているはずです。
　第2部ではいろいろな分布に従うデータをたくさん生成し、それを自分の手でさわって、解析して、理解します。第2部が終わる頃には、JMPの操作に慣れると共に、統計が今までよりは楽に理解できるようになっているでしょう。

# 第2章　分　布

## 2.1　確率分布を考える

### 2.1.1　はじめに

　統計を学ぶときには、確率分布が何かを正しく理解しなくてはなりません。確率とは、事象Aが生じる割合$P$と考えます。例えば、サイコロを振ったとき、各々の目の出る確率の分布は一様に$P=1/6$になります。しかし、2つのサイコロの目の合計の分布は一様にならず、一種の山型（正しくは二項分布）になります。したがって、もし2つのサイコロの合計をあてるゲームがあれば、前もって確率の分布がどのようになっているかを知れば勝負をするときに有利になります。ここでは身近な確率分布の例として宝くじのロト6を例にとり、確率分布の基礎を理解します。

　ロト6は通常の宝くじと異なり、1から43までの数字の中から6個の数字を選び出すもので、その概要とルールは以下のようになっています（http://www.takarakuji.mizuhobank.co.jp/ より）。

- **単価**：1口200円。
- **ゲーム方法**：「1から43まで」の43個の数字の中から選んだ6個の数字（申込数字）と、抽せん数字が一致している個数によって、1等から5等までの当せんを決定します。なお、数字の並び順は当せんと関係ありません。
- **当せんパターン**：抽せんで43個のボールの中から6個の本数字と1個のボーナス数字の合計7個を決定します。ボーナス数字は2等の当せんを決定する場合だけに使用します。
    1等：申込数字が本数字6個とすべて一致するもの。
    2等：申込数字が本数字5個と一致し、さらに申込数字の残り1個がボーナス数字と一致するもの。
    3等：申込数字が本数字5個と一致するもの。

4等：申込数字が本数字4個と一致するもの。
5等：申込数字が本数字3個と一致するもの。

　サマージャンボやグリーンジャンボのような通常の宝くじは、当せんする数字がわかったとしても、どこの売り場でその宝くじを買えばいいいかわかりません。しかし、ロト6は自分で数字を選べます。ですから、もし出やすい数字が予測できるならば、購入者にとって有利なくじとなります。

　当せん数字を予測するという怪しげな理論を求めて、血眼になって研究を重ねるよりは、「まさかね、でもひょっとして」と思いつつ、ロト6のデータを題材に、いろいろな角度から数字を解析する能力を身につけて統計の学習をした方がよほど役に立つはずです。ここでは宝くじのロト6のデータを用いて、楽しみながら統計の基本的考えを身につけます

　**お断り**：本解説は宝くじの当てやすさを解説するものではありません。偶然に従うように見えるロト6の数字の分布もある確率密度関数で表せることを示すだけです。

## 2.1.2　過去のデータの分布

　最初に、みずほ銀行の宝くじのWebページに記載されているロト6の当せんデータをもとに作られたLOTO6.JMPを開きます（図2.）。d1 − d6は6種類の当せん数字を小さい順に並べたものです。

　d1 − d6の一変量の分布を求めます。メニューから［分析］−［一変量の分布］を選び、図2.2のように変数を設定します。

　変数の分布が表示されますので、「一変量の分布」と書かれているアウトラインの赤い▼をクリックして［スケールの統一］と［列の積み重ね］をクリックします（図2.3）。

## 第2章　分　布

◆図2.1
LOTO6.JMPの内容

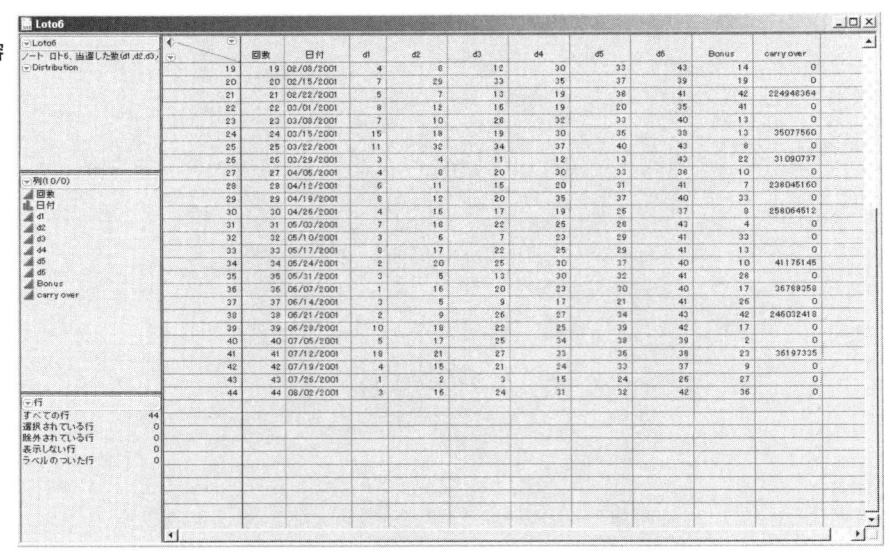

◆図2.2
d1－d6の一変量の分布を求める

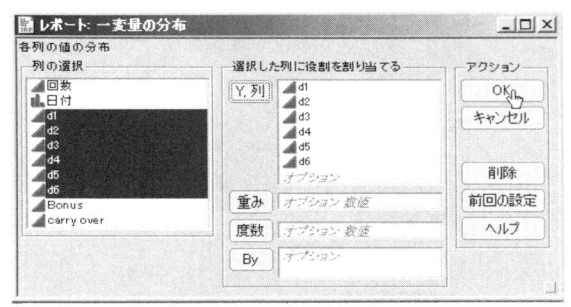

◆図2.3
［スケールの統一］と［積み重ねて表示］をクリック

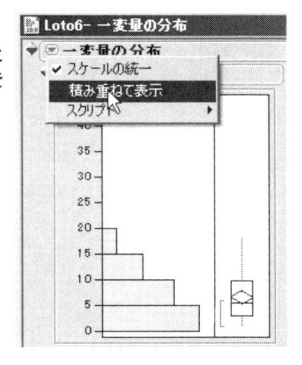

　ツールバーから「手のひらツール」アイコンを選んで、グラフの上を上下にドラッグします。そうするとグラフの幅が変化しますので図2.4のようにグラフの幅が1になるようにします。
　6種類の分布を見ると数字が一部に集中しているのがわかります。

◆図2.4
1−43回の分布

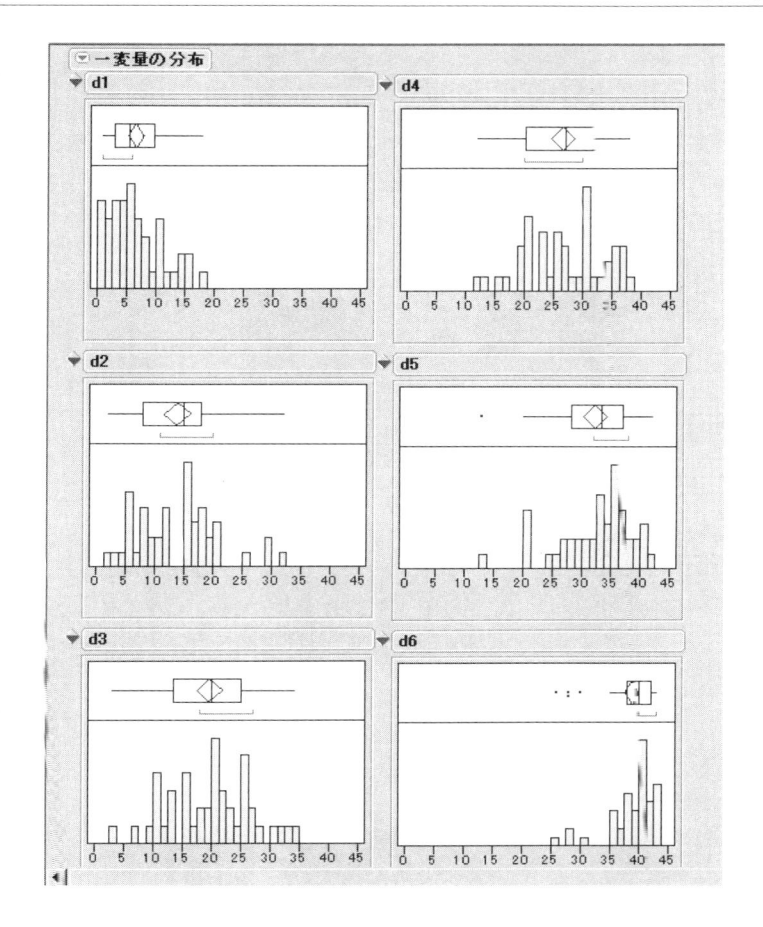

各数字はd1−d6の出現頻度を表現していますから、出やすい数字を選ぶ指標になります。d1では20以上、d6では20以下がほとんど存在していませんから、なにもそれらの数字を買うことはないでしょう。いくら6種類の数字を好みで選ぶといっても、38, 39, 40, 41, 42, 43と選ぶとまず1等は望めません。では数字のどこからどの範囲を選んだら、全体の何パーセントが集中していると考えたらよいのでしょうか。

実はロト6の数字はそのルールから超幾何分布という分布に従います。実際に1−43の数字からランダムに6種類数字を選び、それを1万回繰り返しd1−d6の分布を求めた結果が図2.5の数字です。

このデータをもとにデータテーブルを作成してください。データ数を少なくするため、ロト6の各数字の理論的度数分布を要約し、数字の2には1と2の出現頻度の合計を示しました。全体で43あるため、43のところには43のみの出現頻度を示しています。

第2章 分布

◆図2.5
d1−d6の理論的度数

| 数字 | d1理論度数 | d2理論度数 | d3理論度数 | d4理論度数 | d5理論度数 | d6理論度数 |
|---|---|---|---|---|---|---|
| 1 | 2593 | 172 | 0 | 0 | 0 | 0 |
| 3 | 2015 | 686 | 60 | 2 | 0 | 0 |
| 5 | 1566 | 1060 | 238 | 8 | 1 | 0 |
| 7 | 1147 | 1116 | 404 | 66 | 4 | 0 |
| 9 | 824 | 1189 | 580 | 98 | 8 | 0 |
| 11 | 607 | 1172 | 774 | 210 | 25 | 1 |
| 13 | 443 | 1065 | 900 | 339 | 61 | 3 |
| 15 | 329 | 934 | 940 | 462 | 108 | 13 |
| 17 | 171 | 742 | 1030 | 639 | 197 | 13 |
| 19 | 126 | 598 | 991 | 803 | 262 | 32 |
| 21 | 76 | 437 | 953 | 901 | 393 | 60 |
| 23 | 57 | 327 | 851 | 982 | 512 | 95 |
| 25 | 22 | 206 | 700 | 999 | 682 | 167 |
| 27 | 14 | 170 | 555 | 1023 | 775 | 248 |
| 29 | 4 | 68 | 410 | 943 | 1011 | 387 |
| 31 | 4 | 35 | 301 | 865 | 1141 | 503 |
| 33 | 1 | 16 | 172 | 723 | 1166 | 712 |
| 35 | 1 | 7 | 97 | 502 | 1177 | 984 |
| 37 | 0 | 0 | 41 | 302 | 1152 | 1278 |
| 39 | 0 | 0 | 3 | 123 | 868 | 1878 |
| 41 | 0 | 0 | 0 | 10 | 457 | 2269 |
| 43 | 0 | 0 | 0 | 0 | 0 | 1357 |

## 2.1.3 理論分布の確認

　最初のLOTO6.JMPのデータテーブルには各回の当せん数字が入っていましたが、今度は1万回シミュレーションしたときの当せん数字の理論度数です。そのため、一変量の分布を求めるのは今までと少し手順が異なります。

　メニューから［分析］－［一変量の分布］を選び、「Y, 列」で「数字」を選択し、「度数」のところに「d1理論度数」を選び［OK］ボタンを押します。

◆図2.6
度数の配置

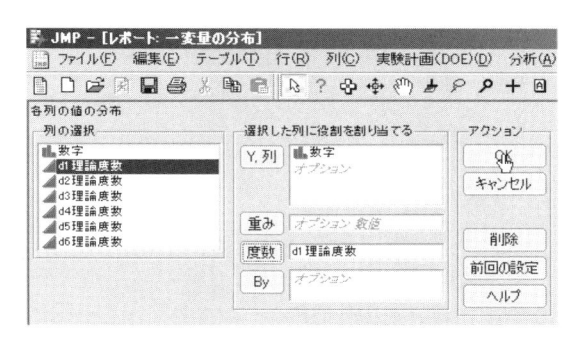

　表示されるのは「d1の理論度数」の分布です。「一変量の分布」のアウトラインの横の赤い▼を押して、［列の積み重ね］を選び、「数字」のアウトラインの横の赤い▼を押して［モザイク図］を選ぶと図2.7のような表示になります。度数とともに、全体に占める割合が表示されています。この表では、d1の1, 2の合計を1に示していますので、水準1の割合が25.93%とは数字の1, 2を選ぶとそれが選ばれる確率は25.93%であることを意味しています。

◆図2.7
d1の理論度数分布

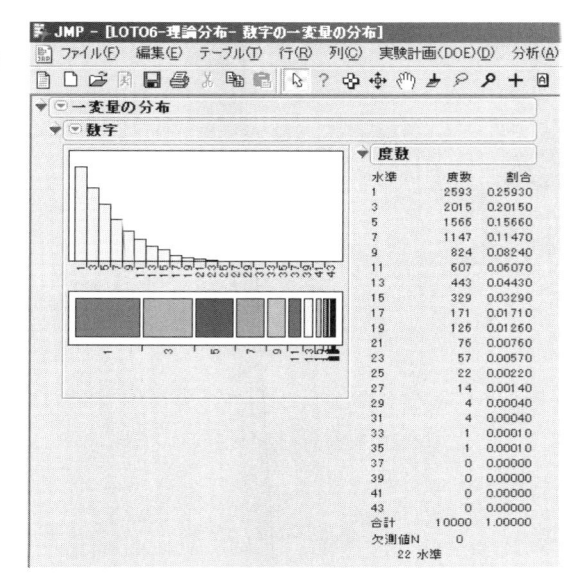

| 水準 | 度数 | 割合 |
|---|---|---|
| 1 | 2593 | 0.25930 |
| 3 | 2015 | 0.20150 |
| 5 | 1566 | 0.15660 |
| 7 | 1147 | 0.11470 |
| 9 | 824 | 0.08240 |
| 11 | 607 | 0.06070 |
| 13 | 443 | 0.04430 |
| 15 | 329 | 0.03290 |
| 17 | 171 | 0.01710 |
| 19 | 126 | 0.01260 |
| 21 | 76 | 0.00760 |
| 23 | 57 | 0.00570 |
| 25 | 22 | 0.00220 |
| 27 | 14 | 0.00140 |
| 29 | 4 | 0.00040 |
| 31 | 4 | 0.00040 |
| 33 | 1 | 0.00010 |
| 35 | 1 | 0.00010 |
| 37 | 0 | 0.00000 |
| 39 | 0 | 0.00000 |
| 41 | 0 | 0.00000 |
| 43 | 0 | 0.00000 |
| 合計 | 10000 | 1.00000 |
| 欠測値N | 0 | |
| 22 水準 | | |

どこからどこまでの数字を選べば、全体の95%になるかを考えると、数字の1から14を選ぶ、つまりグラフ上で、1, 3, 5, 7, 9, 11, 13を選ぶとそこが選ばれる確率がほぼ95%となるのがわかります（図2.8）。

◆図2.8
d1の95%区間

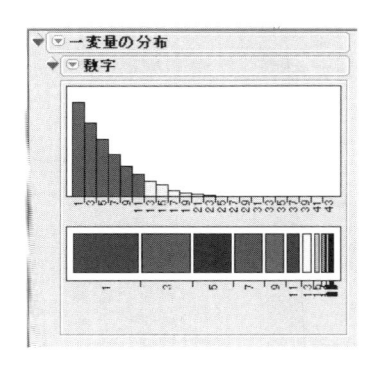

d2の場合はd1と異なりピークが端にないため少し事情が異なります。そこで、全体の95%を占める範囲は一番下と一番上から2.5%ずつはずした残りを選ぶと考えるとよいでしょう（図2.9）。

第2章　分　布

◆図2.9
d2の95%区間

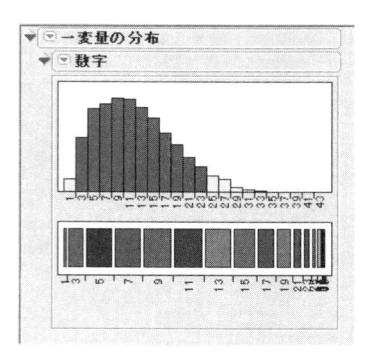

　　　　以上の確率の分布の話を一般化し、確率の分布を示す関数を全体の面積が1になるように正規化したものを確率密度関数ともいいます。

## 2.1.4　パレート図の応用

　　　　もう少しスマートに範囲を求めるにはパレート図を使います。メニューから［グラフ］−［パレート図］を選び、先ほどと同じように「Y, 原因」と「度数」に変数を設定します。
　　　　グラフのX軸には頻度の多いもの順に変数が並びます。このd2の場合、左側に度数の合計が、右側に累積パーセントが示されます。ツールバーから「十字ツール」を選び、カーブの上でクリックすると左側の軸の度数の数字が表示されます。全体で10,000回ですから9,500回のところを探すと、図2.10の位置になります。
　　　　ここでX軸をよく見ると、1, 27, 29, 31, 33, 35, 37, 39, 41, 43 (が垂線の右側にあるのに気がつきます。つまり、d2の場合、グラフで3 − 25、実際には3 − 26までを選べば全体の95%の区間になるのがわかります。

◆図2.10
累積度数が9,500の
場所を検討

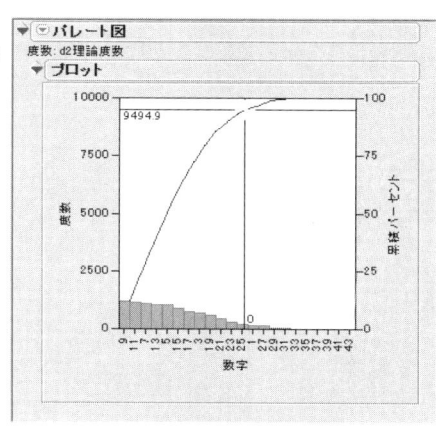

このパレート図の右上がりのグラフのように、累積パーセントを示す関数を、累積密度関数といいます。累積密度関数を用いると、選んだ範囲が全本の何パーセントを占めるかがわかります。この考えを確率密度関数に拡張したものが累積確率密度関数で、d2 の 95%区間を示す図 2.9 のようにもとのヒストグラムのカーブを連続尺度に拡張したものが確率密度関数です。

確率密度関数と累積確率密度関数の関係は下記のようになります

- 確率密度関数　　ある値がどれくらいの割合で生じるかを示す。
  関数のグラフを描くのに使用する。
- 累積確率密度関数　ある値を選んだとき、その値までが全体の事象の何パーセントかを示す。
  ある値以上あるいは以下になる確率を求めるのに使用する。

## まとめ

　統計学の基礎には積分があります。しかし、現在、大学や社会で統計を学ぶ人すべてが積分を習っているとは限らず、逆に積分を知らない人が大半なのです。しかし、金融工学、マーケティングリサーチなどの最先端の分野はもちろん、ごく普通の職場での業務改善などでも統計が必要になる場面はどんどん増えています。また、数字を定量的に解析した卒業論文の方が、単なる調査論文より評価が高いのは当然です。

　長い間、大学生や社会人に統計を教えていて、確率密度関数と累積確率密度関数の区別がわからなくなり、統計が理解できなくなる学生が多くなることに気がつきました。両者の関係は、グラフ上の $X$ の位置とそれより左右のグラフの面積と考えるのがポイントです。積分はある範囲の関数の面積を求めるようなものです。積分を習ってない方も、ロト6の棒グラフの足し算、あるいはグラフの面積と考えると、理解もしやすいはずです。

　確率を考える場合、各種のグラフ（確率密度関数）を用い、考えている $X$ 軸の範囲に対応する面積は、全体のどの程度の割合を占めているかを理解する。この考え方がこれから先に、統計解析を楽に理解する上での大事なポイントとなります。

### チェックポイント
- □ ロト6の数字もある規則に従うことがわかる。
- □ LOTO6.JMP で一変量の分布を求められる。
- □ ある事象の発生を示す棒グラフを足し合わせると確率になることが理解できる。
- □ 確率密度関数と累積確率密度関数の違いをいえる。
- □ 2.1 節はロト6の必勝法を解説しているのではないことを理解できる。

## 2.2 正規分布を考える

### 2.2.1 はじめに

　統計学の勉強をするときには、データの分布の形を認識するのが重要です。基本的なデータ分布の形は正規分布ですが、単に数式や理論だけで正規分布を理解しようとすると頭が痛くなります。そこで、本節では擬似的なデータとして中学受験の模擬試験のデータを生成し、データの分布の基礎的な概念を学習します。

　この本を読む方は大学生か社会人の方で、あまり中学受験と縁がないでしょう。しかし、将来、自分のお子さんが中学受験に関係する可能性は皆無とはいえないでしょう。またあなたが中学受験に興味がなくても、パートナーの方が興味を持つことも十分考えられます。そこで、ここではお子さんが中学受験にチャレンジするという想定のもとで話を進めます。

　2002年度の首都圏の私立中学の入学定員総数は4万人、受験総数は20万人といわれています。人数に重複もあるでしょうが、仮に20万人すべてが異なるとし、あるとき、続けて2回統一模擬試験を受けたと考え、この試験の点数をどのように処理し、どのように解釈すればよいかを学びます。

### 2.2.2 データの準備

　新規のデータテーブルとして「統一模試.JMP」を作成し変数として「点数一回目」「点数二回目」をRandom Normal関数を用いた計算式で定義します。この関数は初期設定では平均0、分散1（標準偏差1）の正規分布に従う乱数を発生しますが、平均と標準偏差の指定も可能です。そこで図2.11のように「点数一回目」は平均60点、標準偏差10点、図には示していませんが「点数二回目」は平均70点、標準偏差20点であったとします。

◆図2.11
「点数一回目」の計算式

　メニューから［行］-［行の追加］を選び、行数を20万件追加します。各々の変数について、一変量の分布を求め、「積み重ねて表示」してグラフを表示します（図2.12）。

　試験の結果は平均値付近の度数が一番多く、離れるに従って度数が少なくなる正規分布の形をとっています。

　グラフを見ると標準偏差が大きくなるとグラフの裾が広がること、平均値から標準偏差を±2倍した範囲までに全体のデータの95%が入ること、グラフの形状は平均値と標準偏差から決まってしまいそうなこと、などがわかります。

◆図2.12
解析の結果

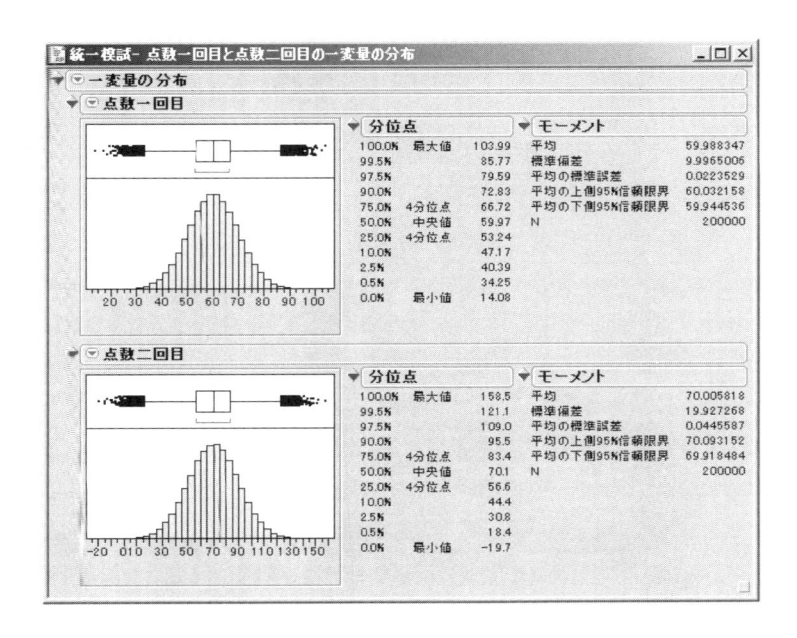

## 2.2.3　点数の標準化

　さて、単にお子さんの点数を見ただけでは平均より良いか悪いかの判断はつきますが、全体の分布の中での位置関係がわかりません。2種類の模試の結果が、平均点も分散も異なっているので単純に点数を比較できません。

　このように、異なる平均と分散を持つ正規分布はそのままでは比較しにくいので、標準化とよばれる作業によって平均0、分散1（標準偏差1）の標準正規分布（基準正規分布ともいう）に変換します。ここで変換された点数は標準得点といい、一般的には$z$で表現し、各点数から平均値を引き標準偏差で除して求めます。

$$標準得点\ z = \frac{点数-平均}{標準偏差}$$

　今回用いたデータテーブルの一変量の分布で求めた平均値と標準偏差（図2.12）を用いて「標準得点一回目」「標準得点二回目」の2種類の標準得点を求め（図2.13）、一変量のグラフを求めます。これで平均0、標準偏差1（分散1）の標準正規分布に変換された結果が求まります（図2.14）。

◆図2.13
「標準得点一回目」の計算式

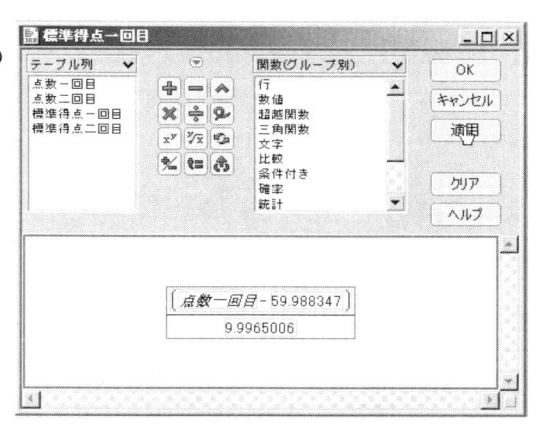

◆図2.14
2種類の標準得点

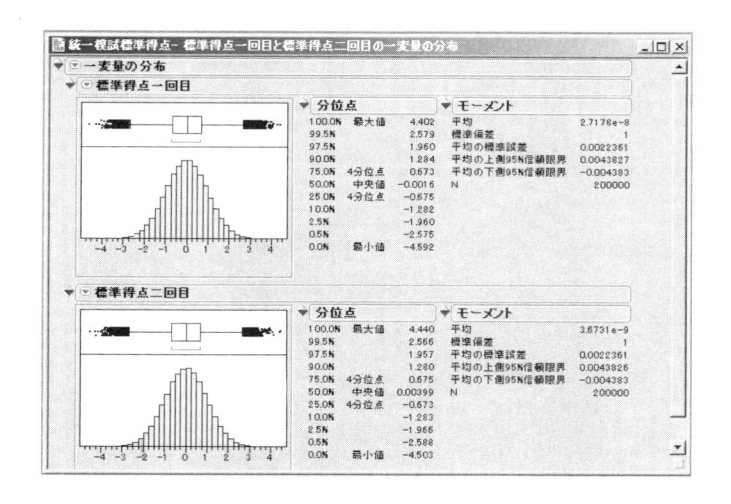

## 2.2.4 標準得点から偏差値へ

　今までの処理で、2種類の点数の分布は比較が可能となりました。例えば、一回目の点数が70点で二回目も70点だったとすると一回目と二回目の標準得点 $z_1$, $z_2$ は下記のようになります。

$$z_1 = \frac{70 - 59.988347}{9.9965006} = 1.0015157$$

$$z_2 = \frac{70 - 70.005818}{19.927268} = -0.0002919$$

　このような変換を行うとテストの比較ができ、二回目の標準得点がかなり低下したのがわかります。しかし、グラフ上で標準得点の横軸が-4から4では読みづらいので、標準得点を10倍し50を加えます（図2.15）。これが受験産業でおなじみの偏差値です。

$$偏差値 = \frac{点数 - 平均値}{標準偏差} \times 10 + 50$$

　通常、学習塾ではこの偏差値が生徒に返されますので、素点から両親が偏差値を計算する機会は少ないでしょうが、このような仕組みで偏差値が算出されることは知っていて損はないでしょう。

◆図2.15
「偏差値一回目」の計算式

[ダイアログ画像: 標準得点一回目 * 10 + 50]

## 2.2.5 偏差値から順位へ

次に問題になるのは、偏差値のみから全体の順位がわかるかという問題です。この問題には、Normal Distribution 関数を用います。Normal Distribution 関数は、平均0および標準偏差1の標準正規分布で、指定した分位点$x$以下の値をとる確率を求めます。例えば、式 Normal Distribution(1.96) は 0.975 を返し、これは標準正規分布で$x$が1.96以下となる確率を示します。オプションで、平均、標準偏差を指定して、標準正規分布以外の正規分布からの確率を取得することもできます。

この関数が返す値は累積度数（パーセンタイル）と同じなので、「パーセンタイル一回目」「パーセンタイル二回目」と名づけた変数を求めます（図2.16）。

◆図2.16
「パーセンタイル一回目」の計算式

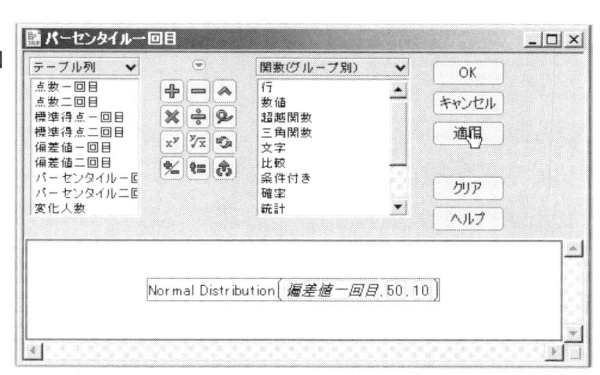

[ダイアログ画像: Normal Distribution(偏差値一回目, 50, 10)]

一回目と二回目とも20万人が受験したとし、その順位の変化を求めるにはパーセンタイルの変化に人数を掛ければよいので、図2.17のような式で求めます。

◆図2.17
席次の変化

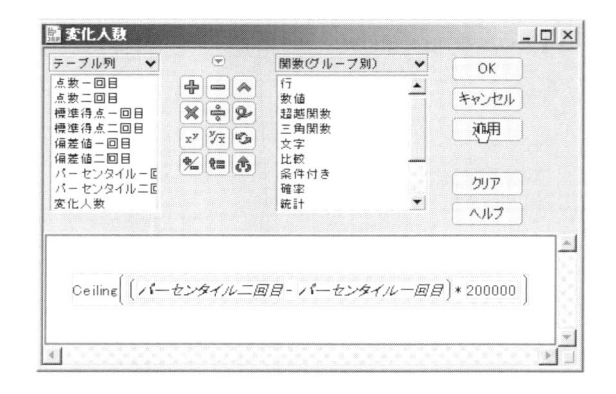

これにより、一回目と二回目では何人変化したかがすぐにわかります（図2.18）。

◆図2.18
変化人数の算出

## 2.2.6 偏差値を見るときの注意点

実際に計算して順位の変化を見ると、偏差値が50から55に上がるのと、55から60に上がるのでは大違いです。どちらも偏差値が5だけ上がっていますが全体で20万人いたとすると、前者では38,292人追い越し、後者ではさらに29,976人追い越したことになります。偏差値50は全体の50%の位置であったのが、60では84.13%、65では93.31%、70で97.72%近くになります。2002年度のデータで偏差値65以上の首都圏近郊の男子が受験できる私立中学では開成、麻布、筑波大駒場、駒場東邦、星光、栄光、筑波大附属、慶応義塾中等部、慶応義塾普通部、慶応義塾湘南

藤沢などがこの偏差値に相当します。考えようによっては100人中7番以内にはいっていないと、これらの中学に入学するのは困難なわけです。

ただし、偏差値を見る場合、1つ注意が必要です。偏差値はあくまで同じ集団の中で比較するものです。ごく普通の生徒ばかりが1万人いる塾での偏差値75をとっていた生徒が、できる生徒が多い塾に移ったときに偏差値が75のままという保証はありません。きっと偏差値は下がるでしょう。偏差値はあくまである集団の中での比較であることに留意してください。また、定義からわかるように偏差値の平均値は意味を持ちません。

## まとめ

日頃聞きなれてはいるが、その内容がいま少しわかりにくかった偏差値も、標準正規分布から導かれた標準得点をもとに定義されたのが理解できたでしょう。どのような正規分布も平均と標準偏差を用いて標準化ができる。これが統計を理解していく上で重要なポイントになります。

もし、お子さん、あるいは将来のお子さんが偏差値のお世話になるようなことがあったら、ここで述べた知識を是非思い出して役立ててください。

**チェックポイント**
- ☐ 正規分布における平均と標準偏差の関係がわかる。
- ☐ 平均±2標準偏差の間に全体の95％があることがわかる。
- ☐ 点数の標準化を理解できる。
- ☐ 偏差値の定義をいえる。
- ☐ Normal Distribution 関数の意味が理解できる。
- ☐ 偏差値が50－55、60－65と変化したときに、追い越した人数が異なることがわかる。
- ☐ 偏差値の平均は意味がないことがわかる。

## 2.3　正規分布と棄却検定法

### 2.3.1　はじめに

　ロト6の話で、前もって確率分布のグラフがわかっていれば、選んだ数値範囲とグラフで当てやすさが類推できることがわかったはずです。その話を発展させ、正規分布を例にとり、自信をもって2つの分布が異なるという方法、棄却検定法を取り上げます。

　ここでは、以前使用した「統一模試」のデータの作り方を参考に、正規分布のグラフを書きながら棄却検定法を理解します。

### 2.3.2　正規分布をグラフに描く

　以前の統一模試のデータは各個人について順位がどの程度変化したかを求めました。ここで、もう少しデータを一般化して扱える方法を考えましょう。そこで関数を用いて理論的な人数の理論分布を求め検討します。

　最初に「点数」を Row 関数を用いて次のように定義します。

　　点数 = Row( )

　Normal Density関数を用いると、指定した平均、標準偏差に従う正規分布の値が求まります。このような確率分布を示す関数を確率密度関数ということはすでに述べました。これに全体の人数を掛けて、階級幅の点数を掛ければ、その点数をとった人数が求まります。この場合、階級幅は1点ですから単に「人数」を下記のように定義します。

　　人数 = Normal Density(点数, 60, 10) × 200,000

　ある確率密度関数の下からの面積を求める関数、つまり、人数でいえば下からの累積人数を求める関数を累積確率密度関数といいます。累積確率密度関数は、ロト6でいえば、グラフの全体の面積を1（ロト6の理論分布では便宜的に全体を10,000にしていたのを思い出してください）にして、ある値$x$をとるまでのグラフの面積を示したものと考えてください。累積分布だ何だといっても、ロト6の度数の合計、つまりグラフの面積にしか過ぎないという点がわかればよいでしょう。

　Normal Distribution関数は正規分布の累積確率密度を返します。これを「累積

# 第2章 分布

（下から）」と名づけ、ある点数をとったのは下から何人目にあたるかを求めます。変数は次のように定義します

$$累積（下から） = \text{Normal Distribution}(点数, 60, 10) \times 200,000$$

全体の人数から「累積（下から）」を引いた変数を「全体―累積（上から）」と定義し、ある点数をとったのは上から何人めの位置にあたるかを求めます。

$$全体―累積（上から） = 200,000 - 累積（下から）$$

点数を標準化した点数を「標準得点」として下記のように定義します

$$標準得点 = \frac{点数 - 60}{10}$$

データを全部で120行生成し、このデータテーブルを「模擬試験人数分布」と名づけます（図2.19）。

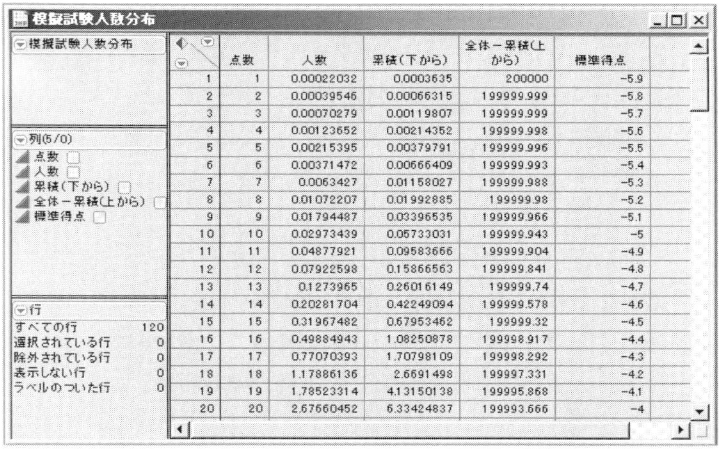

◆図2.19
準備した「模擬試験人数分布」のファイル

| | 点数 | 人数 | 累積（下から） | 全体－累積（上から） | 標準得点 |
|---|---|---|---|---|---|
| 1 | 1 | 0.00022032 | 0.0003635 | 200000 | -5.9 |
| 2 | 2 | 0.00039546 | 0.00066315 | 199999.999 | -5.8 |
| 3 | 3 | 0.00070279 | 0.00119807 | 199999.999 | -5.7 |
| 4 | 4 | 0.00123652 | 0.00214352 | 199999.998 | -5.6 |
| 5 | 5 | 0.00215395 | 0.00379791 | 199999.996 | -5.5 |
| 6 | 6 | 0.00371472 | 0.00666409 | 199999.993 | -5.4 |
| 7 | 7 | 0.0063427 | 0.01158027 | 199999.988 | -5.3 |
| 8 | 8 | 0.01072207 | 0.01992885 | 199999.98 | -5.2 |
| 9 | 9 | 0.01794487 | 0.03396535 | 199999.966 | -5.1 |
| 10 | 10 | 0.02973439 | 0.05733031 | 199999.943 | -5 |
| 11 | 11 | 0.04877921 | 0.09583666 | 199999.904 | -4.9 |
| 12 | 12 | 0.07922598 | 0.15866563 | 199999.841 | -4.8 |
| 13 | 13 | 0.1273965 | 0.26016149 | 199999.74 | -4.7 |
| 14 | 14 | 0.20281704 | 0.42249094 | 199999.578 | -4.6 |
| 15 | 15 | 0.31967482 | 0.67953462 | 199999.32 | -4.5 |
| 16 | 16 | 0.49884943 | 1.08250878 | 199998.917 | -4.4 |
| 17 | 17 | 0.77070393 | 1.70798109 | 199998.292 | -4.3 |
| 18 | 18 | 1.17886136 | 2.6691498 | 199997.331 | -4.2 |
| 19 | 19 | 1.78523314 | 4.13150138 | 199995.868 | -4.1 |
| 20 | 20 | 2.67660452 | 6.33424837 | 199993.666 | -4 |

これらのデータを「重ね合わせプロット」の機能で検討しましょう。

メニューから［グラフ］－［重ね合わせプロット］を選び、図2.20のように変数を設定します。

「人数」のところをクリックし［左軸／右軸］ボタンを押し、表示の矢印が右を向くのを確認します。これは、表示されるグラフで「人数」の変数は右側の軸を使うことを意味します。

◆図2.20
重ね合わせグラフの
準備

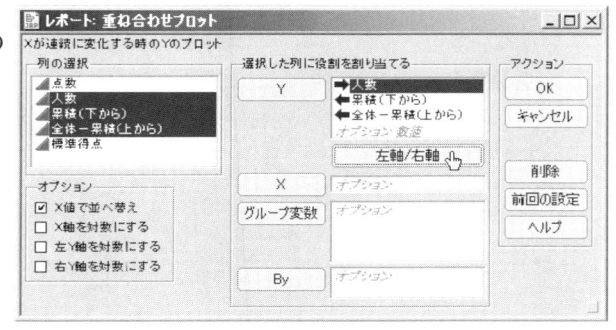

図2.21のようにグラフが重ね合わせて表示されます。十字ツールを用いてグラフ上をクリックすると、左側のY軸の値（「累積（下から）」と「全体―累積（上から）」）の値が表示されます。

図2.21では、50点までをとった人数の合計は、おおむね32,000人であることがわかります。ただし、この値は、小さなグラフの上でカーソルを使って求めたため、実際の50点までをとった人数の合計は31,731人であることが、もとのデータテーブルを見るとわかります。

◆図2.21
重ね合わせ表示

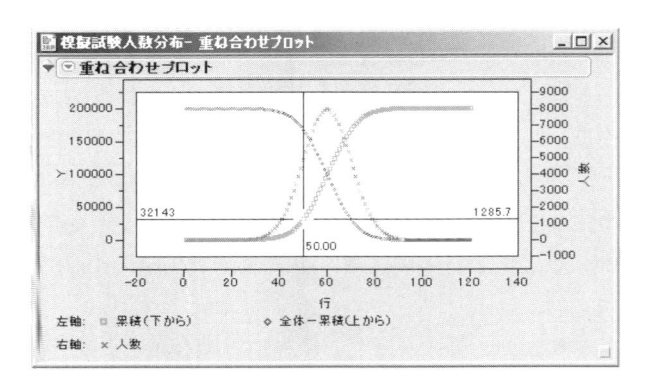

同様に、50点の位置における「全体－累積（上から）」の人数を求め、また60点での人数を求めます。そうすれば点数の上昇で何人を追い抜いたかがわかります。

## 2.3.3 標準正規分布での検討

ここまで、20万人が平均点60点、標準偏差が10点の正規分布に従う例を示しました。どのようなデータも変数の分布が正規分布と仮定できる場合、標準正規分布で分布を検討するのが便利です。

そこで、図2.22のような数表をつくり、全体で60行準備し、このデータをもと

に正規分布のデータの検討を行います。

◆図2.22
標準正規分布の数表

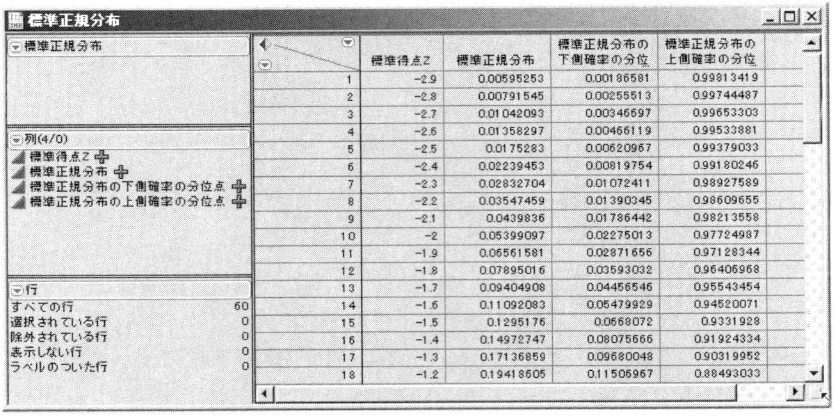

| | 標準得点Z | 標準正規分布 | 標準正規分布の下側確率の分位 | 標準正規分布の上側確率の分位 |
|---|---|---|---|---|
| 1 | -2.9 | 0.00595253 | 0.00186581 | 0.99813419 |
| 2 | -2.8 | 0.00791545 | 0.00255513 | 0.99744487 |
| 3 | -2.7 | 0.01042093 | 0.00346697 | 0.99653303 |
| 4 | -2.6 | 0.01358297 | 0.00466119 | 0.99533881 |
| 5 | -2.5 | 0.0175283 | 0.00620967 | 0.99379033 |
| 6 | -2.4 | 0.02239453 | 0.00819754 | 0.99180246 |
| 7 | -2.3 | 0.02832704 | 0.01072411 | 0.98927589 |
| 8 | -2.2 | 0.03547459 | 0.01390345 | 0.98609655 |
| 9 | -2.1 | 0.0439836 | 0.01786442 | 0.98213558 |
| 10 | -2 | 0.05399097 | 0.02275013 | 0.97724987 |
| 11 | -1.9 | 0.06561581 | 0.02871656 | 0.97128344 |
| 12 | -1.8 | 0.07895016 | 0.03593032 | 0.96406968 |
| 13 | -1.7 | 0.09404908 | 0.04456546 | 0.95543454 |
| 14 | -1.6 | 0.11092083 | 0.05479929 | 0.94520071 |
| 15 | -1.5 | 0.1295176 | 0.0668072 | 0.9331928 |
| 16 | -1.4 | 0.14972747 | 0.08075666 | 0.91924334 |
| 17 | -1.3 | 0.17136859 | 0.09680048 | 0.90319952 |
| 18 | -1.2 | 0.19418605 | 0.11506967 | 0.88493033 |

- 標準得点 $Z$   Row( )/10 − 3
- 標準正規分布   Normal Density(標準得点 $Z$)
- 標準正規分布の下側確率のパーセント点   Normal Distribution(標準得点 $Z$)
- 標準正規分布の上側確率のパーセント点   1 − 標準正規分布の下側確率の分位点

　標準得点 $Z=-2$ で標準正規分布の下側確率の分位点が 0.0228、標準得点 $Z=2$ で標準正規分布の下側確率の分位点が 0.9772 ですから（図 2.23 では微妙なずれがあります）、この間のグラフの面積は全体の 0.9544 程度とわかります。つまり、データが正規分布をとると仮定できる場合、−2 から 2 をとる確率は全体の 95.44% になります。全体で 20 万人いれば、200,000 × 0.9544 = 19,085 人がこの間にいるわけです。

　一度 $Z$ の値がいくつになったら、標準正規分布の上側確率のパーセント点が、0.1, 0.05, 0.01 になるかを求めてください。

◆図2.23
標準正規分布での検討

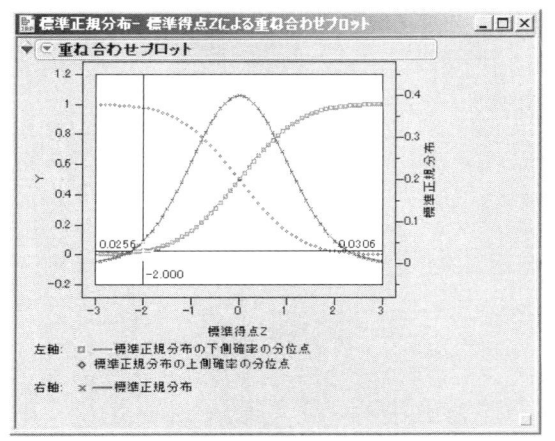

## 2.3.4 2つの変数の分布を考える──棄却検定法

　今までは1つの正規分布の話を例にとり基礎的な話をしましたが、ここからコントロール群と観察群の2種類の分布の例に話を移します。前節の正規分布の話を思い出しながら以下の内容を読み進んでください。

　最初に集めた大量の生のデータの母集団、これをコントロール群とします。この平均が50、標準偏差が10であったとします。そして観察した群が標準偏差は同じ10でも平均が少し増加して60になっていたとします。

　通常、データを解析する人間の立場からは「ほら、平均がずれていますよ。分布が違っていますよ。」といいたくなります。しかし誰もが「あなたの気持ちはわかるけれど、2つの群がずれてもほんの少しじゃないですか。かなりの部分が相手と重なっています。」というでしょう（図2.24）。

◆図2.24
位置があまり変わらないケース

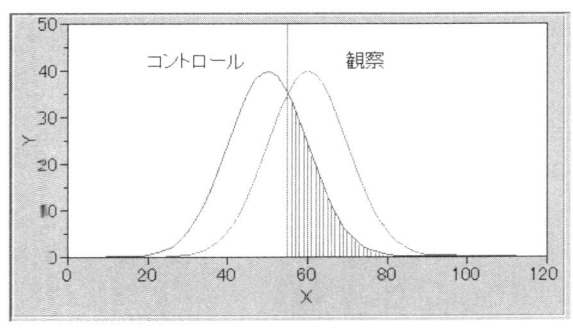

　今度は、平均値がかなりずれて90となったケースを考えてみます（図2.25）。今度はピークの位置である平均値がかなりずれましたから、ある人は「この2つの母

集団は平均がだいぶずれたから異なったものと考えてもよい」というでしょう。しかし、ある人は「平均がずれたといっても、まだ分布に重なったところがあるから、2群の分布は異なっていない。」というでしょう。

◆図2.25
位置がかなり変化したケース

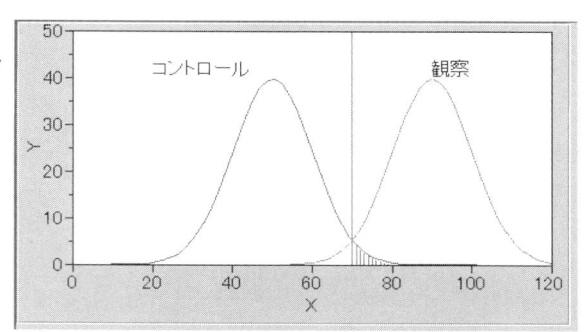

　結局のところ、どこまで平均がずれたとしても、少しは重なった部分が存在するために、この議論は果てしなく続きます。そこで、発想を変え、次のように考えます。

　大量のデータの2群が正規分布をとると仮定でき図2.24のような平均値の位置関係になったとすると、偶然、2つの分布がこのような位置関係をとっても重なる確率（重なる面積）はかなり大きいはずです。つまり重なる面積が大きければ、そのようなずれた位置関係が観察されたとしても、重なった部分の右半分の面積が大きいのでそのようなケースはいくらでもあると考えます。正確にいえば、2つのグラフの交点から右半分は、左のグラフの分布であると同時に、右側のグラフに含まれる可能性もあります。詳しい説明は、第一種の過誤（$\alpha$）、第二種の過誤（$\beta$）というところで話をします。

　位置がかなり変化した図2.25では、偶然、両者の分布が異なったとしてもこのような位置関係になる確率は少なそうです。

　今までの話は、同じような2種類の分布があったとしても、ずれただけでは「ずれた」とはいいにくいので工夫が必要ということです。そこで、最初は2群が同じと考えておいて、ずれた2群が観察されたら平均と標準偏差をもとにそのような位置関係になる確率はどの程度かを考えます。この一種独特な考え方を「棄却検定法」とよびます。上記の例では、平均値の差の分布がどれくらいになるかを考えます。もし分布の違いが偶然で決まるなら、上記の位置があまり変わらないケースのような位置関係は頻繁にありそうですが、位置がかなり変化したケースはあまりなさそうです。こうなると、両者の平均値の違いも一種の正規分布になりそうだ、と検討がつきます。

　棄却検定法の一般的な手順は以下のようになります。

(1) 最初に2群は等しいと仮定する。
(2) 両者が現在見ているような位置関係を偶然にとる確率を、平均と標準偏差など（正確には各種の統計量の分布）から求める。
(3) その確率があまりにも小さいなら、最初に「等しい」と仮定したこと自体に無理があると考えて、その仮定自体をやめてしまう（棄却する）。しかし、わずかだが偶然にそのような位置関係になる確率も存在するので注意をする。

ここで、最初に等しいと仮定した仮説を「帰無仮説 $H_0$」とよび、それに対して異なるとした仮説を「対立仮説 $H_1$」とよびます。帰無仮説は、観察対象となっている現象、関係、仮説がただの偶然であるという想定（仮説）のことです。これを退けるには、その現象が単なる偶然で生じる確率が「ある小さな値」以下でなければなりません。この「ある小さな値」として経験的に5%や1%を用います。対立仮説とは、帰無仮説に対する対立する仮説のことです。AとBの平均値は異なる、割合は異なるなど、通常頭に浮かんで主張したくなるのはこちらです。

## 2.3.5 身近な例──女性のヒールの高さ

棄却検定の手順を述べましたが、統一模試の話ではあまり興味がわかないかもしれません。もう少し具体的なデータで解説をしましょう。

今、あなたが入社1年目の男性の新入社員で、同僚の女性を食事に誘ったとします。このとき、彼女が義理で誘いに応じたか、あるいはそこそこ真面目に誘いに応じたかがわかれば、その後のお付き合いの仕方も変わってくるはずです。そこで、女性のハイヒールの高さが誘った状況に応じて変化するかどうかを考えてみましょう。これは見方を変えれば義理で応対する場合と、真面目に応対する場合で女性のハイヒールの高さが異なるかどうか、という問題になります。

**帰無仮説 $H_0$**：義理で応対したときと真面目に応対したときとではヒールの高さに変化がない。
**対立仮説 $H_1$**：義理で応対したときと真面目に応対したときとではヒールの高さに変化がある。

実際に著者が調査した例は、第7章でその詳細を解説しますが、確かにシチュエーションによって社会人の女性のヒールの高さは変化しました。これを模式図で表すと図2.26のようになります。ここでは義理で応対するときが平均50mm、標準偏差10mm、真面目に応対したときが平均70mm、標準偏差10mmのハイヒールの高さの分布で示しています。

## 第2章 分布

◆図2.26
ヒールの高さの分布

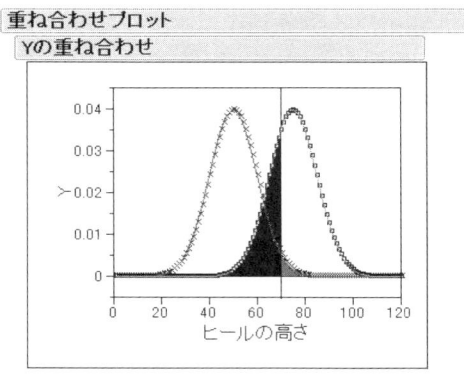

**重ね合わせプロット**
Yの重ね合わせ

Y ×—義理で応対した時　□—真面目に応対した時

　さて、ここで、目の前に現れた女性が、仮に70mmのヒールを履いていたといって、あなたは喜んでよいでしょうか。それは、ある程度、危険を含んでいます。グラフをよく見てください。左側の正規分布（帰無仮説$H_0$のもとでの分布）の70mmよりも右端の塗りつぶした部分に注目してください。この小さな部分は、特に気があって誘いに応じたわけでもなく義理できたが、おしゃれな靴はヒールの高いもの一足しかなかったのでそれで来た、というケースにあたります。この部分を見て、あなたがあわてて「ヒールが高いから、真面目に応対してくれている。それなら、ご馳走せねば」と対応すると間違った解釈をしたことになります。これをタイプ1の誤り、あるいは第一種の過誤といい、仮説が正しいのに誤って仮説を棄却する誤りになります。そのため俗に「あわてものの過誤」ともいいます。

　右側の正規分布（対立仮説$H_1$のもとでの分布）の左側で塗りつぶした部分は、そこそこ真面目にきたがおしゃれな靴は低いヒールしかなかった、といった場合です。ぼんやりこの点を見逃していい加減な接待をすると過ちを犯します。こちらはタイプ2の誤り、あるいは第二種の過誤といい、仮説が誤っているのに仮設を採択してしまう誤りを意味します。こちらは「ぼんやりものの過誤」ともいいます。

　通常、第一種の過誤は有意水準といい$\alpha$で、第二種の過誤は$\beta$の記号で示します。また、有意水準$\alpha$は伝統的に5%か1%を用います。それと共に右側の対立仮説$H_1$のもとでの分布で$1-\beta$の部分は「帰無仮説が間違っているときに帰無仮説を棄却する」確率で検定の検出力ともよばれます。

　ヒールの高さの比較をする場合の正式な表現の一例は、次のようになります。

　　**帰無仮説 $H_0$**：義理で応対したときと真面目に応対したときとではヒールの高
　　　　　　　　　さに変化がない。
　　**対立仮説 $H_1$**：義理で応対したときと真面目に応対したときとではヒールの高

さに変化がある。

上記の仮説のもとで$t$検定を行った。その結果有意水準$\alpha = 0.05$で帰無仮説を棄却した。

しかし一般的には、「〜を$t$検定で検討した。その結果、危険率0.05で有意差を認めた。」あるいは「〜を$t$検定で検討した。その結果$p < 0.05$で有意差を認めた。」のように簡素化して表現をします。

## 2.3.6 両側検定と片側検定

ここで1つ困った問題が生じます。例えば平均値の比較をするために、2種類の計測をした場合、平均値が片方にのみずれて変化するとはいいきれないのです。

例えば、義理で応対した群と真面目に応対した群で、ハイヒールの高さが高くなったのを、真面目に応対したからだといいたくなりますが、必ず高くなる保証はありません。慎重な女性が、真面目に応対しようと考えたが、足の疲労でそそうをする危険を避けるためヒールを低くする可能性もあります。常識では片方に結果が偏ると思ってもそうなる保証はどこにもありません。

そのため、棄却域(そこに入れば帰無仮説を棄却できる範囲)を片側に設ける検定方法を「片側検定」、両側に設けるのを「両側検定」と定義します。通常は両側検定にしておけば間違いはありません。より厳しい判定をするだけです。今までのようにグラフの面積を用いて説明すれば、$\alpha = 0.05$とすると片側検定のときは片側の棄却域の面積が0.05、両側検定のときは両側の面積を足したものが0.05になると考え、各々は0.025と考えます。

● **一般的な棄却検定の手順**

検定の手順はほぼどれも同じです。

(1) 帰無仮説、対立仮説を考えるあなたが主張したいのは「違いがある」といいたいだろうが、「違いがない、等しい」といった帰無仮説を考える。
(2) 平均、標準偏差、後述する$z$値(標準得点)、$t$値、カイ2乗値、$F$値、$U_{cal}$、$T_{cal}$などの検定に用いる統計量(検定統計量)を求める。
(3) 検定統計量の理論分布はわかっているので、求めた検定統計量が生じる確率($p$値)を求める。
(4) 有意水準$\alpha$と$p$値を基準にして、どちらの仮説を採択するかを決める。

「検定統計量の理論分布はわかっているので、求めた検定統計量が生じる確率($p$値)を求める」の表現がわかりにくいのですが、ある検定統計量以上になるグ

ラフの面積と考えればよいでしょう。

## 2.3.7 分布の位置関係と一種の誤差、二種の誤差を体験する

図2.25の位置がかなり変化したケースのグラフをよく見ると、以前に考えた標準正規分布の上側確率のパーセント点で説明できることに気がつきます。2つの正規分布の重なり具合とその面積について考えてみましょう。

下記のような変数を計算式で定義した「コントロール群と観察群」というデータテーブルを120行作成してください(図2.27)。これは、標準正規分布(コントロール群)と、平均値(標準得点$Z$)が2標準偏差ずれた正規分布(観察群)を示すと同時に、第一種の過誤$\alpha$と第二種の過誤$\beta$の関係を示したものです。

- 標準得点$Z$      Row( )/10 − 3
- コントロール群    Normal Density(標準得点$Z$)
- $\alpha$         1 − Normal Distribution(標準得点$Z$)
- 観察群          Normal Density(2 − 標準得点$Z$)
- $\beta$          Normal Distribution(標準得点$Z$ − 2)

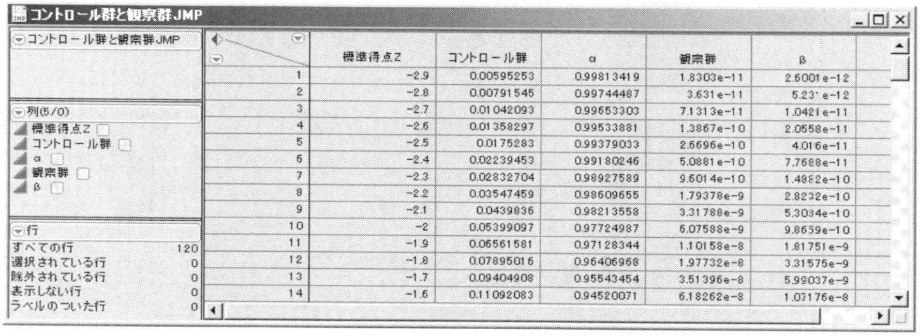

◆図2.27
コントロール群と観察群

| | 標準得点Z | コントロール群 | α | 観察群 | β |
|---|---|---|---|---|---|
| 1 | -2.9 | 0.00595253 | 0.99813419 | 1.8303e-11 | 2.6001e-12 |
| 2 | -2.8 | 0.00791545 | 0.99744487 | 3.631e-11 | 5.23e-12 |
| 3 | -2.7 | 0.01042093 | 0.99653303 | 7.1313e-11 | 1.0421e-11 |
| 4 | -2.6 | 0.01358297 | 0.99533881 | 1.3867e-10 | 2.0558e-11 |
| 5 | -2.5 | 0.0175283 | 0.99379033 | 2.5696e-10 | 4.016e-11 |
| 6 | -2.4 | 0.02239453 | 0.99180246 | 5.0881e-10 | 7.7688e-11 |
| 7 | -2.3 | 0.02832739 | 0.98927589 | 9.5014e-10 | 1.4982e-10 |
| 8 | -2.2 | 0.03547459 | 0.98609655 | 1.79378e-9 | 2.8232e-10 |
| 9 | -2.1 | 0.0439836 | 0.98213558 | 3.31788e-9 | 5.3034e-10 |
| 10 | -2 | 0.05399097 | 0.97724987 | 6.07588e-9 | 9.8659e-10 |
| 11 | -1.9 | 0.06561581 | 0.97128344 | 1.10158e-8 | 1.81751e-9 |
| 12 | -1.8 | 0.07895016 | 0.96406968 | 1.97732e-8 | 3.31575e-9 |
| 13 | -1.7 | 0.09404908 | 0.95543454 | 3.51396e-8 | 5.99037e-9 |
| 14 | -1.6 | 0.11092083 | 0.94520071 | 6.18262e-8 | 1.07176e-8 |

$Z = 2$のとき$\alpha = 0.0228$、$\beta = 0.5$となります(図2.28)。このケースの場合、$Z = 2$では第一種の過誤の$\alpha$は小さいのですが、第二種の過誤$\beta$が0.5にもなってしまいます。つまり、コントロール群である確率は0.0228、観察群である確率は$1 - \beta = 0.5$となります。

2.3 正規分布と棄却検定法

◆図2.28
2標準偏差離れた場合のα(図の下側の交点)とβ(図の上側の交点)

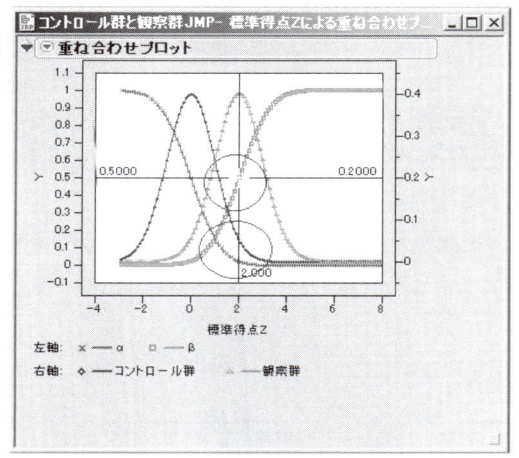

では、もとのデータテーブルで「対照群」「β」の中の定数2を4に変更し、計算式の入力が面で［適用］ボタンを押して新しい数表をつくります。前回と同様に4変数の表示をします。

- 対照群　　Normal Density(2 − 標準得点 $Z$)
- $β$　　　　Normal Distribution(標準得点 $Z$ − 2)

もし平均値（標準得点 $Z$）が4標準偏差離れると、$Z = 2$ において $α = β = 0.0228$ となります（図2.29）。コントロール群である確率は0.0228、観察群である確率は $1 − β = 0.9772$ となります

◆図2.29
4標準偏差離れた場合のαとβ

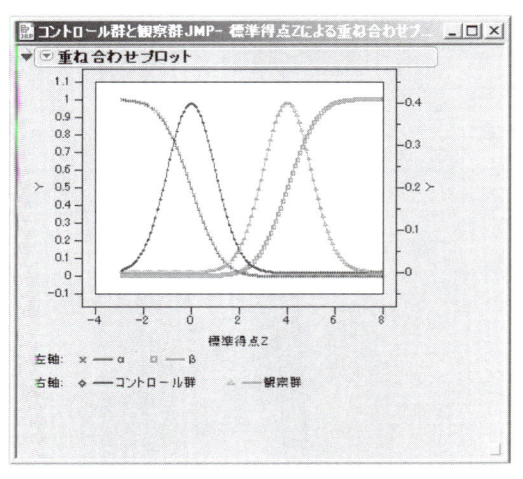

# 第2章 分 布

$\alpha$が一定でも、2群の位置が離れるにつれて$\beta$が小さくなり、$1-\beta$で定義される検出力が増加することがわかります。

## まとめ

ここで注目すべきなのは、ある変数の分布（確率密度関数）が理論的にわかっていると、変数がある値以上をとる確率が累積確率密度関数を利用すると求められた点です。今回は、正規分布を用いましたが、これから先にでてくるカイ2乗分布、$t$分布、$F$分布などでも、同じような手続きである値以上になる確率が求まります。

JMPの関数ではそれらの関係は以下のようになっています

|  | 確率密度関数名 | 累積確率密度関数名 |
| --- | --- | --- |
| 正規分布 | Normal Density | Normal Distribution |
| カイ2乗分布 | Chisquare Density | Chisquare Distribution |
| $t$分布 | t Density | t Distribution |
| $F$分布 | F Density | F Distribution |

グラフの面積と確率の関係が理解でき、かつ、棄却検定法の表現を理解できたら、統計嫌いをつくる大きな山を克服できたことになります。あとは自信をもって進んでいってください。

**チェックポイント**
- □ 重ね合わせプロットで、標準正規分布、標準正規分布の下側（上側）確率のパーセント点のグラフを作成できる。
- □ 標準正規分布の下側（上側）確率のパーセント点を理解できる。
- □ 第一種の過誤（$\alpha$）、第二種の過誤（$\beta$）の意味を理解できる。
- □ 棄却検定法の意味を理解できる。
- □ 何標準偏差離れたら$\alpha = \beta < 0.025$となるか確認できる。

## 2.4 平均から不偏分散までを体験する

### 2.4.1 はじめに

　　統計学には聞きなれない専門用語やそれらの定義がでてきますが、それらをここでしっかり理解しておきましょう。長い間、統計学を教えている経験からいうと、統計学が嫌いになる学生はこの専門用語の学習をおろそかにして先に進み、検定ばかりしてしまうため理解が進まないという特徴があります。

　　「また出た数式！」などといわず、少しだけ時間を割いて実際にデータを自分で解析して統計の基礎を学習しましょう。用語、数式の暗記でなく、原理がある程度わかっていれば学習も楽に進みます。

### 2.4.2 統計の基本用語

　　統計を学んでいくときに、その根本にあるのはデータがどのようにばらついているか、という考えです。そのために、ばらつきをどのように表すかを考えていきましょう。

　　ここでは母集団つまり自分たちが考えている集団の素性がわかっているとして話を進めます。

#### ■平均

　　平均値には昔からお世話になっています。通常はデータ値の合計をデータの個数で割る算術平均を使います。ある量的変数について $n$ 個のデータ $(x_1, x_2, \ldots, x_n)$ を得た場合、その平均（$\bar{x}$）は次の式で表現します。

$$\bar{x} = \frac{\sum_{i=1}^{n} x_i}{n}$$

　　$\sum$ はギリシャ文字のシグマの大文字で、すべてのデータを足し合わせる記号です。最初の $x_i$ の $i$ に 1 を入れて $x_1$ とし、あと $i$ を 1 ずつ増加して、$x_2, x_3, \ldots$ として $x_n$ までを足し合わせることを意味します。

　　データ全体がどのあたりに固まっているかを知るのに平均は便利ですが、ばらつき具合を知ることはできません。

### ■偏差

偏差とは平均と個別のデータの差を意味します。各々の値から平均を引いたものです。ある程度のばらつきを示しはしますが、プラスの値もマイナスの値もあり取り扱いが不便です。

$$偏差 = x_i - \overline{x}$$

### ■偏差平方

偏差にはプラス、マイナスがあるので、偏差を平方、つまり2乗したものです。

$$偏差平方 = (x_i - \overline{x})^2$$

### ■偏差平方和

ある意味でばらつきを示す偏差平方をすべて足し合わせたものです。この値が大きければばらつきも大きいでしょうが、データの数が多くなれば値も大きくなる欠点があります。

$$偏差平方和 = \sum_{i=1}^{n}(x_i - \overline{x})^2$$

### ■分散

偏差平方和を標本の数$n$で除したものです。母集団の分散なので本書では母分散と表現します。

$$母分散 = \frac{\sum_{i=1}^{n}(x_i - \overline{x})^2}{n}$$

### ■母標準偏差

分散が2乗になっているので平方根をとったものです。母集団の標準偏差なので、本書では母標準偏差と表現します。

$$母標準偏差 = \sqrt{\frac{\sum_{i=1}^{n}(x_i - \overline{x})^2}{n}}$$

## ■分散（不偏分散）

さて、理論的な定義はここに示したとおりなのですが、少し問題があります。

今までの説明は、対象とする母集団がわかっている話です。しかし通常、私達が行う調査では母集団を集められません。あくまで母集団からある程度の標本を取り出した集団を観察していろいろと考えます。ところで、母集団の分散と標本の分散は等しいのでしょうか。実は等しくなく微妙なずれがあり、偏差平方和を$n$で割るのでなく$n-1$で割ったものの方が実際の母分散に近くなります。この標本の分散を不偏分散といいます。

$$分散（不偏分散）= \frac{\sum_{i=1}^{n}(x_i - \bar{x})^2}{n-1}$$

## ■標準偏差

標本を考える場合、分散といったならば不偏分散を指し、標準偏差は不偏分散の平方根を指します。

$$標準偏差 = \sqrt{\frac{\sum_{i=1}^{n}(x_i - \bar{x})^2}{n-1}}$$

JMPで分散と標準偏差といえばこの不偏分散と不偏分散の平方根を指します。この$n$で割るか$n-1$で割るかで学生は「何でですか？」といって最初につまずきます。いろいろと説明する方法はありますが、大抵の説明方法は難解です。ここから実際にJMPで大量のデータを生成し、母分散と不偏分散の違いを体験して理解します。

自分で実際のデータから、平均、偏差平方、偏差平方和、分散などを求めてみて、触って、体験すれば以後の学習理解がスムーズになります。この、見て、触って、体験する方法は、著者の一人（田久）が統計の講義に取り入れている方法です。そのため、教科書のみで学習するよりは楽に統計を理解できるようになると自信をもって主張できる点です。

## 2.4.3 データの準備

今、あなたが教育産業の企業に入った新人だとします。上司から「東京都在住の19歳の全員が、学力テストを受けた。そのテスト結果について報告してくれ」といわれたとします。その場合、あなたはどうしますか。教育産業がテストをしたならそこから結果の情報を入手すればいいではないか、と考えるかもしれませんが、それはひとまずおいておき、とにかく自分で調査をしない羽目に陥ったと考えてください。

2002年度の東京都の19歳の人口はおおむね17万人です。あなたは17万人全員からデータを集めて解析をしますか。普通、実際のデータを17万個も集めて解析するのはかなり困難です。データを1分に60個入力しても約48時間になり1日8時間労働で6日間朝から晩まで入力をしていることになります。

統計の世界で母集団、標本という考えがあります。母集団は自分が考えている全体の集団です。もし、同じ年齢でなく地域、性別などいろいろな条件で数を絞っていけば、母集団の数はどんどん少なくなります。17万人を対象に調査をするなら、その1/10でも、1/100でもいいではないか、という発想が自然にでてきます。母集団から無作為に抽出して数を少なくした集団を標本といい、実用上はこの標本を解析して母集団を推測します。

ここで、母集団と標本の平均と分散の関係はどうなっているか、という問題がもちあがります。標本の平均、分散から母集団の平均、分散をうまく推測するにはどうしたらよいのでしょうか。ここから、実際にデータを17万個生成して実験を行います。

最初に乱数を170,000個生成します。もし、計算機のメモリの関係で170,000個データが作れなかったら、少なくしてかまいません。ところで、計算式を用いて乱数を生成しても、JMPではテーブルを開いたときにその内容を自動評価するため乱数の内容が変わってしまいます。そこで自動評価を止めるために、メニューから［ファイル］－［環境設定］を選び、「テーブル」の「テーブルを開いたときに自動評価しない」にチェックをつけます（図2.30）。

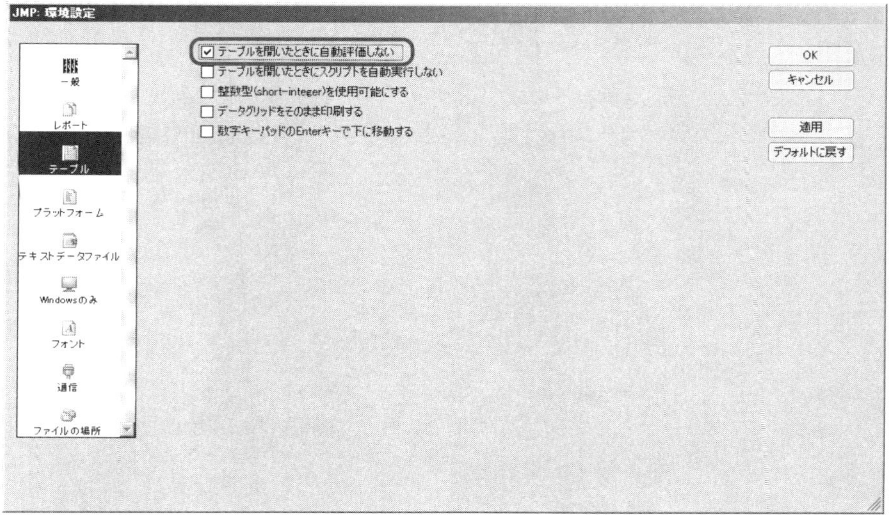

◆図2.30
自動評価の停止

　新規にデータテーブル「点数」を準備します。変数は「ID」と「点数」を最初に定義します。
　「ID」には式で

　　ID = Ceiling(Row( )/1000)

として1,000個単位で連番を1から振ります。ここで、Row( )は行番号を与える関数で、Ceiling関数はその引数と等しいか、それより大きい整数を戻す関数で。そのため、1行目から1,000行目ではID = 1となり、1,001行から2,000行では2となります。
　変数の「点数」には

　　点数 = Random Normal( ) × 10 + 50

を与えます。ここでRandom Normal( )は、デフォルトでは平均0、分散1の標準正規分布に従う乱数を発生します。上記の式は偏差値の計算と同じものです。
　メニューから［行］−［行の追加］を選んで、全体でデータを170,000件にします。

## 2.4.4　平均、偏差平方から母集団の分散へ

メニューから［列］－［列の新規作成］を選んで「点数の平均」と「点数の偏差平方」を追加します。全体の平均を求めるのには、一変量の分布で平均のみを求めればよいのですが、ここでは、各行の値と平均から偏差平方、偏差平方和と求めていきます。そのため、「点数の平均」には計算式で

点数の平均＝Col Mean(点数)

を与えます。Col Mean関数はその列全体の平均を与えます。図2.31の例では、点数170,000件の平均として、50.0075399を返しています。

すでに示した偏差平方、偏差平方和、分散の定義を見直してください。「点数の偏差平方」には計算式で

点数の偏差平方＝（点数－点数の平均）$^2$

を与えます。これで、170,000個の偏差平方が求まります。

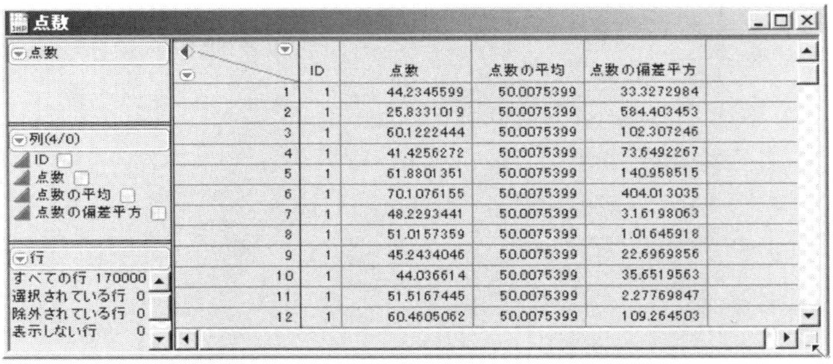


| | ID | 点数 | 点数の平均 | 点数の偏差平方 |
|---|---|---|---|---|
| 1 | 1 | 44.2345599 | 50.0075399 | 33.3272984 |
| 2 | 1 | 25.8331019 | 50.0075399 | 584.403453 |
| 3 | 1 | 60.1222444 | 50.0075399 | 102.307246 |
| 4 | 1 | 41.4256272 | 50.0075399 | 73.6492267 |
| 5 | 1 | 61.8801351 | 50.0075399 | 140.958515 |
| 6 | 1 | 70.1076155 | 50.0075399 | 404.013035 |
| 7 | 1 | 48.2293441 | 50.0075399 | 3.16198063 |
| 8 | 1 | 51.0157359 | 50.0075399 | 1.01645918 |
| 9 | 1 | 45.2434046 | 50.0075399 | 22.6969856 |
| 10 | 1 | 44.036614 | 50.0075399 | 35.6519563 |
| 11 | 1 | 51.5167445 | 50.0075399 | 2.27769847 |
| 12 | 1 | 60.4605062 | 50.0075399 | 109.264503 |

◆図2.31
全点数の偏差平方を求める

メニューから［テーブル］－［要約］を選んで、「点数の偏差平方」の170,000個の合計、つまり偏差平方和を求めます（図2.32）。

母分散は偏差平方和をデータ数の$N$で割ったもの、標本の分散（不偏分散）は$N-1$で割ったものという定義があります。一度求めた、点数の要約のテーブルの上で、点数の偏差平方の合計を$N$で割ったものと$N-1$で割ったものを求めてみます。データ数が17万件もありますから、両者の値は小数第2位まで同じになり約99.72となります。

◆図2.32
点数の偏差平方の合計を求める

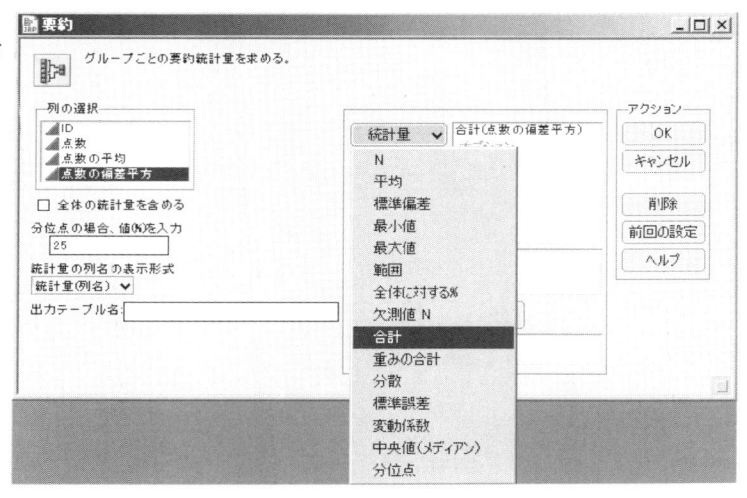

◆図2.33
母集団の分散を求める

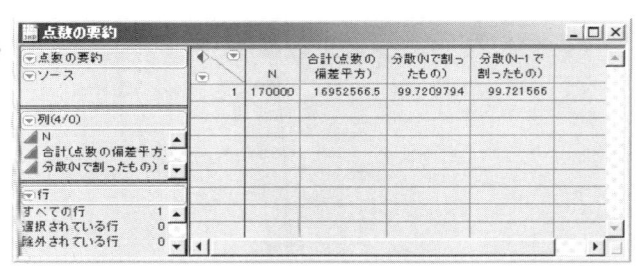

母集団に対しては、母分散も不偏分散もほぼ同じ値になることが体験できたら先に進んでください。

## 2.4.5　標本から標本の分散へ

さてここからが問題です。実際に17万件のデータの調査はできません。一般には、その一部を抜き出した標本をもとに母集団を推測します。その標本の分散の分布がどうなるかを見てみましょう。

再度、「点数」テーブルにおいてメニューから［テーブル］ − ［要約］を選び、「グループ化」のところに「ID」を、「統計量」に「平均（点数）」を設定します（図2.34）。これによりIDの値が同一のものごと、つまり1,000個ごとのデータの平均を求めます。

第2章　分　布

◆図2.34
要約の設定

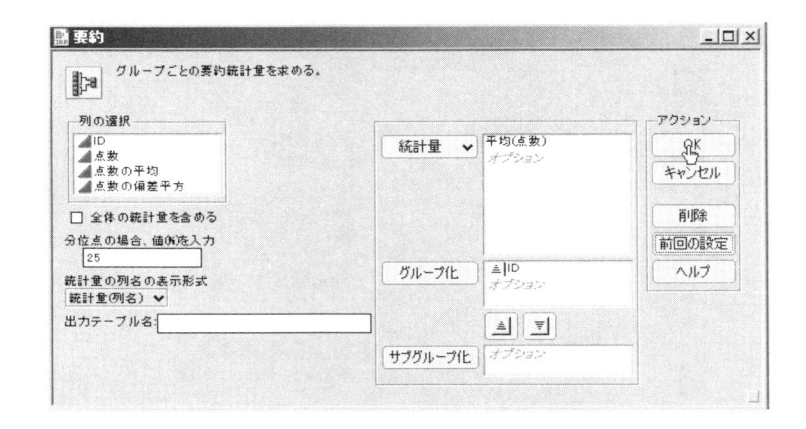

［OK］ボタンを押してIDごと、この場合は1,000個ごとに点数の平均を求めます（図2.35）。

◆図2.35
1,000個ごとの平均

もとのデータに、平均値を結合します。データテーブルの結合はJOINとよばれ、今回の結合は、ID番号の値をもとに結合をします。このあとの操作は少し複雑なので注意して行ってください

最初に「点数」データテーブルを前面にもってきます。

メニューから［テーブル］－［結合（Join）］を選びます。

「点数」テーブルにどのテーブルを結合するかを指定します。「'点数'と結合するテーブル」で先ほど求めた「点数の要約（ID）」を指定し、「対応の指定」で「対応する列の値で結合」を選びます。

「元の列」の「点数」テーブルと「点数の要約（ID）」テーブルの「ID」を指定し、［対応］ボタンをクリックします（図2.36）。その後、［OK］ボタンをクリックします。

## 2.4 平均から不偏分散までを体験する

◆図2.36
対応する列を指定する

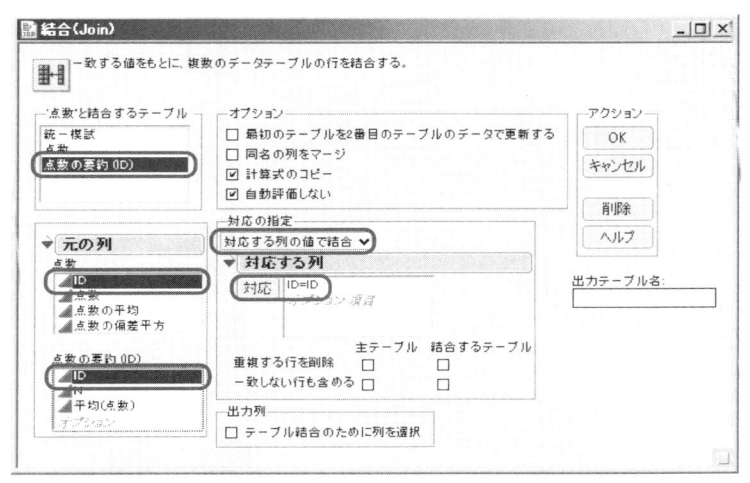

　その結果、もとの点数テーブルに平均値(1,000行ごとの平均値)が結合されます。
　この例では、一度、点数の偏差平方を求めたテーブルに対して結合を行ったので、図のような結果になっています。「点数のID」「点数」「平均（点数）」のみを残して不要な列を削除します。最初は$N = 170,000$であったのが、ここで「平均（点数）」は1,000行ごとの点数の平均であることに注意してください。
　以前と同じように、「点数」と「平均（点数）」を用いて偏差平方を求めます。その後、「要約」の機能で、1,000個ごとのグループで「偏差平方」の合計、つまり偏差平方和を求めます（図2.37）。

◆図2.37
2−41,000行ごとの平均値から偏差平方を求める

　偏差平方和つまり合計（偏差平方）を、$N$で割った値と$N-1$で割った値を求めます。この両者に対してメニューから［分析］−［一変量の分布］を求めます（図2.33）。

◆図2.38
1,000個ごとの値

図2.39のグラフの分布は、母分散（偏差平方和を$N$で割ったもの）の分布と標本分散（偏差平方和を$N-1$で割ったもの）の分布を示しています。

◆図2.39
母分散と標本分散(不偏分散)

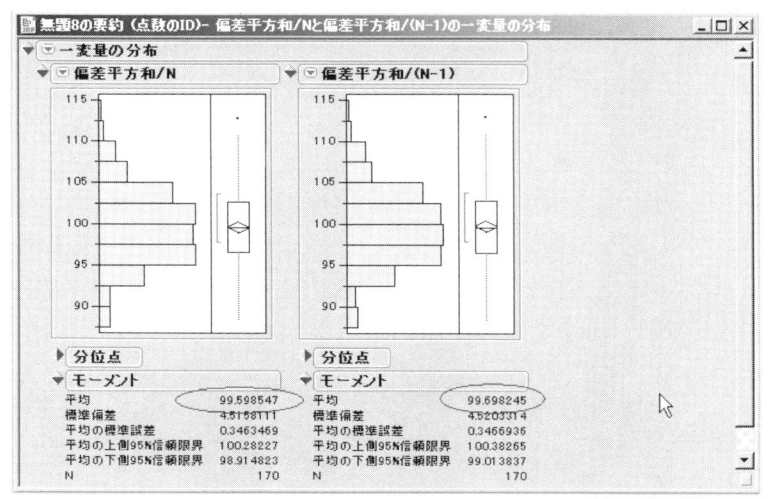

最初に17万件全体に対して求めた分散（$N$で割ったもの）を思い出してください。この本の例では、99.7209であり、上述の$N-1$で割った値の方が近いことがわかります。

## まとめ

　実際に母集団の、平均、分散が判明しているのはめったにありません。皆さんが求めるのは標本です。そこで一般的には分散を求めるのには偏差平方和を$N-1$で割ります。$N-1$で割った分散を不偏分散とよびます。不偏分散は母分散の不偏推定量（よりよく推定できる値）という意味を持ちます。

　ここで用いた$N-1$のことを自由度とよびデータ数から制限条項（平均値の数）を引いた値になります。簡単に説明すると、$N$個のデータがあり、すべての合計がわかっていれば、$N-1$個のデータが判明すれば残りは自動的に求まってしまう。つまり$N-1$個で十分、と考えてかまいません。

　統計の勉強をしていく際に、この分散を求めるのに$N$で割るのか$N-1$で割るのかの説明をするのが非常に困難です。今回は実際に、東京都の19歳の人数すべて、という仮定で17万個のデータを発生し、標本分散を求め$N$と$N-1$ではどちらが母分散に近いかを体験しました。学習者が統計で行き詰る難所の1つに、この$N$と$N-1$の関係があります。皆さんはこれでこの難所を1つクリアして「たしかに自分で求めたら$N-1$で割った方が本当の値に近かったな」と体験したことになります。

# 第3章 標本

## 3.1 標本と母集団の大事な関係

### 3.1.1 はじめに

前章までは母集団を対象に平均や分散を考えてきました。しかし、実際に皆さんができるのは母集団でなくていくつか抜き出した標本をもとに母集団を推測することです。

標本で平均値を求めたとしても、その平均自体が母集団の平均と比較してどのような分布になっているのでしょうか。母集団が正規分布なら標本の平均も正規分布だろうと想像できます。ではそのばらつき具合はどのように変化するのでしょうか。

また、母集団が正規分布でないときは、標本の平均値の分布はどのような形になっているのでしょうか。何か特別な配慮が必要なのでしょうか。

本章では標本の大事な性質、大数の法則と中心極限定理について解説します。

### 3.1.2 平均値のばらつきを考える

母集団が正規分布に従うとして、そこから抜き出した標本の平均値がどのようにばらつくかを検討します。

■データの準備

いつものように、平均が50、分散が10の正規分布に従う点数データを102,400行生成します。「ID」「点数」の定義を以下のように行います。

- ID　　　Ceiling(Row( )/4)
- 点数　　Random Normal( ) × 10 + 50

最初に全データの平均と標準偏差を求めます（図3.1）。この例では、標準偏差が9.9876081になっています。

◆図3.1
もとの全データの分布

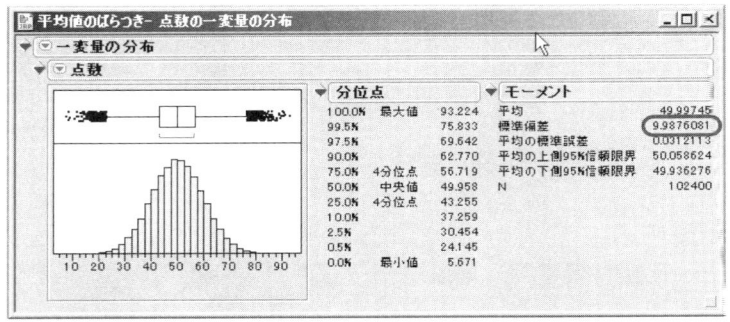

### ■平均値のばらつきの算出

メニューから［テーブル］－［要約］を選び、IDの値ごと、この場合は4個ごとに平均を求めます。その結果の平均値に対して、一変量の分布を求めます（図3.2）。ここで求める対象はもとのデータの全体の平均でなく、平均値の分布であることに注意してください

$X$軸の範囲を0から100にすると、最初のデータの分布に比較して、平均値の分布は幅が狭くなっているのが一目でわかります。今度の標準偏差は全体の9.9876から5.0164と小さくなっています。

◆図3.2
$N=4$で求めた平均値の分布

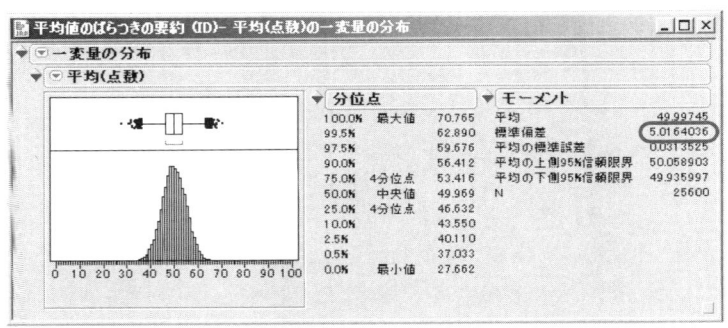

同様に $N=16, 64$ で平均値を求め、平均値ごとの一変量の分布を求めます（図3.3、図3.4）。

◆図3.3 N=16で求めた平均値の分布

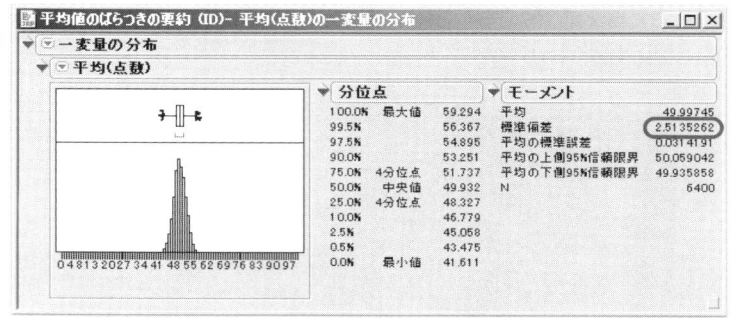

◆図3.4 N=64で求めた平均値の分布

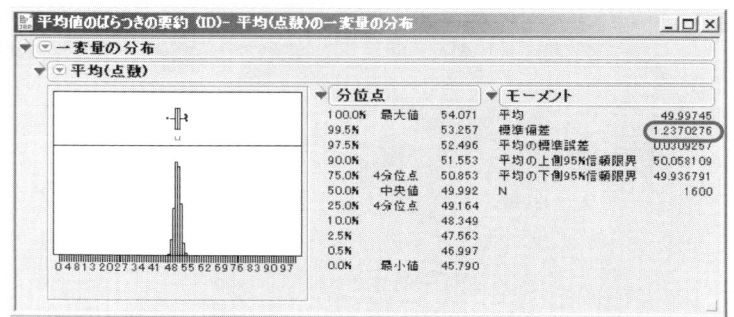

　Nが大きくなるにつれて、次第に標準偏差の値が小さくなり1に近づきます。各々のグラフから平均値の標準偏差を求めて、標本数との関係を求めると以下のようになります。

- オリジナルデータの標準偏差　　　　　9.9876
- 4データごとの平均の標準偏差ごと　　　5.0164
- 16データごとの平均の標準偏差ごと　　 2.5135
- 64データごとの平均の標準偏差ごと　　 1.2370

　平均値のばらつきは標準誤差（$SE$：Standard Error）といわれ、もとのデータの標準偏差（$SD$：Standard Deviation）と平均を求める標本の大きさ$n$を用いると下記の式で表現されます。これは標本から平均値を求めても、常に標本誤差のばらつきがあることを意味しています。

$$SE = \frac{SD}{\sqrt{n}}$$

　この関係は、母分散を$\sigma^2$で表現すれば標本平均の分散は、下記の式で表現できることを意味します。

$$標本平均の分散 = \frac{\sigma^2}{n}$$

これは見方を変えると、標本の平均の分散は標本数 $n$ を大きくすると小さくなる。つまり、標本の平均は $n$ を大きくすると母平均に近づけることを意味しています。この関係は、**大数の法則**（law of large number）とよばれています。

### 3.1.3　母集団の分布と平均値の分布

今までは母集団が正規分布に従うときの話をしていました。もし母集団が正規分布以外であれば、その平均値はどのようになるのでしょうか。

■データの生成

新規に「一様乱数」というデータテーブルを作成し、いつものように「ID」と「点数」を以下のように定義します。Random Uniform 関数は、0から1までの一様乱数を発生させます。データは「行の追加」機能を用いて51,200件用意します。

- ID　　　Ceiling(Row( )/4)
- 点数　　Random Uniform( )

一変量の分布を求めると、平均0.5005、標準偏差0.2888になるのがわかります（図3.5）。

◆図3.5　一様乱数の分布

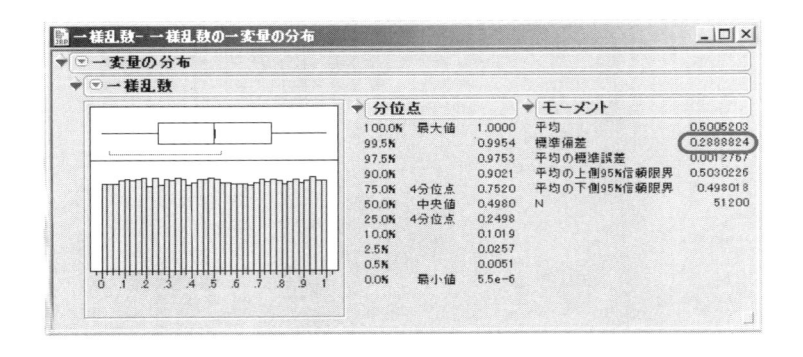

■データの要約

メニューから［テーブル］－［要約］を選び、ID の値ごと、つまりこの場合は4件ごとに合計を求めます。その結果を、ファイル名「一様乱数N = 4.JMP」で保存します。この操作を ID = Ceiling(Row( )/N) の分母の $N$ を 16, 64, 256 に変えて

第3章 標本

ファイル名「一様乱数N = 16.JMP」「一様乱数N = 64.JMP」「一様乱数N = 256.JMP」として保存します。

メニューから[テーブル]-[連結]を選び、4種類のデータテーブルを連結します(図3.6)。

◆図3.6
データテーブルの連結

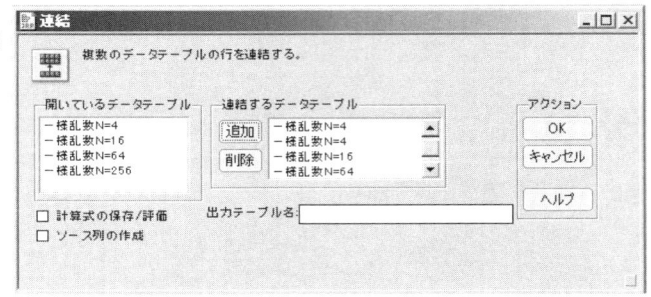

連結したデータテーブルに対して、一変量の分布を求めます。このとき、「By」にNを割り当てます。

結果を見ると、平均は変化しませんが標準偏差(分散の平方根)は次第に小さくなるのがわかります(図3.7)。標本の大きさNが4, 16, 64, 256となるにつれて標準偏差は母集団の標準偏差を2, 4, 8, 16で除した値になっています。また、よく見ると母集団の分布の形にかかわらず、標本の平均値の分布は正規分布に近くなっています。

◆図3.7
標本の平均の分布は正規分布に近くなる

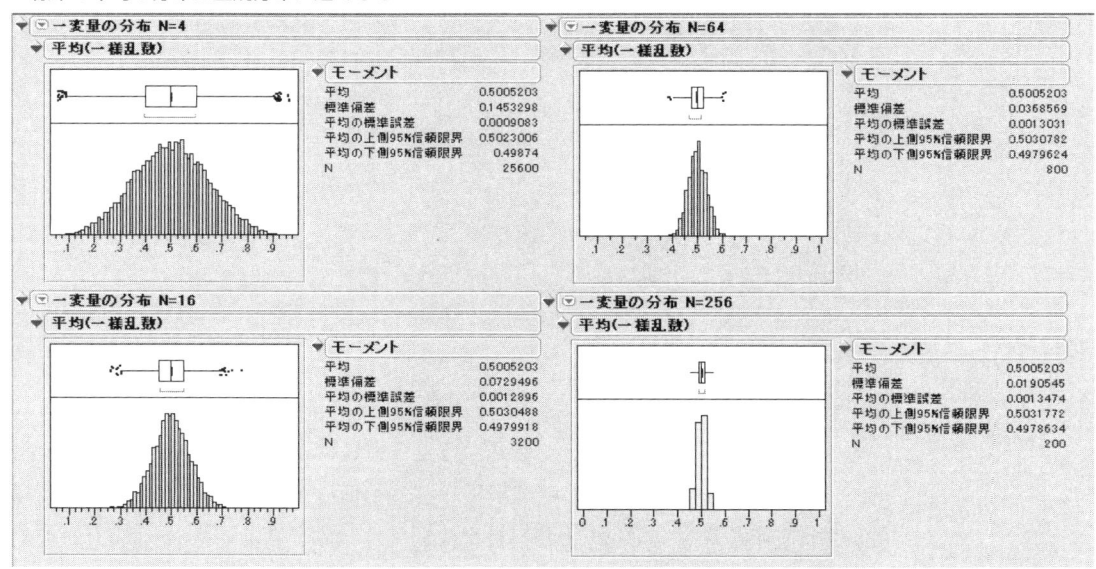

■中心極限定理

このように、確率変数$x$が母平均$\mu$、母分散$\sigma^2$を持つある分布に従うとき、これから無作為に抽出した大きさ$n$の標本平均の分布は$n$が大きくなるにつれて、母平均$\mu$、母分散$\sigma^2/n$の正規分布に近づくことを中心極限定理（central limit theorem）とよびます。

> **中心極限定理はすごい**
>
> 中心極限定理がすごいのは、もとの母集団がどのような分布をしていても十分大きな$n$であれば、その平均は正規分布とみなせる、つまり$n$が大きければ正規分布とみなして考えてもかまわない、という点です。したがって、標本平均を用いて$n$が十分に大きくて、かつ正規表現の性質を知っていれば、大抵の解析ができるという点です。
>
> ただし、もとの分布があまりにもゆがんでいる場合は、対数変換をする、あるいはノンパラメトリック検定を用いるなどの安全策を講じる方がよいでしょう。

■二項分布での場合

前回は一様乱数で中心極限定理を求めましたが、これは、もとの分布がどのようなものにもかかわらず、$n$が大きくなると成り立ちます。そこで二項分布で確認してみましょう。二項分布とは一般に、確率$p$で出現する事柄が$n$回繰り返すうちに何回出現するかということを考えた分布です。$p=0.5$, $n=1$と考えると、1か0のどちらかがでる乱数の意味になり、裏表のでる確率が等しい硬貨を投げたことと同じになります。

最初に、「ID」と「二項分布」を以下の計算式で定義します。

データは「行の追加」機能を用いて51,200件用意します。

- ID　　　　　Ceiling(Row( )/4)
- 二項分布　　Random Binominal(1, 0.5)

一変量の分布を求めると、全体の平均は0.5、標準偏差は0.5、分散は標準偏差の2乗ですから0.25であることがわかります（図3.8）。

◆図3.8
二項分布の平均と標準偏差

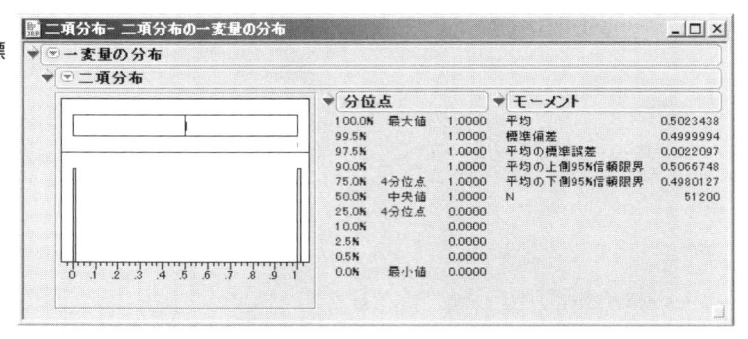

一様乱数と同じ手順で、$N = 4, 16, 64, 256$の場合の平均値を求めます（図3.9）。その結果、二項分布に従う乱数でも中心極限定理が成り立っているのがわかります。

◆図3.9
二項分布に従う乱数の場合

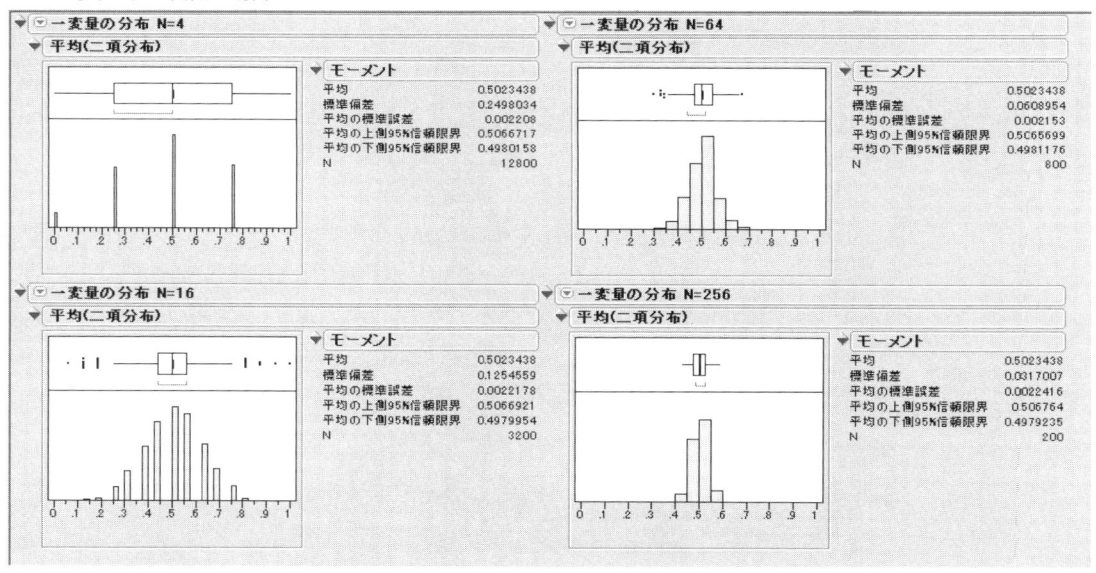

## 3.1.4　平均に潜む誤差を考える

実際のデータの測定にあたっては、下記のような誤差が存在します。正しい値を求めたと思っても、常にこれらを考慮して各種の実験、測定を計画しなくてはなりません。

### ■系統誤差

　　測定対象とするものに、一定の誤差が含まれている場合です。いくつかの大学のクラスの身長を測定し、大学生全体の身長を考える場合、対象となるクラスのいくつかが体育学部の学生で大柄の選手が多く含まれていたなどがこの場合にあたります。あるいは、測定に用いる身長計に狂いが生じていたなどの場合にも該当します。何回計測しても実際の平均値と比較して一定の狂いが生じています。

### ■ランダム誤差

　　身長を測るにしても、対象とする母集団すべてのデータを測定するわけにはいきません。何人か抜き出して平均を求めたとしても、真の平均値の周辺にランダムに散らばるはずです。また、特に狂いはない身長計でも、同じ人の身長を何度も測定してもいつも同じ値にはなりません。測定者による誤差が存在します。このような測定誤差もランダム誤差の一種です。アンケートなどでも今日と明日の回答が同じとは限りません。このような回答のゆらぎもランダム誤差の一部です。

### ■平均値の標準誤差

　　データをいくつか抜き出して計測した平均値は真の平均値の周辺に分布し、その分布は正規分布となります。この平均値の分布のばらつき、つまり平均値の標準偏差を平均値の標準誤差（SE）とよびます。

　　標準誤差の概念に「平均値」の考えが含まれていることに注意してください。

---

## まとめ

　　平均値を求めるといっても、抜き出すサンプルによって微妙にばらつきます。これは一種のランダム誤差ですから、抜き出した平均値は真の平均値のまわりに分布するはずです。ここで重要になるのが、平均値のばらつきである標準誤差です。標本の平均値を求めたときに、ある標準誤差以上に変化したとしたら、やはりそれは変化があったとみなそうと考えるのが自然です。

　　また、もとの母集団がどのような分布をしていても十分大きな$n$であれば、その平均値は正規分布と見なせる、つまり、$n$が大きければその平均値の分布は正規分布と見なして考えてもかまわない、という重要な点を中心極限定理が示しています。

　　私たちが頻繁に遭遇するのは、母集団から標本を取り出してその平均を求め、対象とする集団の平均値は変化したか否か判断せよ、といった話です。そのときには、本節で示した大数の法則と中心極限定理を利用して話が進められるのです。本節で示した、大数の法則と中心極限定理はそれのみを用いることはありませんが、各種の推定や検定のもとになる重要な法則と理解してください。

第3章 標本

> **チェックポイント**
> ☐ 母分散と標本平均の分散の関係を理解できる。
> ☐ 母分散と標本平均の分散の関係を実際に求められる。
> ☐ 母集団の分布の種類によらず、標本平均の分布は正規分布になることを理解できる。
> ☐ 母集団の分布の種類によらず、標本平均の分布は正規分布になることを実際に求められる。

## 3.2 標本から母集団を考える──$t$分布を体感する

### 3.2.1 はじめに

　今までは、母集団の平均と分散が明確な場合の話をしてきました。しかし、児童／生徒の身長／体重、全国規模の統一模擬試験など特殊な例を除いて、母集団の平均と分散が判明していることはあまりありません。では、少数の標本から母集団を推定するにはどうしたらよいでしょうか。

　この問題に最初に取り組んだのが、ゴセットです[※]。かれはギネスブックで有名なギネス醸造所に勤務し、自分が観察するサンプルから全体を推定する仕事に取り組んでいました。そこで、正規分布をする母集団から取り出した標本の平均と分散の分布は、もとの母集団と異なる$t$分布になることを示しました。

　本節では擬似的な母集団をつくり、標本の平均の分布を調べます。本節を理解すれば、通常の統計学の教科書ではなかなか理解しにくい$t$分布の概念を理解できるようになります。

### 3.2.2 データの準備

　母集団での分布が母平均$\mu$、母分散$\sigma^2$である正規分布に従っている変数から、$n$個ずつ無作為に標本を取り出したとします。このときの標本平均$\overline{X}$は、母平均$\mu$、母分散を$\sigma^2$とした場合、$\sigma^2/n$の分布に従うことは中心極限定理より導かれます。ここで平均0、分散1になるように標本平均$\overline{X}$を標準化するには式（3.1）を用います。

---

[※] William Sealy Gosset（ウィリアム・シーリー・ゴセット、1876年6月13日カンタベリー─1937年10月16日ビーコンズフィールド）はイギリスの統計学者、醸造技術者で、ロナルド・フィッシャーと並ぶ推計統計学の開拓者。本名よりもペンネームの「Student（スチューデント）」で有名である。

$$z = \frac{\overline{X} - \mu}{\sqrt{\dfrac{\sigma^2}{n}}} = \frac{\overline{X} - \mu}{\dfrac{\sigma}{\sqrt{n}}} \tag{3.1}$$

この式をよく見ると、標本平均から母平均を引き、標準偏差を標本数の平方根で除したもので割る、つまり標本平均から母平均を引き標準誤差で割っていることになります。ここで問題になるのは母分散、母標準偏差が通常は未知であるという点です。そこで $\sigma$ の代わりに母分散の推定値として不偏分散 $S^2$ を用いた、下記の式（実は式（3.2）は $t$ 分布の定義です）がどうなるかを調べてみましょう

$$t = \frac{\overline{X} - \mu}{\sqrt{\dfrac{S^2}{n}}} = \frac{\overline{X} - \mu}{\dfrac{S}{\sqrt{n}}} \tag{3.2}$$

いつものようにデータテーブルを作ります。変数の「ID」には、Ceiling関数とRow関数を用いて10行まとめで連番を与えます。変数の「点数」としてRandom Normal関数を用いて、平均0、分散1で正規分布に従う乱数を発生します。

- ID　　　Ceiling(Row( )/10)
- 点数　　Random Normal( )

全体の行数を170,000件（10万でも20万でもかまいません）としてください。

## 3.2.3　$t$ 分布を求める

IDごと、この場合は10行ごとに平均と分散を求めます。

メニューから［テーブル］-［要約］を選び、IDごとに平均と分散を求めます。最初に10行ごとの平均と分散を求めます（図3.10）。JMPで分散を指定すると、偏差平方和を $N-1$ で割った不偏分散が使われます。

10行ごとに求めた平均を利用して、Col Mean関数を用いて母平均を求めます（図3.11）。

◆図3.10
IDごとに平均と分散を求める

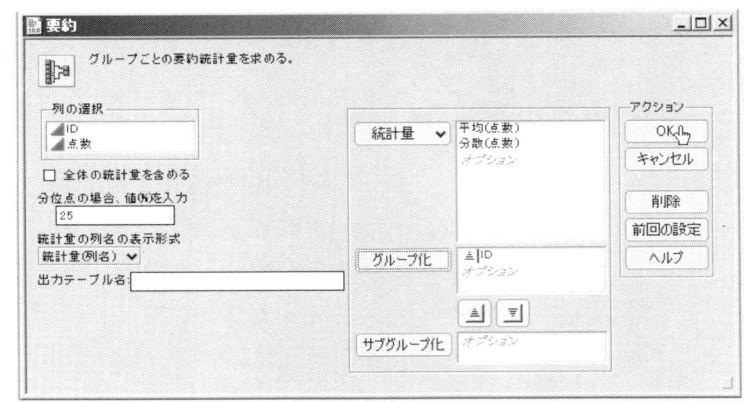

◆図3.11
母平均を求める

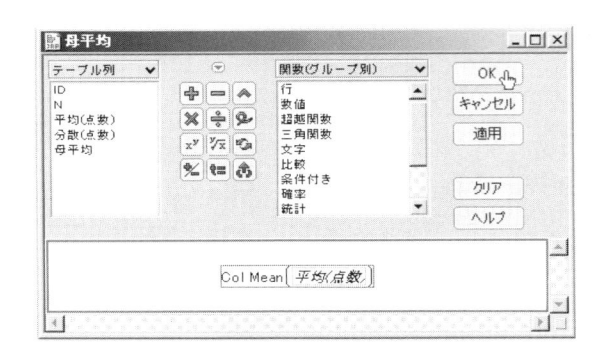

図3.12のような $t\,(n=10)$ を求めます。分母が標準誤差になっているのに注意してください。

◆図3.12
$t(n=10)$ を求める

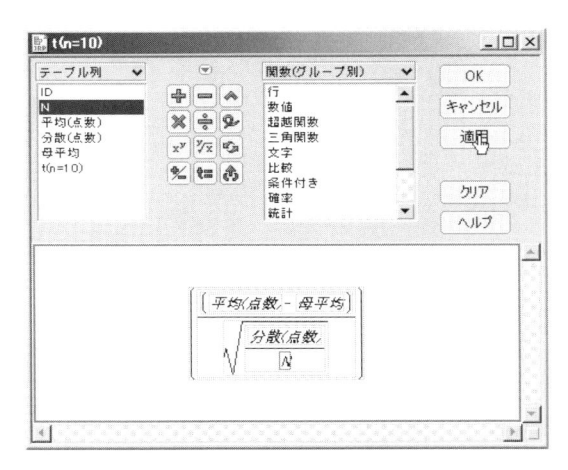

求めた $t\,(n=10)$ の一変量の分布を求めます（図10.13）。

◆図3.13
 $t(n=10)$の分布

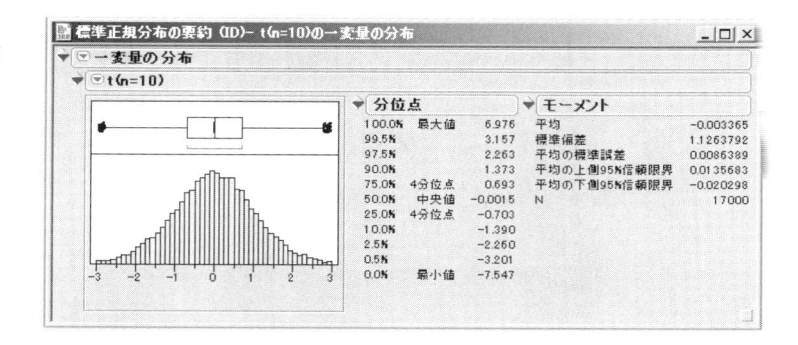

$t(n=10)$ を求めたのと同様に、$t(n=4)$, $t(n=2)$ を求めてください。分母部分に0に近い値が入り、極端に大きな$t$が求まりますが気にしないでください。

横軸は$t$が±3の範囲で求めてください。目盛間隔は1、補助目盛の数も1にしてください。同様に、最初の点数、170,000件の一変量の分布も求めてください（図3.14）。

ここまでで求めた$t$は自由度$(n-1)$の$t$分布といわれるものです。$n=2$のときの$t$分布は、正規分布を上から押しつぶしたようにもとの標準正規分布とは異なるのが明確にわかります。この$t$分布はゴセットにより母分散が未知の場合の標本平均の分布として導かれたもので、自由度により形状が異なりますが、$n$が大きくなり$n=30$近くだとほぼ正規分布に近くなります。

◆図3.14
4種類の分布

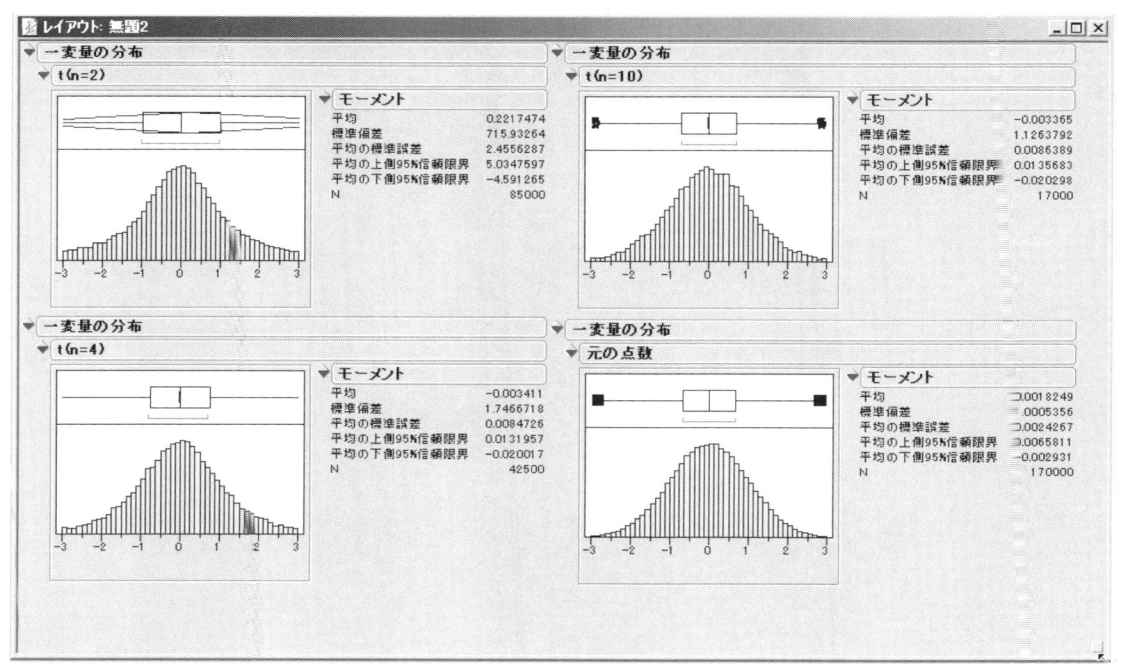

## 3.2.4 重ね合わせプロットによる $t$ 分布と標準正規分布の表示

今までは、$t$分布の定義に従ってデータを生成しその分布を求めていましたが、データの分布の差をなかなか把握しにくい難点があります。ここで、関数で$t$分布と標準正規分布を発生させ、グラフを表示をして自由度による形状の違いを明確にしましょう。

最初に図3.15のようなデータテーブルを作成します。

- $t$       Row( )/10 − 5
- $n = 1$      t Density($t$, 1)
- $n = 3$      t Density($t$, 3)
- $n = 9$      t Density($t$, 9)
- 標準正規分布   Normal Density($t$)

全体の行数を100行にします。

メニューから［グラフ］−［重ね合わせプロット］を選びます。

「レポート：重ね合わせプロット」ウィンドウで「X」に「$t$」を、「Y」に残りの変数を割り当てます（図3.15）。

◆図3.15 変数の割り当て

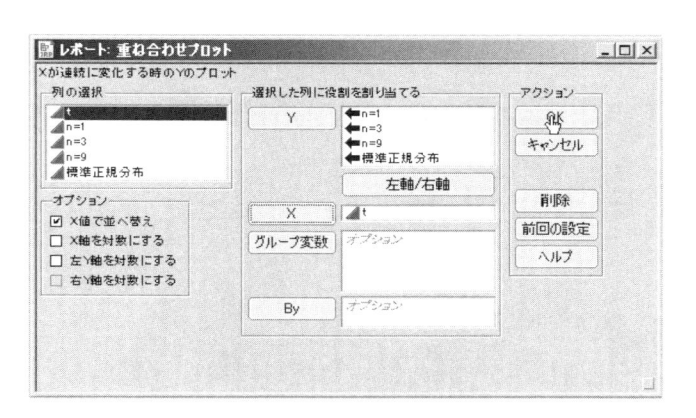

3.2 標本から母集団を考える——$t$分布を体感する

表示を見ると、自由度によりグラフの形状が異なるのがわかります（図3.16）。

◆図3.16
表示結果

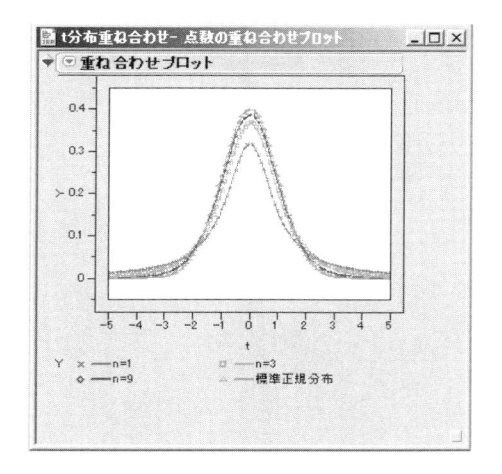

## まとめ

統計学を教えているときに、単に$t$分布の数式はこれ、といっても学習者はなかなか理解できません。しかし、今回のように実際にデータをつくり分布を求めてみると、正規分布と$t$分布の形状の違いが実感できるはずです。そして、標準正規分布も$t$分布も平均値を標準誤差で除している点では数式が同じかたちになっているのが理解できれば、まるで違うように見えた正規分布、$t$分布が親戚関係になることが理解できるでしょう。標準正規分布と$t$分布が近い関係にあるのが把握できれば、後で学習する複雑な$t$検定の公式も楽に理解できるようになります。

**チェックポイント**
- □ 母集団の平均と分散が入手しにくいことが理解できる。
- □ 母集団と標本集団の違いが理解できる。
- □ $z$と$t$を求める式が極めて似ているのを理解できる。
- □ $t$分布に従うデータを乱数を用いて生成できる。
- □ $t$分布と正規分布ではどこがどのように異なるかを指摘できる。
- □ $t$分布は自由度がどの程度になったら正規分布とみなせるか指摘できる。

# 第4章 検定

## 4.1 平均の差の分布から $t$ 検定へ

### 4.1.1 はじめに

　　　　　　　今までは、実際のデータの分布を考えていました。しかし、統計の世界では、処理群と対照群、あるいは処理1と処理2の平均の比較をしたいといったケースが数多くあります。このような問題に対しては、2群の母集団の平均が異なっていないという帰無仮説をたてるところから話を始めます。

　頭の中では、平均値という数字の比較をすると考えますが、よく考える標本の平均ですから標本の平均自体もばらつくはずです。そうなると、母集団から標本を抽出して平均の差を求めた場合、この平均の差の分布の統計量（平均、分散、標準偏差）はどのような分布をするのかが問題になります。少しだけ2つの標本の平均が異なる場合は多いし、2つがかなり異なる場合は少ないから、平均の差の分布は正規分布のようになるだろうと想像はつきます。しかし、2つの標本数がアンバランスなときはどのように扱ったらよいのだろうか、という疑問も生じます。

　本節では、生のデータの分布から、平均の差の分布に話題を変えて学習をします。この節が終わる頃には、$t$ 検定の原理を理解できるでしょう。

### 4.1.2 平均の差の性質を理解する

　2群の平均を比較するとは、2群の平均の分布がどの程度重なっているか、つまり平均の差の分布を検討することです。母集団から抜き出した標本の平均と分散はどうなるでしょうか。

　標本平均の差の期待値は、

$$E(\overline{X}-\overline{Y})=E(\overline{X})-E(\overline{Y}) \tag{4.1}$$

で表現されます。標本平均の差と和の分散は標本が無作為に抽出されて互いに独立していると次のように、各々の分散の和になります。

$$V(\overline{X}-\overline{Y})=V(\overline{X})+V(\overline{Y}) \tag{4.2}$$

$$V(\overline{X}+\overline{Y})=V(\overline{X})+V(\overline{Y}) \tag{4.3}$$

この式は分布についての仮定なしで成立するので2つの差をとれば、近いときもあるし離れたときもあるため標本平均の差と和の分散は各々の和になると理解できます。しかし、授業をしていると「何で分散の差が分散の和になるのか」と毎年質問されます。そこで、擬似的な母集団のデータを作ってシミュレーションをしてみましょう。

## 4.1.3　標本の分散

中心極限定理を体験したときと同じように、次のような計算式のデータを、51,200行用意します（図4.1）。

- No　Ceiling(Row( )/16)
- データ $X$　Random Uniform( )
- データ $Y$　Random Uniform( )

◆図4.1
生成したデータ

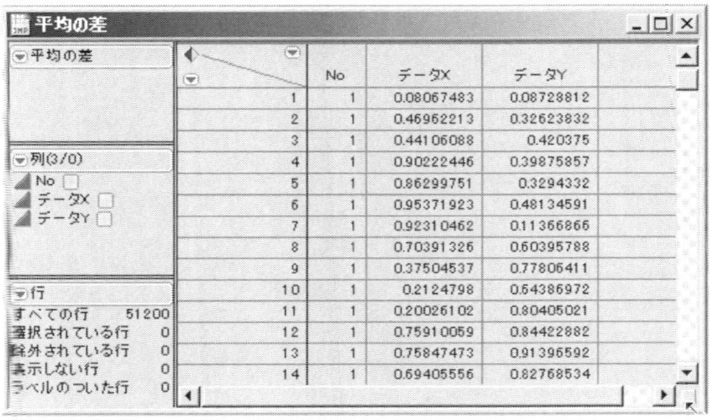


| | No | データX | データY |
|---|---|---|---|
| 1 | 1 | 0.08067483 | 0.08728812 |
| 2 | 1 | 0.46962213 | 0.32623832 |
| 3 | 1 | 0.44106088 | 0.420375 |
| 4 | 1 | 0.90222446 | 0.39875857 |
| 5 | 1 | 0.86299751 | 0.3294332 |
| 6 | 1 | 0.95371923 | 0.48134591 |
| 7 | 1 | 0.92310462 | 0.11366866 |
| 8 | 1 | 0.70391326 | 0.60395788 |
| 9 | 1 | 0.37504537 | 0.77806411 |
| 10 | 1 | 0.2124798 | 0.64386972 |
| 11 | 1 | 0.20026102 | 0.80405021 |
| 12 | 1 | 0.75910059 | 0.84422882 |
| 13 | 1 | 0.75847473 | 0.91396592 |
| 14 | 1 | 0.69405556 | 0.82768534 |

第4章　検　定

「データ$X$」と「データ$Y$」の一変量の分布を求め、両者の平均と標準偏差（分散）を確認します（図4.2）。

◆図4.2
一様分布乱数の平均と標準偏差（分散）

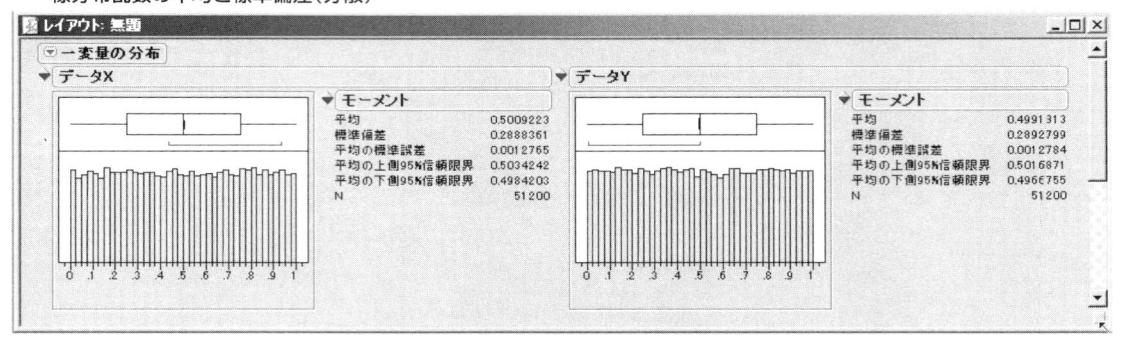

メニュー［テーブル］-［要約］を選び、「グループ化」に「No」を設定して、16行ごとに「データ$X$」と「データ$Y$」の平均を求めます。これは一様分布する乱数の母集団から16個ごとにデータを取り出してその平均を求めていることに相当します。

新しくできた「平均（データ$X$）」「平均（データ$Y$）」を用いて、新規の変数「平均の和」「平均の差」を計算式で求めます（図4.3）。

◆図4.3
平均の和と差の算出

「平均（データ$X$）」「平均（データ$Y$）」「平均の和」「平均の差」の一変量の分布を求めます。

もとのデータは0から1までの一様の乱数だったのが、図4.4を見ると16個ごとの平均値を求めるため、中心極限定理により「平均（データ$X$）」「平均（データ$Y$）」の分布が正規分布になっているのがわかります。

## 4.1 平均の差の分布から t 検定へ

◆図4.4
各種平均の統計量

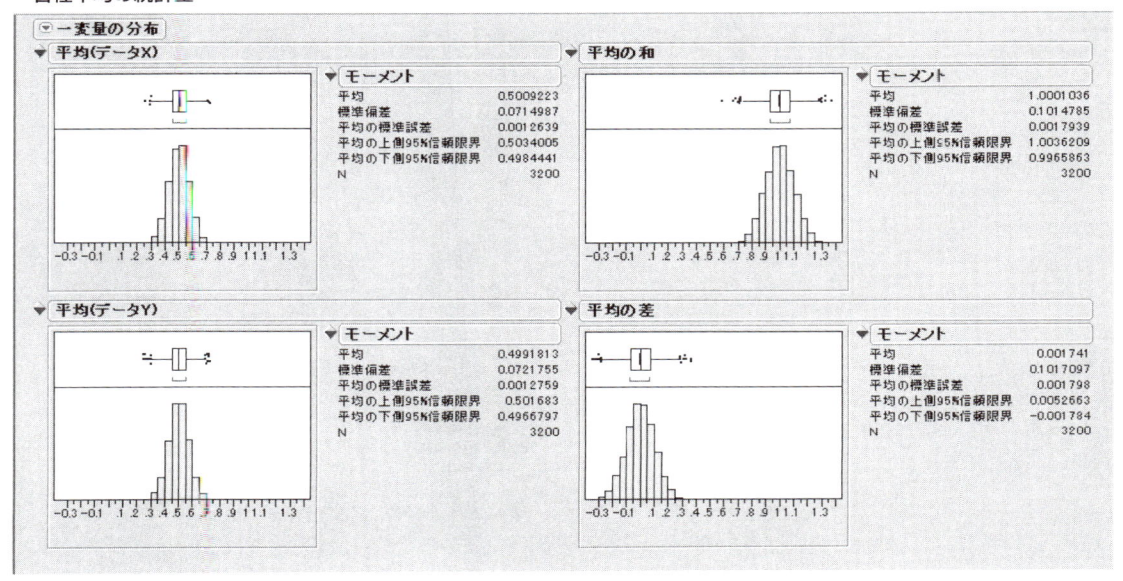

ここで求めた「平均（データ X）」「平均（データ Y）」の標準偏差は、平均値の標準偏差、つまり標準誤差になっています。

標本平均の差の期待値は、式 (4.1) で各々の差で表現されることを示しました。「平均（データ X）」「平均（データ Y）」の平均値の差を求めると

$$0.5009223 - 0.4991813 = 0.001741$$

となり、「平均の差」の平均値に一致しているのがわかります。

「平均の差」と「平均の和」のグラフの裾の広がりが他の二者より広くなっていることから、分散が大きくなっているのが直観的にわかります。標本平均の差と和の分散は、標本が無作為に抽出されて互いに独立していると考えられるとき、式 (4.2)、式 (4.3) より各々の分散の和で求められることをすでに示しました。それらの式を用いて、平均の差と和の分散を検討するため、「平均（データ X）」「平均（データ Y）」の標準偏差を用いると、

$$(0.0714987)^2 + (0.0721755)^2 = (0.101594)^2$$

となり、「平均の和」の標準偏差 0.1014785、「平均の差」の標準偏差 0.1017097 にほぼ近い値になるのがわかります。

この関係は、「平均の和」と「平均の差」に関して「要約」の機能で分散を求めてもよいでしょう。要約の結果からも、平均の和と平均の差の分散はもとの2つの

平均の分散の和になっているのがわかります（図 4.5）。

◆図4.5
分散の関係

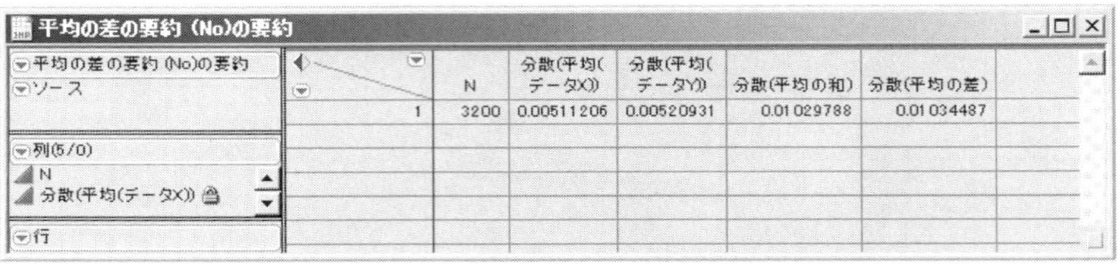
平均の差の要約（No)の要約
平均の差の要約 (No)の要約
ソース
列(5/0)
N
分散(平均(データX))
行
N
分散(平均(データX))
分散(平均(データY))
分散(平均の和)
分散(平均の差)
1
3200
0.00511206
0.00520931
0.01029788
0.01034487

なお、図 4.4 のモーメントの表示にある、「平均の標準誤差」の表示は、単に標準偏差をデータ数の平方根で除した値（この場合は3200 の平方根の 56.57）が記述されているので注意が必要です。

## 4.1.4　2つの標本の平均の比較を考える前に

今までの操作で、中心極限定理と平均の差での分散の性質を再確認しました。ここで2つの標本の平均の比較に話を移します。この比較は、先に行った「平均（データ $X$)」と「平均（データ $Y$)」の差の分布を検討することに相当します。

その前に個々の測定値が、ある母集団から採取されたものと見なしてよいかを考えてみましょう。

以前、データが正規分布をする場合、どのような正規分布も標準正規分布に変換できるので、標準得点$z$の位置により、その位置以上をとる確率が求められたのを思い出してください。

母集団の分布が正規分布と仮定できれば、母平均と母標準偏差を用いて分布を標準正規分布に変換でき、この標準得点$z$が標準正規分布に従うことを利用して検定ができます。つまり、ある測定値が母平均、母標準偏差が判明しているある母集団に属すと見なしてよいかを調べることができ、これを $z$ 検定と呼びます。

$$z = \frac{\text{測定値} - \text{母平均}}{\text{母標準偏差}}$$

そして $z = \pm 1.96$ の間に全体の 95%が入ることを利用して検定を行います。日本の学生、児童の体格、全国規模の統一模擬試験の結果など、母集団の平均値、標準偏差が判明していると考えられるような場合、このような $z$ 検定を用いますが、一般に母集団の平均値、標準偏差が判明しているのはまれです。

## 4.1.5 平均の差での分布の考え方

母集団より抜き出した標本の平均値は、中心極限定理より分布は正規分布になり、それら2種類の平均の差もやはり正規分布となります。平均の差の分布が正規分布と仮定できるので、平均の差と平均の差の標準偏差(標準誤差)を用いれば下記のような式で $z$ 検定と同じような検定ができるはずです。

$$\frac{平均の差}{平均の差の標準偏差\ (SE)}$$

しかし、通常は母集団の分布の統計量はわからないので、母集団の標準偏差の推定をするには標本の標準偏差からその推定を行わなければなりません。ここで、標本の不偏分散を $S_x^2, S_y^2$ とし、母分散を $\sigma_x^2, \sigma_y^2$ とし、母集団から抜き出した標本数を各々 $n, m$ とすると下記の式が成り立ちます。

$$V(\overline{X}-\overline{Y}) = V(\overline{X}) + V(\overline{Y})$$
$$= \frac{\sigma_x^2}{n} + \frac{\sigma_y^2}{m}$$

つまり、平均の差の分散を、母分散から求めるわけです。今回の場合、$\sigma_x^2$ と $\sigma_y^2$ は 51,200 個の「データ $X$」「データ $Y$」の分散に相当します。ここで2群の分散が等しく $\sigma$ であると仮定すると下記の関係が成り立ちます。

$$V(\overline{X}-\overline{Y}) = \sigma^2 \left( \frac{1}{n} + \frac{1}{m} \right)$$

また、2群の分散が等しくなくても $n = m$ の場合、下記の関係が成り立ちます。ここまでは、もし母分散が判明していれば特に問題なく求められます。

$$V(\overline{X}-\overline{Y}) = \frac{\sigma_x^2 + \sigma_y^2}{n}$$

この式の左辺は平均の差の分散ですから平方根をとると、平均の差の標準偏差つまり平均の差の標準誤差 ($SE$) そのものになります。

ですから、

$$\frac{平均の差}{平均の差の標準偏差\ (SE)}$$

を考える場合、平均の差の標準誤差（$SE$）を得るにはこの$V(\overline{X}-\overline{Y})$を求めればよいことになります。しかし、何度もいうように母分散$\sigma_x^2, \sigma_y^2$がわからないので何らかの方法を考えなくてはなりません。

## 4.1.6　平均の差の標準誤差（$SE$）を求める

ここで少し大まかに考えましょう。平均の差の標準誤差を求める場合、標本の分散から母集団の分散を推定することを考えます。これは上記の母分散の$\sigma^2$を不偏分散$S^2$で推定することになり、上記の式を以下のように書き直した式になります。

$$V(\overline{X}-\overline{Y}) = S^2\left(\frac{1}{n}+\frac{1}{m}\right)$$

$$V(\overline{X}-\overline{Y}) = \frac{S_x^2+S_y^2}{n}$$

ここで最初に求めた51,200個のデータの分散（$\sigma^2$）と16個より求めた分散（$S^2$）の関係を調べてみましょう。51,200個の一様乱数である「データ$X$」と「データ$Y$」の分散は、$(0.2888361)^2, (0.2892799)^2$であり、

$$V(\overline{X}-\overline{Y}) = \frac{\sigma_x^2+\sigma_y^2}{n}$$

の右辺の値は、0.0104443となります（この値は分散を$n$で割るか、$n-1$で割るかで考えた内容を参考にすると、本当は$n-1$倍して$n$で除するべきですが、$n$の値が51,200と大きいのでこのままにしておきます）。

一方、「データ$X$」と「データ$Y$」から「要約」の機能を用いて16標本ごとの分散を求め、両者を足して16で割り一変量の分布を求めます。これは下記の式に示す16個ごとの分散を求めて、その分布を見ていることになります（図4.6）。

$$V(\overline{X}-\overline{Y}) = \frac{S_x^2+S_y^2}{n}$$

◆図4.6
16標本ごとの分散と分散の和

実際に分散の和の一変量の分布を求めると図4.7のように0.0104525（モーメントの表示の下の平均のところ）の周囲に分散が分布し、先に母分散から求めた0.0104443と近い値になります。つまり、16個ごとに求めた分散の値から、母集団の分散が推測できることを示しています。

◆図4.7
分散の和の分布

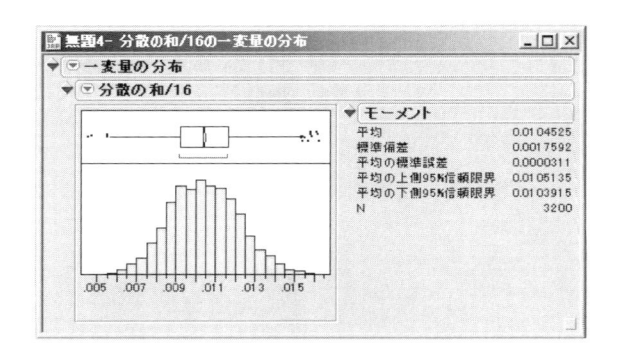

ここで落ち着いて考えると、以前、不偏分散を求めるのに$n$で割るか、$n-1$で割るかの実験をして、標本数が1,000個のときも100個のときも、不偏分散が母分散の推定量になることを示しました。つまり、あのときにすでに、不偏分散から母分散を推定できることを体験していたのです。そこで、今までの式の$\sigma$を自信をもって$S$に置き換えて考えます

$$SE = \sqrt{V(\overline{X} - \overline{Y})}$$
$$= \sqrt{\frac{S_x^2 + S_y^2}{n}}$$

先に結論をいいますが、ここで、$n$と$m$の数が異なる場合、母分散である$\sigma^2$の推定値として不偏分散$S^2$を下記の式で表現します。

# 第4章 検 定

式は複雑に見えますが、$S_x^2$を$(n-1)$、$S_y^2$を$(m-1)$で割って分散を求めてから一度もとに戻し、その後で$(n-1)+(m-1)=n+m-2$で割る、つまり2つのデータをもとに共通の$S^2$を求めるだけです。

$$S^2 = \frac{(n-1)S_x^2 + (m-1)S_y^2}{n+m-2}$$

この$S^2$を、前述の$SE$を求める式に代入して標本平均の差の分散を求めます。

$$\begin{aligned}
SE &= \sqrt{V(\overline{X}-\overline{Y})} \\
&= \sqrt{\sigma^2 \left(\frac{1}{n} + \frac{1}{m}\right)} \\
&= \sqrt{S^2 \left(\frac{1}{n} + \frac{1}{m}\right)} \\
&= \sqrt{\frac{(n-1)S_x^2 + (m-1)S_y^2}{n+m-2}\left(\frac{1}{n} + \frac{1}{m}\right)} \\
&= \sqrt{\frac{(n-1)S_x^2 + (m-1)S_y^2}{n+m-2}\frac{n+m}{nm}}
\end{aligned}$$

もし$n$と$m$が等しいとすると下記のようになります

$$\begin{aligned}
SE &= \sqrt{\frac{(n-1)S_x^2 + (n-1)S_y^2}{n+n-2}\frac{n+n}{nn}} \\
&= \sqrt{\frac{(S_x^2 + S_y^2)}{n}}
\end{aligned}$$

ここで発想を転換すると、基本は標本数が等しい場合の

$$\begin{aligned}
SE &= \sqrt{V(\overline{X}-\overline{Y})} \\
&= \sqrt{\frac{S_x^2 + S_y^2}{n}}
\end{aligned}$$

の関係であり、これを標本数が等しくなく、かつ詳しい推定を行うため、2種類の分散より共通の分散を推測するため下記の形になると考えてもよいでしょう。

$$SE = \sqrt{V(\overline{X}-\overline{Y})}$$
$$= \sqrt{\frac{(n-1)S_x^{\,2}+(m-1)S_y^{\,2}}{n+m-2}\left(\frac{1}{n}+\frac{1}{m}\right)}$$

## 4.1.7　標準誤差（$SE$）を用いて平均の差を検討する

今までの処理で、標本の標準誤差（$SE$）が求まりました。そこで、以前、母集団のデータを扱う場合は、

$$z = \frac{測定値 - 母平均}{母標準偏差}$$

に従うことから、標本より求めた平均の差を扱う場合は

$$t = \frac{平均の差}{平均の差の標準偏差}$$

を用いて検定を行うと考えます。

そのため、下記のような式を定義し、この値が自由度（$n+m-2$）の$t$分布に従うことを利用して検定を行います。この$t$分布を用いて検定を行うことを$t$検定といいます。

$$t = \frac{\overline{X}-\overline{Y}}{\sqrt{\dfrac{(n-1)S_x^{\,2}+(m-1)S_y^{\,2}}{n+m-2}\left(\dfrac{1}{n}+\dfrac{1}{m}\right)}}$$
$$= \frac{\overline{X}-\overline{Y}}{S \times \sqrt{\dfrac{1}{n}+\dfrac{1}{m}}}$$

本来なら、ここで数値実験をして上記の$t$が確かに$t$分布に従うかどうかを確かめるのですが、少し発想を変えましょう。ここで$n=m$を考えると下記の$SE$より$t$は簡略化できます

$$SE = \sqrt{\frac{(S_x^{\,2}+S_y^{\,2})}{n}}$$

$$t = \frac{\overline{X} - \overline{Y}}{\sqrt{\dfrac{S_x^2 + S_y^2}{n}}}$$

さらに比較する $Y$ が標本でなく定数とすると下記のようになり、結局、前に標本から母集団を考えたときの最初の式と等しくなります。

$$t = \frac{\overline{X} - \mu}{\sqrt{\dfrac{S_x^2}{n}}} = \frac{\overline{X} - \mu}{\dfrac{S_x}{\sqrt{n}}}$$

したがって、今回、考察の対象とした式が $t$ 分布に従うのは明らかです。

今回求めた平均の差を示す $t$ を表現するときに $S_x^2$ を $V_x^2$ で表現する、$S$ の定義式をそのまま書くか否か、などいくつものバリエーションがあり、それが教科書に記載されています。そのため $t$ 検定の式にはいろいろな種類があるように見えます。

多くの統計の教科書では、$t$ 検定の定義の複雑な式ををだして「これでやってください」の一言で終わってしまい「なぜこうなるか？」という説明はされていません。これでは、とても学習者は理解できません。この節のように両者の類似の関係を指摘すると、少しは説明がわかりやすかったかと思います。

## まとめ

母集団で標準正規分布を求めるのに、平均／標準偏差の考えを使ったのを参考に、標本での平均の差を求めるのに、平均の差／平均の差の標準偏差と考えるとなると、平均の差の分布も理解しやすくなるはずです。標準誤差の計算が複雑なのは、標本の大きさが異なり、かつ標本から推定する母集団の分散はより精密な式が必要となるためと考えればよいでしょう。

**チェックポイント**
☐ 標本の和と差の分散が、分散の和になることを理解できる。
☐ 標本の和と差の分散が、分散の和になることを体験した。
☐ $z$ 検定と $t$ 検定が近い関係にあることが理解できる。
☐ 本節で定義した $t$ の式が $t$ 分布に従うことを理解できる。
☐ $t$ 検定の式にいくつものバリエーションがあることが理解できる。

## 4.2 等分散の検定と平均値の差の検定

### 4.2.1 はじめに

今、何かの調査をして2種類のデータ（標本）を得ると、自分のデータからもとの集団の平均値に差があるといいたくなります。このよく遭遇する「平均値に差があるかどうかを調べたい」という問題はかなり奥深いものがあります。この問題を詳しく考えると「自分が調べた集団、つまり母集団 $A$, 母集団 $B$ から選ばれた標本 $A'$, 標本 $B'$ の平均値を比較して、母集団の平均値 $\mu_A, \mu_B$ の間に有意な差が認められるかどうかを検討する。つまり $\mu_A = \mu_B$ を帰無仮説として検討する。」といった表現になります。

今、2つの標本を比較する場合を考えます。自分が調べた集団、つまり母集団 $A$, 母集団 $B$ から選ばれた標本 $A'$, 標本 $B'$ の平均値を比較して、母集団の平均値が等しいという帰無仮説を検討します。

しかし、ここで問題がでてきます。つまり母集団の平均値が等しいとしても分散が異なったらどうするかという点です。実験や調査では、自分が注目している特性値以外は同じと見なせるかどうかが重要です。両者は同じような集団から抜き出したという点が成り立たないことをバイアスがあるといい、得られた結果の信頼性は低くなります。身長を比較するにも、普通の学生とバスケットボールの選手を比較しても意味がありません。同様に、モデルと力士の体重の比較をしても意味がありません。そのため、「2群を同じような集団から抜き出して平均値の比較をしました」というためにはその分散を比較する必要があります。

その結果、独立した2群の標本の平均を比較する場合いくつかの種類が生じます。

(1) 2つの母集団の母分散は未知であるが、両者が等しいと判断できる場合
　　通常の $t$ 検定
(2) 2つの母集団の母分散は未知であるが、両者が等しいと判断できない場合
　　Welch の検定

本節では、通常の調査研究でよく遭遇する、(1) 母分散が未知であるが等しいと考えてよい場合の独立2試料の母平均の差の検定（Student の $t$ 検定）、および (2) 母分散が未知であり等しいと考えられない場合の独立2試料の母平均の差の検定（Welch の検定）、を取り上げます。

## 4.2.2 分散が等しいか否かを検討するには

最初に、手もとにあるデータからもとの母集団の分散を検討します。そのために標本の分散を用いて等分散の検定を最初に行います。$t$ 検定で平均の差の検定を行う場合には、その前に、かならずこの等分散の検定を行います。

今、$A, B$ の2群の母分散を各々、$\sigma^2_A, \sigma^2_B$ とすると、仮説は以下のようになります。

$H_0 : \sigma^2_A = \sigma^2_B$　2つの母集団の分散は等しい。

$H_1 : \sigma^2_A \neq \sigma^2_B$　2つの母集団の分散は等しくない。

標本 $A, B$ の分散を $S^2_A, S^2_B$ （ただし $S^2_A > S^2_B$）、データの数を $n_A, n_B$ とします。ここで、分子＞分母にすると $F_0 = S^2_A / S^2_B$ なる統計量は第1自由度 $(n_A - 1)$、第2自由度 $(n_B - 1)$ の $F$ 分布に従うことが知られていて、この性質を利用して検定を行うことを $F$ 検定と呼びます。もし、2つの母分散が等しければ、$F_0$ の値は1に近いはずですし、もし異なっていれば分子＞分母としてありますので、1より大きな値にずれるはずです。この $F_0$ の分布をもとに等分散か否かを検討します。

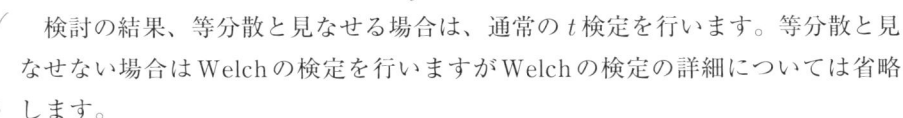

検討の結果、等分散と見なせる場合は、通常の $t$ 検定を行います。等分散と見なせない場合は Welch の検定を行いますが Welch の検定の詳細については省略します。

JMP では「等分散性の検定」で手軽にこの問題を扱えるのですが、基本を理解するためにここでは数式をもとに等分散性を体験します。

## 4.2.3 等分散の検定を体験する

High-Heel.JMP を開きます。

これは、女性が年代とシチュエーションによってお出かけのときのハイヒールの高さがどのように変化するかを実際に調べたデータです。

新しい変数「新年代」という変数を Match 関数を用いて、20 − 30 代を 1、40 − 50 代を 2 と定義します（図 4.8）。変数は名義尺度として設定します

◆図4.8
Match関数の設定

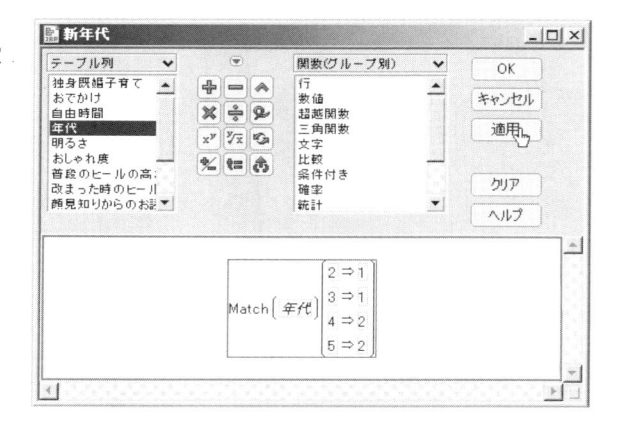

## 4.2.4 分散が等しいと見なせる場合

メニューから［テーブル］-［要約］を選び「新年代」を「サブグループ化」に設定し、「改まった時のヒールの高さ」の分散と標本数を求めます（図4.9）。

◆図4.9
分散と標本数を求める

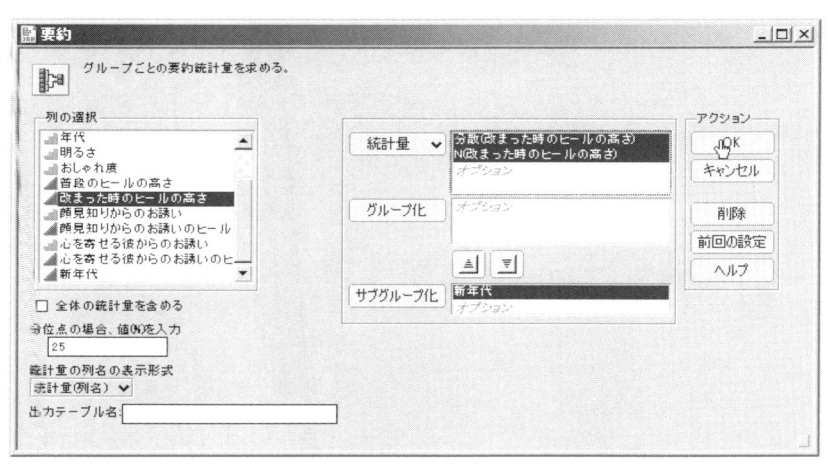

求めた要約のテーブルで下記の値を計算式で求めます（図4.10）。
自由度は各々の標本数より1を引いて求めます。

- 分散比　　"分散（改まった時のヒールの高さ, 1）"/"分散（改まった時のヒールの高さ, 2）"
- $p$値　　　1-F Distribution(分散比, 51, 18)

第4章 検　定

◆図4.10
　分散比の検定

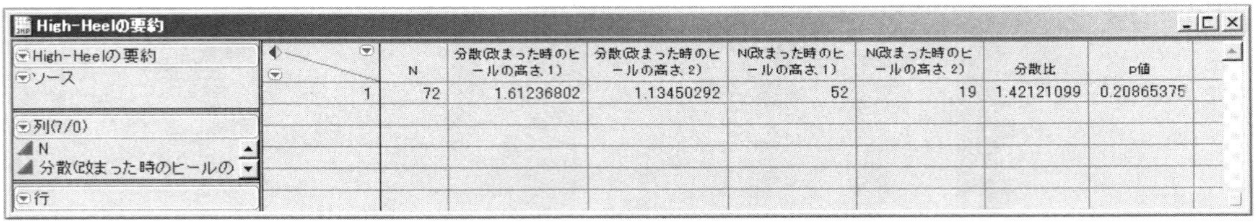

等分散の検定の結果、$p = 0.2086 > 0.05$ を得ます。したがって等分散と見なします。この場合は通常の $t$ 検定を行います。

メニューから［分析］－［二変量の関係］を選びます。

「新年代」を「名義尺度」に変えます。

「X, 説明変数」に「新年代」を指定します。

「Y, 目的変数」に「普段のヒールの高さ」を指定します。

「新年代による改まった時のヒールの高さの一元配置分析」のアウトラインの横の赤い▼をクリックし、「平均/ANOVA/プーリングした $t$ 検定」を指定します。

結果の表示の中で、「$t$ 検定」の「分散が等しいと仮定」に注目し、$p$ 値として 0.7625 を得ます（図4.11）。

◆図4.11
　改まった時のヒールの高さの一元配置分析

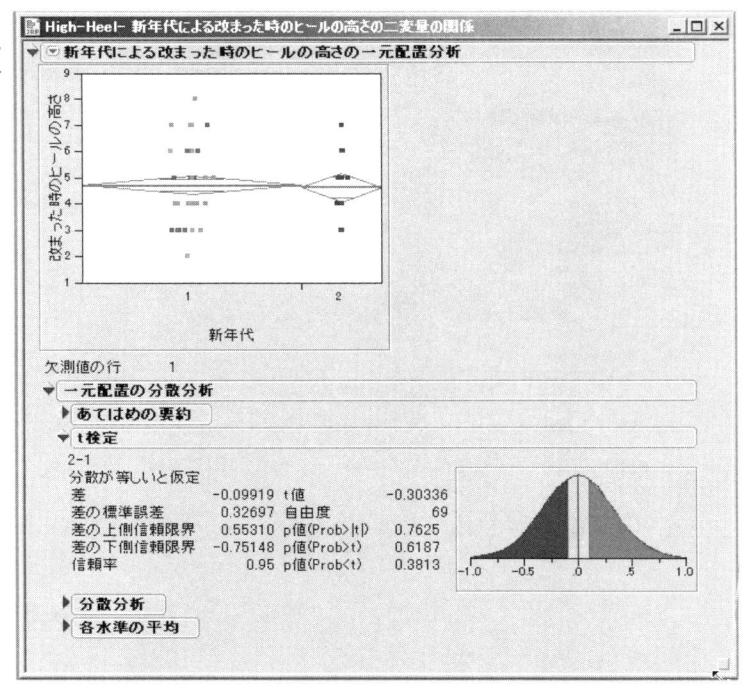

## 4.2.5 分散が等しいと見なせない場合

メニューから［テーブル］－［要約］を選び、「新年代」ごとの「普段のヒールの高さ」の分散を求めます。

そのテーブルで、前回と同様に下記の値を計算式で求めます（図4.12）。標本数は同様に、51,19を得ておきます。

分散比　　"分散（普段のヒールの高さ, 1）"/"分散（普段のヒールの高さ, 2）"
$p$ 値　　　1－F Distribution（分散比, 50, 18）

◆図4.12
$p$ 値を求める

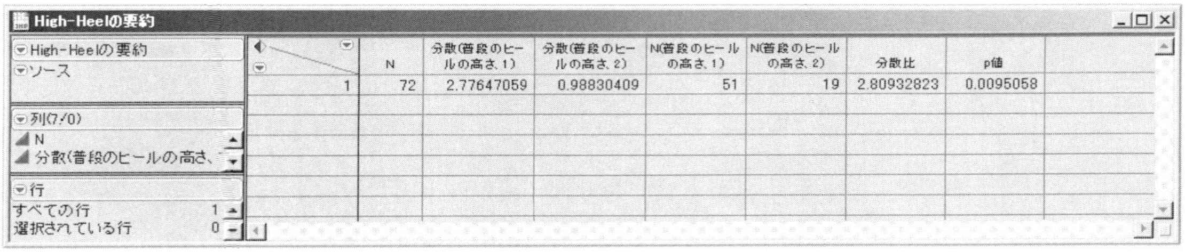

| | | N | 分散(普段のヒールの高さ,1) | 分散(普段のヒールの高さ,2) | N(普段のヒールの高さ,1) | N(普段のヒールの高さ,2) | 分散比 | p値 |
|---|---|---|---|---|---|---|---|---|
| | 1 | 72 | 2.77647059 | 0.98830409 | 51 | 19 | 2.80932823 | 0.0095058 |

これを見ると $p$ 値 = 0.0095 < 0.05 となっています。これは片側検定ですので、両側ならこの倍の0.0190になりますが、やはり有意水準5%で2群が等分散という帰無仮説は棄却されます。そのため、通常の $t$ 検定でなくWelchの検定を行います。

この場合、「新年代による普段のヒールの高さの一元配置分析」のアウトラインの横の赤い▼をクリックして「等分散性の検定」を選びます。指定の結果、4種類の検定量とWelchの検定の結果が表示されます（図4.13）。

等分散の検定には一般的に $F$ 検定が使われますが、JMPでは3群以上に対応した検定も準備しています（その詳細はJMPのヘルプを参照してください）。通常の $F$ 検定を実行するには両側 $F$ 検定を用います。

第4章 検定

◆図4.13
分散が等しいことを調べる

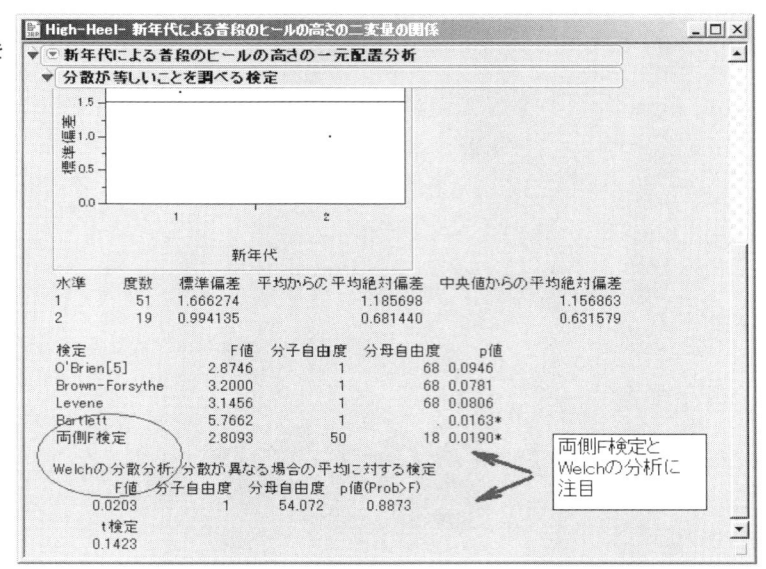

ここで両側 $F$ 検定を見ると $p$ 値 = 0.0190 となっていますので、その下のWelchの分散分析、つまりWelchの分析を用いると $p = 0.8873 > 0.05$ となり、有意水準5％で2群の平均値が等しいという帰無仮説は棄却できません。つまり年令によっても選ぶヒールの高さの平均には差は見られないと考えられます。

しかし、単にそれだけでよいでしょうか。平均に差は見られませんが、分散が大きく異なっている点に注意してください。この場合は、20-30代はヒールの高さは低いものから高いものまで幅広く分布するが、40-50代は3cmの普通の高さが多く、極端に外れる人は少ない。その結果、分散には統計的な有意差が認められるが、平均値はほぼ等しく有意差は認められない、とまとめたてもよいでしょう。

なお、今回は、丁寧に数式で等分散を検討しましたが、実際にはデータの分布が同じ程度かを検討し、あまりにも異なるようであれば「等分散性の検定」で分散をチェックし、それから適切な検定方法を選ぶようにすればいいでしょう。

## まとめ

本章の例では分散が等しいと見なせなかった場合の考察が重要です。そこで議論していたのは平均ですが、得られたデータから何かしらの傾向をいうには平均の差の比較にこだわる必要はありません。分散の広がりからもいろいろな考察ができます。データがあなたに語りかける傾向に常に注意を払ってください。

**チェックポイント**
- □ 平均値の差の検定のときに等分散の検定が重要であることが理解できる。
- □ 要約の機能を用いて等分散の検定を行える。
- □ 等分散の有無によって $t$ 検定、Welch の検定を選べる。

## 4.3 分散分析を理解する

### 4.3.1 はじめに

今までは $t$ 検定で2群の平均値の比較をしていましたが、2群以上の比較はどうしたらよいでしょうか。ここにいろいろな県の生徒20人の身長を集めたデータがあるとします。各県の生徒の身長の平均値が等しいかを検討するときに、もし2県ずつ比較をするとしたら6県では15通り（${}_6C_2$）の組み合わせが、7県では21通り（${}_7C_2$）存在します。

ところが7県もあれば21通りの組み合わせのうち1回くらいは20回に1回の偶然が生じても当たり前ということになってしまいます。

有意水準0.05で検定を行うというのは、今見ているような状態が20回に1回生じているかどうか、それ以下だったら偶然と考えるのをやめようという立場でした。

ここで以下のような仮説を考えます。

$H_0$：すべての平均値は等しい。
$H_1$：すべての平均値は等しくはない（最小1つの平均値が異なる）。

このようになると今までの単なる2群の比較でなく、新しい考えが必要になります。ここで基本になるのは、標本平均について各群の中のばらつきと群の間のばらつきを比較して考えようという点です。群の間のばらつきが群の中のばらつきより多ければ、最小1つの平均値が異なると考えてもよさそうです。

第4章　検　定

ここでは多群を比較する分散分析について解説します。

## 4.3.2　分散分析の概念

話を単純にするため、最初に各県のデータ数は等しいとします。仮に4県の学生の身長を比較すると想定して、以下のような変数A－Dを用意します。各々の変数には、標準正規分布をする乱数を発生する関数を用いて以下のような式を入力します。

- A　　　Random Normal( )× 10 + 100
- B　　　Random Normal( )× 10 + 110
- C　　　Random Normal( )× 10 + 120
- D　　　Random Normal( )× 10 + 130

メニューから［行］－［行の追加］を選び、全体で20行のデータを生成します。

分散分析では全体のばらつきを各群（この場合は各県）の中でのばらつきである群内変動と、群の間でのばらつきである群間変動に分解します。そして、群間で平均値が異なるとは、群内のばらつきよりも群間のばらつきが大きいため、各群の分布が離れたと考えます。これが分散分析の考え方です。群間変動と群内変動の考えを模式的に示すと図4.14のようになります。

◆図4.14
群内変動と群間変動

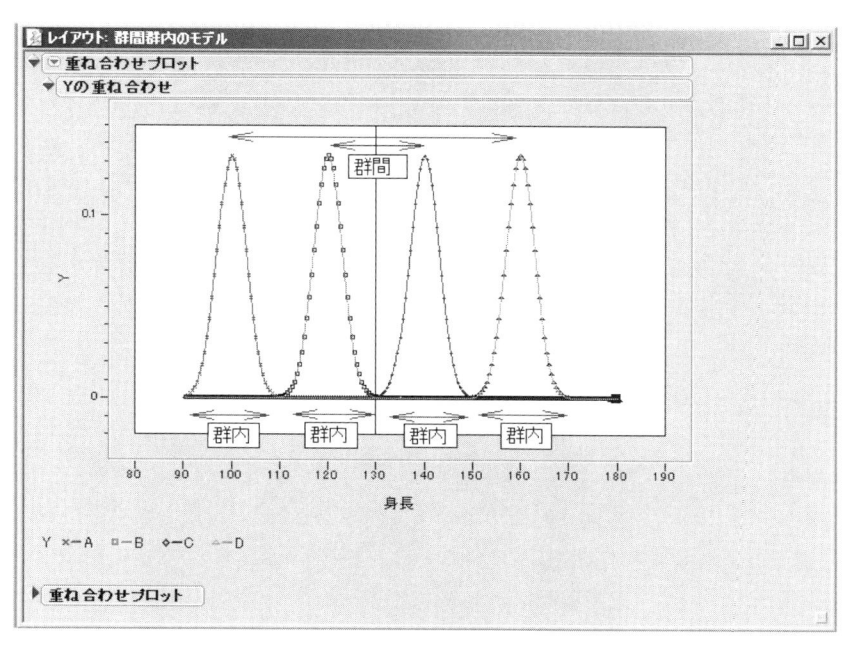

## 4.3 分散分析を理解する

概念的には、各県のデータを、「ばらつかない部分」(全体の平均)と「ばらつく部分」(平均との差)に分けます。次に、「ばらつく部分」を「条件によるばらつき」(群間のばらつき、つまり全体平均と各群の差)と「誤差によるばらつき」(群内のばらつき)に分けます。

「データ」＝「ばらつかない部分」＋「ばらつく部分」
　　　　＝「ばらつかない部分」＋「条件によるばらつき」＋「誤差によるばらつき」

「ばらつかない部分」　　全体の平均
「条件によるばらつき」　全体平均と各群の平均との差
「誤差によるばらつき」　各データと上記二者の合計との差

分散分析を説明するのに、「ばらつき」を表現する「平方和」という新しい用語を用いますが、そう難しいことはありません。少しずつ読んでいってください。

まずA県の学生の身長が他より低いかどうかを知りたいとします（図4.15）。

◆図4.15　各県のデータ

| | A | B | C | D |
|---|---|---|---|---|
| 1 | 108.436145 | 103.779666 | 123.934207 | 119.978733 |
| 2 | 88.7200888 | 114.364436 | 103.921867 | 121.334122 |
| 3 | 103.403439 | 120.080502 | 120.506646 | 131.825275 |
| 4 | 86.2400466 | 107.303507 | 116.763525 | 127.490477 |
| 5 | 108.108647 | 93.2510516 | 122.713193 | 125.44627 |
| 6 | 98.5056112 | 109.026203 | 123.233081 | 123.674327 |
| 7 | 113.778034 | 114.424352 | 131.318779 | 129.059937 |
| 8 | 79.8424399 | 112.484246 | 107.813065 | 122.32324 |
| 9 | 90.4991449 | 102.024715 | 114.982273 | 136.413467 |
| 10 | 114.453961 | 106.379085 | 92.479138 | 136.427317 |
| 11 | 81.9897737 | 107.281249 | 136.371914 | 134.822014 |
| 12 | 120.664938 | 111.71884 | 102.766388 | 127.300094 |
| 13 | 105.80591 | 118.580867 | 124.622815 | 133.68041 |
| 14 | 91.826189 | 118.531166 | 99.7743045 | 131.001727 |
| 15 | 94.7659948 | 105.783754 | 120.024674 | 115.167918 |
| 16 | 102.569603 | 111.005144 | 117.740116 | 135.467481 |
| 17 | 114.191088 | 96.6279843 | 140.038116 | 140.828846 |
| 18 | 103.455758 | 104.11273 | 118.591003 | 127.217085 |
| 19 | 113.727869 | 101.741693 | 133.284264 | 123.414936 |
| 20 | 104.096281 | 117.648403 | 115.582336 | 126.92171 |

# 第4章 検定

A, B, C, Dの4県全体の平均を求めるのはJMPではやりにくいので、各県の平均を求めてそこから全体平均を求めるようにします（図4.16）。

◆図4.16
全体平均を求める

「全体平均（A）」から「全体平均（D）」に同じ値114.2185を設定します。

各々の県の値と全体平均との差を、「A－全体平均(A)」、といった数式で求め、「全体平均との差A」から「全体平均との差D」までに値を設定します（図4.17）。

◆図4.17
全体平均との差

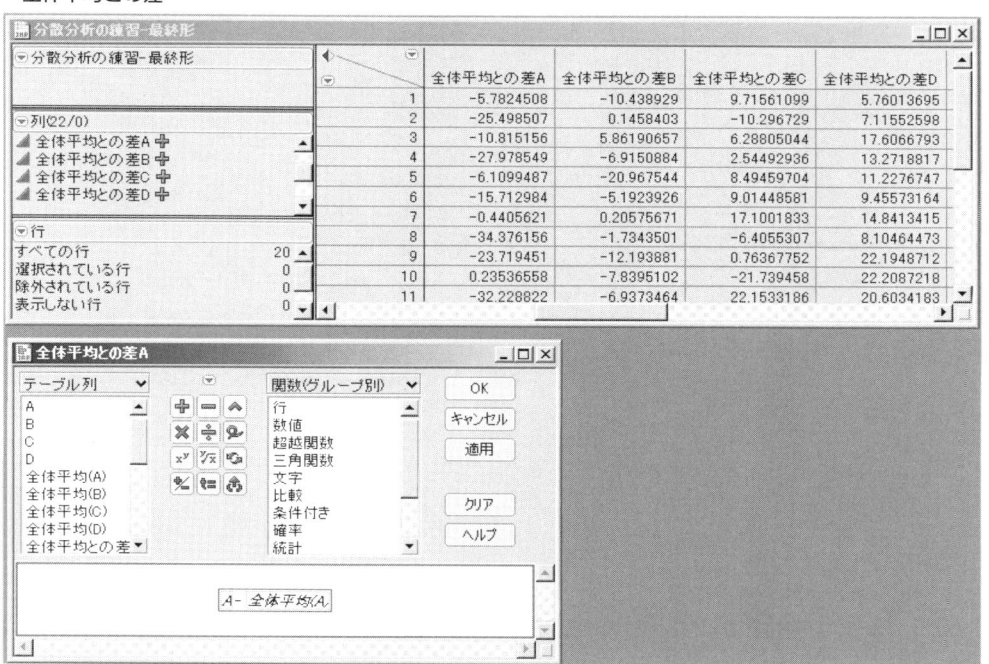

| | 全体平均との差A | 全体平均との差B | 全体平均との差C | 全体平均との差D |
|---|---|---|---|---|
| 1 | -5.7824508 | -10.438929 | 9.71561099 | 5.76013695 |
| 2 | -25.498507 | 0.1458403 | -10.296729 | 7.11552598 |
| 3 | -10.815156 | 5.86190657 | 6.28805044 | 17.6066793 |
| 4 | -27.978549 | -6.9150884 | 2.54492936 | 13.2718817 |
| 5 | -6.1099487 | -20.967544 | 8.49459704 | 11.2276747 |
| 6 | -15.712984 | -5.1923926 | 9.01448581 | 9.45573164 |
| 7 | -0.4405621 | 0.20575671 | 17.1001833 | 14.8413415 |
| 8 | -34.376156 | -1.7343501 | -6.4055307 | 8.10464473 |
| 9 | -23.719451 | -12.193881 | 0.76367752 | 22.1948712 |
| 10 | 0.23536558 | -7.8395102 | -21.739458 | 22.2087218 |
| 11 | -32.228822 | -6.9373464 | 22.1533186 | 20.6034183 |

4.3 分散分析を理解する

Col Mean 関数で A の平均を求め、それと「全体平均 (A)」の差をとって「条件によるばらつき A」を求め、A～D の各々に適用し「条件によるばらつき A」から「条件によるばらつき D」を求めます（図4.18）。

◆図4.18
　条件によるばらつき

「全体平均との差 A」と「条件によるばらつき A」より「誤差によるばらつき A」を求め、A～D の各々に適用し、その結果、「誤差によるばらつき A」から「誤差によるばらつき D」を求めます（図4.19）。

◆図4.19
　誤差によるばらつき

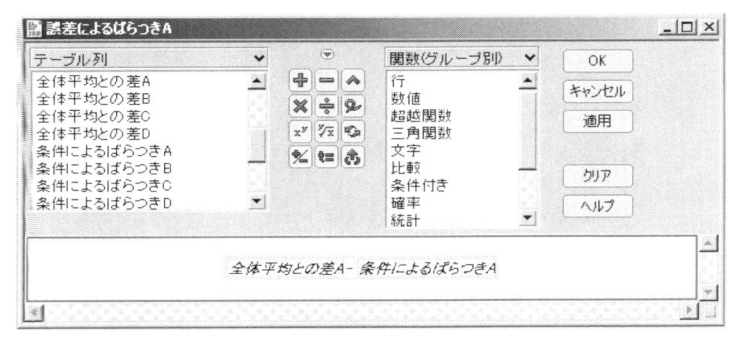

「条件によるばらつき」と「誤差によるばらつき」の大きさを評価します。そのために、各値を2乗、つまり平方した値を求めます（図4.20、図4.21、図4.22）。

◆図4.20
　条件によるばらつき
　の平方

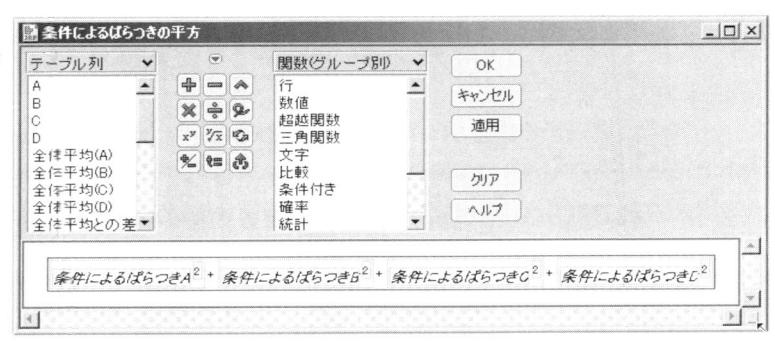

第4章 検 定

◆図4.21
誤差によるばらつきの平方

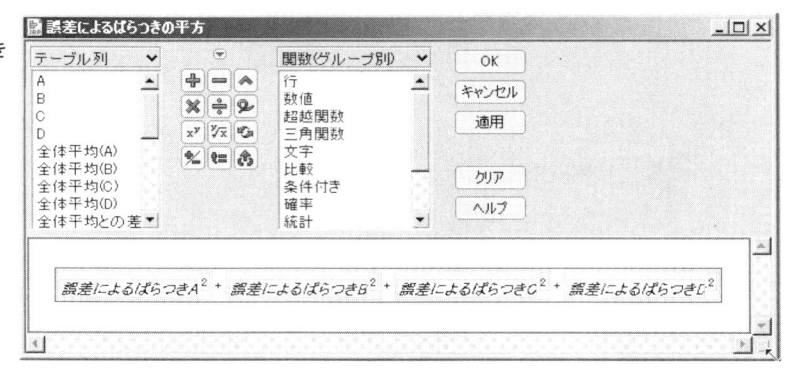

◆図4.22
求めた最終結果

メニューから［テーブル］－［要約］を選んで、「条件によるばらつきの平方」と「誤差によるばらつきの平方」の合計を求めます（図4.23）。

◆図4.23
群内変動、群間変動を示す平方和を求める

求めたものの1つは「条件によるばらつき」の平方和で群間変動を表す平方和（Sum of Squares（between groups））とよばれるものです。「誤差によるばらつき」の平方和は、群内変動を表す平方和（Sum of Squares（within groups））と

よばれます。

ここまでで、下記の値が求まりました。

- 「条件によるばらつき」　群間変動を表す平方和　8357.4580
- 「誤差によるばらつき」　群内変動を表す平方和　7394.4882

両者を自由度で割ったものを「平均平方」とよびます。これを求めるのに「自由度」の考えが重要になります。

自由度は「注目しているデータの数 − 制限の条項」と考えます。そうすると、平均平方の場合「条件によるばらつき」と「誤差によるばらつき」では自由度の求め方が異なります。

「条件によるばらつき」は A, B, C, D の 4 県、「県の数 − 1」で 4 − 1 = 3。3 個決まれば残りも決まります。

「誤差によるばらつき」は「全データの数 − 制限条項（この場合は県の数）」で 80 − 4 = 76 となります。

そして平方和を自由度で割った「平均平方」を求めます。

上記の手順を群間と群内の各々で求めます。

そして、群間の平均平方を群内の平均平方で割った値「$F$ 比」を求めます。$F$ 比は、群間の変動が群内の変動の何倍に相当するかという相対的な大きさを表し、見方を変えれば分散の比をとっていることになります。

- **群間の場合**

  群間変動を表す平方和　　　8357.4580
  要素の数 4　　　　　　　　県の数は 4 個
  制限条項の個数 1　　　　　全平均のみは 1 個
  自由度　　　　　　　　　　4 − 1 = 3
  群間平均平方　　　　　　　8357.4580/3 = 2785.8193

- **群内の場合**

  群内変動を表す平方和　　　7394.4882
  要素の数 80　　　　　　　　全体のデータの数は 80 個
  制限条項の個数 4　　　　　県の平均の数は 4 個
  自由度　　　　　　　　　　80 − 4 = 76
  群内平均平方　　　　　　　7394.4882/76 = 97.2959

  $F$ 比 = 群間平均平方 / 群内平均平方 = 2785.8193/97.2959 = 28.6324

この $F$ 比を用いて行う $F$ 検定はこの値が大きいほど偶然に差が生じる率が小さ

くなります。

　この $F$ 比（$F$ 統計量）は分子と分母の自由度によりグラフの形が決まります。通常の統計学の教科書に記載されている $F$ 検定の表では分子の自由度と分母の自由度を指定して、特定の有意確率になる $F$ 統計量を求めます。これらの操作は、一般的には図 4.24 に示すような分散分析表という形式で表します。

◆図 4.24
一般的な分散分析表の例

| 要因 | 平方和 | 自由度 | 平均平方 | F比 | p値 |
|---|---|---|---|---|---|
| 群間 | 8357.46 | 3 | 2785.82 | 28.63 | <0.0001 |
| 群内 | 7394.49 | 76 | 97.30 | | |
| 全体 | 15751.95 | 79 | | | |

　第一自由度が 3、第二自由度が 76 の $F$ 分布のグラフを求めると、図 4.25 のようになります。横軸の表示が $X$ となっていますが、これは $F$ 比の値です。グラフは $F = 10$ までしか書いてありませんが、$F$ が 28.63 より大きくなる確率、つまり右側の面積は小さくなり滅多に生じないことがわかります。

◆図 4.25
F(3, 76)の分布

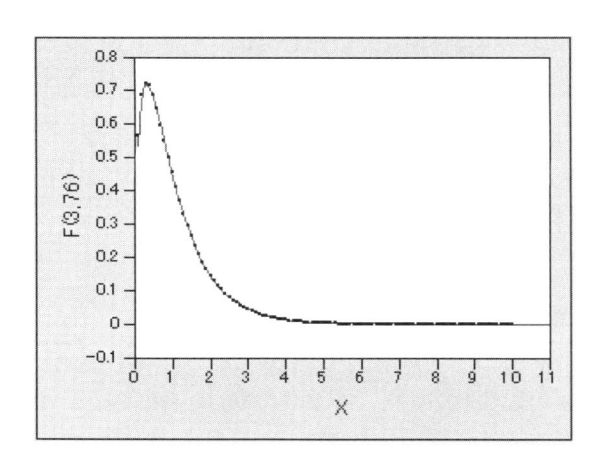

## 4.3.3　分散分析の実際

　分散分析の原理に従って計算をするのは大変ですが、JMPでは簡単に分散分析を実行できます。県別の身長を示す、先ほどのデータを対象に、メニューから［テーブル］－［列の積み重ね］を選び、A－Dの変数を積み重ねます。
　メニューから［分析］－［二変量の関係］を選び、「Y, 目的変数」に「データ」を「X, 説明変数」に「ラベル」を設定し、解析します（図 4.26）。

◆図4.26
二変量の解析の実施

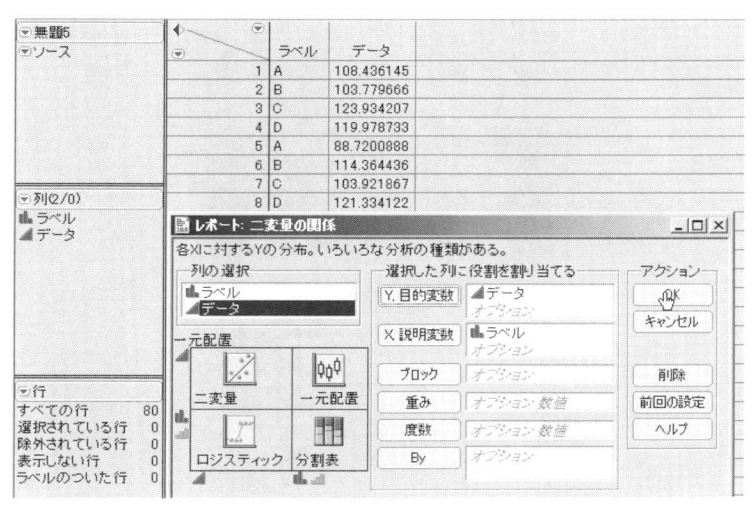

一元配置の解析結果がでますので、「平均/ANOVA/プーリングした $t$ 検定」を選び、分散分析を行います。

今までの操作で、分散分析表がすぐに得られます。群間変動を表す平方和は変数名を用いて「ラベル」で表現し、群内変動を「誤差」、全体を「全体（修正済み）」と表現してあります（図4.27）。

◆図4.27
一元配置の分散分析

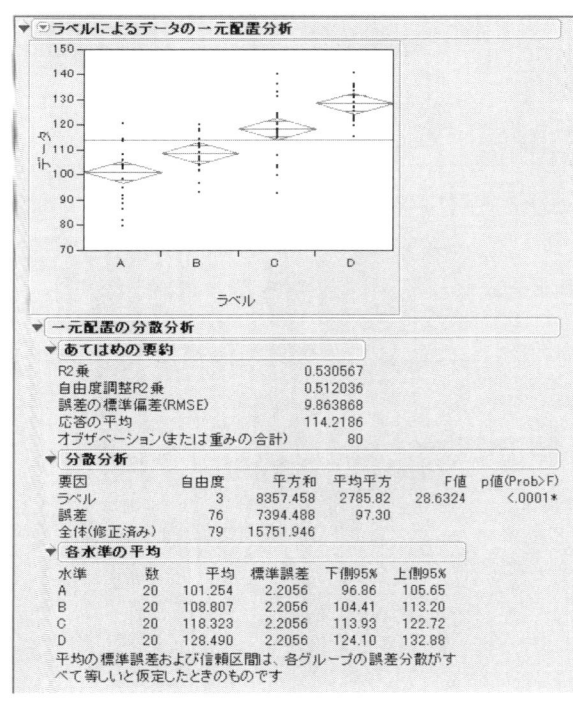

**ラベルによるデータの一元配置分析**

**あてはめの要約**

| | |
|---|---|
| R2乗 | 0.530567 |
| 自由度調整R2乗 | 0.512036 |
| 誤差の標準偏差(RMSE) | 9.863868 |
| 応答の平均 | 114.2186 |
| オブザベーション（または重みの合計） | 80 |

**分散分析**

| 要因 | 自由度 | 平方和 | 平均平方 | F値 | p値(Prob>F) |
|---|---|---|---|---|---|
| ラベル | 3 | 8357.458 | 2785.82 | 28.6324 | <.0001* |
| 誤差 | 76 | 7394.488 | 97.30 | | |
| 全体(修正済み) | 79 | 15751.946 | | | |

**各水準の平均**

| 水準 | 数 | 平均 | 標準誤差 | 下側95% | 上側95% |
|---|---|---|---|---|---|
| A | 20 | 101.254 | 2.2056 | 96.86 | 105.65 |
| B | 20 | 108.807 | 2.2056 | 104.41 | 113.20 |
| C | 20 | 118.323 | 2.2056 | 113.93 | 122.72 |
| D | 20 | 128.490 | 2.2056 | 124.10 | 132.88 |

平均の標準誤差および信頼区間は、各グループの誤差分散がすべて等しいと仮定したときのものです

A‐Dの各変数の平均、分散などをもとにして、分布のイメージを示すと図4.28のようになります。

◆図4.28
群間変動と群内変動の関係

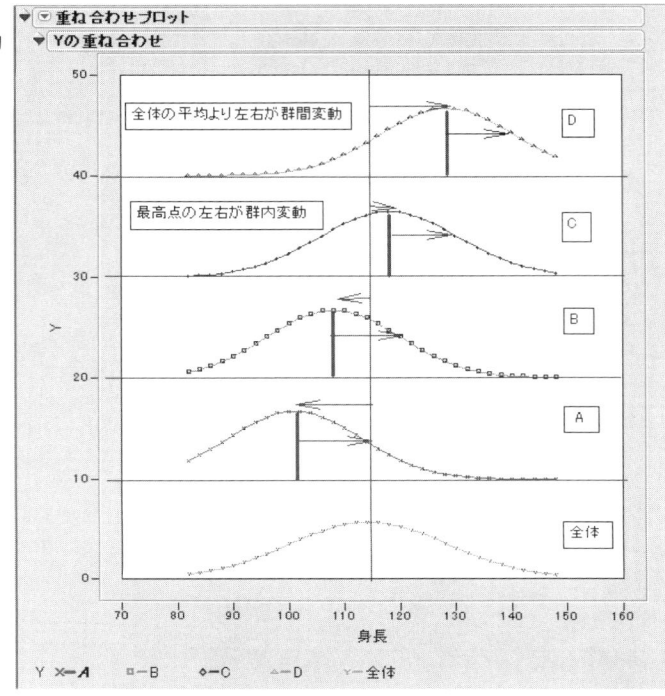

## 4.3.4　平均値の多重比較

　　ここまでの結果では、多群の間の平均に差があるかないかはわかりましたが、どことどこの群に差があるかはわかりません。この問題に対しては、平均の比較、一般に多重比較とよばれる手法で検討をします（図4.29）。

◆図4.29
平均の比較

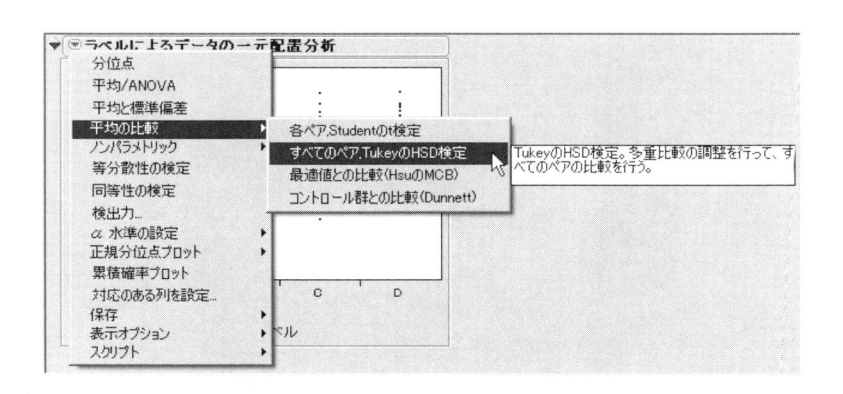

各手法の概略は下記のようになります（JMPのヘルプより）。

- ［各ペア，Studentの$t$検定］では、Studentの$t$検定を使ってペアごとの比較が計算されます。この検定は、ただ1つのペアに対する検定として適しているものです。ペアごとの検定を数多く行うと、検定全体に対する保護がなくなるため、検定全体に対する$\alpha$過誤（第一種の過誤）は、個々の検定におけるものに比べて高くなります。
- ［すべてのペア，TukeyのHSD検定］は、平均間のすべての差に対する検定として調整されています。これはTukeyのHSD（honestly significant difference）検定、またはTukey-KramerのHSD検定とよばれます（Tukey 1953, Kramer 1956）。この検定は、グループごとの標本サイズが同じときには正確な$a$水準検定となり、グループごとの標本サイズが異なるときは保守的な結果になります（Hayter 1984）。
- ［最適値との比較（HsuのMCB）］では、平均が未知の最大値より小さい（未知の最小値より大きい）かどうかが検定されます。これはHsuのMCB検定とよばれます（Hsu 1981）。
- ［コントロール群との比較（Dunnett）］では、平均がコントロール群の平均と異なるかどうかが検定されます。これはDunnettの検定とよばれます（Dunnett 1955）。

以上4つの多重比較検定は、Hsu（1989）がMCA（すべてのペアの多重比較）、MCB（最適値との多重比較）、MCC（コントロール群との多重比較）の3種類の状況での第5水準検定として推奨しているものです。

簡単にいうと、コントロール群と他の群との比較を行うには、「コントロール群との比較（Dunnet）」を用い、それ以外はTukeyのHSD検定を用いればよいでしょう。

さて、TukeyのHSD検定を選ぶと画面の右側に比較円が表示されます（比較円の詳細はJMPのヘルプを参照）。簡単にいうと、比較円をクリックして同じ色のところは有意な差がなく、異なる色とは差があると考えます。図4.30の例ではAをクリックしていますが、下2つの円が赤く表示され、上2つの円が灰色に表示されています。これによってどこの平均に差があるかの判断をします。

第4章 検 定

◆図4.30
比較円の表示

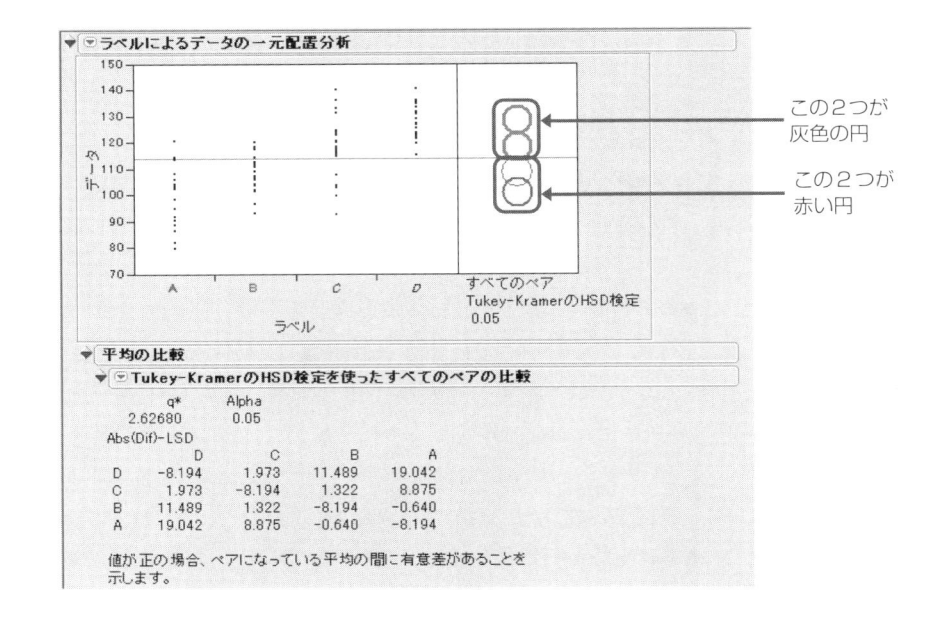

> ラベルによるデータの一元配置分析

この2つが灰色の円

この2つが赤い円

すべてのペア
Tukey-KramerのHSD検定
0.05

▼ 平均の比較
▼ Tukey-KramerのHSD検定を使ったすべてのペアの比較

q*        Alpha
2.62680   0.05
Abs(Dif)-LSD
         D        C        B        A
D    -8.194    1.973   11.489   19.042
C     1.973   -8.194    1.322    8.875
B    11.489    1.322   -8.194   -0.640
A    19.042    8.875   -0.640   -8.194

値が正の場合、ペアになっている平均の間に有意差があることを示します。

## まとめ

分散分析と多重比較の概念を解説しました。統計の初心者の方で多く見かける間違いは、Studentの $t$ 検定をいくつものペアで行うケースです。そのようなことをすると組み合わせも増加し、偶然そのような結果が得られる割合も増加してしまうので、行ってはなりません。

**チェックポイント**
- □ 群間変動と群内変動を理解できる。
- □ 自由度の求め方を理解できる。
- □ 定義に従って分散分析を行える。
- □ $F$ 検定を理解できる。
- □ 4県の学生の身長のデータを用いJMPで分散分析を行える。
- □ Studentの $t$ 検定とTukeyのHSD検定の違いを理解できる。

## 4.4 回帰分析とは

### 4.4.1 はじめに

回帰分析とは、大雑把にいうと連続尺度の二変量の散布図で見てその関係を考察する方法です。

もし二変量の間に何らかの関係があれば、プロットされた点は直線や曲線の上に並ぶはずですし、関係がなければばらばらにプロットされます。そして、独立変数とよばれる変数から従属変数をどの程度効率よく推測できるかが議論されます。

### 4.4.2 回帰分析の概念

以前に使用した「ビッグクラス.JMP」のポンド／インチの単位を、kg/cmに直したファイル、「ビッグクラスCmKg.JMP」を用意します。

最初に両者の身長と体重の一変量の関係を求めておきます。そこで平均は身長が158.877cm、体重が47.565kgであるのがわかります（図4.31）。

◆図4.31
身長と体重の一変量の分布

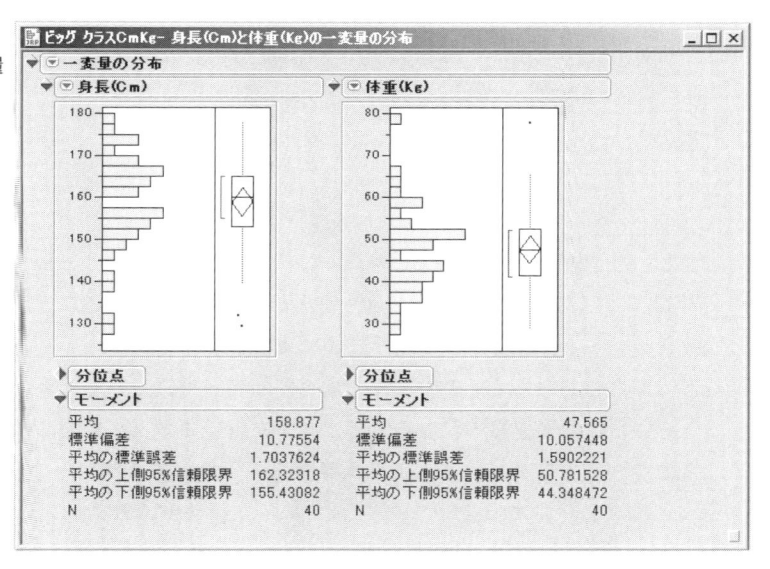

メニューから［分析］－［二変量の関係］を選び、体重と身長の散布図を作成します。「体重（kg）と身長（cm）の二変量の関係」のアウトラインのところの赤い▼をクリックして［直線の当てはめ］を選びます。そうすると、「直線のあてはめ」

# 第4章 検定

「あてはめの要約」「あてはまりの悪さ」「分散分析」「パラメータ推定値」の5種類の解析結果が表示されます（図4.32）。

◆図4.32
直線のあてはめの結果

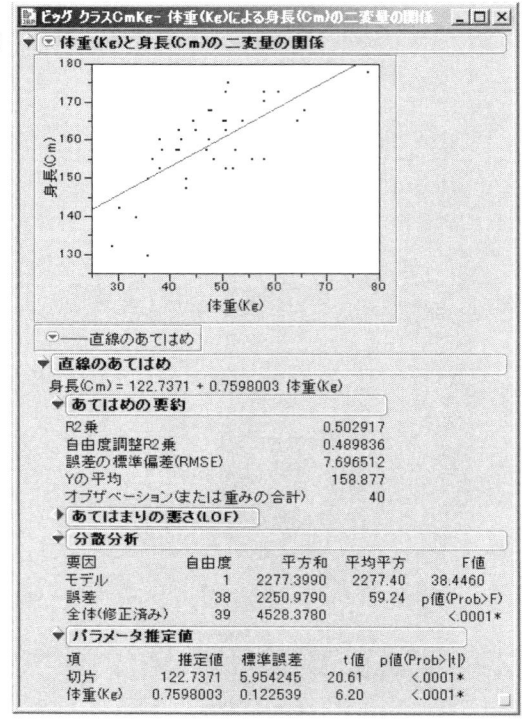

ここで行った回帰分析とは、

　　身長 = $a + b$×体重

という直線の式を用いて「体重」から「身長」を推測しようとする考えです。ここで、どのように直線の切片 $a$ と傾き $b$ を求めるかが問題になります。1つの模式図を図4.33に示します。この模式図では3箇所のみですが、各点から垂線を回帰直線に下ろしています。この操作をすべての測定点について行い、合計を求めます。そして、この和を最小になるように調整を行います。直観的にはグラフの散布図のどの点からも等距離になるように直線を引く作業に相当します。この手法を、最小2乗基準といいます。

ここで、分散分析では、次のようにデータのばらつきを分解したことを思い出してください。

- 「ばらつかない部分」　　全体の平均
- 「条件によるばらつき」　全体平均と各群の平均との差

- 「誤差によるばらつき」　各データと上記二者の合計との差

分散分析がデータを「データ」＝「ばらつかない部分」＋「ばらつく部分」＝「ばらつかない部分」＋「条件によるばらつき」＋「誤差によるばらつき」に分解したのを思い出すと、「ばらつかない部分」は身長の平均になります。「条件によるばらつき」の部分は、群間変動の平方和ですから、身長の平均の水平線から回帰直線までの距離の平方和になり、**回帰による変動を示す平方和**(Sum of Squares due to regression) といわれます。「誤差によるばらつき」の部分は残りの部分ですから、回帰直線から各点までの距離の平方和です。つまり、最適に調整した直線から個々のデータへの偏差は分散分析における群内変動の平方和と同じものになります。この値は**残差による変動を示す平方和**（残差平方和）(Sum of Squares (Residual)) といわれます。

そうなるとグラフの形はまるで異なりますが、分散分析と回帰分析は似通った点があることを理解できたことでしょう。

◆図4.33　残差の概念

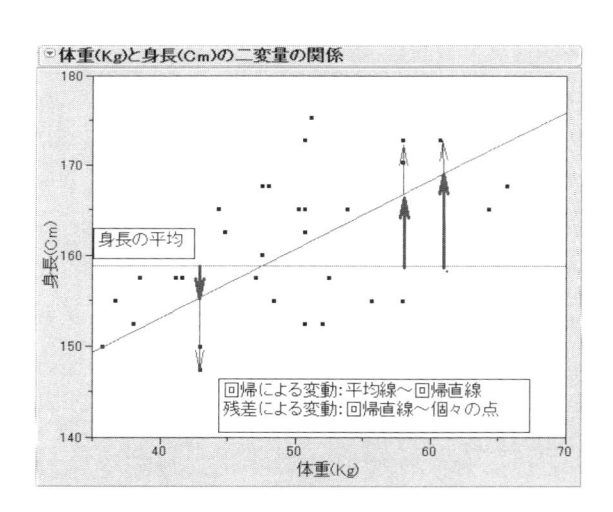

## 4.4.3　回帰分析の出力

回帰分析において、コンピュータは、次のような出力を示します。

- **直線のあてはめ**：独立変数から身長を求める場合の式を示します。
  身長（cm）＝ 122.7371 ＋ 0.7598003 ×体重（kg）

- **あてはめの要約**：あてはめに必要な基礎的データを示します。
  R2乗　　　　　　　　　　　　0.502917
  自由度調整R2乗　　　　　　　0.489836

| 誤差の標準偏差（RMSE） | 7.696512 |
| Yの平均 | 158.877 |
| オブザベーション（または重みの合計） | 40 |

- **あてはまりの悪さ（LOF）**：データとモデルのあてはまりの度合いを示しますが、詳細はJMPのヘルプを参照してください。

- **パラメータ推定値**：パラメータを推定する場合の推定値と標準誤差を示します。

| 項 | 推定値 | 標準誤差 | $t$値 | $p$値（Prob>$|t|$） |
|---|---|---|---|---|
| 切片 | 122.7371 | 5.954245 | 20.61 | <.0001 |
| 体重（kg） | 0.7598003 | 0.122539 | 6.20 | <.0001 |

この推定値をもとに、直線のあてはめの式

身長（cm） = 122.7371 + 0.7598003 × 体重（kg）

が記述されます。ここに示す、$Y$切片の推定値122.7371は、求めた散布図で体重の範囲を0kgからに変更すると、目で確認できます。体重の推定値はグラフの傾きを示しています。

推定値を標準誤差で割った値が$t$値として表示され、$p$値とともに示されています。平方和を標準誤差で割っていることに注意してください。これらは切片と体重の傾きが0であるという仮説を推定する統計量になります。

- **分散分析**　回帰分析における分散分析の結果を示します。

| 要因 | 自由度 | 平方和 | 平均平方 | $F$値 |
|---|---|---|---|---|
| モデル | 1 | 2277.3990 | 2277.40 | 38.4460 |
| 誤差 | 38 | 2250.9790 | 59.24 | $p$値（Prob>$F$）<.0001 |
| 全体（修正済み） | 39 | 4528.3780 | | |

モデルの行は、回帰による変動を示す平方和にあたります。また、誤差の行は、群内変動の平方和と同じもので、残差による変動を示す平方和(残差平方和)にあたります。分散分析の結果は、今まで学んだように、全体の効果がモデルと誤差からどのように構成されているかを示しています。

## 4.4.4 分散分析の実際

回帰分析の出力結果に分散分析がでることを説明しましたが、実際に自分でその値を求めて、変数間の関係を実際に求めて体験しましょう。

「ビッグクラスCmKg.JMP」を用意して「ビッグクラス回帰分析.JMP」という名称で保存します。新規に下記の6種類の変数を設定します（図4.34）。

- 身長平均　　　　　　　　Col Mean(身長（cm）)
- 回帰直線　　　　　　　　122.7371 + 0.7598003 × 体重（kg）
- 回帰直線 − 身長平均　　　回帰直線 − 身長平均
  ※これが回帰による変動になる
- 身長 − 回帰直線　　　　　身長（cm）− 回帰直線
  ※これが残差による変動になる
- 回帰による変動の2乗　　　（回帰直線 − 身長平均）$^2$
- 残差による変動の2乗　　　（身長 − 回帰直線）$^2$

◆図4.34
使用する変数

| | 身長(Cm) | 体重(Kg) | 身長平均 | 回帰直線 | 回帰直線−身長平均 | 身長−回帰直線 | 回帰による変動の2乗 | 残差による変動の2乗 |
|---|---|---|---|---|---|---|---|---|
| 1 | 149.86 | 43.035 | 158.877 | 155.435106 | -3.4418941 | -5.5751059 | 11.8466349 | 31.0818059 |
| 2 | 154.94 | 55.719 | 158.877 | 165.072413 | 6.19541292 | -10.132413 | 38.3831412 | 102.665791 |
| 3 | 139.7 | 33.522 | 158.877 | 148.207126 | -10.669874 | -8.5071257 | 113.846219 | 72.3711869 |
| 4 | 167.64 | 65.685 | 158.877 | 172.644583 | 13.7675827 | -5.0045827 | 189.546334 | 25.0458481 |
| 5 | 132.08 | 28.992 | 158.877 | 144.76523 | -14.11177 | -12.68523 | 199.142044 | 160.915068 |
| 6 | 152.4 | 38.052 | 158.877 | 151.649021 | -7.227979 | 0.75097898 | 52.2436802 | 0.56396944 |
| 7 | 154.94 | 57.984 | 158.877 | 166.793361 | 7.9163606 | -11.853361 | 62.6687651 | 140.502157 |
| 8 | 129.54 | 35.787 | 158.877 | 149.928073 | -8.9489267 | -20.388073 | 80.0832884 | 415.673534 |
| 9 | 152.4 | 50.736 | 158.877 | 161.286328 | 2.40932802 | -8.886328 | 5.80486151 | 78.9668257 |
| 10 | 154.94 | 48.471 | 158.877 | 159.56538 | 0.68838034 | -4.6253803 | 0.47386749 | 21.3941433 |
| 11 | 142.24 | 30.351 | 158.877 | 145.797799 | -13.079201 | -3.5577989 | 171.065501 | 12.6579331 |
| 12 | 165.1 | 44.394 | 158.877 | 156.467675 | -2.4093255 | 8.63232548 | 5.80484928 | 74.5170432 |
| 13 | 160.02 | 47.565 | 158.877 | 158.877001 | 1.2695e-6 | 1.14299873 | 1.6116e-12 | 1.3064461 |
| 14 | 147.32 | 43.035 | 158.877 | 155.435106 | -3.4418941 | -8.1151059 | 11.8466349 | 65.8549439 |
| 15 | 149.86 | 35.787 | 158.877 | 149.928073 | -8.9489267 | -0.0680733 | 80.0832884 | 0.00463398 |
| 16 | 154.94 | 36.693 | 158.877 | 150.616452 | -8.2605476 | 4.32354759 | 68.2366465 | 18.6930638 |
| 17 | 157.48 | 41.223 | 158.877 | 154.058448 | -4.8186522 | 3.42165223 | 23.2194093 | 11.707704 |
| 18 | 165.1 | 64.326 | 158.877 | 171.612014 | 12.7350141 | -6.5120141 | 162.180584 | 42.4063276 |
| 19 | 160.02 | 38.052 | 158.877 | 151.649021 | -7.227979 | 8.37097898 | 52.2436802 | 70.0732892 |
| 20 | 157.48 | 38.505 | 158.877 | 151.993211 | -6.8837894 | 5.48678945 | 47.3865572 | 30.1048585 |

この状態で、メニューから［テーブル］−［要約］を選び、「回帰による変動の2乗」と「残差による変動の2乗」の合計を求めます。その結果、合計（回帰による変動の2乗）つまり回帰による変動を示す平方和が2,277.3990、合計（残差による変動の2乗）つまり残差による変動を示す平方和が2,250.9790と求まります。これは、当然、分散分析の出力に示される、平方和の部分と一致します。

分散分析の出力では、「回帰による変動＝モデル」「残差による変動＝誤差」と表現されているだけです。ここまでくると、回帰分析における分散分析の結果は、全

体の効果がモデルと誤差でどのように構成されているかを示すだけなのが理解できるでしょう。

## 4.4.5 その他

2変数間の関連性の強さは、回帰による変動を示す平方和と残差による平方和を用いて次のように表現できます。これはピアソンの相関係数と呼ばれています。

$$\text{ピアソンの相関関数} = \sqrt{\frac{\text{回帰による変動を示す平方和}}{\text{回帰による変動を示す平方和} + \text{残差による変動を示す平方和}}}$$

前述の分散分析の値を用いると

$$\begin{aligned}\text{ピアソンの相関関数} &= R \\ &= \sqrt{\frac{2277.3990}{2277.3990 + 2250.9790}} \\ &= \sqrt{0.502917}\end{aligned}$$

$R^2 = 0.502917$

となります。単に相関係数といっても訳がわかりませんが、前述のように分散分析の中身を理解しておくと、もし残差による変動を示す平方和が0になれば、すべてのデータはモデルと一致するから1になるのが理解できるでしょう。

2変数間の相関を調べるのに確率楕円を用いると便利です。2変数間の相関が1または−1へ近づくと、楕円体は対角線方向に長くなります。符号が+だと楕円体は右上がりとなり、−だと右下がりになります。2変数に相関がない場合、楕円は円に近くなります。これらの楕円は、確率密度の等高線であり信頼曲線でもあります。信頼曲線としての楕円は、二変量の正規分布を仮定した上で、特定のパーセント（図4.35では0.5と0.95）のデータ点が落ちる範囲を表します。（JMPヘルプより）

◆図4.35
確率楕円

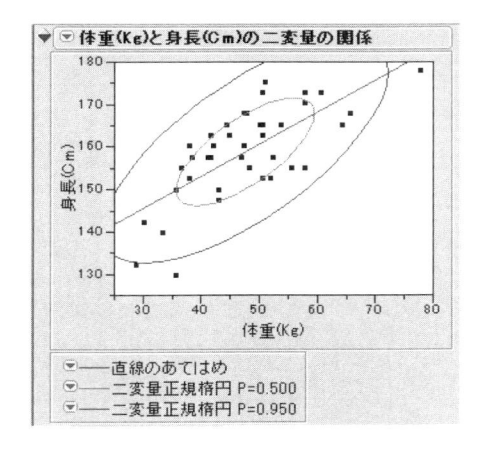

[体重(Kg)と身長(Cm)の二変量の関係 散布図]
― 直線のあてはめ
― 二変量正規楕円 P=0.500
― 二変量正規楕円 P=0.950

> **まとめ**
>
> 　見かけは異なる回帰分析と分散分析も、理論的には同じように理解できることを示しました。独立変数と従属変数の間の単純な直線回帰のみで議論をするケースは少ないのですが、回帰分析の基本ということで直線回帰を取り上げて説明しました。実際の例は第8章の「相関と回帰」で取り上げます。

## 4.5　カイ2乗分布を考える

### 4.5.1　はじめに

　アンケートでいろいろな質問をして、結果を回答者の属性に応じた表にまとめることはよく行われます。この場合、求めた表で理論的に求められる期待度数と観測度数がどの程度異なっているかが問題になり、この独立性を検討するにはカイ2乗検定を用います。
　本節ではカイ2乗検定とその基礎であるカイ2乗分布について解説を行います。

## 4.5.2 独立性を考える

最初に2試料の独立性を考えます。2試料カイ2乗検定法は2つの変数の間で関連があるか、つまり両者の独立性を検討します。これは図4.36のような問Aと問Bの回答に関する2×2分割表を考えたときに、観測度数と期待度数にどの程度のばらつきが見られるかを検討する問題になります。

◆図4.36
分割表の例

観測度数

| 問A | 問B | | |
|---|---|---|---|
| | B1 | B2 | 計 |
| A1 | a | b | a+b |
| A2 | c | d | c+d |
| 計 | a+c | b+d | n |

n=a+b+c+d

期待度数

| 問A | 問B | | |
|---|---|---|---|
| | B1 | B2 | 計 |
| A1 | e1 | e2 | a+b |
| A2 | e3 | e4 | c+d |
| 計 | a+c | b+d | n |

n=a+b+c+d

2×2分割表の升目（以下セルと表現）の期待度数である$e1 \sim e4$は$e1$を例にすると下記のような式で表現されます。

$$e1 = (a+b) \times \frac{(a+c)}{n}$$

$A1, A2$の違いがなければ、$(a+c)/n$が全体の中で$B1$の占める割合、$(b+d)/n$が全体の中で$B2$の占める割合になります。ですから、$A1$の合計の$(a+b)$に$(a+c)/n$を掛ければ$e1$が求まります。

具体的な例をあげれば、$A1, A2$を夫と妻、$B1, B2$を財産の株と金塊とします。夫婦、別々に財産を保有していますが、離婚になったときに財産をどのように分ければ互いに納得するかを考えるとよいでしょう。株は値上がりするかもしれませんが、暴落するかもしれません、金塊はあまり値上がりは見込めません。仮に株券1枚と金塊1枚の価値が同じとすると、夫婦で株と金塊をアンバランスに持っていても、最終的に夫婦が持つ株と金貨を同じ割合にすればいいはずです（図4.37）。

◆図4.37
夫婦での金塊と株券
の分割

| | 金塊 | 株券 |
|---|---|---|
| 夫 | 15 | 5 |
| 妻 | 5 | 15 |

| | 金塊 | 株券 |
|---|---|---|
| 夫 | 1 | 19 |
| 妻 | 19 | 1 |

| | 金塊 | 株券 |
|---|---|---|
| 夫 | 10 | 10 |
| 妻 | 10 | 10 |

同一の母集団から$n$個の標本を抽出するときに、各セルでは通常の観測度数は期待度数に近い値をとり、非常に異なる値をとるケースは少ないはずです。したがっ

て、観測度数と期待度数から何らかのばらつきの指標を定義すれば、その指標をもとに検定ができると考えられます。

最初に、ばらつきを表現するのに、観測度数と期待度数の差を足すことを考えます。$e1 \sim e4$ を平均と見なすと、偏差を足していると解釈してもよいでしょう。

$$ばらつき1 = (a-e1)+(b-e2)+(c-e3)+(d-e4)$$

しかし、この式ではばらつきの値が正負をとり、扱いが不便です。そこで各項を2乗します。

$$ばらつき2 = (a-e1)^2+(b-e2)^2+(c-e3)^2+(d-e4)^2$$

この式は見方によっては偏差平方和をとっているとも見え、だいぶ扱いが楽になってきました。しかし、各セルの期待度数によって値が大きくも小さくもなりますので、各項を期待度数で割ってばらつきの指標 $\chi^2$ 値を求めます。

$$\chi^2 = \frac{(a-e1)^2}{e1}+\frac{(b-e2)^2}{e2}+\frac{(c-e3)^2}{e3}+\frac{(d-e4)^2}{e4}$$

ここで求めた $\chi^2$ 値（理論値と期待値の差の2乗を期待値で割ったものの総和）の分布は自由度1のカイ2乗分布に従います。もし分割表が $l \times m$ の大きさで、$l, m$ が2以上であれば、自由度は $(l-1) \times (m-1)$ となり、$2 \times 2$ 分割表であれば、自由度は1となります。あとは、正規分布で検定を考えたように、実際には自分の求めた $\chi^2$ 値がカイ2乗分布のグラフでどの位置にあるかを知り、それ以上をとる確率がどの程度かを用いて検定を行います。カイ2乗検定はアンケートの集計に多く使われる $2 \times 2$ 分割表（4分表ともいう）で使用されるケースが多く、統計を学ぶ初心者の方が最初にマスターしたい手法です。

## 4.5.3　正規分布よりカイ2乗分布を求める

独立性の指標である $\chi^2$ 値がカイ2乗分布に従うと先に述べました。では、そのカイ2乗分布はどのように定義されるかを体験しましょう。

正式にはカイ2乗分布は、母集団の分布が平均0、分散1である標準正規分布に従っている変数から、いくつかの標本を取り出した平方和の分布と定義されています。

実際に、標準正規分布から2, 3, 4, 5ずつの標本を無作為に抽出して平方和がどうなるかを調べてみましょう。

次のようなデータを計算式で10,000行用意します（図4.38）。$n = 2 \sim 5$ の変数

はデータテーブルから $n$ 個ずつデータを抜き出す操作に用います。この10,000件のデータを仮に母集団とみて以後の操作を行います。

- 元の分布　Random Normal( )
- 平方　元の分布×元の分布
- $n = 2$　Ceiling(Row( )/2)
- $n = 3$　Ceiling(Row( )/3)
- $n = 4$　Ceiling(Row( )/4)
- $n = 5$　Ceiling(Row( )/5)

◆図4.38
変数の定義

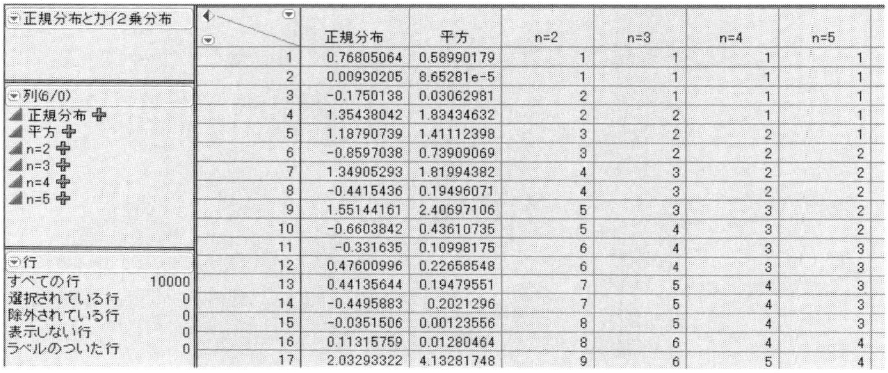
正規分布とカイ2乗分布
列(6/0)
正規分布
平方
n=2
n=3
n=4
n=5
行
すべての行 10000
選択されている行 0
除外されている行 0
表示しない行 0
ラベルのついた行 0

| | 正規分布 | 平方 | n=2 | n=3 | n=4 | n=5 |
|---|---|---|---|---|---|---|
| 1 | 0.76805064 | 0.58990179 | 1 | 1 | 1 | 1 |
| 2 | 0.00930205 | 8.65281e-5 | 1 | 1 | 1 | 1 |
| 3 | -0.1750138 | 0.03062981 | 2 | 1 | 1 | 1 |
| 4 | 1.35438042 | 1.83434632 | 2 | 2 | 1 | 1 |
| 5 | 1.18790739 | 1.41112398 | 3 | 2 | 2 | 1 |
| 6 | -0.8597038 | 0.73909069 | 3 | 2 | 2 | 2 |
| 7 | 1.34905293 | 1.81994382 | 4 | 3 | 2 | 2 |
| 8 | -0.4415436 | 0.19496071 | 4 | 3 | 2 | 2 |
| 9 | 1.55144161 | 2.40697106 | 5 | 3 | 3 | 2 |
| 10 | -0.6603842 | 0.43610735 | 5 | 4 | 3 | 2 |
| 11 | -0.331635 | 0.10998175 | 6 | 4 | 3 | 3 |
| 12 | 0.47600996 | 0.22658548 | 6 | 4 | 3 | 3 |
| 13 | 0.44135644 | 0.19479551 | 7 | 5 | 4 | 3 |
| 14 | -0.4495883 | 0.2021296 | 7 | 5 | 4 | 3 |
| 15 | -0.0351506 | 0.00123556 | 8 | 5 | 4 | 3 |
| 16 | 0.11315759 | 0.01280464 | 8 | 6 | 4 | 4 |
| 17 | 2.03293322 | 4.13281748 | 9 | 6 | 5 | 4 |

メニューから［テーブル］－［要約］を選び、「統計量」として「平方」の合計を求めます。「グループ化」で「$n = 2$」を設定し、2個ごとの合計を求めています。

列の「$N$」と「合計（平方）」のみを残し、他の列は削除します。同じ処理を繰り返し、データテーブルを4種類作成します。ここで「$n = 3$」テーブルの場合3,334行目は1つのデータしかないので削除します。

ここでは処理を見やすくするため、各テーブルの名前を「要約（$n = 2$）」「要約（$n = 3$）」「要約（$n = 4$）」「要約（$n = 5$）」としてあります。

メニューから［テーブル］－［連結］を選んで、4種類のテーブルをつなげます（図4.39）。各テーブルには「$N$」と「合計（平方）」しかないことに注意してください。それと同時に「連結するデータテーブル」の中に、結合すべきテーブルのみがあるかを注意してください。

◆図4.39 テーブルの連結

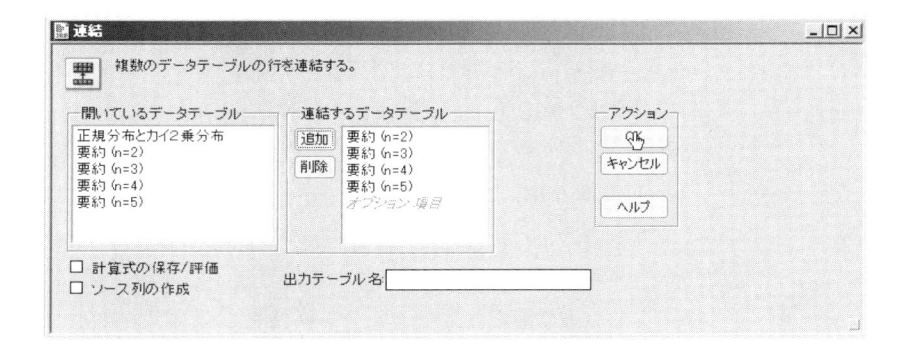

結合したテーブルの「合計(平方)」の一変量分布を求めます。このときに「By」に変数「$N$」を与えます(図4.40)。これで4種類のヒストグラムが生成されます。

◆図4.40 「By」の利用

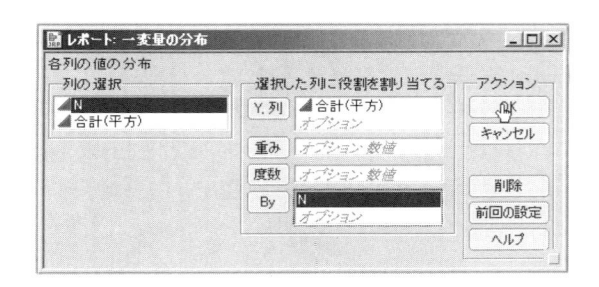

ここでとった$N$個の和は自由度そのものになりますので自由度が2～5のカイ2乗分布のグラフが示されたことになります(図4.41)。

◆図4.41 各種のカイ2乗分布のグラフ

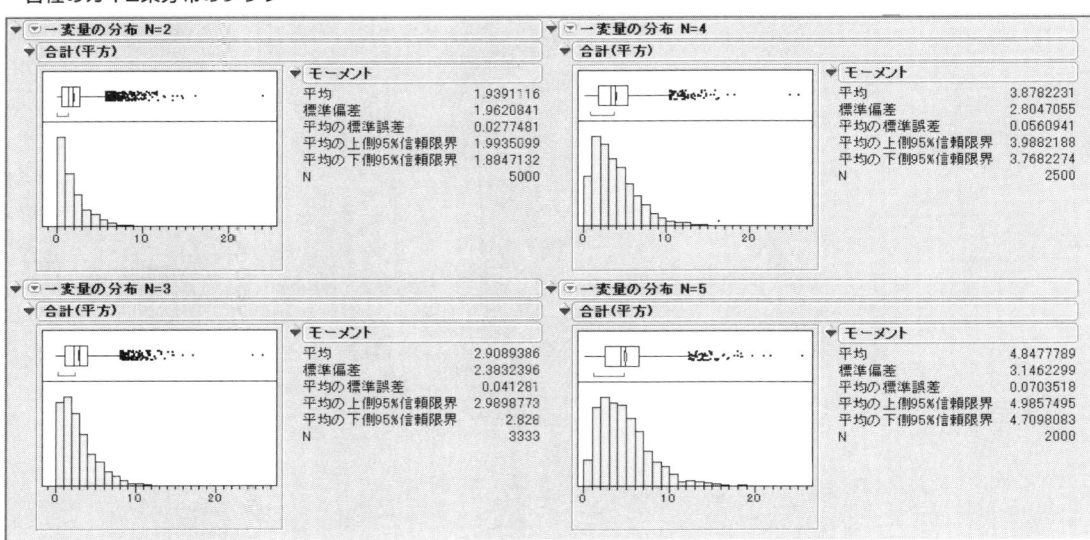

ここで求めた自由度$n$のカイ２乗分布は平均$\mu$と分散$\sigma^2$は自由度$n$のみで決まり、$\mu = n, \sigma^2 = 2n$となります。この関係を、モーメントの表示の平均と標準偏差から、電卓で確認してください。

カイ２乗分布の形状は自由度$n$により変化します。

カイ2乗分布は、標準正規分布に従っている変数から取り出したいくつかの標本の平方和の分布と定義されていますから、自由度1のカイ2乗分布は標準正規分布から無作為抽出された1変数の2乗の分布と等しくなります。カイ２乗分布は、標準正規分布と２乗の関係にあることに注目してください。

そのため標準正規分布の両側5%点は1.96ですが、自由度1のカイ２乗分布の上側5%点は$1.96^2 \fallingdotseq 3.84$、上側1%点は$2.58^2 \fallingdotseq 6.65$となります。

## 4.5.4　カイ２乗分布のグラフをつくる

カイ２乗分布のグラフは、JMPでは関数を用いると簡単にできます。下記のように$\chi^2$の列にRow( )/10の計算式を、他の列にはChisquare Density関数を用いて自由度ごとのカイ2乗値を求めます。全体で100行ほどデータを用意しておきます（図4.42）。

◆図4.42
カイ2乗分布の数表

χ2分布のグラフ

列(6/0)
χ2
n=1
n=2
n=3
n=4
n=8

行
すべての行 100
選択されている行 0
除外されている行 0
表示しない行 0
ラベルのついた行 0

| | χ2 | n=1 | n=2 | n=3 | n=4 | n=8 |
|---|---|---|---|---|---|---|
| 1 | 0.1 | 1.20003895 | 0.47561471 | 0.12000389 | 0.02378074 | 9.90864e-6 |
| 2 | 0.2 | 0.80717113 | 0.45241871 | 0.16143423 | 0.04524187 | 7.54031e-5 |
| 3 | 0.3 | 0.6269101 | 0.43035399 | 0.18807303 | 0.0645531 | 0.00024207 |
| 4 | 0.4 | 0.51644155 | 0.40936538 | 0.20657662 | 0.08187308 | 0.00054582 |
| 5 | 0.5 | 0.43939129 | 0.38940039 | 0.21969564 | 0.0973501 | 0.00101406 |
| 6 | 0.6 | 0.38154529 | 0.37040911 | 0.22892717 | 0.11112273 | 0.00166684 |
| 7 | 0.7 | 0.33601447 | 0.35234404 | 0.23521013 | 0.12332042 | 0.00251779 |
| 8 | 0.8 | 0.29898354 | 0.33516002 | 0.23918683 | 0.13406401 | 0.00357504 |
| 9 | 0.9 | 0.26813672 | 0.31881408 | 0.24132305 | 0.14346633 | 0.00484199 |
| 10 | 1 | 0.24197072 | 0.30326533 | 0.24197072 | 0.15163266 | 0.00631803 |
| 11 | 1.1 | 0.21945817 | 0.28847491 | 0.24140399 | 0.1586612 | 0.00799917 |
| 12 | 1.2 | 0.19986776 | 0.27440582 | 0.23984132 | 0.16464349 | 0.00987861 |
| 13 | 1.3 | 0.18266148 | 0.26102289 | 0.23745993 | 0.16966488 | 0.01194724 |
| 14 | 1.4 | 0.16743256 | 0.24829265 | 0.23440558 | 0.17380486 | 0.01419406 |
| 15 | 1.5 | 0.15386632 | 0.23618328 | 0.23079948 | 0.17713746 | 0.01660664 |
| 16 | 1.6 | 0.14171457 | 0.22466448 | 0.2267433 | 0.17973159 | 0.01917137 |
| 17 | 1.7 | 0.13077818 | 0.21370747 | 0.22232291 | 0.18165135 | 0.02187385 |
| 18 | 1.8 | 0.12089512 | 0.20328483 | 0.21761122 | 0.18295635 | 0.02469911 |
| 19 | 1.9 | 0.11193181 | 0.19337051 | 0.21267043 | 0.18370199 | 0.02763184 |
| 20 | 2 | 0.10377687 | 0.18393972 | 0.20755375 | 0.18393972 | 0.03065662 |
| 21 | 2.1 | 0.09633658 | 0.17496887 | 0.20230681 | 0.18371732 | 0.03375806 |
| 22 | 2.2 | 0.08953128 | 0.16643554 | 0.19696882 | 0.1830791 | 0.03692095 |
| 23 | 2.3 | 0.08329281 | 0.15831838 | 0.19157345 | 0.18206614 | 0.04013041 |
| 24 | 2.4 | 0.07756237 | 0.15059711 | 0.18614969 | 0.18071653 | 0.04337197 |
| 25 | 2.5 | 0.07228896 | 0.1432524 | 0.18072239 | 0.1790655 | 0.04663164 |
| 26 | 2.6 | 0.06742804 | 0.1362659 | 0.17531292 | 0.17714567 | 0.04989603 |

- $\chi^2$　　　Row( )/10
- $n = 1$　　Chisquare Density($\chi^2$, 1)
- $n = 2$　　Chisquare Density($\chi^2$, 2)

- $n = 3$　　Chisquare Density($\chi^2$, 3)
- $n = 4$　　Chisquare Density($\chi^2$, 4)
- $n = 8$　　Chisquare Density($\chi^2$, 8)

その後、メニューから［グラフ］-［重ね合わせプロット］を選び、「Y」に「n = 1」から「n = 8」の変数を、「X」に「$\chi^2$」を設定して、グラフを作成します（図4.43）。

標準正規分布の平方という定義から求めたカイ2乗分布のグラフと、今回求めたグラフの形状が一致しているのがわかります。

◆図4.43
カイ2乗分布のグラフ

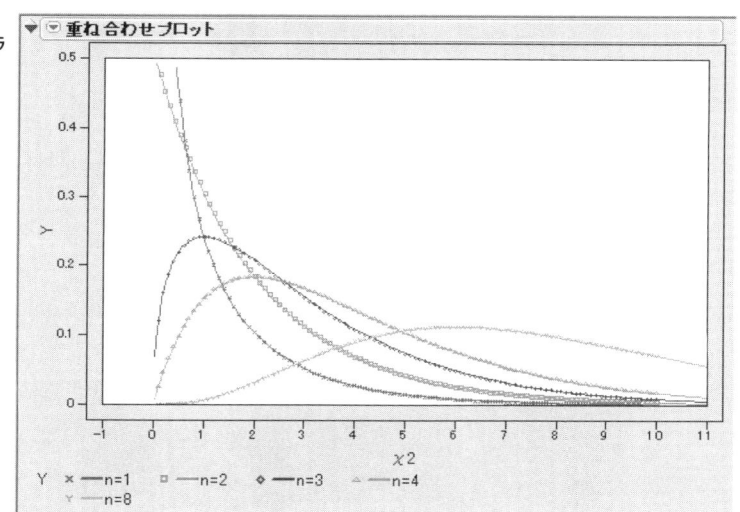

## 4.5.5　カイ2乗分布と分割表のばらつき

ここまでで、カイ2乗分布がどのようなものかがわかりましたが、ここで大きな疑問がでてきます。カイ2乗分布は正規分布に従う変数分布の2乗の平方和で定義されるのはわかりますが、なぜ、分割表における観測度数と期待度数の差がカイ2乗分布に従うのでしょうか。平方和と独立性では話がまるで異なります。この疑問を明確にするのはかなり大変ですので、興味のある方は『Excelで学ぶやさしい統計学』（田久浩志著、オーム社）などを参考にしてください。

ここでは、本当に分割表のばらつきとカイ2乗分布が等しくなるかを体験しておきましょう。新規のデータテーブルを準備して、「ID」と「セル番号」の2つの変数を下記の計算式で与え、全体で50,000行準備してください。ここで「セル番号」のRandom Interger(5)の計算式は1から5の一様乱数を発生します。

- ID　　　　　　　　Ceiling(Row( )/100)
- セル番号　　　　　Random Integer(5)

その結果、図4.44のようなデータテーブルが生成されます。これを用いて、1行×5列の分割表のセルに1から5のセル番号をつけ、そのセル番号が出現したと考えて観測度数と期待度数がどうなるかを調べます。

◆図4.44　観測度数の割り振り

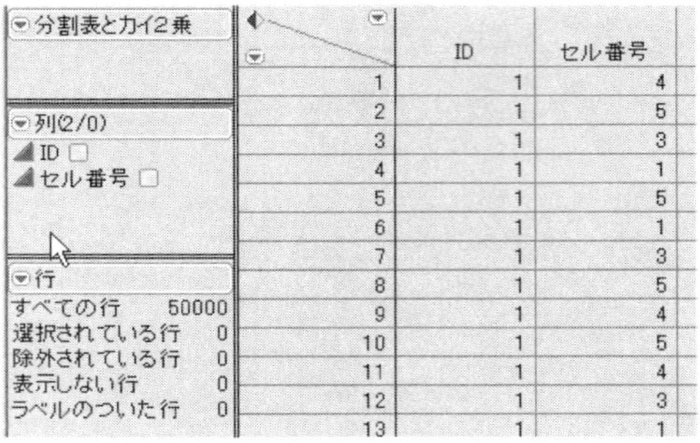

メニューから［テーブル］－［要約］を選び、「グループ化」に「ID」と「セル番号」の2種類の変数を設定します。

求めたデータテーブルに、新規に「理論とのずれ」という変数を定義し、出現度数の理論値である100を5で割った20と観測度数の$N$との差から、次のような計算式を与えます。これは分割表の各セルのばらつきの指標にあたります。

- 理論とのずれ　　$(N-20)^2/20$

再び、メニューから［テーブル］－［要約］を選んで、「ID」ごとに「理論とのずれ」の合計、つまり$\chi^2$値を求めます。そして、求めた結果から一変量の分布を求めます（図4.45、図4.46）。

すでに、分割表が$l \times m$の大きさであれば、自由度は$(l-1) \times (m-1)$となると説明しました。1行×5列で計算すると0になってしまいますが、行、列が1の場合はそのまま1を用いますので、今回の1行×5列の分割表の場合の自由度は4になります。

ここで求めたずれのデータは500件で、以前、定義から求めた自由度4の分布のデータ数は2,500件のため、グラフの形状がかなり異なって見えます。しかし、平均、標準偏差、中央値などはほぼ同じ値になっているのが今回の結果から確認できます。

これで、皆さんはカイ2乗分布の定義から求めた分布と、分割表のずれから求めた分布が一致することを体験できたはずです。

4.5 カイ2乗分布を考える

◆図4.45
1×5分割表のずれ

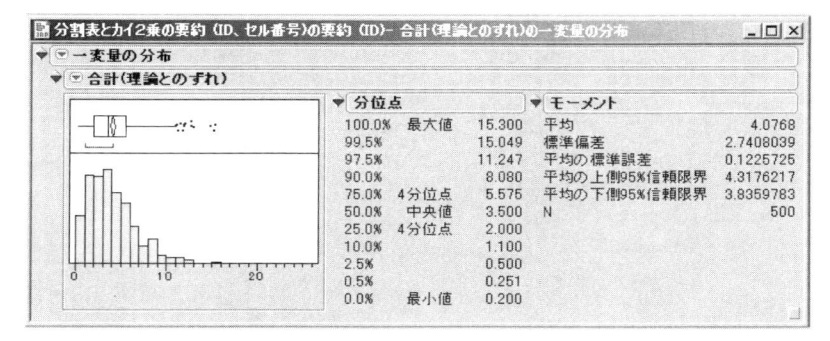

◆図4.46
自由度4のカイ2乗分布

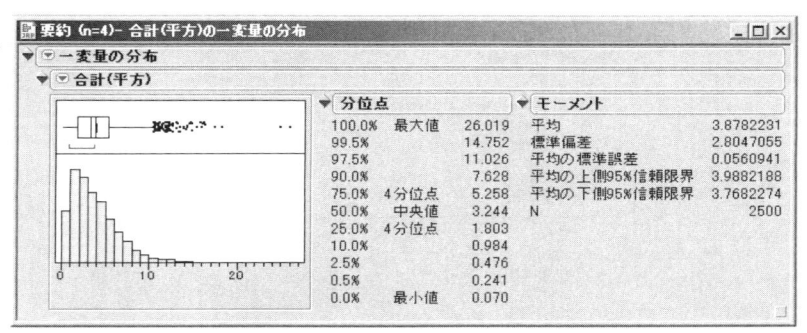

## まとめ

カイ2乗分布を用いるカイ2乗検定は、アンケート集計の基本となります。一度、どのような理論で検定が行われているかを体験しておけば、理論と実際の分布の差が重要であることが理解でき、単に検定結果を鵜呑みにして間違いを犯す危険は少なくなるはずです。

**チェックポイント**
- □ 分割表で理論値と観測値のずれとしての $\chi^2$ 値を求められる。
- □ カイ2乗分布は何から導かれるかの定義がいえる。
- □ 定義から自由度2, 3, 4, 5のカイ2乗分布を生成できる。
- □ 分割表の理論値と観測値のずれを用いてカイ2乗分布のグラフを書ける。

第4章 検　定

## 4.6 ノンパラメトリック検定の概要

### 4.6.1 はじめに

　$t$検定では、平均、標準偏差、不偏分散などを用いましたが、標本の分布が正規分布であることが要求されています。平均値の差の検定などは、中心極限定理より平均値の分布が正規分布になることは保証されていますが、変数の分布に正規性が仮定できない分布はいくらでもあります。

　そのようなときには、平均、標準偏差、不偏分散以外の統計量を用い検定を行います。本章では代表的なノンパラメトリック検定である、Wilcoxonの順位和検定（Mann-WhitneyのU検定）を取り上げます。ただし、JMPではWilcoxonの順位和検定という名称で取り上げられていますが、これは、Mann-WhitneyのU検定、略称U検定と本質的に同じものですので本節ではU検定として説明を行います。

### 4.6.2 順位の性質を確認する

　U検定では平均、標準偏差などの統計量に代わり「順位」で中央値の検定を行います。今、変数$A$の個数を$n_1$、$B$の個数を$n_2$、$A$の順位合計を$R_1$、$B$の順位合計を$R_2$とします。ここで、順位とは変数を小さい順に並べたときの順番のことです。もし、同じ数字が複数並んでいたら、その順番の平均を求めて平均順位として用います。

【例】

| 変数 | 1 | 2 | 3 | 4 | 4 | 5 | 6 |
|---|---|---|---|---|---|---|---|
| 順位 | 1 | 2 | 3 | 4.5 | 4.5 | 6 | 7 |

　この例で変数の4は4番目と5番目にありますが、4と5の平均4.5をもって両者の順位とします。なお、順位に基づく計算は、途中で間違いを犯しやすいので

$$R_1 + R_2 = \frac{1}{2}(n_1 + n_2)(n_1 + n_2 + 1)$$

なる性質を利用して、解析の途中で検算を行います。

　ここで上記のような式を急にいわれても理解しにくいでしょう。しかし、小学校の頃に「1から10まで足したらいくつか」という問題を解いたことがありません

か。素直に計算すれば

$$1+2+3+4+5+6+7+8+9+10$$

で、真面目に計算をすると時間がかかります。しかし最初と最後を足して、1 + 10 = 11、それが10組あって半分重なっていると考えると

$$\frac{10+11}{2} = 55$$

が答えとなります。

今、10個の変数を $n_1$ と $n_2$ の2組に分け、変数の順位を1から10まで与えるとします。そうすると先ほどの計算で1から10までを足すとは、順位を合計していることにほかなりません。したがって、上記の式が順位合計を求めることがわかります。

## 4.6.3 U検定の概略

U検定では、2群の順位をもとにして定義する $U_1$, $U_2$ という統計量を求め、$U_1$, $U_2$ の中の小さい値、$U_{\mathrm{cal}}$ を検定に用います。

$$U_1 = n_1 n_2 + \frac{n_1(n_1+1)}{2} - R_1$$

$$U_2 = n_1 n_2 + \frac{n_2(n_2+1)}{2} - R_2$$

ここで、変数 $A$ の個数を $n_1$、変数 $B$ の個数を $n_2$

変数 $A$ の順位合計を $R_1$、変数 $B$ の順位合計を $R_2$ とします。

そして変数の個数と有意水準に対応して決められている数値と $U_{\mathrm{cal}}$ を比較し検定をします。大まかにいうと、もし、2群の中央値が同じ程度であれば、$R_1$ と $R_2$ に近い値をとりますし、中央値が異なっていれば $R_1$ と $R_2$ はかなり異なる値をとる性質を利用して検定をします。

## 4.6.4　U検定の詳しい説明

$U_1, U_2$を導く過程を詳しく説明しましょう。今、$X$群、$Y$群があり各々の個数を$n_1, n_2$とします。2つの標本に含まれるデータをまとめて、値の小さな方から大きな方へと順位をつけ、$X$群の順位和を$R_1$、$Y$群の順位和を$R_2$と定義します。このときに両者を合わせた全体の順位和が

$$R_1 + R_2 = \frac{1}{2}(n_1 + n_2)(n_1 + n_2 + 1)$$

となることは先に述べました。最初に$Y$群がすべて$X$群より大きい場合を考えます。

| $X$群 $n_1$個 | $Y$群 $n_2$個 |
|---|---|
| 1 ——— $n_1$ | $n_1+1$ ——— $n_1+n_2$ |

このとき、$R_1$は最小値を、$R_2$は最大値をとり下記のようになります。

$$X群の順位和最小値\ R_{1\min} = \frac{n_1(n_1+1)}{2}$$

$$\begin{aligned}
Y群の順位和最大値\ R_{2\max} &= 全体の順位和 - X群の順位和最小値 \\
&= \frac{(n_1+n_2)(n_1+n_2+1)}{2} - \frac{n_1(n_1+1)}{2} \\
&= n_1 n_2 + \frac{n_2(n_2+1)}{2}
\end{aligned}$$

逆に$X$群がすべて$Y$群より大きい場合を考えると下記のようになります。

| $Y$群 $n_2$個 | $X$群 $n_1$個 |
|---|---|
| 1 ——— $n_2$ | $n_1+1$ ——— $n_1+n_2$ |

$$\begin{aligned}
X群の順位和最大値\ R_{1\max} &= 全体の順位和 - Y群の順位和最小値 \\
&= \frac{(n_1+n_2)(n_1+n_2+1)}{2} - \frac{n_2(n_2+1)}{2} \\
&= n_1 n_2 + \frac{n_1(n_1+1)}{2}
\end{aligned}$$

ここで、下記の$U_1, U_2$を定義します。これは各々の標本の順位和の最大値と実

際の順位和の差を意味する統計量となります。この $U_1$, $U_2$ の小さい方を $U_\text{cal}$ とし、その $U_\text{cal}$ をもって検定を行います。

$$U_1 = R_{1\max} - R_1$$
$$= n_1 n_2 + \frac{n_1(n_1+1)}{2} - R_1$$
$$U_2 = R_{2\max} - R_1$$
$$= n_1 n_2 + \frac{n_2(n_2+1)}{2} - R_2$$

U 検定では標本の数によって検定の手順が異なります。

(1) $n_1$, $n_2$ のうち標本数の大きい方の数が20以下のときは、統計学の教科書の巻末にある数表を用い、「$U_\text{cal} \leqq$ 表に示した値」であれば帰無仮説を棄却します。

(2) $n_1$, $n_2$ が20以上の大試料の場合、U 検定の表では取り上げられていません。このようなときの $U_\text{cal}$ の分布は平均値 $\mu_u$、標準偏差 $\sigma_u$ の正規分布に近似しているのが知られています。ここで平均値 $\mu_u$、標準偏差 $\sigma_u$ は下記の式で定義されます。

$$\text{平均値 } \mu_U = \frac{n_1 + n_2}{2}$$

$$\text{標準偏差 } \sigma_U = \sqrt{\frac{n_1 n_2 (n_1 + n_2 + 1)}{12}}$$

そこで正規分布する $U$ の分布を平均値と標準偏差を用いて

$$z = \frac{U_\text{cal} - \text{平均値}}{\text{標準偏差}}$$

なる変換をして標準化 (standardization) を行います。その結果 $z$ の値は以下の式で求まり、これを用いて検定を行います。

$$z = \frac{\left| U_\text{cal} - \dfrac{n_1 n_2}{2} \right|}{\sqrt{\dfrac{n_1 n_2 (n_1 + n_2 + 1)}{12}}}$$

## 第4章　検　定

**参考文献**

E. L. レーマン著『ノンパラメトリックス　順位に基づく統計的方法』P9-14、森北出版、1978

## 4.6.5　実際にU検定の数表を求めてみる

統計学の教科書には、Wilcoxonの順位和検定、あるいはMann-WhitneyのU検定に用いる表として図4.47のような表が記載されています。

◆図4.47
Wilcoxonの順位和検定の表：$\alpha=0.05$の片側検定（$\alpha=0.10$の両側検定）の一部

| n1 | n2 1 | 2 | 3 | 4 | 5 | 6 | 7 | 8 |
|---|---|---|---|---|---|---|---|---|
| 1 | – | – | – | – | – | – | – | – |
| 2 | – | – | – | – | 0 | 0 | 0 | 1 |
| 3 | – | – | – | 0 | 1 | 2 | 2 | 3 |
| 4 | – | – | 0 | 1 | 2 | 3 | 4 | 5 |
| 5 | – | 0 | 1 | 2 | 4 | 5 | 6 | 8 |
| 6 | – | 0 | 2 | 3 | 5 | 7 | 8 | 10 |
| 7 | – | 0 | 2 | 4 | 6 | 8 | 11 | 13 |
| 8 | – | 1 | 3 | 5 | 8 | 10 | 13 | 15 |

この表の求め方をJMPで体験してみましょう。今、変数Aを○で、変数Bを●で表現し、$n_1 = n_2 = 4$の場合を考えます。

もしすべてのAがすべてのBより大きい場合、順位1～8と標本の並びは下記のようになります。

　　　1 2 3 4 5 6 7 8
　　　○○○○●●●●

逆の場合は

　　　1 2 3 4 5 6 7 8
　　　●●●●○○○○

で表現されます。

ここで○を0で、●を1で表現してその順位を考えてみましょう。ここで、各数字のビットを用いて順位を考察します（図4.48）。

◆図4.48
2進数の準備

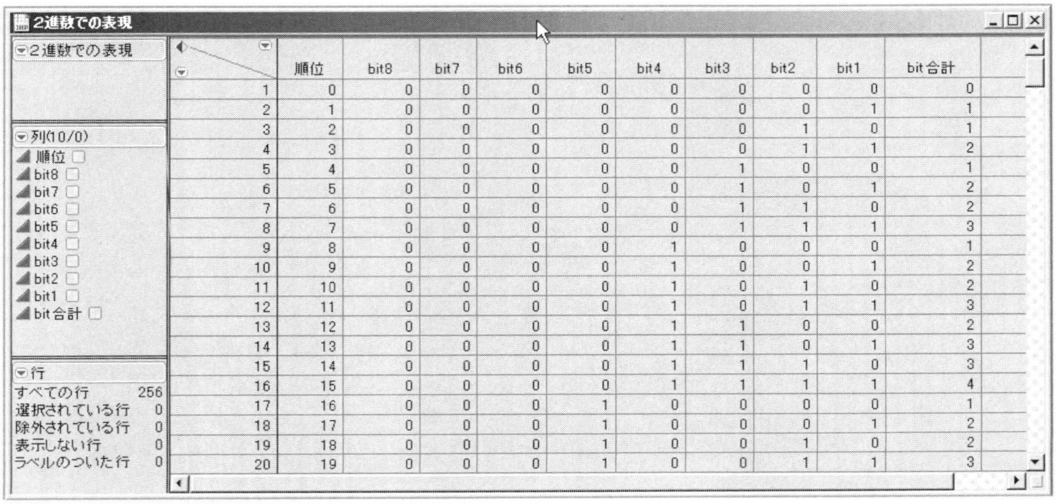

| 順位 | bit8 | bit7 | bit6 | bit5 | bit4 | bit3 | bit2 | bit1 | bit合計 |
|---|---|---|---|---|---|---|---|---|---|
| 1 | 0 | 0 | 0 | 0 | 0 | 0 | 0 | 0 | 0 |
| 2 | 1 | 0 | 0 | 0 | 0 | 0 | 0 | 0 | 1 | 1 |
| 3 | 2 | 0 | 0 | 0 | 0 | 0 | 0 | 1 | 0 | 1 |
| 4 | 3 | 0 | 0 | 0 | 0 | 0 | 0 | 1 | 1 | 2 |
| 5 | 4 | 0 | 0 | 0 | 0 | 0 | 1 | 0 | 0 | 1 |
| 6 | 5 | 0 | 0 | 0 | 0 | 0 | 1 | 0 | 1 | 2 |
| 7 | 6 | 0 | 0 | 0 | 0 | 0 | 1 | 1 | 0 | 2 |
| 8 | 7 | 0 | 0 | 0 | 0 | 0 | 1 | 1 | 1 | 3 |
| 9 | 8 | 0 | 0 | 0 | 0 | 1 | 0 | 0 | 0 | 1 |
| 10 | 9 | 0 | 0 | 0 | 0 | 1 | 0 | 0 | 1 | 2 |
| 11 | 10 | 0 | 0 | 0 | 0 | 1 | 0 | 1 | 0 | 2 |
| 12 | 11 | 0 | 0 | 0 | 0 | 1 | 0 | 1 | 1 | 3 |
| 13 | 12 | 0 | 0 | 0 | 0 | 1 | 1 | 0 | 0 | 2 |
| 14 | 13 | 0 | 0 | 0 | 0 | 1 | 1 | 0 | 1 | 3 |
| 15 | 14 | 0 | 0 | 0 | 0 | 1 | 1 | 1 | 0 | 3 |
| 16 | 15 | 0 | 0 | 0 | 0 | 1 | 1 | 1 | 1 | 4 |
| 17 | 16 | 0 | 0 | 0 | 1 | 0 | 0 | 0 | 0 | 1 |
| 18 | 17 | 0 | 0 | 0 | 1 | 0 | 0 | 0 | 1 | 2 |
| 19 | 18 | 0 | 0 | 0 | 1 | 0 | 0 | 1 | 0 | 2 |
| 20 | 19 | 0 | 0 | 0 | 1 | 0 | 0 | 1 | 1 | 3 |

ここで変数は下記のような定義になっています。「bit1」から「bit8」までは順位を2進数とみなしたときの、各ビットのON、OFFを示しています。「bit合計」は「bit1」から「bit8」までの合計で、「bit合計」=4は変数$B$が4個、ONになっていることを意味します。

- 順位　　　Row( ) − 1
- bit1　　　Modulo(順位, 2)
- bit2　　　Floor(Modulo(順位 /2, 2))
- bit3　　　Floor(Modulo(順位 /4, 2))
- bit4　　　Floor(Modulo(順位 /8, 2))
- bit5　　　Floor(Modulo(順位 /16, 2))
- bit6　　　Floor(Modulo(順位 /32, 2))
- bit7　　　Floor(Modulo(順位 /64, 2))
- bit8　　　Floor(Modulo(順位 /128, 2))
- bit 合計　　bt1 + bit2 + bit3 + bit4 + t5 + bit6 + bit7 + bit8

ここで「bit合計」=4のもののみを抜き出しサブセットを作成します。
「bit1」〜「bit8」の0を変数$A$、1を変数$B$と見たてて順位を割り振ります。
各数値に「bit8」が0なら順位の1を、「bit7」が0であれば順位の2を割り振るといったように、Match関数を用いて図4.49のような計算式を与えれば順位合計が求まります。

◆図4.49
順位合計（左が0の部分、右が1の部分）

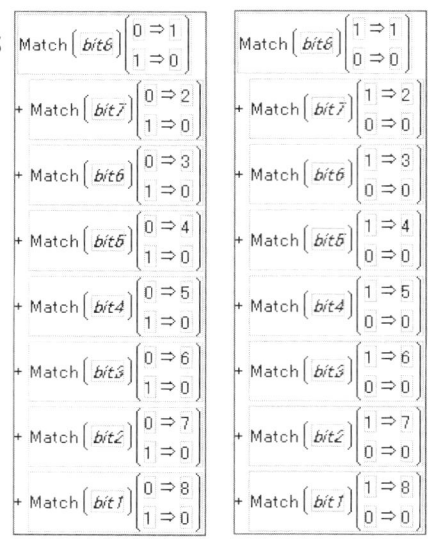

検定量の計算は、$n_1 = n_2 = 4$ なので以下のような変数を新規に設定します。

- $U1$　　(4 × 4 + (4 × (4 + 1))/2) − "R1:0 の部分の順位合計"
- $U2$　　(4 × 4 + (4 × (4 + 1))/2) − "R2:1 の部分の順位合計"
- $Ucal$　Min(U1, U2)

ここで $Ucal$ を順序尺度に変更して一変量の分布を求めます。その結果、$Ucal=0$ が2.857%、$Ucal=1$ が2.857%となります（図4.50）。したがって、$Ucal$ が1より小さくなる確率は全体の5.714%なのがわかります。このような操作を他のケースにも当てはめて検定表を求めたのです。

◆図4.50
$Ucal$ の分布

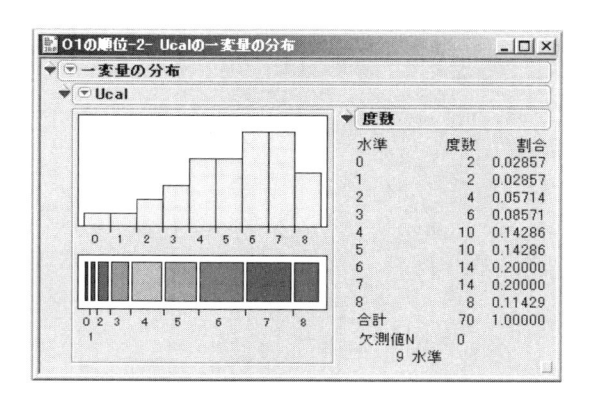

今回のケースは、$R_1 > R_2$ と $R_2 > R_1$ の両方を扱っているので両側検定にあたります。一変量の分布から $U_{cal}$ が1より小さくなるのは全体の 0.05714 < 0.1 とわかります。これらのことを総合して、統計表でよく見られるWilcoxonの順位和検定の表がつくられるのです。

## まとめ

複雑に見える、ノンパラメトリク検定もJMPの機能で数表をつくっていくとどのような原理で成り立っているかが見えてきたことでしょう。実際の問題は第7章の「7.2　待ち時間の解析」で扱います。

**チェックポイント**
- □ U検定の詳しい考えが理解できる。
- □ U検定の数表の一部を求められる。

# 第3部

# JMPによる解析事例

　無味乾燥のデータを解析するよりは、自分の周りのおもしろいデータを解析する方が統計に対する興味も増すはずです。そこで、ここでは読者の方にとって身近なデータを集め、どのように集積するかを解説しました。
　例えば、ネット上のトラブルに巻き込まれない方法、アルコールを飲めない体質とは、ちょっと待っては具体的にどれくらい、デートの種類によって女性はヒールの高さが変わるか、など身近で実生活で役立つデータを集めてきました。
　第3部では、実生活に役立つデータを解析しながら、より詳しい解析方法を学びます。

# 第5章 データのモニタリングと外れ値のチェック

## 5.1 宝くじの解析

### 5.1.1 はじめに

　数学嫌いの人に理論や数式で統計学を説明して興味を持ってもらうのは無理な話です。そうであれば、少しおもしろいデータを用いて、JMPの操作を学びデータのモニタリングや外れ値のチェック方法を学びながら統計学に親しんでもらいましょう。

　ここで取り上げるのは宝くじのナンバーズ3の話です。世の中には宝くじの必勝法なる怪しげな本や、機械がいくらでも販売されています。しかし、もし必勝法があればそれを公開する方がおかしな話です。

　ここでは当せんしやすくする方法などないと割り切った上で、宝くじのデータを対象にデータの管理、加工、解析方法を学びます。

### 5.1.2 ナンバーズ3とは

　今回は単純なナンバーズ3を取り上げます。これは3桁の数字を選び、その数字の組み合わせによって当せん金が決まる宝くじです。JMPのユーザー提供ファイルにあるものは、みずほ銀行のWebより2002年にダウンロードし一部改変したものです。

　ナンバーズのルールにはいくつかありますが、今回は下2桁の数字と並びの順序が一致する「ミニ」について検討します

　解析の対象とするのは下記の2種類のファイルです。

- Numbers3.JMP　　　　　第735回から第891回までの当せん数字と賞金の一覧
- Numbers3-1-891.JMP　　第1回から第891回までの当せん数字

当せん数字の出方に偏りがあるかを見てみましょう。Numbers3-1-891.JMPを最初に開きます。変数の、Numbers3、100の位、10の位、1の位はおのおの連続尺度ですが、一時的に順序尺度にして一変量の解析を行ったときに結果を見やすくするようにしておきます。

メニューから［分析］-［一変量の解析］を選び、「Y列」にNumbers3を設定して解析を行います。その結果、いくつかの数字は5回出現しているが、一度も出現していない数字があるのがわかります。

では各桁の数字の出現頻度はどうでしょうか。100の位の数、10の位の数、1の位の数の3種類について一変量の分布をとってみると、図5.1のようになります。

100の位では9が、10の位では3が、1の位では2の出現頻度が高そうに見えます。当たりやすい数字を求めるためには、どのように解析するかを考えてみましょう。

◆図5.1
各数字の出現頻度

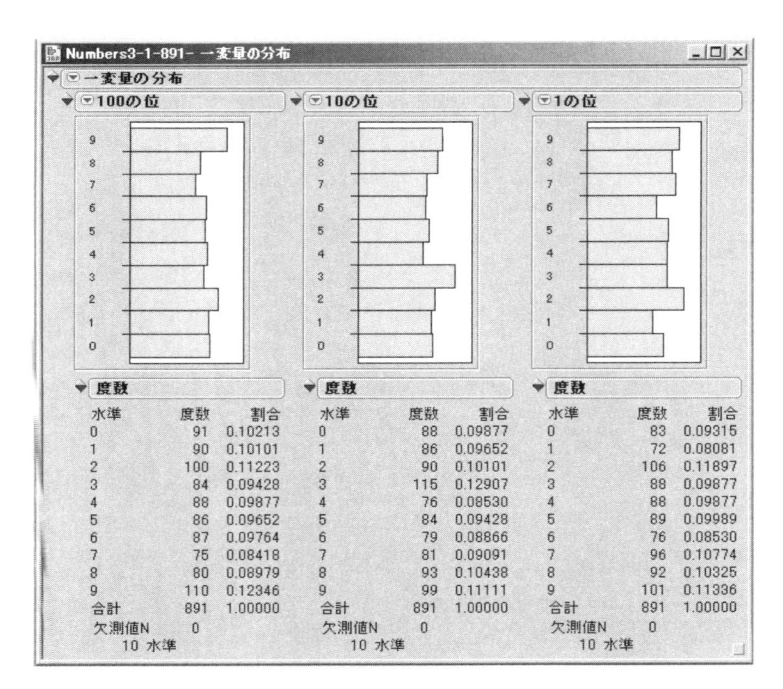

| 100の位 | | | 10の位 | | | 1の位 | | |
|---|---|---|---|---|---|---|---|---|
| 水準 | 度数 | 割合 | 水準 | 度数 | 割合 | 水準 | 度数 | 割合 |
| 0 | 91 | 0.10213 | 0 | 88 | 0.09877 | 0 | 83 | 0.09315 |
| 1 | 90 | 0.10101 | 1 | 86 | 0.09652 | 1 | 72 | 0.08081 |
| 2 | 100 | 0.11223 | 2 | 90 | 0.10101 | 2 | 106 | 0.11897 |
| 3 | 84 | 0.09428 | 3 | 115 | 0.12907 | 3 | 88 | 0.09877 |
| 4 | 88 | 0.09877 | 4 | 76 | 0.08530 | 4 | 88 | 0.09877 |
| 5 | 86 | 0.09652 | 5 | 84 | 0.09428 | 5 | 89 | 0.09989 |
| 6 | 87 | 0.09764 | 6 | 79 | 0.08866 | 6 | 76 | 0.08530 |
| 7 | 75 | 0.08418 | 7 | 81 | 0.09091 | 7 | 96 | 0.10774 |
| 8 | 80 | 0.08979 | 8 | 93 | 0.10438 | 8 | 92 | 0.10325 |
| 9 | 110 | 0.12346 | 9 | 99 | 0.11111 | 9 | 101 | 0.11336 |
| 合計 | 891 | 1.00000 | 合計 | 891 | 1.00000 | 合計 | 891 | 1.00000 |
| 欠測値N | 0 | | 欠測値N | 0 | | 欠測値N | 0 | |

## 5.1.3 ミニを検討

最初に注目するのはナンバーズ3の当せん金額をきめる方法の中の「ミニ」です。この「ミニ」は下2桁が合えばいいので、当せん金額は低くなりますが出現確率は1/100になります。最初に、ミニの賞金の分布を調べてみましょう。Numbers3.JMPファイルを開き、ミニの賞金分布を一変量の分布で調べます（図5.2）。賞金は平均9,208円、最大値17,000円、中央値で9,000円、最小値で3,800円

となっています。

◆図5.2
ミニの当せん金額の分布

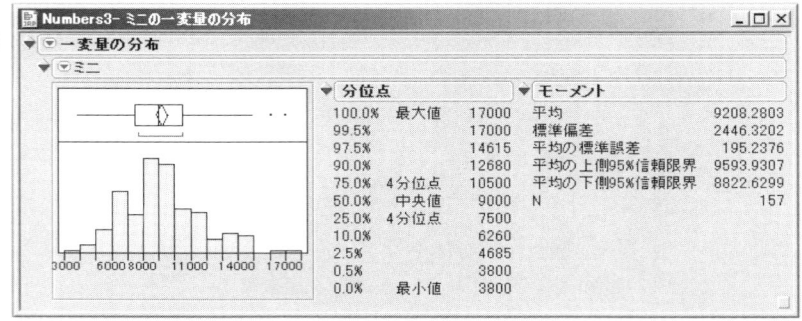

ここで、10の位を決めて、0から9まで連続した10枚を買うことにします。これにかかる費用は2,000円、ミニの賞金の最小金額が3,800円ですからうまく的中すれば、最小で（3,800 − 2,000）円、最大で（17,000 − 2,000）円の利益が考えられます。この方法がうまくいくかどうかを検証するため、Numbers3.JMPのファイルを用いて10の位の数字の出現頻度を見ましょう。

## 5.1.4　割合の検定

　　Numbers3.JMPファイルを開き、「10の位」を順序尺度にして「10の位」の一変量の分布を求めます。表示の上部にある「▼10の位」の▼のところをクリックし［割合の検定］を選びます。

　　ここで図5.3のような表示がされます。これは割合の検定、もしくは適合度の検定とよばれる検定方法です。期待度数と理論度数の差の2乗を期待度数で割ったものがカイ2乗分布をすることを利用して検定を行います。

　　今回の仮説は、どれも同じ期待度数で生じると考えて1を代入し、「仮説値を固定し、省略された値のスケールを変更」にチェックを入れて［完了］ボタンを押します。

　　カイ2乗検定の結果はPearsonの右側のカイ2乗値（この場合は17.2038）で標記されています（図5.4）。つまり$p < 0.05$となり有意水準5%で、どの数字の出現頻度も同じ、という仮説が棄却できます。つまり、10の位において、各数字の出る割合は等しいとはいえない訳です。

◆図5.3
割合の検定の設定

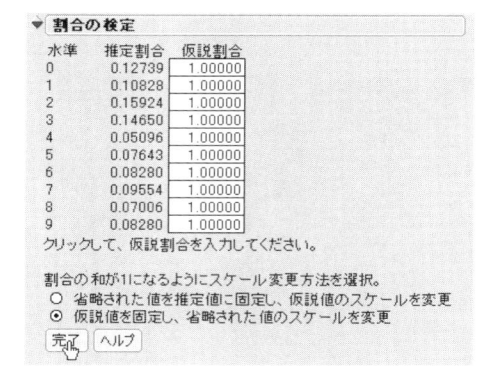

◆図5.4
割合の検定の結果

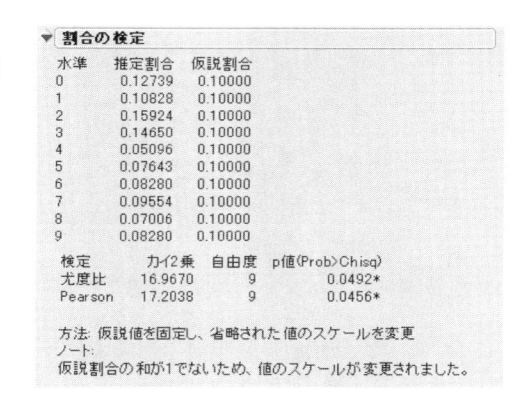

## 5.1.5 賞金を考える

　今回対象としたデータにおいては、「10の位」では「2」が出やすいのがわかりました。常にこの傾向が成り立つわけではありませんが、仮に下2桁の数字が20から29のものを毎回買い占めたとするとどのような結果になるかを考えましょう。

　Numbers3.JMPファイルでは全体で157回のデータがありますから、下2桁の数字が20から29のものを買い占める戦術は、このNumbers3.JMPファイルでうまく成り立つかどうかを検証してみましょう。もし、157回、下2桁の数字を買い占めたとすると合計で314,000円になります。

　10の位が2のもののミニの賞金の合計を求めるには、10の位が2のものを選びメニューから［テーブル］-［抽出（サブセット）］を選びます（図5.5）。

　もし、「10の位」の変数しか選択されない場合は、画面上部の▼の横をクリックすると一連の変数が選択されます。

◆図5.5
10の位が2のもののみ抽出

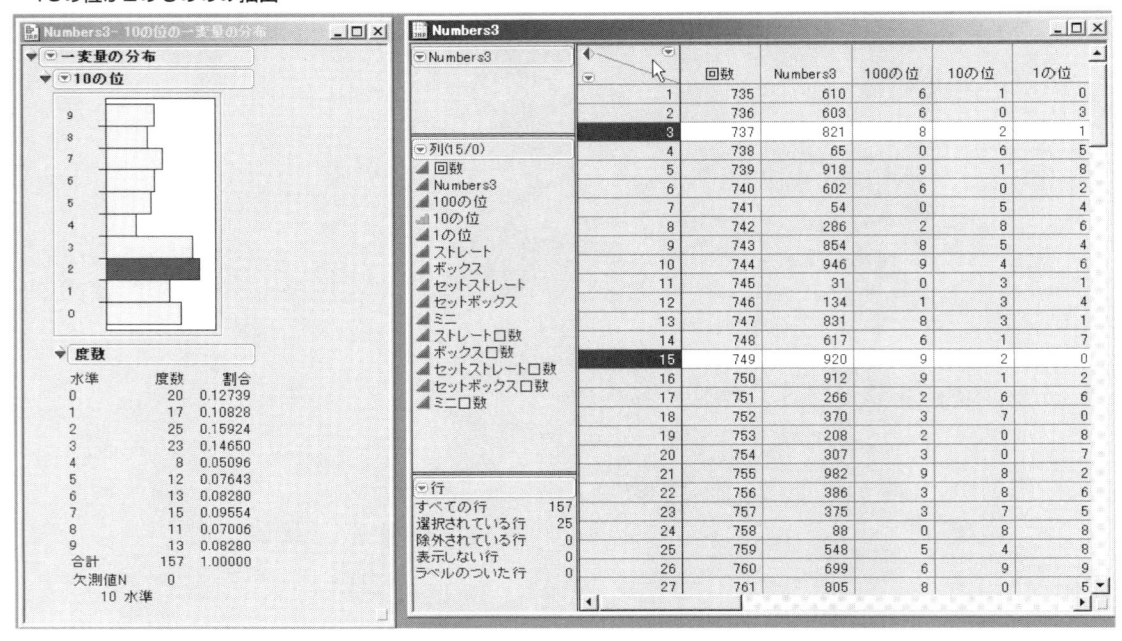

再度、ミニについての賞金の一変量の分布を求めます(図5.6)。その結果、サンプルの件数は25件、獲得賞金の平均値7,012円、獲得賞金総計175,300円、結局175,300 － 314,000 ＝ － 138,700 円の赤字ということになります。結局、ナンバーズ３の場合、ある範囲を買い占める戦略はうまくいかないことが明らかになりました。

◆図5.6
賞金の分布

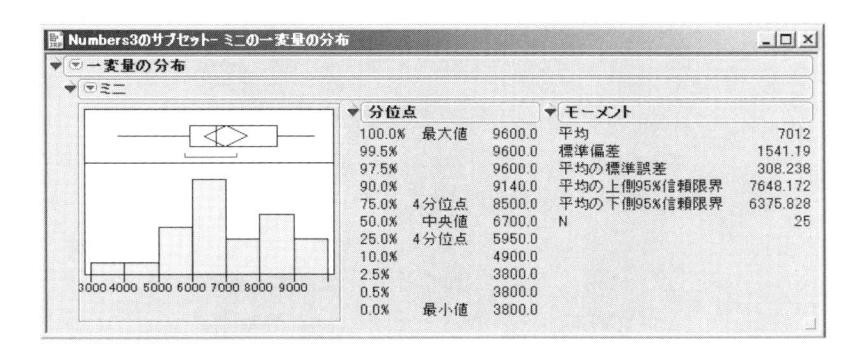

## 5.1.6 例数を多くしたら

前回は、Numbers3.JMPに記録されている、第735回から第891回のデータを対象としていますので、もっと多いデータでは結果はどうなるかわかりません。そこでNumbers3-1-891.JMPで同様の解析をしてみましょう。ファイルを開き、10の位をカテゴリカル変数に直し、その一変量の分布を求めます。今までと同様に割合の検定を求めてみます。

その結果、$p = 0.1613$となり有意水準5％で、どの数字の出現頻度も同じ、という仮説を棄却できません（図5.7）。結局、第735回から第891回のデータでは一時的に10の位の割合の検定が等しいという仮説を、有意水準5％で棄却できたものが第1回から第891回では棄却できないことがわかりました。

◆図5.7
割合の検定

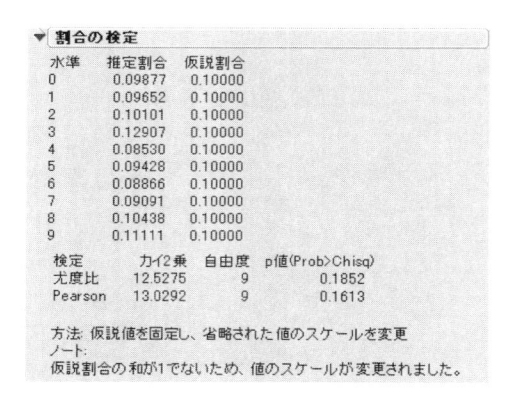

| 水準 | 推定割合 | 仮説割合 |
|---|---|---|
| 0 | 0.09877 | 0.10000 |
| 1 | 0.09652 | 0.10000 |
| 2 | 0.10101 | 0.10000 |
| 3 | 0.12907 | 0.10000 |
| 4 | 0.08530 | 0.10000 |
| 5 | 0.09428 | 0.10000 |
| 6 | 0.08866 | 0.10000 |
| 7 | 0.09091 | 0.10000 |
| 8 | 0.10438 | 0.10000 |
| 9 | 0.11111 | 0.10000 |

| 検定 | カイ2乗 | 自由度 | p値(Prob>Chisq) |
|---|---|---|---|
| 尤度比 | 12.5275 | 9 | 0.1852 |
| Pearson | 13.0292 | 9 | 0.1613 |

方法: 仮説値を固定し、省略された値のスケールを変更
ノート:
仮説割合の和が1でないため、値のスケールが変更されました。

## 5.1.7 下2桁の出現に法則性はあるか

連番を10枚買占める方法はうまくいかないことがわかりました。ではミニの対象となる数値の下2桁の出方に何か法則性があるか検討してみましょう

Number3-1-891.JMPファイルを開きます。ここでは10の位の10倍に1の位を足し込む操作をして「下2桁」の数字を求めています。メニューから［分析］－［二変量の関係］を選び、「X, 説明変数」に「回数」、「Y, 目的変数」に「下2桁」を配置して変数の分布を確かめます（図5.8）。

◆図5.8
ナンバーズ3下2桁

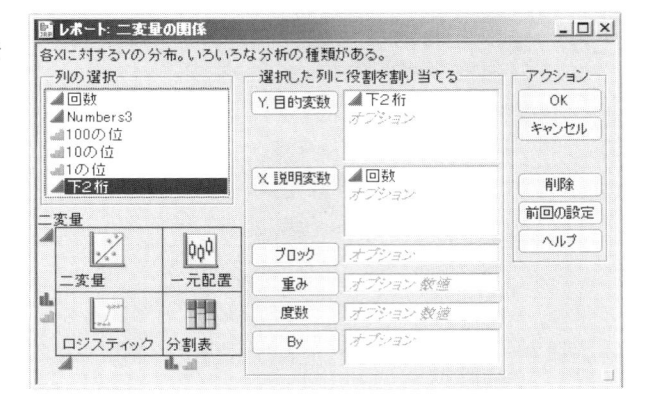

そうすると、図5.9のようなグラフが生成されます。一部は同じ数字が連続しているようにも見えますし、何か規則的な点のつながりがあるように見えなくもありません。しかし、注意するのはこれらの規則らしきものは過去のデータにおいて見られたものでこれから先、同じような現象が見られる保証はありません。

◆図5.9
ナンバーズ3下2桁の分布

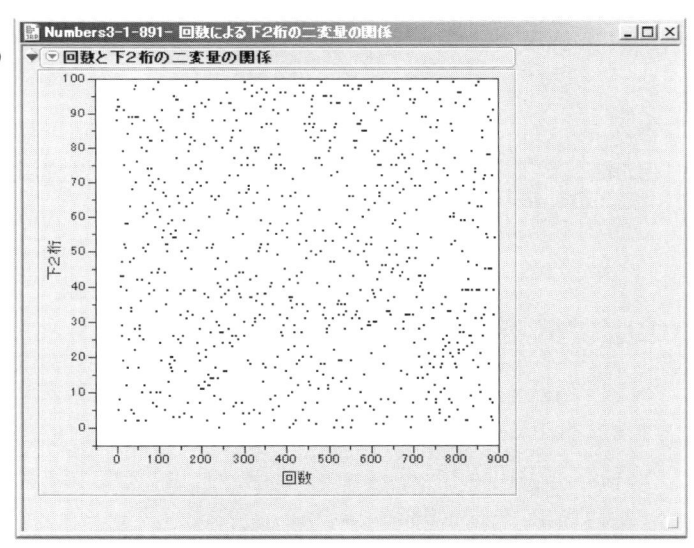

> **まとめ**
>
> 　宝くじの必勝法などあるわけはありません。しかし、宝くじを題材にした演習は統計の初心者にとっては興味をひくようです。統計に対する苦手意識を払拭する目的で筆者はよく宝くじのデータを演習に使っています。
>
> **チェックポイント**
> - [ ] このほかにどのような点に注目して解析したらよいか、できるだけアイデアを出すこと。偶数、奇数の別、特定の数字の倍数を考える、過去数回分から次回を予測するなどいろいろな手が考えられる。

## 5.2　企業の求める大学生とは

### 5.2.1　はじめに——企業が学生に求める資質は何か

　近頃は世をあげて資格取得のブームです。そのためか資格取得講座を開講する大学も数多くあり、入学志望者の高校生に大々的に宣伝をする光景が見られます。またパソコン講座のCMも多数見られます。

　マーケティングを行っている立場から見るとこれはあまりにもおかしい現象です。まるで、大学やパソコン講座が自分の存在意義を主張するために、資格取得をPRしているような気もします。しかし本当に企業が新卒の大学生に求めるものは何なのでしょうか。企業が求めている学生はどのようなものかを、客観的に調査する方法はないのでしょうか。

　幸いなことに、2000年に日本経営者団体連盟（日経連）の東京経営者協会教育研修部が、企業が新卒の大学生を採用する場合、どのような項目を重視するかを調べた質問表を入手できました。調査は平成12年10月中旬から下旬にかけて東京経営者協会法人会員企業1,624社に調査を行い、528社から回答を得たものです。その調査票の中では、新卒の大学生を採用するときに重視する5項目を選択するような調査が行われていました。

◆表5.1
東京経営者協会による調査票（資料提供：日経連、2000年当時）

| リーダーシップ | 学業成績 | 潜在的可能性 |
| --- | --- | --- |
| 創造性 | 責任感 | 大学／所属ゼミ |
| 主体性 | 一般常識 | チャレンジ精神 |
| 専門性 | クラブ活動／ボランティア活動歴 | 協調性 |
| 感受性 | 信頼性 | 保有資格 |
| 倫理観 | 誠実性 | その他 |
| 職業観／就業意識 | 語学力 | |
| コミュニケーション能力 | 論理性 | |

　このデータを用いると、就職をするにあたって、学生が考える企業が重視するであろう重視項目と、企業の考える実際の重視項目がどのように異なるかを調べることができます。この点が明確になれば、学生にとっては効果的な就職試験への対策がたてられますし、企業にとってはどのような点を学生が重視しているか、採用時の参考資料として用いることができます。本節では、このデータを用いて解析を試みます。

## 5.2.2　データテーブルの作成

　「企業の求める学生.JMP」ファイル（図5.10）をそのまま使ってもよいのですが、もし、授業のクラスで調査をするとしたら、「項目」の変数をラベルありに変更しておきます。最初に「予想・調査」の項目はあけておきます。1人で自習をしている人は、各項項目が何パーセントぐらい選択されたかの数字を予想して記入してください。もし、授業などで本書を使用している方は、1人、5個までを選ぶとしてクラス全員で調査をしてください。先生が問題を読み上げて、各自が手をあげてそれを勘定しパーセント値を求めればよいでしょう。その後、日経連のデータを「企業」の列に入力します。

◆図5.10 入力したデータ

| No | 項目 | 予想・調査 | 企業 |
|---|---|---|---|
| 1 | リーダーシップ | 11.32 | 18.9 |
| 2 | 創造性 | 56.6 | 39 |
| 3 | 主体性 | 16.98 | 45 |
| 4 | 専門性 | 16.98 | 15.9 |
| 5 | 感受性 | 15.09 | 6 |
| 6 | 倫理観 | 0 | 1.6 |
| 7 | 職業観/就業意識 | 26.42 | 24 |
| 8 | コミュニケーション能力 | 43.4 | 50.3 |
| 9 | 学業成績 | 11.32 | 10.6 |
| 10 | 責任感 | 56.6 | 39.7 |
| 11 | クラブ活動/ボランティア活動歴 | 1.89 | 2.8 |
| 12 | 信頼性 | 60.38 | 22.9 |
| 13 | 誠実性 | 18.87 | 39 |
| 14 | 語学力 | 16.98 | 6 |
| 15 | 論理性 | 3.77 | 21.5 |
| 16 | 潜在的可能性 | 11.32 | 27.3 |
| 17 | 大学/所属ゼミ | 3.77 | 2.8 |
| 18 | チャレンジ精神 | 30.19 | 49.2 |
| 19 | 協調性 | 28.3 | 43 |
| 20 | 保有資格 | 15.09 | 2.5 |
| 21 | その他 | 0 | 2.5 |
| 22 | 一般常識 | 56.6 | 10.2 |

## 5.2.3 散布図の作成

「予想・調査」と「企業」のに変数に関して散布図を作成します。最初に、全データを選択しておいて、マーカーを大きい●に変更します（図5.11）。

◆図5.11 マーカーを大きい●に変更

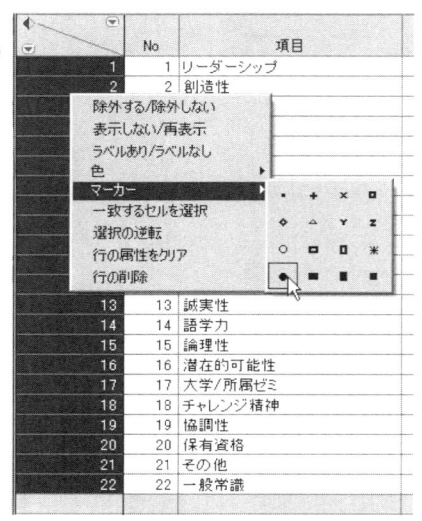

メニューから［分析］-［二変量の関係］を選び、「X, 説明変数」に「予想・調査」を、「Y, 目的変数」に「企業」を設定して、両者の散布図を求めます（図5.12）。

画面に、学生が考えている重視項目と実際に企業が重視している項目の散布図が表示されます。もし、右上がりの対角線上にプロットされた点が乗っていれば、皆さんの考えと企業の考えは一致していることになります。対角線より上側は企業がより重視している項目、対角線より下側は学生が勘違いしている項目となります。この例では、いくつもの項目で意見の乖離が見られます。これらの点に矢印ツール（通常の状態でのカーソル）を当てると各点に対応するラベルが表示されます。

◆図5.12 各点のラベルを確認

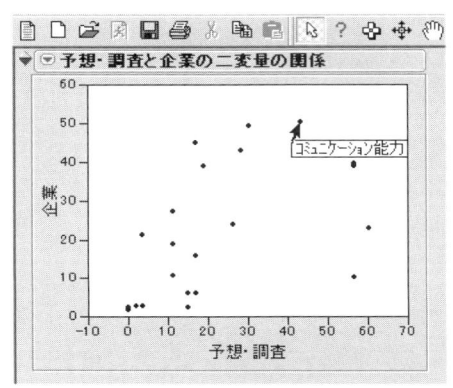

## 5.2.4 注釈ツールの利用

そこで、各点が何を表現しているかをもう少し明確に表示しましょう。

最初に、各点を矢印ツールでポイントしどの点が何を示しているかを確認しておきます。次に、メニューバーにある十字型のアイコンの隣の「A」で表示される「注釈ツール」をクリックし、カーソルが変わったら各点をクリックします。

各点の内容を注釈として記入し、全体の散布図を完成させます。

また、ラベルを表示させたい行を選んでメニューから［行］-［ラベルあり／なし］でラベルをつける方法もあります（図5.13）。ただし、この方法では自動的にラベルがついて画面上でラベルが重なってしまい見づらい場合があります。

◆図5.13
　完成した散布図

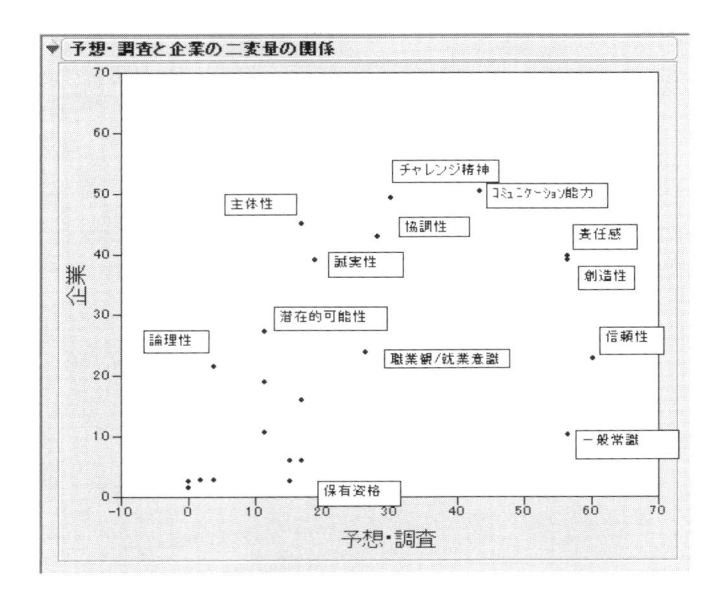

## 5.2.5　結果の解釈

　この散布図からはかなり面白いことがわかります。学生が重視している「保有資格」「一般常識」は企業ではあまり重視していないこと、学生があまり重視していない「主体性」「チャレンジ精神」「コミュニケーション能力」などを企業ではかなり重視していることなどがわかります。

　この結果は、皆さんの考えとかなり違うのではないでしょうか。2001年当時は「資格が重要」といって、大学で資格取得講座を開催するところが多数でていました。しかし、資格を重視するのはわずか2.5％でしかありません。一般の考えと企業の現実はかなり異なるのがこの図からわかります。

　今回の結果と、9.1節の「学生は高校で何を学んでくるか」の項目と比較検討してください。何か気がつきませんか。高校では身につかず大学で必要とされているベスト3である、プレゼンテーション能力、自分の考えをわかりやすく説明できる力、自分の意見を筋道をたてて主張できる力、の各項目と、日経連のデータの1位であるコミュニケーション能力とは、ほとんど同じといえます。

　つまり大学生活で必要とされている力、逆にいえば学生が苦手な力を大学中に確実に取得しておけば、就職時に有利になる可能性があるのです。たしかに企業が求める内容は、次第に変化するかもしれません。しかし、お客さんとの対話、同僚との仕事の打ち合わせすらできない社員はどの時代でも必要とされないのは確かです。

## 5.3 理想と現実の調査

### 5.3.1 はじめに

　　　　理想的なデータと異なり、実際のアンケート調査のデータにはおかしなデータが混ざりこんでいるので、それをいかにきれいにするかが重要になります。また得られたデータからどのような解析が得られるかも検討する必要があります。本節では実際のアンケートのデータを用いてデータをきれいにして解析する練習をします（資料提供：『看護研究なんかこわくない』医学書院）。
　　本節をマスターすると、データのクリーニング作業と基本的な解析手法をしっかりと身につけられます。

### 5.3.2 データクリーニングの例

　　　　今までの宝くじや企業の求める学生のデータと異なり、実際に測定したデータには、おかしなデータが混ざっていますので、そのまま解析にかけると誤った結果を出す危険があります。せっかく測定したデータを早く解析したい気持ちはわかりますが、いろいろな角度からデータのチェック（データクリーニングともいいます）をすることが大事です。
　　このデータは、筆者の1人が1998年に日本看護協会の講演会のために調査したデータです。町でアンケート調査をしている調査員に回答者がいいかげんな回答をするときの体重と、実際の体重の関係を知るために作成したものです（図5.14）。
　　情報収集で大事なのは正しいデータの収集ですが、信頼関係が希薄な場合に相手が適当な回答をする場合、どの程度、値が狂うかを示す1つの例です。
　　各変数は、「ID」「名前」「年齢」「血液型」「身長」「出身地」「性別」「独身既婚の別」「子供の有無」「町での体重」「本当の体重」「今の体重は」「理想の体重」「性格」と名づけます。
　　このデータはNurse.JMPファイルに用意されていますので、そのデータを開きます。すでに「名前」「血液」「出身」「性別」「独身既婚」「子供」「性格」などの各変数は名義尺度として設定されています。そのほかの変数は、数値の連続尺度と設定されています。ただし、「今の体重は」は今の身長に対して今の体重は適当な値と思いうかを、

　　　①重すぎる　　②重い　　③ちょうど良い　　④少ない　　⑤少なすぎる

◆図5.14
「現実と理想の調査」
アンケート用紙

No.________

## 現実と理想の調査

1.　名前____________________　　2. 年齢________歳

3.　血液型________型　　4. 身長________cm

5.　出身地　①東日本　②西日本　　6.　性別　①男　②女

7.　①独身　②既婚　　8.　子供の有無　①なし　②あり

11.　町で「体重を教えて下さい」と声をかけられたら何 kg と答えますか。________kg

12.　今回は統計の例題として使いますので正確な体重をお答えください。________kg
(11 の記入の訂正はしないでください)

13.　今の身長に対して今の体重は適当な値と思いますか。
①重すぎる　②重い　③ちょうど良い　④少ない　⑤少なすぎる

14.　では願わくば何 kg の体重になりたいですか。________kg

31.　ご自分の性格についてお答えください。
①どちらかというと現実に徹する　②どちらかというと理想を追い求める

の5段階の順序尺度で設定しているので、連続尺度で扱うことはできません。そこで、変数の前のアイコンをクリックし、順序尺度に変更します（図 5.15)。

◆図5.15
変数の一覧

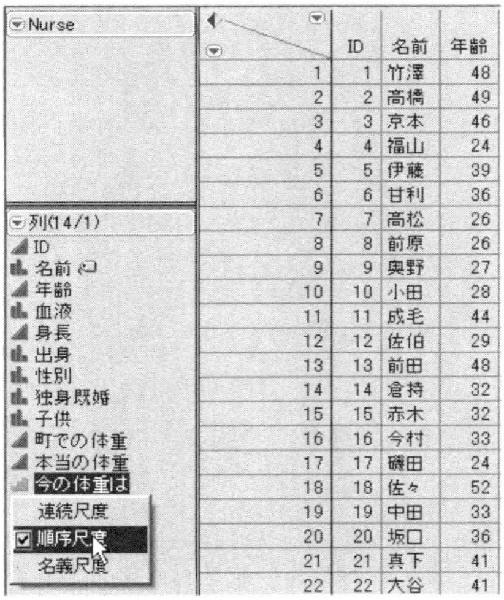


| | ID | 名前 | 年齢 |
|---|---|---|---|
| 1 | 1 | 竹澤 | 48 |
| 2 | 2 | 高橋 | 49 |
| 3 | 3 | 京本 | 46 |
| 4 | 4 | 福山 | 24 |
| 5 | 5 | 伊藤 | 39 |
| 6 | 6 | 甘利 | 36 |
| 7 | 7 | 高松 | 26 |
| 8 | 8 | 前原 | 26 |
| 9 | 9 | 奥野 | 27 |
| 10 | 10 | 小田 | 28 |
| 11 | 11 | 成毛 | 44 |
| 12 | 12 | 佐伯 | 29 |
| 13 | 13 | 前田 | 48 |
| 14 | 14 | 倉持 | 32 |
| 15 | 15 | 赤木 | 32 |
| 16 | 16 | 今村 | 33 |
| 17 | 17 | 磯田 | 24 |
| 18 | 18 | 佐々 | 52 |
| 19 | 19 | 中田 | 33 |
| 20 | 20 | 坂口 | 36 |
| 21 | 21 | 真下 | 41 |
| 22 | 22 | 大谷 | 41 |

### 5.3.3　一変量のグラフの作成

おかしなデータを見つける基本は一変量のグラフの作成です。連続尺度、順序尺度、名義尺度の各変数を選んで一変量のグラフのグラフを作成しましょう。

メニューから［分析］－［一変量の分布］を選びます

画面に各列、つまり変数が表示されます。変数名の前に、棒グラフ、階段、三角形のアイコンがあり、各々名義尺度、順序尺度、連続尺度に対応しています。変数として、「Y, 列」に「出身」「町での体重」「今の体重は」を設定し、［OK］ボタンをクリックします（図5.16）。

◆図5.16　変数の選択

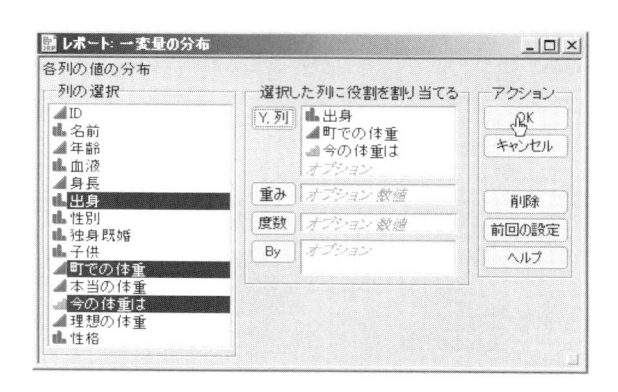

画面に各変数のグラフが表示されます（図5.17）。名義尺度である「出身」と順序尺度である「今の体重は」は棒グラフとモザイク図が表示されます。モザイク図はあまり一般的でありませんが、変数の数と割合を示すグラフです。

出身のグラフをよく見ると全体の件数が191件となり、全サンプル数の193件になっていません。これは途中で値が記入されていない欠損値があるためで、JMPではこの欠損値を考慮して各種の解析を行います。

連続尺度である「町での体重」は自動的に変数の範囲に最適化された目盛が設定されて変数のヒストグラムが表示されます。またデフォルトで、分位点（パーセンタイル）、モーメント（平均、標準偏差、N数）が表示されます。それとともに、はずれ値の箱ひげ図が表示されます。これにより、変数の分布の概要を簡単に把握できます。

◆図5.17
基本的な変数分布

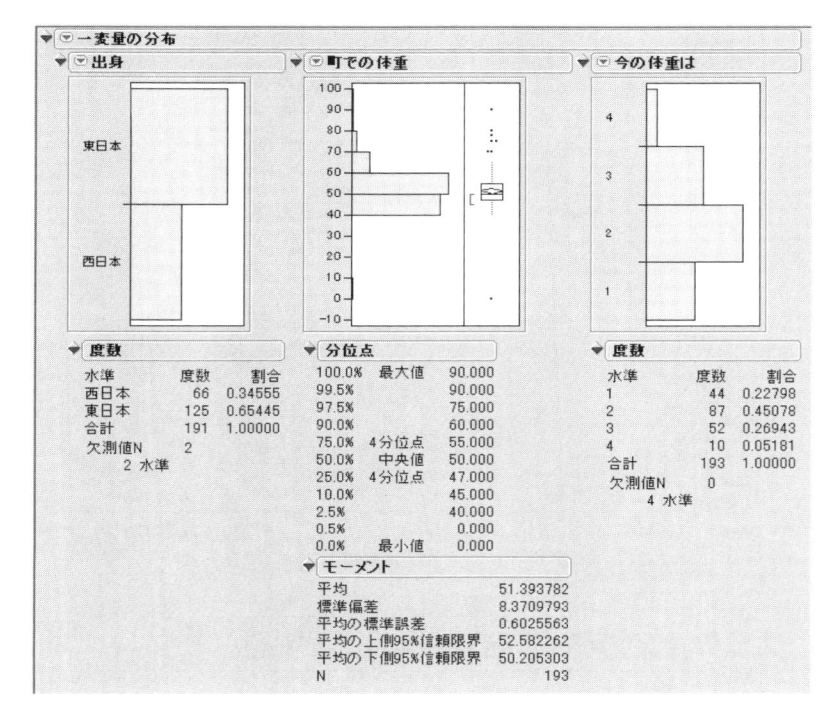

## ■外れ値の箱ひげ図

外れ値の箱ひげ図（図5.18）は、箱の両端から、次のように計算された範囲内にある最も遠いデータ点までをつなぎます。

　　上側の4分位点 + 1.5 ×（4分位範囲）
　　下側の4分位点 − 1.5 ×（4分位範囲）

箱に平行して表示されている赤い括弧は、最短の半分（shortest half）、つまりオブザベーションの50%を含んだ区間のうち、最も短いもの（密度の高いもの）を表します。（JMPヘルプより）

◆図5.18
外れ値の箱ひげ図
（JMPヘルプより）

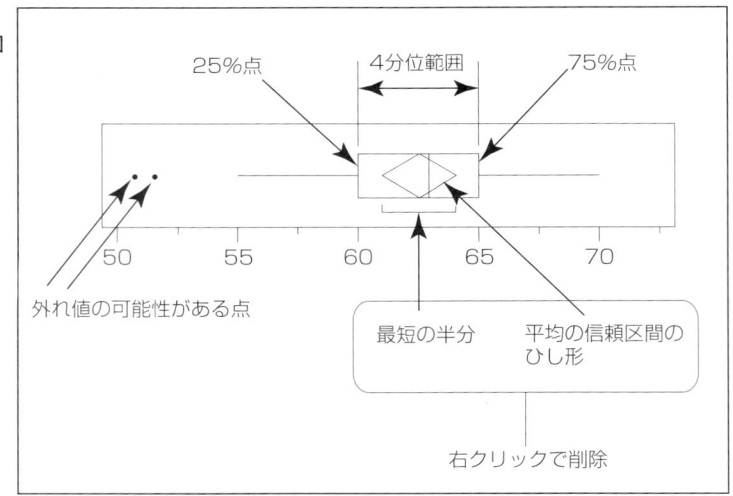

箱ひげ図を右クリックすると、［平均のひし形］と［最短の半分］というメニューが表示され、それぞれの表示／不表示を切り替えることができる。

## 5.3.4　グラフ上でデータを選択し移動する

　　JMPではデータとグラフはリンクしています。そのため、グラフで特定の変数をクリックすると対応したデータ部分が選択され、色が変わって表示されます（図5.19）。

　画面上部には2つ下向きの赤い▼があります。その左側の赤い▼にカーソルを合わせ右クリックすると選んだデータをどのように処理するかが選択できます。この段階では列のみが選択されていますので、赤い▼の横を右クリックして（左クリックすると列の選択が解除されてしまうので注意）行全体を選択します。そして、［行の移動］－［最初へ］を選ぶと、テーブルの最初に選択したデータ（この場合は東日本）がまとめて移動します（図5.20）。同様に、選んだ行を削除したり、テーブルの最後に移動したりできます。Excelと異なり、選んだ行をドラッグして任意の行へ移動することはできません。

5.3 理想と現実の調査

◆図5.19
東日本の選択

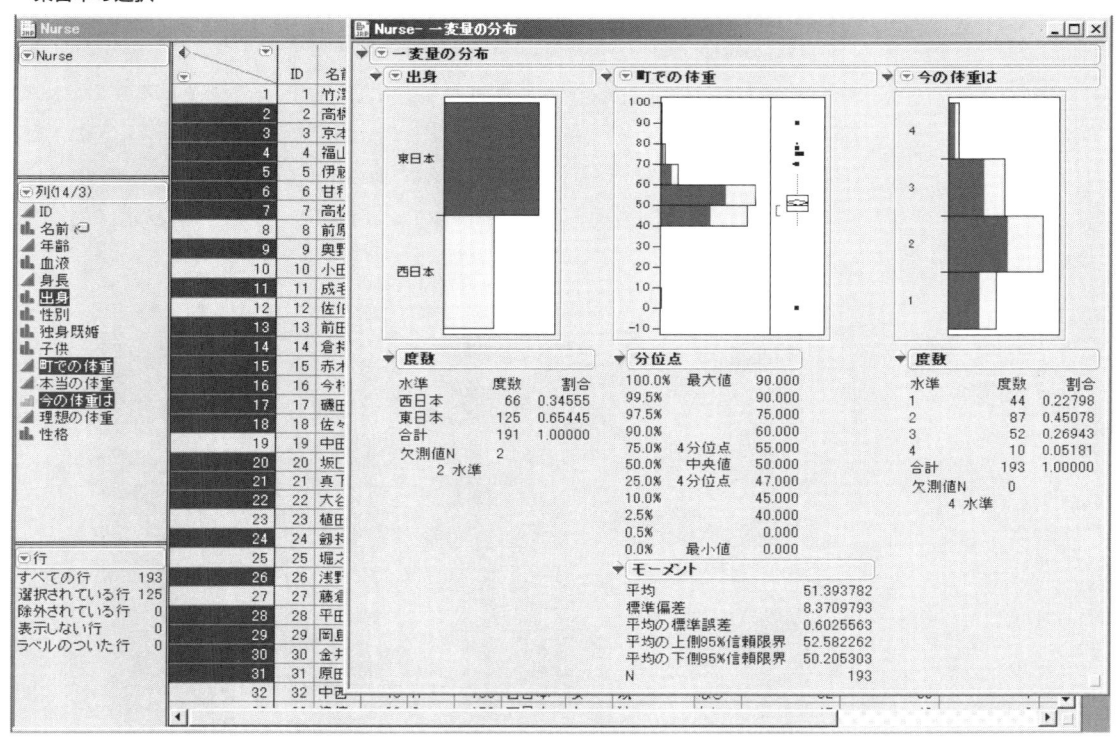

◆図5.20
[行の移動]を選択し、選択したデータをテーブルの最初へ移動

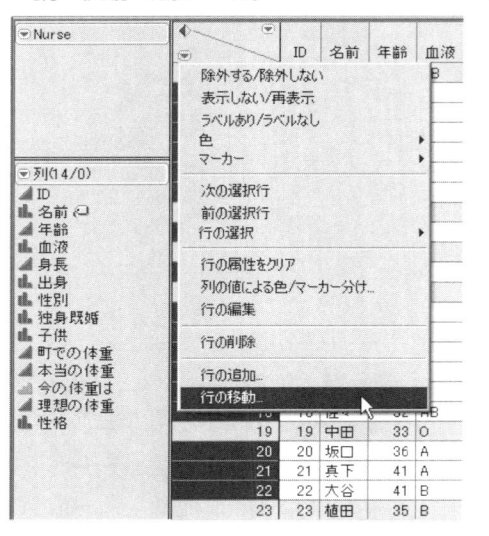

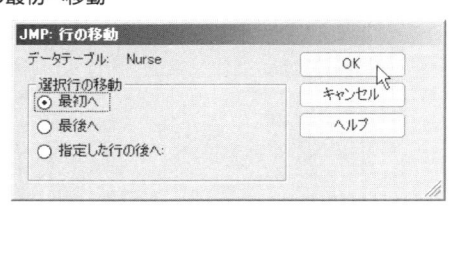

第5章　データのモニタリングと外れ値のチェック

## 5.3.5　グラフの表示を変える

　グラフは、横棒グラフのみではなく縦方向にも変更できます。「一変量の分布」の表示の横の赤い▼印を選び、［積み重ねて表示］を選べばグラフの向きを変更できます（図5.21）。

　モザイク図を消去するには「出身」の表示の横の赤い▼から［モザイク図］を選びチェックをはずします。同様に［表示オプション］－［度数］を選び［度数］のチェックをはずすと、度数表示は消去されます。

◆図5.21
複数のグラフの向きを変えてモザイク図をつけて表示する

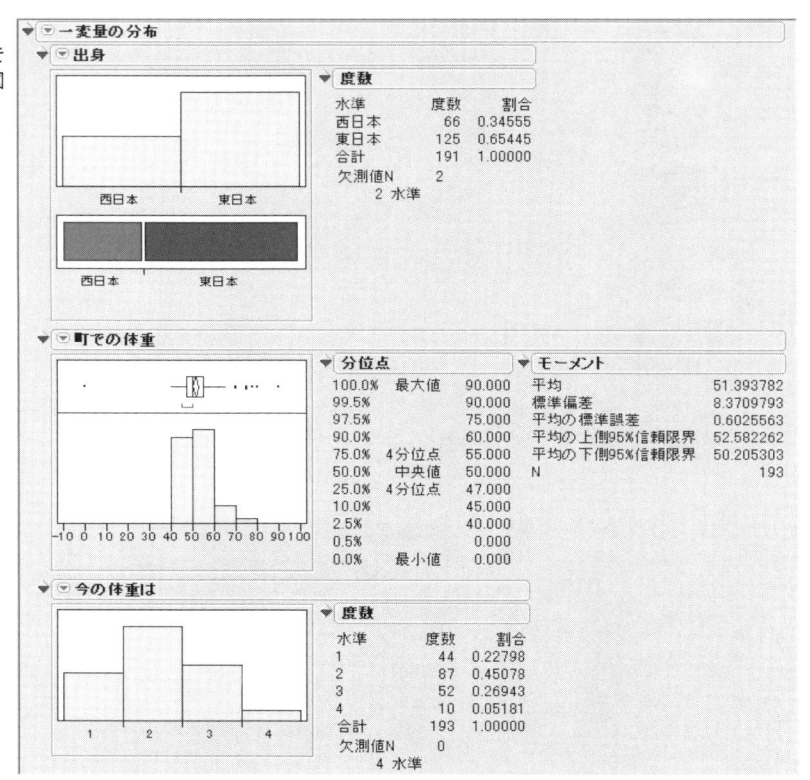

## 5.3.6　データを置換する

　グラフの表示を見ると1つ問題があります。縦棒グラフでは左から右へ、横棒グラフでは下から上へ変数が順番に表示されますが、表示は漢字のコード順(一種の漢字の背番号)になります。そのため「出身」の縦棒グラフでは軸の左側から、「西日本」「東日本」の順番になっています。もしこれを「東日本」「西日本」の順にしたければ、変数名の最初に数字をつけて「東日本」を「1:東日本」に、「西日本」を

「2:西日本」に置き換える方法が1つあります。

それよりは、データテーブルの列パネルで表示順番を変更したい変数を選んでおいて右クリックし、［列情報］－［列プロパティ］－［値の順序］を選び、表示する順番を変えます。下記の例では、「東日本」を選んでおいて［上へ移動］ボタンを押せば、「東日本」の列が最初に表示されます（図5.22）。

このとき、表示順序が変更になった変数にはデータテーブルの列パネルで「＊」印が表示されます。

◆図5.22 表示の順番を変える

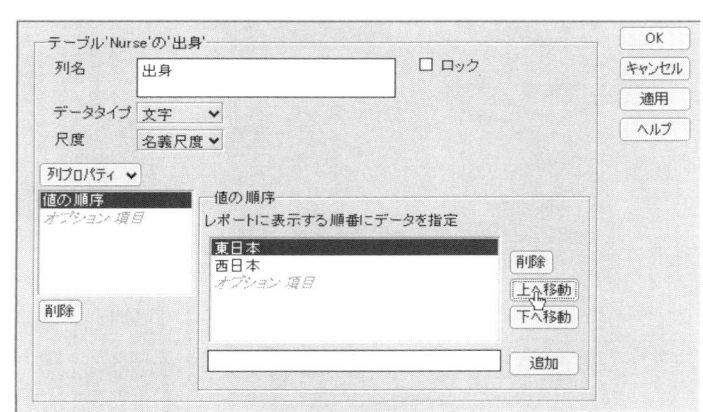

## 5.3.7 ラベルを表示し異常なデータを検討する

一変量のグラフを作成すると、異常な値を抽出しやすくなりますが、「ラベル」の機能を使うとよりデータをわかりやすく表示することができます。

最初に「性別」を選んで右クリックし、［ラベルあり／なし］を選択します（図5.23）。

「町での体重」のグラフで0kgの人のプロットにカーソルを近づけると、対象となっているのが女性の藤原さんだとわかります。このプロットをクリックすると藤原さんのデータが選ばれますので、右クリックして［行の除外］と［行を表示しない］を選びます（図5.24）。これによって、解析からこのデータは除外され、表示もされません。

データテーブルを参照すると、作業の左端に「除外」と「非表示」のマークがついているのがわかります（図5.25）。

実際の調査データは異常な値がいくつも混入しています。それらは解析から除外すればよいだけですから、各種の一変量のグラフで行の除外処理を行えば簡単に処理を続行できます。

## 第5章　データのモニタリングと外れ値のチェック

◆図5.23
変数の「性別」を「ラベルあり」に設定

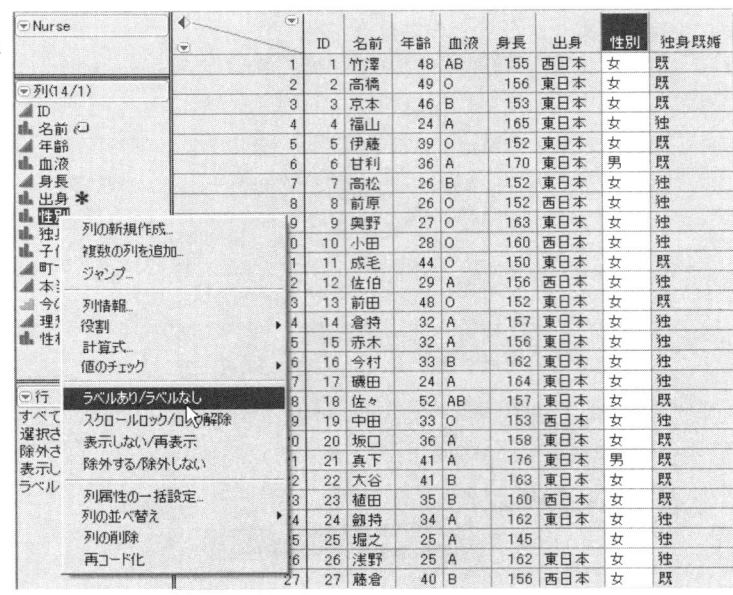

◆図5.24
0kgのデータの名前、性別を確認し、［行の除外］を設定

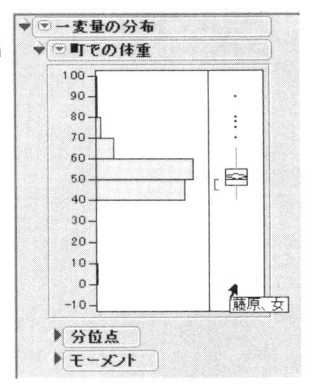

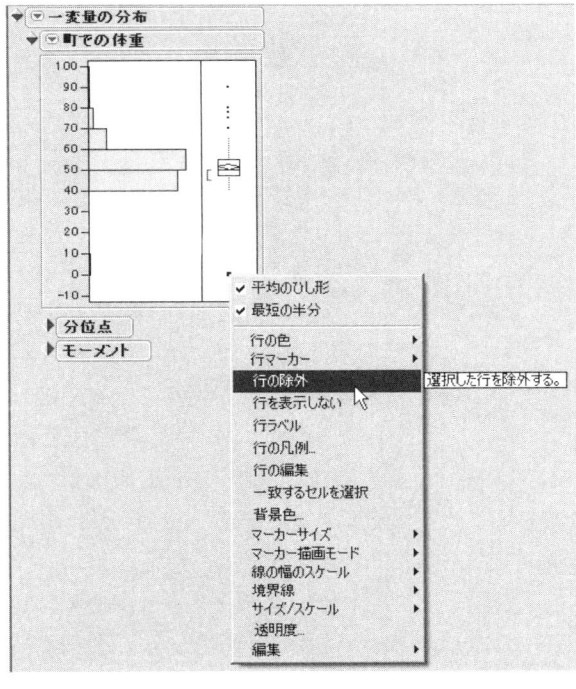

◆図5.25
除外し表示しない状態にしたデータを確認

## 5.3.8　サブセットの抽出

データ処理を行うときに、指定したデータのみを抽出したサブセットを作成したい場合があります。例えば図5.26の例で異常に重い看護師をチェックすると、男性だと判明したので女性のみを抜き出してみましょう。性別の一変量のグラフを作成し女性のみをクリックします。

◆図5.26
異常に重い看護師は男と判明

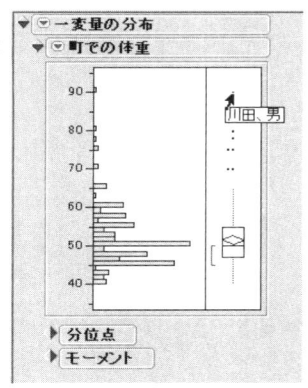

「女性」のヒストグラムを選択し、右クリックして［抽出（サブセット）］を選びます（図5.27）。

◆図5.27
グラフ上でデータの抽出を行う

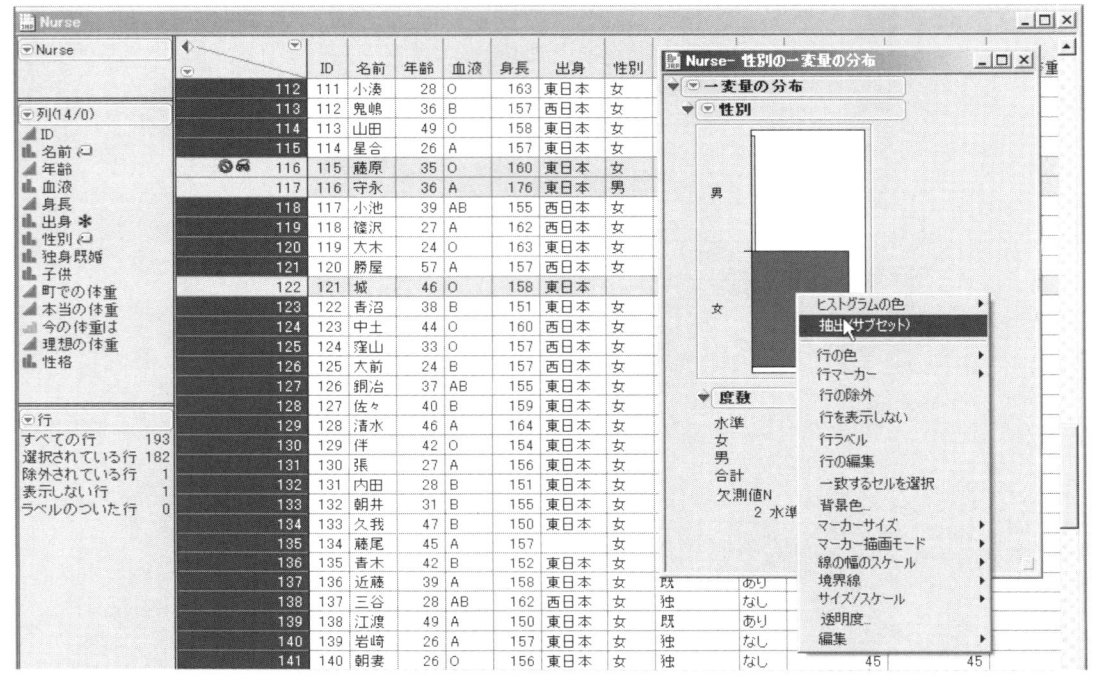

　すでにデータテーブル上で女性のデータのみが選択されていますので、これらの動作で女性のみの新しいデータテーブルが作成されます。

　**注意**：このときに「性別」の列のみを選択していると、その列だけ抽出されてしまうので注意が必要です。その場合は、図5.28に示すようにデータテーブルの左上隅をクリックすると選択されている行や列が解除されます。

◆図5.28
選択された列の解除

　抽出されたサブセットは通常のデータテーブルとして保存できます。

## 5.3.9　印刷にあたって

　　　　複数の処理結果をまとめて印刷したい場合はよくあります。その場合は、処理結果を毎回印刷するのでなく、一度メニューから［編集］－［ジャーナル］を選び、結果をジャーナルファイルに落として印刷します。

　　　　ジャーナルファイルはそのまま保存すると拡張子JRNのファイルで保存されますが、テキストファイル、PNGファイルなどでも保存可能です。当然、処理結果を直接コピーして他のアプリケーションにペーストもできます

　　　　一方、グラフ類はレイアウトを変更することもできます。そのためには、メニューから［編集］－［レイアウト］を選択します。「レイアウト：……」画面が出てくるので、加工したい画像部分を左クリックして反転させ、メニューから［レイアウト］－［グループの解除］を選びます。もしくは、反転した画像部分で手のひらツールのアイコンになるところで右クリックして出てくるメニューから［グループ化解除］を選択することもできます（図5.29）。この操作を何回か繰り返すと、グラフを構成する部分ごとに分解して移動が可能になり、必要なグラフの配置を自由に変更できるようになります。

◆図5.29
画像のグループ化を解除する

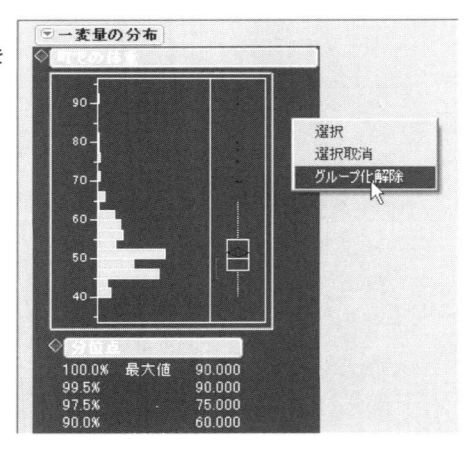

　　　　オブジェクトの配置を変えた結果を図5.30に示します。

◆図5.30
グラフのオブジェクトごとに自由に配置

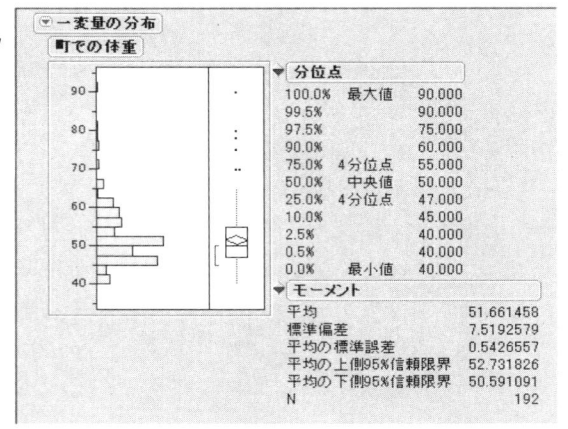

## まとめ

　実験、測定などで入手するデータは教科書に示される理想的なデータと違って異常なデータが数多く混入しています。これらをいかにして除外するかが後の処理を楽にできる秘訣です。ここで示したNurse.JMPファイルを使用して、今の段階で確実に異常値を除外できるように練習しておいてください。

**チェックポイント**
　□データのクリーニングの手法を理解できる。
　□ここに示す操作を一通り行える。

# 第6章 クロス集計

## 6.1 ネット犯罪データの解析

### 6.1.1 はじめに

　　インターネットを使っていると、ウイルス、迷惑メール（スパムメール）、掲示板での誹謗中傷などいろいろなトラブルに遭遇します。これらのトラブルに関しては事前に知っていれば対処もできますが、知らなければ極端に嫌な思いをします。

　　WEB110（http://web110.com/）はネット犯罪の被害相談をするサイトです。筆者はこのサイトで記録しているネット犯罪のアンケートの解析を行いましたので、その解析の一部をここで紹介します（資料提供：WEB110）。

　　今回のサンプルは、一種のトラブル対策、リスクマネージメントと同じです。へたをすると明日はわが身と考え、トラブルへの対策の学習も兼ねて解析過程を読んでください。

　　「98年度.JMP」「年度別.JMP」ファイルを使います。

### 6.1.2 WEB110とは

　　ネット社会では匿名をかさに卑怯な手段で人を傷つけたり騙したりする人間の活動が目に余ります。殺人や傷害といった凶悪犯罪は少ないものの、さしたる動機もなく人の善意につけ込んだり、人の弱みにつけ込んだり、遊び半分で人を傷つけたりします。これらの人間からの被害にあった方に対する情報を提供する民間非営利組織がWEB110です。

　　ここでは、ネットワークで発生しているさまざまな犯罪やトラブルを把握するためのアンケート調査を行っています。

　　今回、最初に解析対象としたのは1999年に収集した5,469件のサンプルです。回

答から、年令、コンピュータの経験、インターネットの経験、性別、トラブルに限定して解析を行います。

### 6.1.3　サンプルの概要

最初に、トラブルの概要を把握するためにパレート図を作成します。パレート図は度数と累積パーセントを同じグラフに表示したものです。トラブルの種類について、メニューから［グラフ］－［パレート図］を選び、「Y, 原因」に「トラブル」を設定します。図6.1が作成されたパレート図です。

◆図6.1
　作成されたパレート図

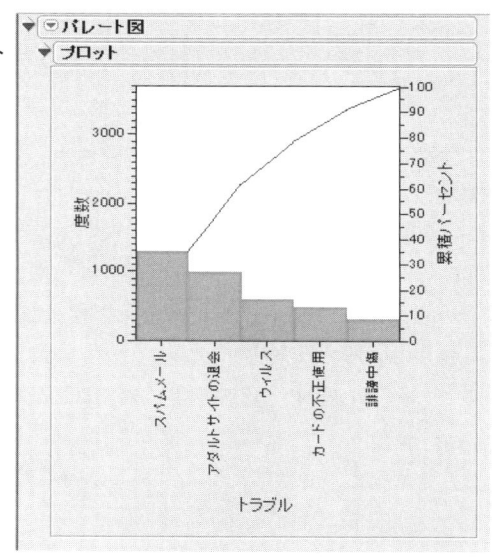

デフォルトで、水平軸は度数が多い順にソートされているため、パレート図はサンプルの分布概要を把握するのに便利に使えます。この図を見ると1999年のサンプルでは上位の4種類のトラブルが全体の90%近くを占めているのがわかります。

### 6.1.4　トラブルの概要

インターネットを使用する者にとって、これらのトラブルはいつ何時自分に関係するかわかりません。自己防衛のためにも。これらのトラブルに関する知識を得ておきましょう。

### ■スパムメール

迷惑メールともいい、ダイレクトメール（DM）や商品購入の加入を依頼していないのに送付してくるケースを指します。一度、Web上のどこかのサイトで自分のメールアドレスを記入した、加入したが読まなくなったメーリングリストなどもある意味ではここに入ります。利用者から見て煩雑ではありますが、あまり実害はありません。

### ■アダルトサイトの退会

一度興味本位で加入したアダルト関係のWebサービスから退会できなくなり、毎月、料金を請求されるケースです。勢いで加入する場合が多いので、どこのサイトに加入していたかも失念してしまい、退会が困難になるケースがあります。また料金の請求会社とアダルトサイトの運用会社が異なる場合が多いので、ますますどのサイトか思い出すのが困難になります。毎月数千円の請求も放置しておくと年数万円の不本意な出費となってしまいます。

### ■ウイルス

送られてきたメールの添付書類、不用意にダウンロードしたファイルからコンピュータウイルスに感染するケースを指します。悪質なウイルスとウイルス対抗ソフトのいたちごっこが続いています。ウイルス対策ソフトをインストールして、ウイルス定義ファイルを定期的に更新しておけばかなりの被害を防止できます。

### ■カードの不正使用

ネットの上ではクレジットカードの番号だけで買い物ができます。Web上で入力したカード番号がどこからか漏れた、他人が自分のカード番号を使用して詐欺を働いたなどのケースがこれに該当します。日本ではあまりありませんが、米国ではクレジットカードの番号データが合法に売買される場合もあります。そのデータがよからぬ会社に渡り、見知らぬ請求がされる事件もありました。基本的に一切ネット上でクレジットカードの番号を入力しなければかなりの部分が防止できます。

### ■誹謗中傷

掲示板や2ちゃんねる類似のシステムで、匿名をいいことに特定の人物の誹謗や中傷を書く、メーリングリストであることないことをいうなどがこのケースにあたります。

## 6.1.5　1999年度のサンプルの解析

　今、ここで知りたいのは、「年令」「性別」「インターネットの経験」などでトラブルの内容に特徴があるか、そしてそれらの特徴をもとにして、トラブルの防止をできるか、という点です。そのため、有意差がどうのこうのといった類の話ではありません。

　最初に、メニューから［分析］－［一変量の分布］を選び、各種の変数の分布を求めます。内容を確認しておきましょう（図6.2、図6.3、図6.4）。

◆図6.2　「年令」と「コンピュータの経験」の分布

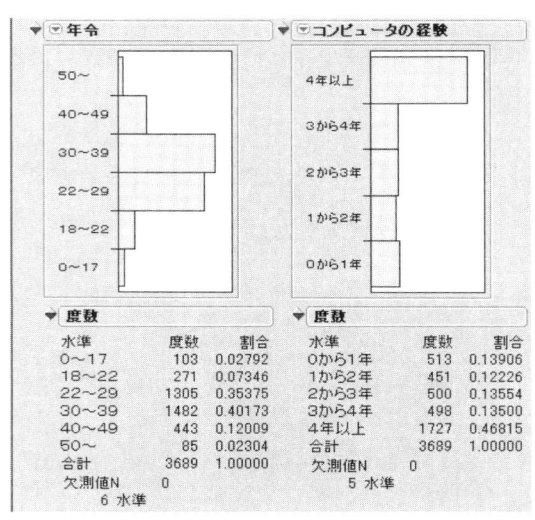

◆図6.3　「インターネットの経験」と「性別」の分布

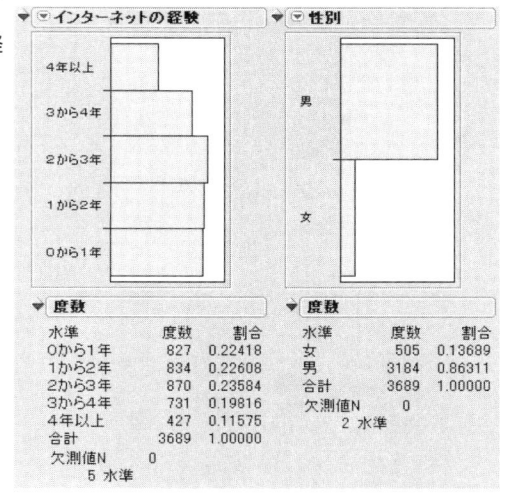

◆図6.4
「トラブル」の種類の分布

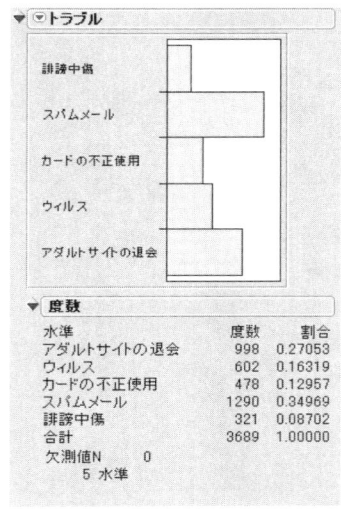

| 水準 | 度数 | 割合 |
|---|---|---|
| アダルトサイトの退会 | 998 | 0.27053 |
| ウィルス | 602 | 0.16319 |
| カードの不正使用 | 478 | 0.12957 |
| スパムメール | 1290 | 0.34969 |
| 誹謗中傷 | 321 | 0.08702 |
| 合計 | 3689 | 1.00000 |

欠測値N 0
5 水準

今回のサンプルで、フェース項目（回答者の属性）にあたるのは、「年令」「性別」「コンピュータの経験」「インターネットの経験」です。これらのフェース項目と「トラブル」の関係を観察して、どのような特徴があるか見てみます。

## 6.1.6 性別とトラブル

最初に「性別」と「トラブル」に関してモザイク図を作成します（図6.5）。そうすると、

(1) 男性ではアダルトサイトの退会の割合が多い。
(2) 女性でもアダルトサイトの退会のトラブルは少数ではあるが存在する。
(3) 男女間で、スパムメールの割合と、ウイルスの割合は同程度であるが、誹謗中傷、カードの不正使用、アダルトサイトの退会に関しては大きく分布が異なる。

などが明らかになります。

第6章　クロス集計

◆図6.5
「性別」と「トラブル」の関係

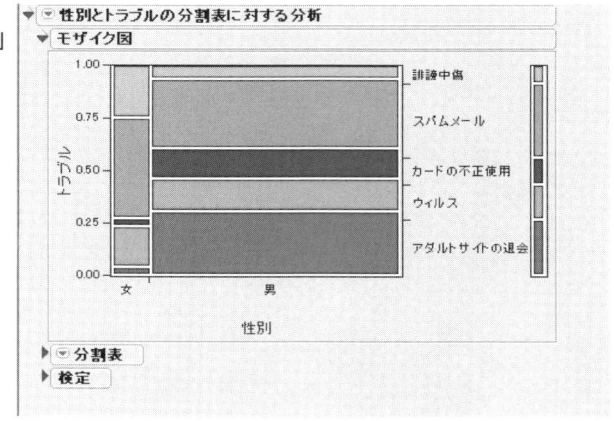

「性別」と「年令」で「トラブル」の分布がどうなっているかを調べて見ましょう。「二変量の関係」で、「By」に「性別」を設定して、モザイク図を作成します（図6.6）。

◆図6.6
男と女の「年令」と「トラブル」

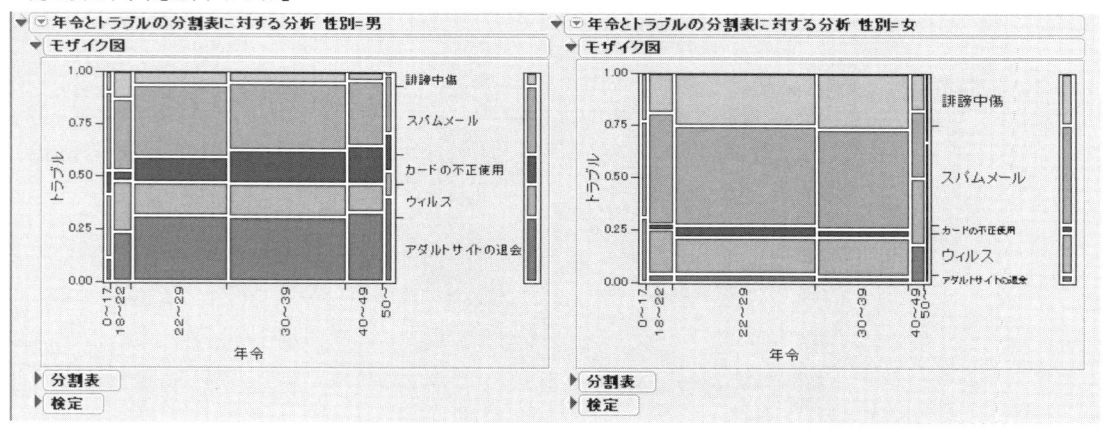

　男性を対象に「年令」と「トラブル」に関するモザイク図を作成します。そうするとほとんどの「トラブル」が同じ程度の割合であるのがわかります。やや、カードの不正使用が年令が増加するにつれて増えていることもわかります。
　筆者の予想では若い男性ユーザーでアダルトサイトの退会のトラブルが多く、年令が増すにつれて減少すると考えていましたが、予想は見事にはずれました。年令が増加してもアダルトサイトの退会に関するトラブルは変化していません。
　女性の同様のモザイク図では、40歳以上でアダルトサイトの退会のトラブルが

多い特徴があります。若い女性にはまるで興味がないが、ある程度の年令になると好奇心が頭を持ち上げてトラブルにあうのかもしれません。また、女性は、全年令で男性に比較して、アダルトサイトの退会が少ない反面、誹謗中傷とスパムメールが多くなっているのがわかります。

## 6.1.7 インターネット経験とトラブル

女性と男性の「年令」別の「トラブル」の傾向はわかってきましたが、「インターネットの経験」との関係はどうでしょうか。経験を積むにつれてトラブルのパターンは異なるのでしょうか。常識的にインターネットの経験を積めば、いろいろと知識も得て、アダルトサイトの退会に関するトラブルにあう割合はほとんどなくなるのではないかと考えますが、どうでしょうか。男女別に、インターネットの経験とトラブルの関係を見てみましょう（図6.7）。

男性の場合、経験が進むに連れてアダルトサイトの退会のトラブルは減少しますが、4年以上たっても20%近くあります。またインターネットを使うにつれてあちらこちらでメールアドレスを使用するケースも増えるためか、スパムメールが増加しています。

女性の場合は、「インターネットの経験」が1年未満にアダルトサイトの退会の被害が集中しています。

◆図6.7
「インターネットの経験」と「トラブル」

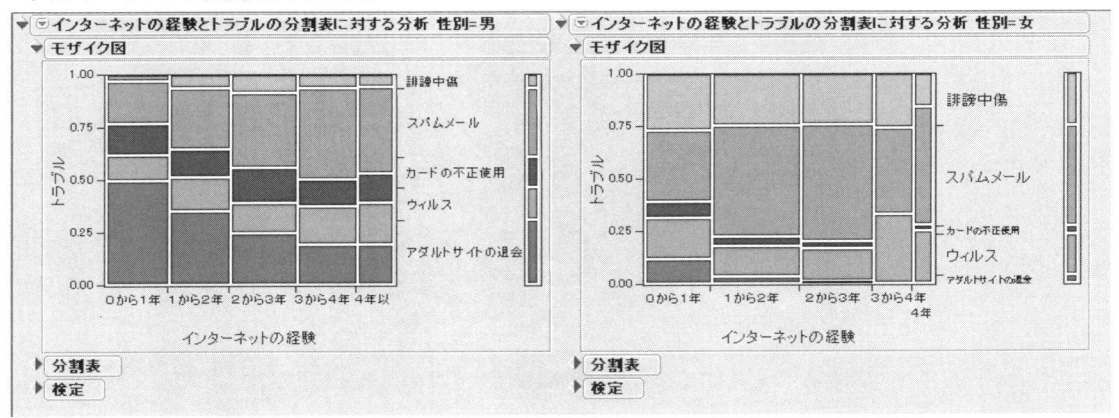

## 6.1.8　年度によるトラブルの変化

今までは1999年のデータの解析でしたが、年度によりトラブルがどのように変化するかを解析してみます（「ネット犯罪 - 年度別.JMP」ファイル）。今度はアダルトサイトの退会、ウイルス、カードの不正使用、スパムメール、掲示板荒らし、個人売買、誹謗中傷・名誉毀損に限定して解析を行いました。年度ごとに集計したデータは図6.8のようになります。

◆図6.8　年度別犯罪のデータ

| | 年度 | トラブルID | トラブル | 件数 |
|---|---|---|---|---|
| 1 | 1998 | 1 | アダルトサイトの | 562 |
| 2 | 1998 | 2 | ウイルス | 389 |
| 3 | 1998 | 3 | カードの不正使用 | 319 |
| 4 | 1998 | 4 | スパムメール | 768 |
| 5 | 1998 | 5 | 掲示板荒らし | 111 |
| 6 | 1998 | 6 | 個人売買 | 76 |
| 7 | 1998 | 7 | 誹謗中傷・名誉毀 | 185 |
| 8 | 1999 | 1 | アダルトサイトの | 446 |
| 9 | 1999 | 2 | ウイルス | 273 |
| 10 | 1999 | 3 | カードの不正使用 | 172 |
| 11 | 1999 | 4 | スパムメール | 562 |
| 12 | 1999 | 5 | 掲示板荒らし | 88 |
| 13 | 1999 | 6 | 個人売買 | 106 |
| 14 | 1999 | 7 | 誹謗中傷・名誉毀 | 182 |

「Y, 目的変数」に「トラブル」、「X, 説明変数」に「年度」、「度数」に「件数」を設定してモザイク図を作成します。そうすると、1999年に多かったアダルトサイトの退会に関するトラブルはその後減少し、代わりに掲示板荒らし、個人売買、誹謗中傷・名誉毀損などが増加しているのがわかります（図6.9）。

◆図6.9　年度別犯罪のモザイク図

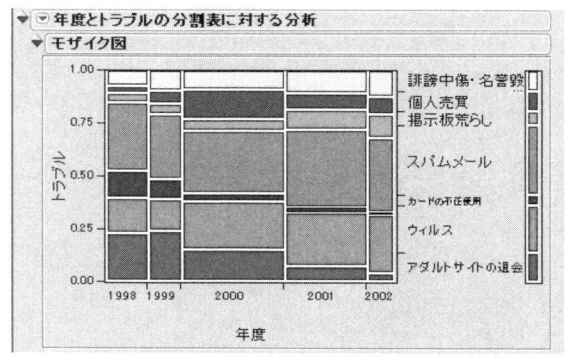

筆者の考えではこれらのトラブルのうち、スパムメールはまだ大きな被害が少ない方です。またコンピュータウイルスも、本人がウイルス対策ソフトを用意すれば防げる可能性が高まります。しかし、アダルトサイトの退会ができなければ金銭的被害が生じ、誹謗中傷・掲示板荒らしはへたをすればネットストーカーに発展します。また個人売買に関してはどうしても金銭的被害が生じます。

インターネットを始める人は、最初にWEB110でどのような被害があるかを自己学習することをおすすめします。最後に本報告の資料のご提供をいただいた、WEB110の吉川誠司氏に感謝します。

## 6.2 アルコールの代謝できない体質とは

### 6.2.1 はじめに

大学で授業を持っていて、新年度になると手をやくのがイッキ飲みです。本人たちは盛り上がっているつもりでも、社会人から見れば「飲めない奴が舞い上がって」と思う人もいるでしょう。また、毎年、イッキ飲み、イッキ飲ませで死亡者もでています。大体、本人が飲めると思っていても体質的にアルコールを代謝できるかどうかは別問題です。

ここでは、どのような学校や職場で行っても誰もが興味を持つエタノールパッチテストを取り上げ、アルコールを代謝できる体質か否かと本人のアルコールに対する意識の関係を解析します（資料提供：著者の一人（田久）の中部学院大学で2000、2001年に調査したもの）。

使うファイルは「お酒.JMP」です。

### 6.2.2 アルコールを飲んで悪酔いするのは生まれつき？

大学1年になると、法律ではまだお酒を飲んではいけない年令なのに、コンパだ、歓迎会だとお酒を飲む機会ができてしまいます。しかし、アルコールを飲める体質ほど、皆から誤解を受けているものはありません。例えば、飲めば誰でも強くなる、飲んでも少しほおっておけば大丈夫、などという話を聞いたことがあるでしょう。また、職場によっては上司が部下にお酒を強いる、意識の低い困った空気があります。こうした、誤った知識のために毎年春になるとアルコールで入院する、あるいは死亡するという学生や新社会人がでてきます。

実は日本人の約4割は、生まれつき「飲めない族」、つまりアルコールをまったく受けつけないか、少量飲んでも悪酔いしやすい体質なのです。体質の違いを決めるのは、「ALDH2」という酵素の働き方で決まります。酒類に含まれるエチルアルコールは、肝臓で分解されると毒性の強い「アセトアルデヒド」になり、この物質は頭痛や吐き気、動悸などを引き起こします。このアセトアルデヒドを分解して酢

酸に変える酵素のうち、いちばんの働き者がALDH2なのです。

　ALDH2がうまく働かない人は、アセトアルデヒドが体内にたまって苦しい思いをします。これを「飲めない族」とよぶ人もいます。一方、残りの6割の「危ない族」、つまり飲んでも悪酔しない人は、ALDH2の働きでアセトアルデヒドがどんどん分解され、頭痛や吐き気などをあまり経験しません。その代わり、アルコール依存症や内臓疾患にかかる可能性が高いため「危ない族」とよばれます。自分の体質を正しく理解し、また他人の体質を尊重して、飲み過ぎや無理強いはやめるべきです。また無理強いにより法的責任を問われることも現実にあります

## 6.2.3　アルコールの代謝のタイプとエタノールパッチテスト

アルコールの代謝に関しては以下の3種類があります。

- **全く飲めないタイプ**
  日本人の約1割が、ALDH2がまったく働かず、どんなに訓練しても飲めるようにはなりません。ビール1杯で動悸がし、失神することもあります。このタイプに無理にお酒をすすめるのは拷問と同じです。

- **飲んだら悪酔いするタイプ**
  日本人の約3割が、ALDH2がわずかに働くため、訓練すれば赤くなりながらも多少は飲めるようになることもあります。でもこの体質の人はアセトアルデヒドがたまりやすく、肝臓などの臓器に害を受けやすいのです。飲むための訓練は体のためには害を与えるのみです。

- **悪酔いしないタイプ**
  日本人の約6割が、ALDH2が働き、アセトアルデヒドによる悪酔いをあまり経験せずにアルコールの酔いを楽しむことができます。しかし、ついつい飲み過ぎてしまいます。アルコール依存症者の9割以上がこのタイプの人です。肝臓障害のリスクも大きいので要注意。なお、体質にかかわらず、すべての人が急性アルコール中毒におちいる可能性があります。

　飲んでも悪酔いしない人、少しでも飲むと気分が悪くなってしまう人、人の体質はさまざまです。ASK（アルコール薬物問題全国市民協会 http://www.ask.or.jp/ikkialhara.html）では、前者にあたる人を「危ない族」、後者の人を「飲めない族」とよんでいます。

　ASKのWebでは実際にお酒を飲まなくても「危ない族」か「飲めない族」かがわかる、「エタノール・パッチテスト」を行う各種のグッズを紹介しています。

　しかし、学校や職場ですぐにそれらを揃えるのは案外大変です。またこの方法を

大量の人に行うのには、かなり手間がかかります。そこで、著者はテスト方法を次のように変えて、毎年、授業を担当する学生に行っています。

- **簡単エタノールパッチテスト**
  (1) 薬局でエタノールとバンソウコウ（幅2cmぐらいのもの）を購入する。
  (2) 100円ショップで、ピンセットと小さな瓶を購入する。
  (3) コーヒー用のペーパーフィルター（純粋なパルプ）を、使用するバンソウコウで覆えるぐらいの大きさの長方形に切る。
  (4) 瓶にエタノールを入れて、そこに切ったペーパーフィルターを入れる。
  (5) 教室では学生に、あらかじめ切ったバンソウコウを渡しておく。
  (6) 学生は腕をまくって並ぶ。
  (7) 腕の内側にエタノールでぬらした小さなペーパーフィルターをピンセットで置く。
  (8) 学生は自分でペーパーフィルターの上にバンソウコウを貼る。
  (9) 7分経ったらテープをはがす。
  (10) テープをはがしてから約10分後に反応を見る。

この方法が、正確にALDH2の働きを検査する訳ではありませんが、今までアルコールの代謝に興味がなかった学生の意識を啓蒙するのには十分な効果があります。

約一割の学生は腕が真っ赤になり、三割ぐらいがやや赤くなります。真っ赤になる学生には「もう体質なのだから、飲まない方が懸命です。だったら、普段から自分が行きたいお店をインターネットその他でチェックしておきなさい。そして、コンパのときは率先して幹事をやって運転手をして友人をその店に連れていきなさい。そうすれば飲酒運転も防げます。それと同時に自分の勘定を皆さんに回させていただきなさい。」とすすめています。

注意が必要なのは、まったく飲めないタイプなのに、それを知らずにイッキ飲みをする学生です。また、それと同時に体格が大きくていかにも飲めそうだが、まったく飲めないタイプの男子学生です。これらの学生には、自分から酒は避けるように、これは体質だからしょうがない、と説明しています。

## 6.2.4 調査の実施と課題

毎年、エタノールパッチテストを行うと同時に図6.10のような調査を行っています。以下に2000年度、2001年度の学生163人に行った結果をもとに解析を行います。

◆図6.10
「お酒に関する意識調査」アンケート用紙

## お酒に関する意識調査

下記の該当箇所の□を■に塗りつぶしてください。

性　別：　男：□　　女：□
年　齢：　13 − 15：□　　16 − 18：□　　19 − 22：□　　23以上：□

Q1　下記の項目に答えてください　　　　　　　　　　　はい　　いいえ　　不明
　　　自分は飲める　　　　　　　　　　　　　　　　　□　　　□　　　□
　　　母は飲める　　　　　　　　　　　　　　　　　　□　　　□　　　□
　　　父は飲める　　　　　　　　　　　　　　　　　　□　　　□　　　□
　　　自分は飲むと赤くなる　　　　　　　　　　　　　□　　　□　　　□
　　　イッキを見たことがある　　　　　　　　　　　　□　　　□　　　□
　　　イッキをさせたことがある　　　　　　　　　　　□　　　□　　　□
　　　イッキをしたことがある　　　　　　　　　　　　□　　　□　　　□
　　　自分は飲めるほうだと思う　　　　　　　　　　　□　　　□　　　□
　　　異性から酒を強くすすめられたことがある　　　　□　　　□　　　□
　　　仲間と酒を飲むのが好き　　　　　　　　　　　　□　　　□　　　□
　　　一人で酒を飲むのが好き　　　　　　　　　　　　□　　　□　　　□

Q2　主に誰から酒を教わりましたか？（1つのみ回答）
　　　父：□　　他の家族：□　　友人や先輩：□　　その他：□

Q3　初めて酒を飲んだのはいつ？
　　　小学校もしくはそれ以前：□　　中学校：□　　高校：□
　　　大学：□　　社会人になって：□

Q4　エタノールパッチテストの反応結果
　　　なし：□　　やや赤い：□　　赤い：□

　データコードは、「男性：1」「女性2」「はい：1」「いいえ：2」「不明：3」のように割り当て、エタノールパッチテストの反応結果は、「なし：1」「やや赤い：2」「赤い：3」と割り当てました。

　最初に実際の調査データの内容を図6.11に示します。これは「お酒.JMP」ファイルで用意してありますが、このデータテーブルでは、調査用紙のいくつかを省略して示してあります。

◆図6.11
実際の調査データ

| | 性別 | 自分は飲める | 飲むと赤くなる | イッキをさせた | イッキをした | 自分はのめると思う | 父から酒を教わった | 反応結果 |
|---|---|---|---|---|---|---|---|---|
| 1 | 1 | 1 | 2 | 2 | 2 | 1 | . | 2 |
| 2 | 2 | 2 | 3 | . | . | . | . | 1 |
| 3 | 2 | 1 | 2 | 2 | 2 | 1 | . | 1 |
| 4 | 2 | 1 | 2 | 1 | 2 | 2 | 1 | . |
| 5 | 2 | 2 | 1 | 2 | 2 | 2 | . | . |
| 6 | 2 | 3 | 3 | 2 | 2 | . | 1 | 1 |
| 7 | 2 | 3 | 3 | 1 | 2 | . | . | 2 |
| 8 | 2 | 2 | 1 | 1 | 1 | . | . | 2 |
| 9 | 2 | 1 | 3 | 2 | 2 | . | 1 | 1 |
| 10 | 2 | 1 | 2 | 2 | 2 | . | 1 | . |
| 11 | 2 | 3 | 3 | 2 | 2 | . | . | 1 |
| 12 | 2 | 3 | 3 | 2 | 2 | . | . | 1 |
| 13 | 2 | 1 | 2 | 1 | 1 | 1 | . | 2 |
| 14 | 2 | 1 | 2 | 2 | 2 | 1 | . | 2 |
| 15 | 1 | 1 | 2 | 1 | 1 | 1 | . | 2 |
| 16 | 2 | 1 | 1 | 2 | 2 | 2 | 1 | 3 |
| 17 | 2 | 1 | 2 | 2 | 2 | 1 | . | 2 |
| 18 | 2 | 1 | 3 | 2 | 2 | 2 | . | 2 |
| 19 | 2 | 3 | 3 | 2 | 2 | . | 1 | 2 |

今回の解析では、アルコールの「反応結果」が順序尺度である以外は、すべて名義尺度です。そのため両者の関係は分割表で表現されます。

「お酒.JMP」を用いていつものように集計表をつくるのは簡単です。一方、報告書の結果などには集計表のみが記載され、実際の生のデータがないケースが大半です。このような場合、集計表を入力するには少し工夫が必要になります。話を単純にするために、回答の中で不明を欠損値にした集計表を図6.12、図6.13に示します。

◆図6.12
「性別」と各種の問題

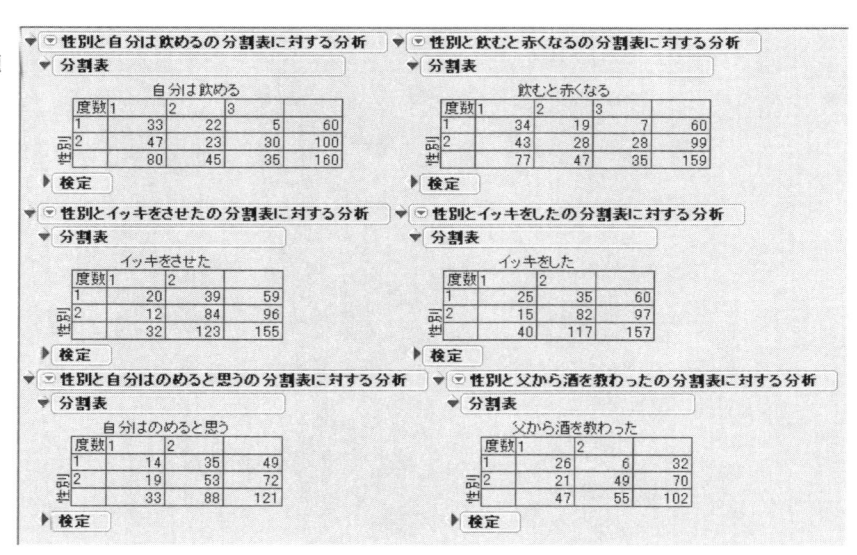

**性別と自分は飲めるの分割表に対する分析**
自分は飲める

| 度数 | 1 | 2 | 3 | |
|---|---|---|---|---|
| 1 | 33 | 22 | 5 | 60 |
| 2 | 47 | 23 | 30 | 100 |
| | 80 | 45 | 35 | 160 |

**性別と飲むと赤くなるの分割表に対する分析**
飲むと赤くなる

| 度数 | 1 | 2 | 3 | |
|---|---|---|---|---|
| 1 | 34 | 19 | 7 | 60 |
| 2 | 43 | 28 | 28 | 99 |
| | 77 | 47 | 35 | 159 |

**性別とイッキをさせたの分割表に対する分析**
イッキをさせた

| 度数 | 1 | 2 | |
|---|---|---|---|
| 1 | 20 | 39 | 59 |
| 2 | 12 | 84 | 96 |
| | 32 | 123 | 155 |

**性別とイッキをしたの分割表に対する分析**
イッキをした

| 度数 | 1 | 2 | |
|---|---|---|---|
| 1 | 25 | 35 | 60 |
| 2 | 15 | 82 | 97 |
| | 40 | 117 | 157 |

**性別と自分はのめると思うの分割表に対する分析**
自分はのめると思う

| 度数 | 1 | 2 | |
|---|---|---|---|
| 1 | 14 | 35 | 49 |
| 2 | 19 | 53 | 72 |
| | 33 | 88 | 121 |

**性別と父から酒を教わったの分割表に対する分析**
父から酒を教わった

| 度数 | 1 | 2 | |
|---|---|---|---|
| 1 | 26 | 6 | 32 |
| 2 | 21 | 49 | 70 |
| | 47 | 55 | 102 |

## 第6章　クロス集計

◆図6.13
「イッキをした」と各種問題

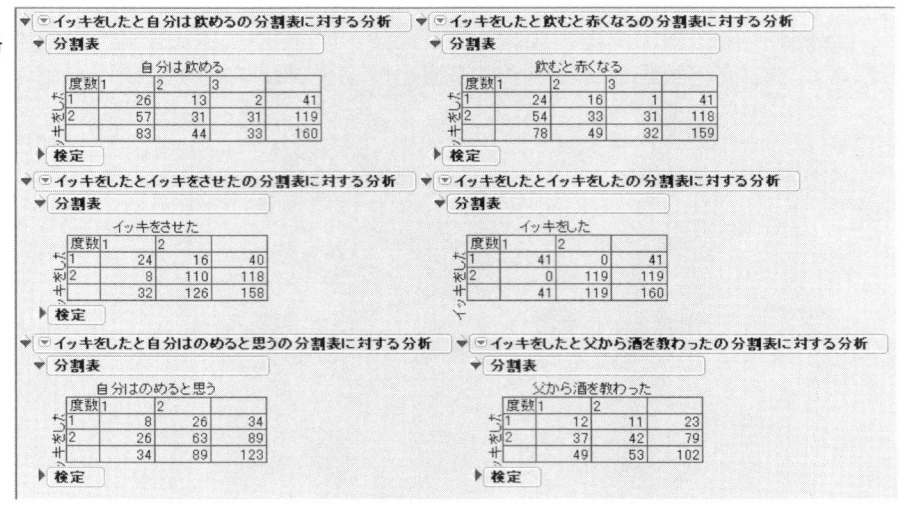

**イッキをしたと自分は飲めるの分割表に対する分析**

分割表　自分は飲める

| 度数 | 1 | 2 | 3 | |
|---|---|---|---|---|
| 1 | 26 | 13 | 2 | 41 |
| 2 | 57 | 31 | 31 | 119 |
| 計 | 83 | 44 | 33 | 160 |

▶検定

**イッキをしたと飲むと赤くなるの分割表に対する分析**

分割表　飲むと赤くなる

| 度数 | 1 | 2 | 3 | |
|---|---|---|---|---|
| 1 | 24 | 16 | 1 | 41 |
| 2 | 54 | 33 | 31 | 118 |
| 計 | 78 | 49 | 32 | 159 |

▶検定

**イッキをしたとイッキをさせたの分割表に対する分析**

分割表　イッキをさせた

| 度数 | 1 | 2 | |
|---|---|---|---|
| 1 | 24 | 16 | 40 |
| 2 | 8 | 110 | 118 |
| 計 | 32 | 126 | 158 |

▶検定

**イッキをしたとイッキをしたの分割表に対する分析**

分割表　イッキをした

| 度数 | 1 | 2 | |
|---|---|---|---|
| 1 | 41 | 0 | 41 |
| 2 | 0 | 119 | 119 |
| 計 | 41 | 119 | 160 |

▶検定

**イッキをしたと自分はのめると思うの分割表に対する分析**

分割表　自分はのめると思う

| 度数 | 1 | 2 | |
|---|---|---|---|
| 1 | 8 | 26 | 34 |
| 2 | 26 | 63 | 89 |
| 計 | 34 | 89 | 123 |

▶検定

**イッキをしたと父から酒を教わったの分割表に対する分析**

分割表　父から酒を教わった

| 度数 | 1 | 2 | |
|---|---|---|---|
| 1 | 12 | 11 | 23 |
| 2 | 37 | 42 | 79 |
| 計 | 49 | 53 | 102 |

▶検定

「性別」と「自分は飲める」の分割表に対する分析は、正確に記述すると以下のようになります。

| 度数 | はい | いいえ |
|---|---|---|
| 男 | 33 | 22 |
| 女 | 47 | 23 |

これをJMPに入力するには従来の生データの記述と異なり、「度数」を設定します（図6.14）。

◆図6.14
「度数」を考慮したデータテーブル

| | 性別 | 飲める | 度数 |
|---|---|---|---|
| 1 | 1 | 1 | 33 |
| 2 | 2 | 1 | 47 |
| 3 | 1 | 2 | 22 |
| 4 | 2 | 2 | 23 |

列(3/0)
- 性別
- 飲める
- 度数

行
- すべての行　4
- 選択されている行　0
- 除外されている行　0
- 表示しない行　0
- ラベルのついた行　0

二変量の関係を見るときは、「度数」に変数「度数」を設定します（図6.15）。

◆図6.15
「度数」を考慮した二変量の関係

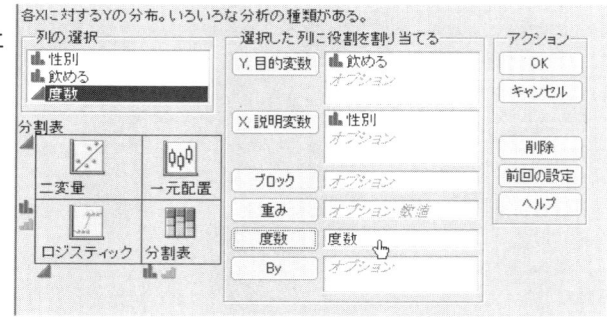

図6.16の表示ではレイアウトを少し変えていますが、今までと同じような二変量の関係の解析結果が求まります。

◆図6.16
二変量の解析結果

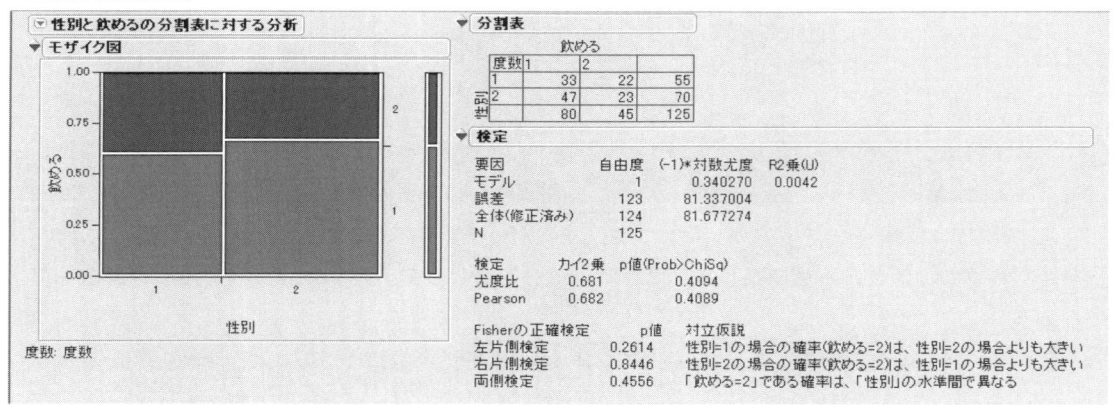

今回の解析は2×2の分割表でカイ2乗検定を行えます。図6.13の数表で性別と各種問題の間に関連があるかどうかを検討してください。

ここで「お酒.JMP」を用いて「イッキをさせた」と「アルコールの反応結果」、「父から酒を教わった」と「アルコールの反応結果」を図6.17に示します。どちらもカイ2乗検定の結果、有意な差は見られません。

第6章　クロス集計

◆図6.17
「アルコールの反応結果」に注目する

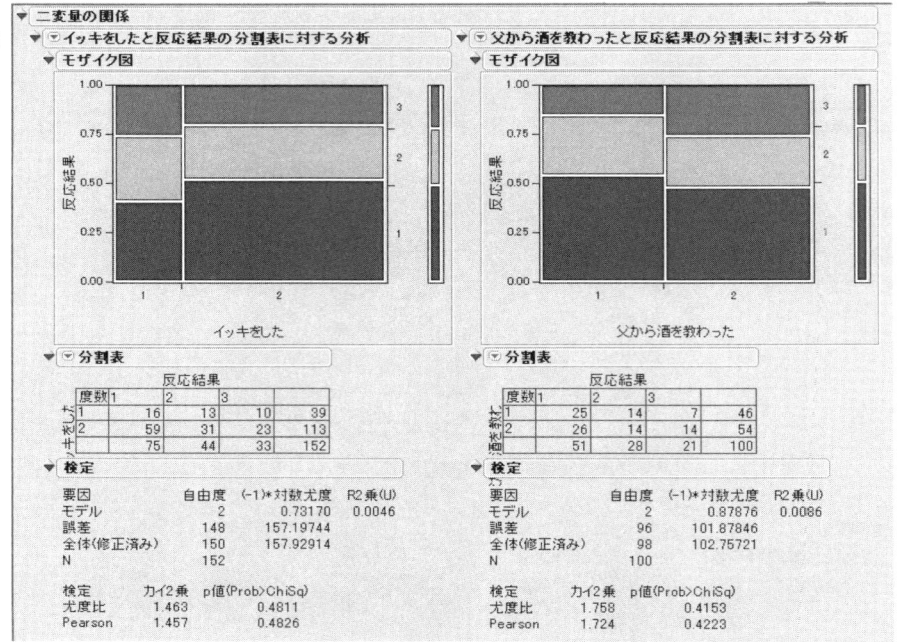

| | 反応結果 | | | |
|---|---|---|---|---|
| 度数 | 1 | 2 | 3 | |
| イッキをした 1 | 16 | 13 | 10 | 39 |
| 2 | 59 | 31 | 23 | 113 |
| | 75 | 44 | 33 | 152 |

検定
| 要因 | 自由度 | (-1)*対数尤度 | R2乗(U) |
|---|---|---|---|
| モデル | 2 | 0.73170 | 0.0046 |
| 誤差 | 148 | 157.19744 | |
| 全体(修正済み) | 150 | 157.92914 | |
| N | 152 | | |

検定
| | カイ2乗 | p値(Prob>ChiSq) |
|---|---|---|
| 尤度比 | 1.463 | 0.4811 |
| Pearson | 1.457 | 0.4826 |

| | 反応結果 | | | |
|---|---|---|---|---|
| 度数 | 1 | 2 | 3 | |
| 父から酒を教わった 1 | 25 | 14 | 7 | 46 |
| 2 | 26 | 14 | 14 | 54 |
| | 51 | 28 | 21 | 100 |

検定
| 要因 | 自由度 | (-1)*対数尤度 | R2乗(U) |
|---|---|---|---|
| モデル | 2 | 0.87876 | 0.0086 |
| 誤差 | 96 | 101.87846 | |
| 全体(修正済み) | 98 | 102.75721 | |
| N | 100 | | |

検定
| | カイ2乗 | p値(Prob>ChiSq) |
|---|---|---|
| 尤度比 | 1.758 | 0.4153 |
| Pearson | 1.724 | 0.4223 |

## まとめ

　直接統計とは関係ありませんが、幸いエタノールパッチテストはどのような大学、職場でも興味を持たれます。皆さんもぜひ試してください。そしてそれらのデータを解析してみると面白いでしょう。

　なお、資料の製作にあたってはASK（アルコール薬物問題全国市民協会）のWebの資料（http://www.ask.or.jp/）を参考にしました。ここに記して感謝の意を表します。

# 第7章 平均値の差の検定

## 7.1 心理状態によるヒールの高さの変化

### 7.1.1 はじめに

　　　　　商品を売るにしろ、サービスを提供するにしろ相手の考えを客観的に判断し、的確な対応をすれば成功に結びつくはずです。
　　　ここでは看護師を対象として、その人の各種の属性とハイヒールの高さからどのような傾向が見られるかを客観的に検証します。ただし、このデータは筆者の一人が長い時間をかけて統計学の講義をし、統計学の苦手意識をぬぐいさった後の調査です。あくまで1つの例としてお考えください。（資料提供：筆者の一人（田久）が講演のために調査した複数の病院の女性看護師の方々）
　　　ファイルは High-Heel.JMP です。

### 7.1.2 対象と方法

　　　いくつかの病院で、今後の統計学の講義のデータにするとお断りした上で調査したのが図7.1のような72件のデータです。これからどのようなことがいえるかを検討してみましょう。使用するデータは High-Heel.JMP です。

第7章 平均値の差の検定

◆図7.1
ヒールの高さのアンケート

---

## ヒールの高さのアンケート

家族構成：　　　①独身　　②夫婦のみ（子供がいないor子供が独立）　　③子供あり
おでかけ：　　　①おでかけは好き　　②おでかけは嫌い
自由時間：　　　①どちらかというと、夜の自分の時間は自由にとれる
　　　　　　　　②どちらかというと、夜の自分の時間は自由にとれない
年齢：　　　　　①10代　　②20代　　③30代　　④40代
自分の性格：　　①とても明るい　　②やや明るい　　③やや暗い　　④とても暗い
おしゃれ度：　　①とてもおしゃれ　　②ややおしゃれ　　③ごく普通　　④興味なし
普段、通勤に履くヒールの高さ：　　　＿＿＿＿cm
ちょっと改まった時のヒールの高さ：　＿＿＿＿cm
食事に連れていってくれるとお誘いがあり、相手が自分より身長が高く、時間的余裕はあるとした場合
　　顔見知りからの場合：　　　①喜んで受ける　　②儀礼的に受ける　　③断る
　　　受ける場合のヒールの高さ：　＿＿＿＿cm
　　心を寄せる彼からの場合：　①喜んで受ける　　②儀礼的に受ける　　③断る
　　　受ける場合のヒールの高さ：　＿＿＿＿cm

---

## 7.1.3 「新おしゃれ度」とヒールの高さ

　「おしゃれ度」が4段階では扱いにくいので、これを2段階にした「新おしゃれ度」を作成してみましょう。

　メニューから［列］－［列の新規作成］を選び、「新おしゃれ度」の列を作成します。

　計算式を設定するため、「新おしゃれ度」は従来の「おしゃれ度」からMatch関数を用いて生成します。「おしゃれ度」が1, 2を1、3, 4を2と変換します。「新おしゃれ度」から「計算式」を選びます

　テーブル列で「おしゃれ度」をクリックし、「関数（グループ別）」で「条件付き」の「Match」を選んで（図7.2）、最初の値、つまり「おしゃれ度」が1のときは「新おしゃれ度」も1を選びます（図7.3）。

7.1 心理状態によるヒールの高さの変化

◆図7.2
Match関数を選択

◆図7.3
Match関数で最初の値を指定

Match[ おしゃれ度 ][ 1 ⇒ 1 ]

ここでもう一度、Match関数をクリックすると式が展開されますので、必要な数値を入力します（図7.4）。

◆図7.4
残りの値を指定

Match(:おしゃれ度,1,
1,2,1,3,2,4,2)

最終的には図7.5のような表示となり「新おしゃれ度」が求まります。ここで［適用］ボタンを押してから［OK］ボタンを押します。初期値では「新おしゃれ度」は連続尺度になっているので、順序尺度に変更しておきます。

◆図7.5
最終的な表示

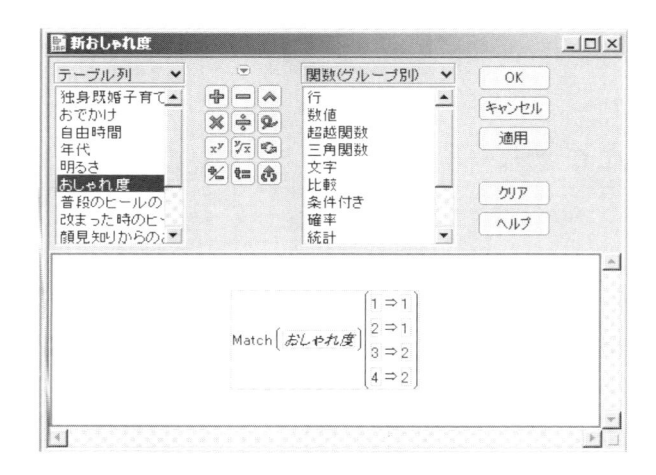

メニューから［分析］－［二変量の関係］を選び、「X, 説明変数」に「新おしゃれ度」、「Y, 目的変数」に「普段のヒールの高さ」を設定して変数の関係を検討します。

「新おしゃれ度による普段のヒールの高さの一元配置分析」の横の赤い▼で［平均/ANOVA/プーリングした$t$検定］を選んで実行すると図7.6のような表示になります。平均値の検定である$t$検定の結果、$p$値は0.0126となり、新おしゃれ度で分類すると、普段はくヒールの高さの差は－0.956あり、有意水準5％で平均値に差があることがわかります。つまり、おしゃれな人の方が高いヒールを履く傾向にあること理解できます。

◆図7.6
「普段のヒールの高さ」の比較

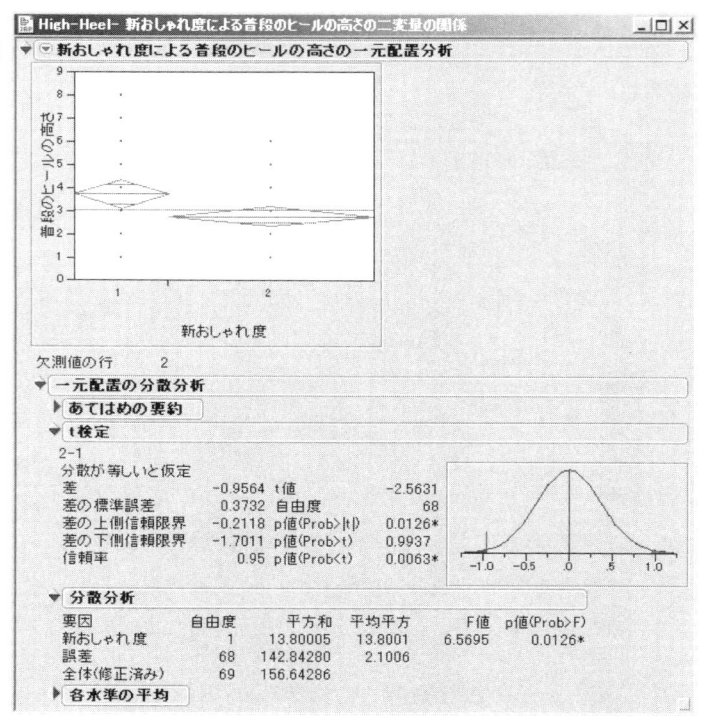

## 7.1.4　改まった時とヒールの高さ

「改まった時のヒールの高さ」はどうなるでしょうか。「二変量の関係」で「X, 説明変数」を「新おしゃれ度」に、「Y, 目的変数」を「改まった時のヒールの高さ」に設定して結果を見ます。前回と同様［平均/ANOVA/プーリングした$t$検定］を求めて前回のグラフと比較するとこちらのケースの方の「差」を見ると－1.02、つまり新おしゃれ度が2の人が低く、おしゃれな人のヒールの高さが高くなっていることがわかります（図7.7）。

◆図7.7
「改まった時のヒールの高さ」の比較

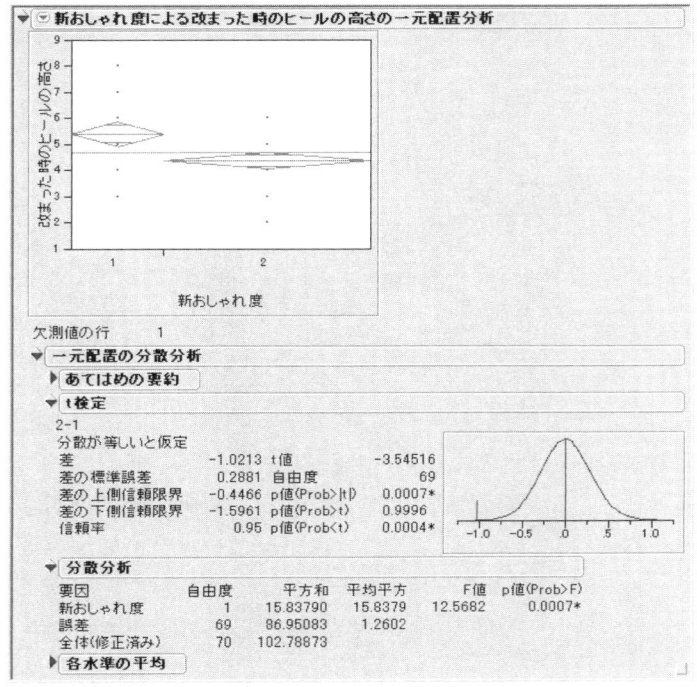

## 7.1.5　対応のあるペアの変数

　　もう少しデータを詳しく解析してみましょう。今回のデータの年代は20−50才代と幅広く分布していますので、対象を20−30代の53人に限定します。そして同一人物で「改まった時のヒールの高さ」と「普段のヒールの高さ」の比較は、対応のあるペアの比較の問題になります。

　　対応のあるペアとは、一般的には同一人物で繰り返しのあるデータを意味します。右手と左手の握力差、同一人物が説明を受ける前後の理解度の比較などが例としてあげられます。

　　今回の「改まった時のヒールの高さ」と「普段のヒールの高さ」は同一人物で心理状態が異なるときのヒールの高さの比較ですから対応のあるペアと考えられます。

　　メニューから［分析］−［対応のあるペア］を選び、「Y, 対応のある応答」に「改まった時のヒールの高さ」と「普段のヒールの高さ」を設定し、［OK］ボタンを押します（図7.8）。

## 第7章　平均値の差の検定

◆図7.8
対応のあるペアの変数の配置

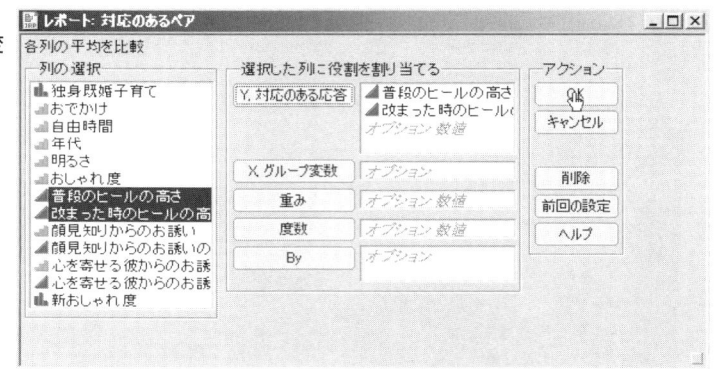

表示される対応のあるペアの表示（図7.9）はあまり見慣れないものですが、通常の$XY$座標にプロットした散布図を45度、時計回りに回転したものと考えてください。このような座標変換を行うと、$X$軸が2変数の平均を、$Y$軸が2変数の差を意味します。

水平軸より上にプロットが集中することは、ペアの差が正の値、つまり「改まった時のヒールの高さ」の方が「普段のヒールの高さ」より高い傾向にあるのを意味します。

データ数は欠損値の関係で51サンプルとなっていますが、「改まった時のヒールの高さ」と「普段のヒールの高さ」の差は1.69程度で、「$p$値（Prob$>|t|$）」は0.0001以下であることなどがわかります。

◆図7.9
「改まった時のヒールの高さ」と「普段のヒールの高さ」の比較

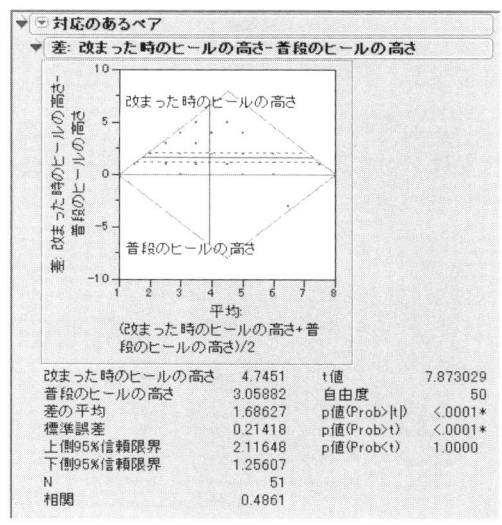

## 7.1.6 シチュエーションによるヒールの高さ

それでは、単に改まったときのヒールの高さでなく、顔見知りからのお誘い、心を寄せる彼からのお誘いなど各種の状況によって、ヒールの高さはどうなるか、という問題を考えてみましょう。

今までの結果から、改まった状況のときはヒールが高くなる傾向があるのがわかりました。しかし、顔見知りからの誘いと、心を寄せる彼からの誘いではその高さが変わるかどうか興味があります。このように複数の変数を比較するには、ペアごとに傾向を見ても全体の傾向を把握できません。$X$軸方向に各種の状況を配置して比較する必要があります。

そのためには、データテーブルで、「列の積み重ね」の操作を行います。この概念は、メニューから［テーブル］-［列の積み重ね］を選ぶとメニュー項目の前に描かれた模式図で理解できると思います。つまり横に2列並んでいたものを、各個別のデータ内で縦に積み重ねるわけです。

実際に、20-30代の看護師のデータに対して「普段のヒールの高さ」「改まった時のヒールの高さ」「顔見知りからのお誘いのヒールの高さ」「心を寄せる彼からのお誘いのヒールの高さ」の4種類の変数を積み重ねてみます。新しく積み重ねたデータ列は「ヒールの高さ」と名づけます。「元の列のラベル」は「シチュエーション」と名づけます（図7.10）。

◆図7.10 新しく列を積み重ねる

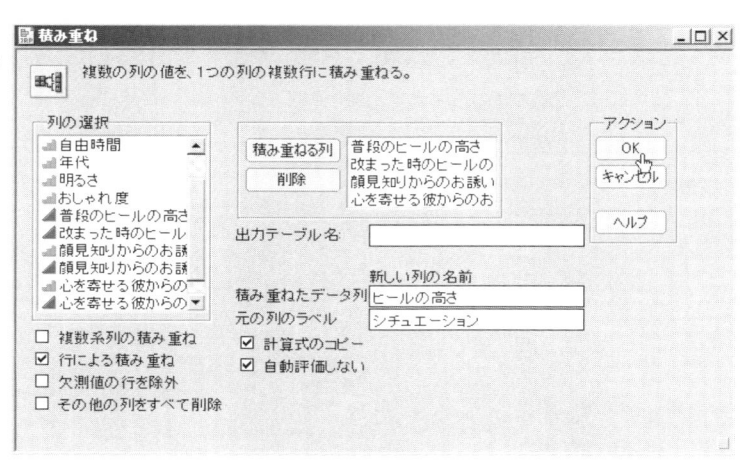

次に、「$X$, 説明変数」に「シチュエーション」、「$Y$, 目的変数」に「ヒールの高さ」を設定して、二変量の関係を表示します（図7.11）。「普段のヒールの高さ」以外は、高くなっていることがわかります。

第7章　平均値の差の検定

◆図7.11
シチュエーションによるヒールの高さの変化

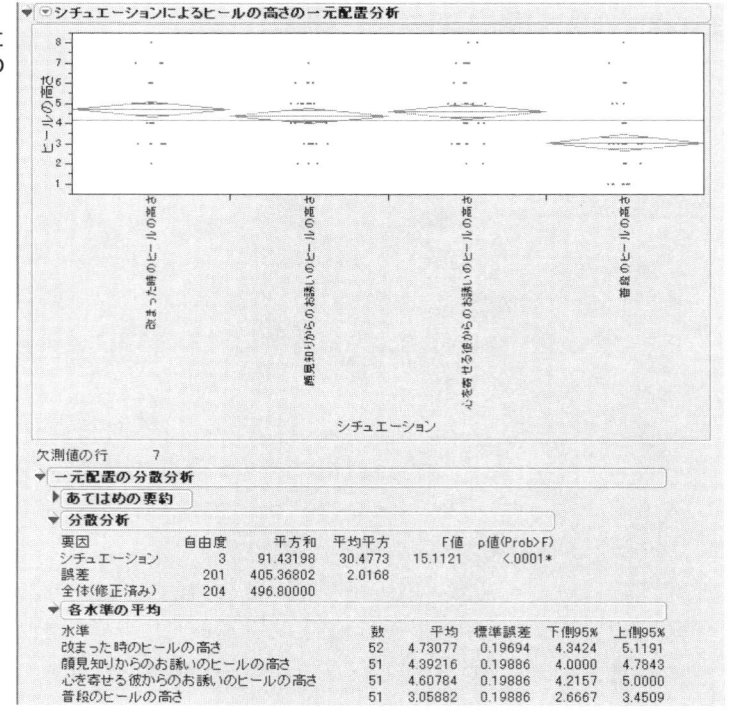

```
▼ シチュエーションによるヒールの高さの一元配置分析
```

欠測値の行　7

**一元配置の分散分析**

▶ あてはめの要約

▼ 分散分析

| 要因 | 自由度 | 平方和 | 平均平方 | F値 | p値(Prob>F) |
|---|---|---|---|---|---|
| シチュエーション | 3 | 91.43198 | 30.4773 | 15.1121 | <.0001* |
| 誤差 | 201 | 405.36802 | 2.0168 | | |
| 全体(修正済み) | 204 | 496.80000 | | | |

▼ 各水準の平均

| 水準 | 数 | 平均 | 標準誤差 | 下側95% | 上側95% |
|---|---|---|---|---|---|
| 改まった時のヒールの高さ | 52 | 4.73077 | 0.19694 | 4.3424 | 5.1191 |
| 顔見知りからのお誘いのヒールの高さ | 51 | 4.39216 | 0.19886 | 4.0000 | 4.7843 |
| 心を寄せる彼からのお誘いのヒールの高さ | 51 | 4.60784 | 0.19886 | 4.2157 | 5.0000 |
| 普段のヒールの高さ | 51 | 3.05882 | 0.19886 | 2.6667 | 3.4509 |

　次に、「新おしゃれ度」によって4種類のヒールの高さがどうなるかを見てみましょう。「二変量の関係」の変数の設定において「By」に「新おしゃれ度」を設定します。その結果、「新おしゃれ度」＝1と2では1の方が全体的にヒールが高くなっているのがわかります（図7.12、図7.13）。

◆図7.12
「新おしゃれ度」＝1の場合

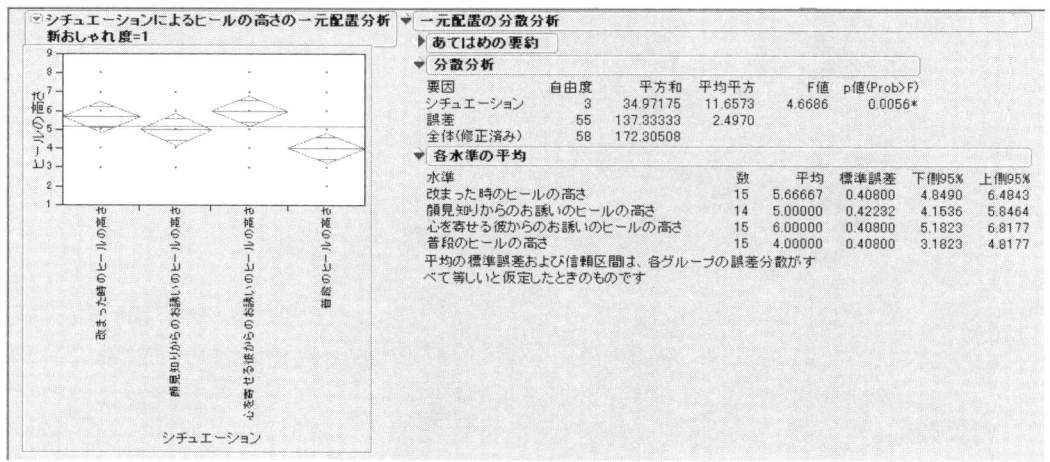

**一元配置の分散分析**

▶ あてはめの要約

▼ 分散分析

| 要因 | 自由度 | 平方和 | 平均平方 | F値 | p値(Prob>F) |
|---|---|---|---|---|---|
| シチュエーション | 3 | 34.97175 | 11.6573 | 4.6686 | 0.0056* |
| 誤差 | 55 | 137.33333 | 2.4970 | | |
| 全体(修正済み) | 58 | 172.30508 | | | |

▼ 各水準の平均

| 水準 | 数 | 平均 | 標準誤差 | 下側95% | 上側95% |
|---|---|---|---|---|---|
| 改まった時のヒールの高さ | 15 | 5.66667 | 0.40800 | 4.8490 | 6.4843 |
| 顔見知りからのお誘いのヒールの高さ | 14 | 5.00000 | 0.42232 | 4.1536 | 5.8464 |
| 心を寄せる彼からのお誘いのヒールの高さ | 15 | 6.00000 | 0.40800 | 5.1823 | 6.8177 |
| 普段のヒールの高さ | 15 | 4.00000 | 0.40800 | 3.1823 | 4.8177 |

平均の標準誤差および信頼区間は、各グループの誤差分散がすべて等しいと仮定したときのものです

◆図7.13
「新おしゃれ度」=2の場合

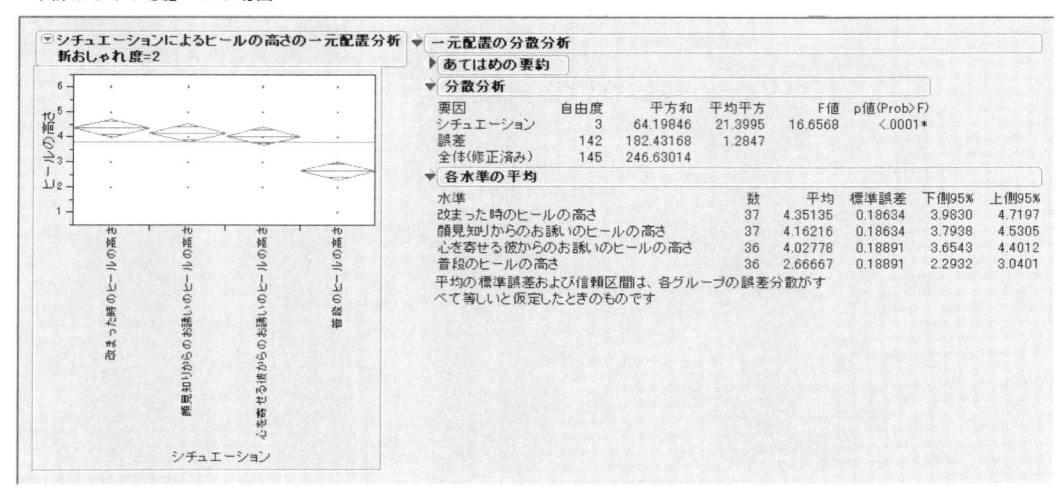

[図: シチュエーションによるヒールの高さの一元配置分析 新おしゃれ度=2]

一元配置の分散分析
▶あてはめの要約
▼分散分析

| 要因 | 自由度 | 平方和 | 平均平方 | F値 | p値(Prob>F) |
|---|---|---|---|---|---|
| シチュエーション | 3 | 64.19846 | 21.3995 | 16.6568 | <.0001* |
| 誤差 | 142 | 182.43168 | 1.2847 | | |
| 全体(修正済み) | 145 | 246.63014 | | | |

▼各水準の平均

| 水準 | 数 | 平均 | 標準誤差 | 下側95% | 上側95% |
|---|---|---|---|---|---|
| 改まった時のヒールの高さ | 37 | 4.35135 | 0.18634 | 3.9830 | 4.7197 |
| 顔見知りからのお誘いのヒールの高さ | 37 | 4.16216 | 0.18634 | 3.7938 | 4.5305 |
| 心を寄せる彼からのお誘いのヒールの高さ | 36 | 4.02778 | 0.18891 | 3.6543 | 4.4012 |
| 普段のヒールの高さ | 36 | 2.66667 | 0.18891 | 2.2932 | 3.0401 |

平均の標準誤差および信頼区間は、各グループの誤差分散がすべて等しいと仮定したときのものです

　これらのデータから面白い解釈ができます。もし男性が女性を誘った場合、普段から相手がどの程度のおしゃれか、かつ普段のヒールの高さを知っていたとします。そうすると自分が食事に誘ったときのヒールの高さで、彼女が義理できているか、真剣にきているのかのある程度の目安が立てられるとも考えられます（図7.14、図7.15）。

◆図7.14
TukeyのHSD検定

[図: JMPメニュー画面 - 平均の比較 > すべてのペア,TukeyのHSD検定]

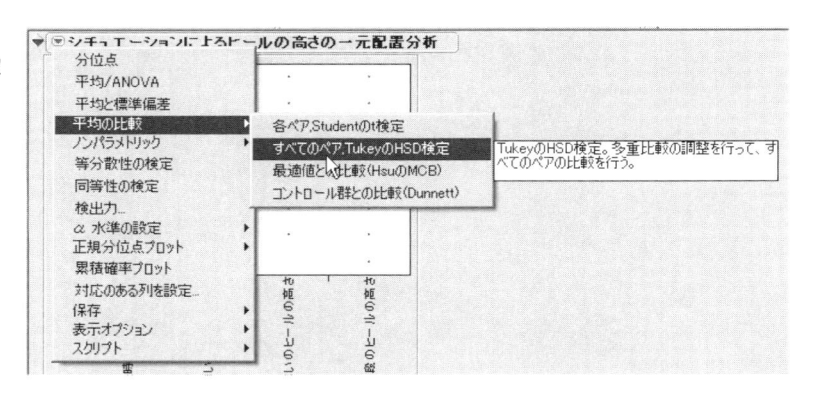

◆図7.15
TukeyのHSD検定
の結果

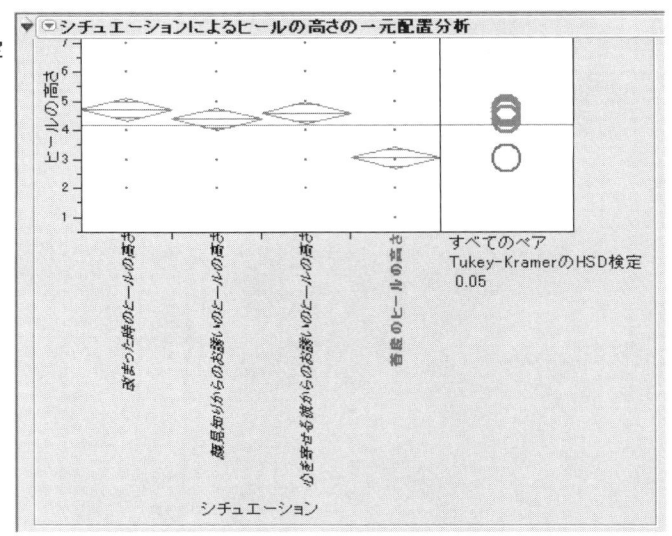

　図7.15の右側に表示された円をクリックして色が赤くなったグループに他のグループと差があります。今回の結果をよく見ると、「普段のヒールの高さ」が他より低くなっています。そうなると、心を寄せる彼からのお誘いでヒールが高くなった、と考えるよりは、外にお出かけするからヒールが高くなったと考える方が自然でしょう。

　今回のデータは筆者の一人が看護師を対象に集めたものです。そのため、女性すべてにあてはまる保証はありません。また女子学生に同様の調査を行ったところ、「ヒールを持っていません」という学生もたくさんいました。今回の例は、あくまで解析に用いるためのデータで、世の真理を示しているものではないことを付け加えておきます。

## 7.2 待ち時間の解析

### 7.2.1 はじめに

デパートの売り場、あるいは病院などで対人サービスを提供する場合、何気なく使っている用語の中には案外トラブルのもとが潜んでいます。いろいろな場面で「ちょっと待ってください」「後でお話しましょう」などというとき、果たしてどの程度の時間を考えているのでしょうか。

これらのあいまいな日本語には明確な時間の定義はありませんが、相手と自分の認識が異なればトラブルの種となります。そこで、職種によってこれらの時間感覚がどの程度異なるか、つまり個人の時間感覚が人によってどの程度異なるかを検討しています（資料提供：著者の一人（田久）が愛知県、岐阜県の病院、福祉施設、および大学においての講演会、授業などのために調査したもの）。

本節が終わるころには、パラメトリック検定とノンパラメトリック検定の違いなどについて学習ができます

ファイルは Aimai.JMP を使います。

### 7.2.2 対象と方法

質問したのは下記の内容です。筆者の専門の関係から、看護婦（調査当時の名称）47 名、学生 31 名、福祉施設職員 115 名に下記の内容を質問しました。

- 性別、年令、職種（学生、看護婦、福祉施設職員）
- 「しばらく歩いて」は何分ぐらい歩く？
- 「たくさんの人」は何人ぐらい？
- 「数日間」は何日？
- 「相手の様子をしばらくみていてください」は何分ぐらいみる？
- 「名前を呼ばれたら、しばらくしてから来てください」は何分ぐらいたってから？
- 利用者さんに「ちょっと待っていてください」というのは何分？
- 「後でお話ししましょう」と利用者さんにいう場合、何分後？

Aimai.JMP を開きます。

メニューから［分析］－［二変量の関係］を選び、「X, 説明変数」に「職種」を、

「Y, 目的変数」に「ちょっと待って」を配置して両者の関係を調べます。その結果、図7.16のように「職種によるちょっと待っての一元配置分析」のグラフが生成されます。

これを見ると看護婦の「ちょっと待って」は10分以内に収まっていますが、他の二者では30分近い答えをする人がいることがわかります。

◆図7.16
「職種によるちょっと待っての一元配置分析」

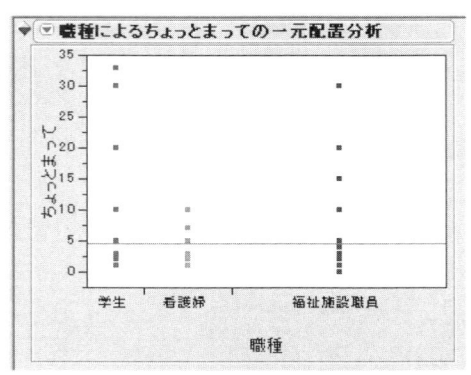

このままでは、点が1つあるのか複数重なっているのかよくわからないので、表示されている点をずらしてみます。「職種によるちょっと待っての一元配置分析」の横の赤い▼をクリックすると図7.17のようなメニューが表示されるので［表示オプション］－［点をずらす］を選びます。

◆図7.17
［点をずらす］を選ぶ

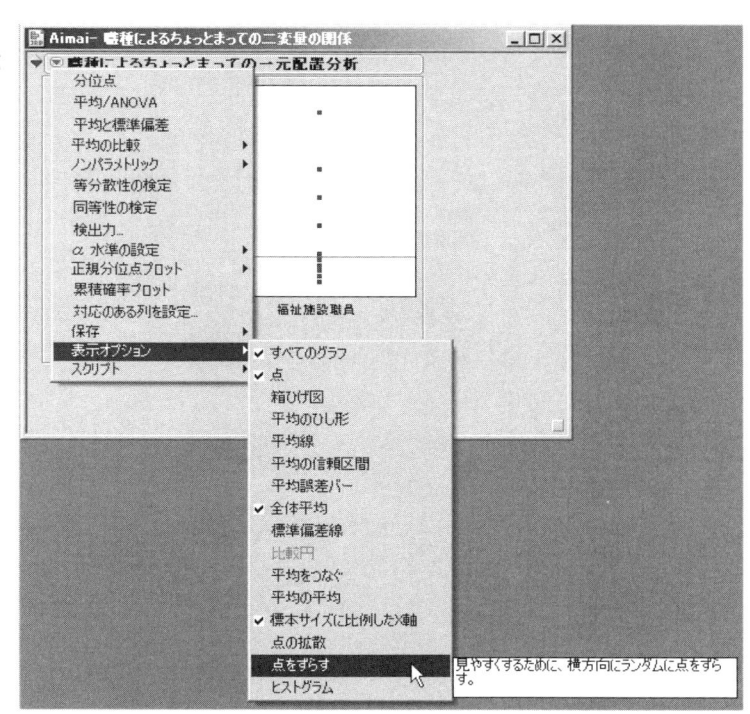

その結果、どの職種でも10分以内と回答したものが大半であるのがわかります（図7.18）。

◆図7.18
点をずらした表示

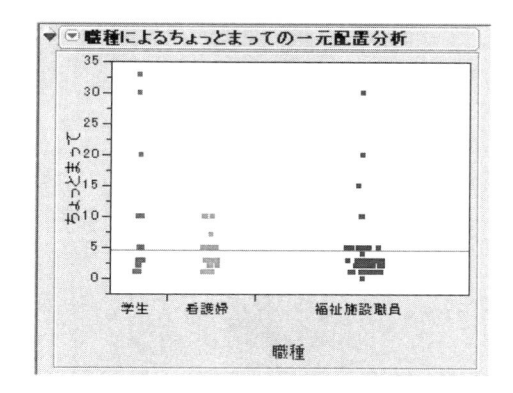

職種ごとを比較するために、箱ひげ図を表示してみましょう。先ほどの[点をずらす]メニューの上にある[箱ひげ図]メニューを選択して、作成したグラフの上に「箱ひげ図」を重ねます（図7.19）。

◆図7.19
箱ひげ図の表示

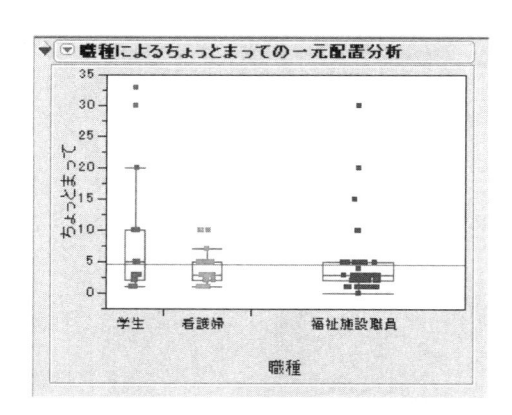

「福祉施設職員」の箱ひげ図で上側のひげが書かれていないのは、箱の上端に位置する4分位点から$1.5 \times$（4分位範囲）の距離以内にある最も遠い点が存在しなかったためです。しかし、実際に10分以上の外れ値がいくつも存在していることがわかります。ここで3種類の職種の間で「ちょっと待って」の値が異なるかどうかを検討してみましょう。

## 7.2.3　ノンパラメトリック検定で「ちょっと待って」を比較する

　$t$検定は変数が連続尺度で母集団が正規分布をすると見なせる場合、その中の少数例を抜き出して平均値の比較をするときに限って応用ができます。ここで重要なのは「平均値の比較」という点です。中心極限定理からどのような分布に従う変数も標本数が十分大きければその標本平均は正規分布と見なせるため、平均値の比較はある程度$t$検定で扱えます。しかし平均値の比較でなく、分布の形が正規分布でない場合、順序尺度の比較などでは平均値の比較は意味を持ちません。

　今回の「ちょっと待って」のデータは明らかに外れ値を含んでいて、正規分布とはいえません。そのため、単純に$t$検定行うのでなくノンパラメトリック検定を行う方がよいでしょう。そこで、Aimai.JMPを用いてノンパラメトリック検定を行ってみましょう。

　話を単純化するために、最初に3種類の職種から「看護婦」と「学生」のみを抽出します。

　「一変量の分布」で「職種」の分布をとり、「Shift」キーを押しながら、「看護婦」と「学生」のヒストグラムをクリックしてマウスの右クリックから［抽出（サブセット）］を選びます。

　メニューから［分析］－［二変量の関係］と選び、「Y, 目的変数」に「ちょっと待って」を、「X, 説明変数」に「職種」を設定します。そのグラフが図7.20です。

◆図7.20
「学生」と「看護婦」の「ちょっと待って」

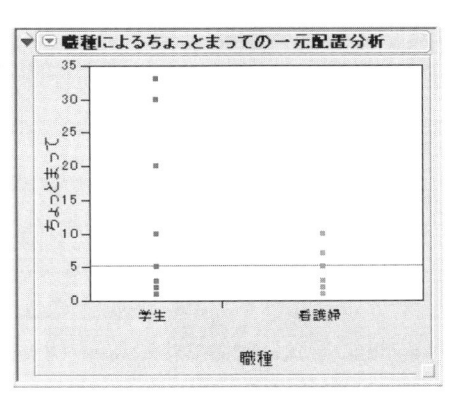

　「職種によるちょっと待っての一元配置分析」の横の赤い▼をクリックし［ノンパラメトリック］－［Wilcoxon検定］を選びます。その結果が図7.21です。

◆図7.21
Wilcoxon検定の結果

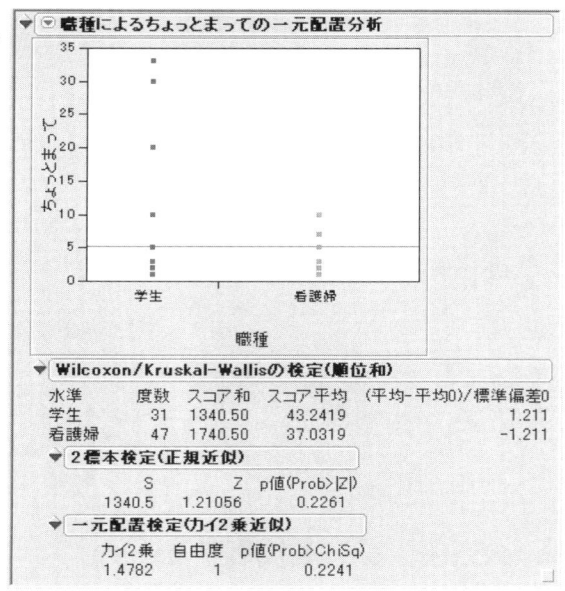

[ノンパラメトリック]を選択するとサブメニューが開き、グループ平均をノンパラメトリックに比較するための方法が3つ表示されます。

JMPでは、分布が$X$のすべての水準において中心の位置が等しいかどうかを検定するために、3種類のノンパラメトリックな検定が用意されています。

- [Wilcoxon検定]は、データの順位そのものです。Wilcoxonの検定は、誤差がロジスティック分布に従っている場合に、最強力な順位検定となります。
- [メディアン検定]は、順位がメディアン(中央値)の順位の上か下かによって1または0の値をとります。メディアン検定は、誤差が二重指数分布に従っている場合に、最強力な順位検定となります。
- [Van der Waerdenの検定]は、データの順位をオブザベーション数+1で割り、正規分布関数の逆関数を使って正規スコアに変換したものです。Van der Waerdenの検定は、誤差が正規分布に従っている場合に、最強力な順位検定です。

求めた変数は、次のような情報を表示しています。

| | |
|---|---|
| 水準 | 因子の水準をリストしたもの。 |
| 度数 | 各水準の度数。 |
| スコア和 | 各水準の順位スコアの和。 |
| スコア平均 | 各水準の平均順位スコア。 |

（平均 − 平均0）/ 標準偏差0　標準化したスコア。「平均0」は帰無仮説のもとで期待される平均スコアで、「標準偏差0」は帰無仮説のもとで期待されるスコア和の標準偏差です。帰無仮説は、グループの平均または中央値がすべてのグループで同じ位置にあるというものです。

（以上、JMPヘルプファイルより）

今回の解析では、「$p$値（Prob $>$ | $Z$ |）」が0.2261となり有意水準0.05より大きな値をとります。したがって、中央値の位置が等しいという帰無仮説は棄却できません。つまり、両者の中央値の位置は異なるとはいえない、という結果になります。

## 7.2.4　3種類の「ちょっと待って」を比較する

今までは、話を単純にするために「学生」と「看護婦」の2変数の間でWilcoxon検定を行いました。今度は「学生」「看護婦」「福祉系施設職員」の三者を同時に比較してみましょう。これはKruskal-Wallis検定となります。

◆図7.22
Kruskal-Wallis検定の結果

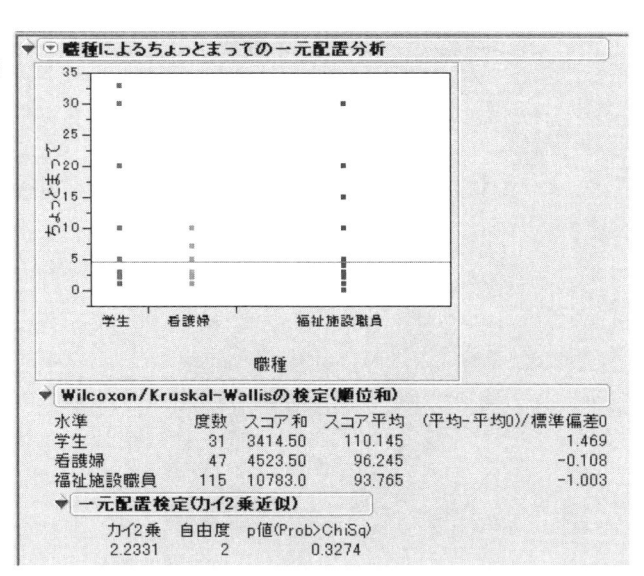

ここで一元配置検定（カイ2乗近似）と書いてある場所が重要になります。群の数を$K$、全対象者数を$N$、第$i$群の対象者数を$n_i$とすると、

$$N = \sum_{i=1}^{K} n_i$$

となり、$i$群の順位和 $W_i$ は

$$W_i = R_{i1} + R_{i2} + \cdots\cdots + R_{ij}$$

となります。この $R_{ij}$ は $i$ 番目の群の $j$ 番目の数値に与えられた全体の中での順位を意味します。多群間に差があるかどうかの検定は下記の $K_0$ が自由度 ($K-1$) のカイ 2 乗分布に従うことによって求めます。

$$K_0 = \frac{12}{N(N+1)} \sum_{i=1}^{K} \frac{W_i^2}{n_i} - 3(N+1)$$

同じ順位が存在する場合タイの種類が $t$ あり、各タイに $d_1, d_2, \cdots\cdots, d_t$ 個のデータが含まれているものとします。

$$D = 1 - \sum_{i=1}^{t} \frac{d_i^3 - d_i}{N^3 - N}$$

これを求めて

$$K_{0t} = \frac{1}{D} K_0$$

で補正します。この $K_{0t}$ が自由度 ($K-1$) のカイ 2 乗分布に従うことを利用して検定します。

的確なサービスを提供する場合、時間間隔の平均値は意味を持たず、外れ値にいかに対処するかが問題となります。今回の例では、学生のスコア平均が大きく、福祉施設職員のスコア平均が小さいことがわかります（図 7.22）。

$$平均 - \frac{平均 0}{標準偏差 0}$$

の値でどのような位置関係になっているかの概要が把握できます。これから看護婦の解答が 3 群の中の平均に近いらしいことがわかります。最終的には検定統計量の $\chi^2$ 値が 2.2331 となり、この場合の $p$ 値 = 0.3274 となり、有意水準 0.05 で「帰無仮説：3 群の中央値が同じ位置にある」という帰無仮説を棄却します。

統計学を学習する初心者の方に見られるよくある誤りは、とにかくデータを検定

にかけて有意差が見られなかったので、よしとする態度です。今回のデータのように対人サービスの提供を行う場合、単に3群の中央値が同じ位置にあるという帰無仮説を棄却できただけでよろこんではいけません。外れ値として「ちょっと待って」が15分以上の人が何人も存在しているのに注目してください。

## 7.2.5　外れ値と年令の関係を見る

　今までの解析から、職種によって外れ値が存在することが明らかになりました。ここで、ひょっとしたら若い年代の方が時間に対する認識がルーズなのではないか、という疑問が生じます。今度は、年代ごとに「ちょっと待って」の分布を見てみましょう。

　JMPではグラフ表示のサンプルに、色とともにマーカーを指定できます。今回は3種類の職種に異なる色とマーカーを割り当ててグラフ表示を認識しやすくさせてみましょう。

　最初に色を設定します。対象とする行（この例では「職種」＝「看護婦」）を選択し、右クリックで［色］を指定し好みの色を選択します（図7.23）。

◆図7.23　色の指定

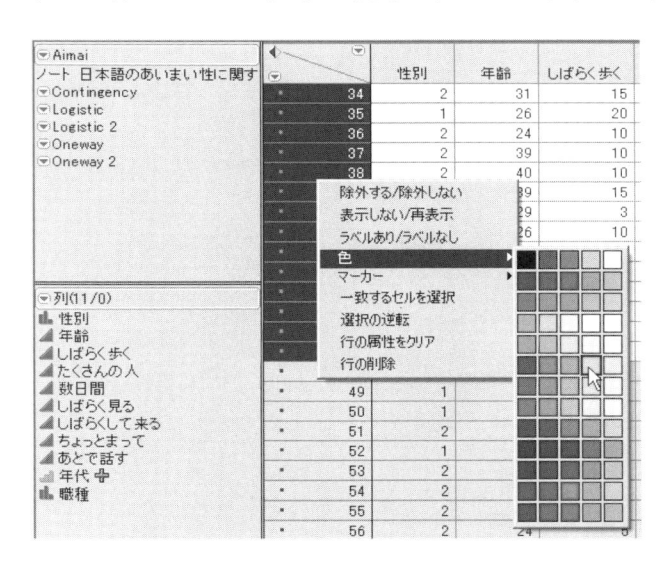

　色を指定したのと同様の方法で「マーカー」を指定します。

　看護婦は緑の■、福祉施設職員は青の□、学生は赤の○を選び、二変量の関係で「年代」と「ちょっと待って」の関係を見ると図7.24のようになります。これから40代の人でも「ちょっと待って」が30分を選ぶケースがあるのがわかります。

◆図7.24
「年代」による「ちょっと待って」

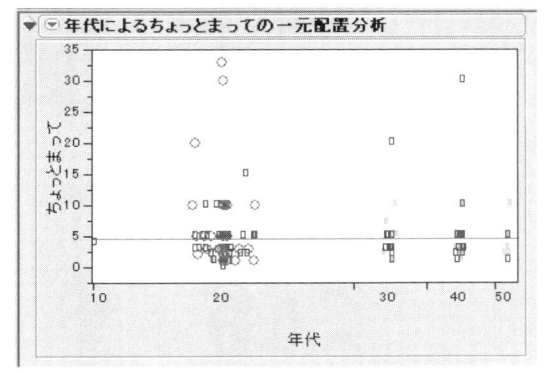

## 7.2.6 変数の分布が正規分布というには

　今回用いた「ちょっと待って」の変数の分布には明らかに外れ値が見られ、とても正規分布とはいえませんでした。しかし、自信をもって変数の分布が正規分布というにはどうしたらよいかを考えましょう。

　分布が正規分布かどうかを視覚的に確かめるには、正規分位点プロットを用います。正規分位点プロット上で正規分布と一様分布の変数のグラフはどのように異なるかを見てみましょう。

　図7.25のように、新規のファイルで順序尺度で「体重」「正規分布乱数」「平均50」と名づけた3種類の変数を作成します。

　最初に一様な分布の変数として、「体重」に40から59までの値を入れます。

　「正規分布乱数」には計算式で「Random Normal( )」を設定します。「平均50」にはこの変数「正規分布乱数」を10倍して50を加えています。これで正規分布の

◆図7.25
正規分布乱数の作成

| | 体重 | 正規分布乱数 | 平均50 |
|---|---|---|---|
| 1 | 40 | -2.1358357 | 31.4459721 |
| 2 | 41 | -0.209429 | 59.6773231 |
| 3 | 42 | -1.7090497 | 45.6936157 |
| 4 | 43 | 1.28576087 | 42.4510797 |
| 5 | 44 | -1.036443 | 59.4488242 |
| 6 | 45 | -0.29195 | 66.1317581 |
| 7 | 46 | 1.40753362 | 46.1367574 |
| 8 | 47 | 1.05228296 | 63.5328221 |
| 9 | 48 | 0.42836001 | 38.2198753 |
| 10 | 49 | -0.8560215 | 64.7708936 |
| 11 | 50 | -1.9883104 | 47.795769 |
| 12 | 51 | -0.777211 | 59.8839041 |
| 13 | 52 | 0.28312506 | 48.5401851 |
| 14 | 53 | -1.1608261 | 73.4527987 |
| 15 | 54 | -0.1224708 | 41.4670744 |
| 16 | 55 | 0.09670256 | 51.3638973 |
| 17 | 56 | 1.14178986 | 59.3623248 |
| 18 | 57 | -0.2064128 | 38.9140214 |
| 19 | 58 | 1.75612701 | 64.0387519 |
| 20 | 59 | 2.08131499 | 56.8841118 |

## 第7章　平均値の差の検定

変数が生成されます。

「体重」と「平均50」の変数に対して一変量の分布を求めます。そして「体重」もしくは「平均50」の横の赤い▼をクリックして、［分布のあてはめ］－［正規］を選び、かつ同時に［正規分位点プロット］を選びます。そうすると、一変量の分布のグラフに正規分布の曲線が重ね合わされ、それと同時に正規分位点プロットも表示されます。

もし、一変量の分布が正規分布に従うときは、正規分位点プロットは赤い直線の上に分布します。

変数「体重」のように一様に分布している変数の正規分位点プロットをとると、図7.26のようにゆるやかなS字状のカーブを描きます。

◆図7.26
一様分布の体重の例

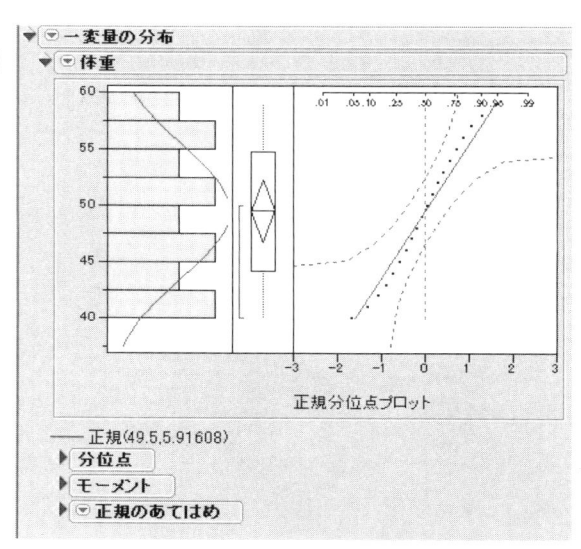

これに対して、正規分布の乱数から求めた変数「平均50」は、一部ずれはあるものの、ほぼ一直線にのっています（図7.27）。

例数を多くするため、メニューから［行］－［行の追加］を選び、80行追加して全体で100個データを生成し、「平均50」に同様の処理を行うと、より直線状にプロットされることがわかります（図7.28）。

◆図7.27
変数「平均50」20個分の分布

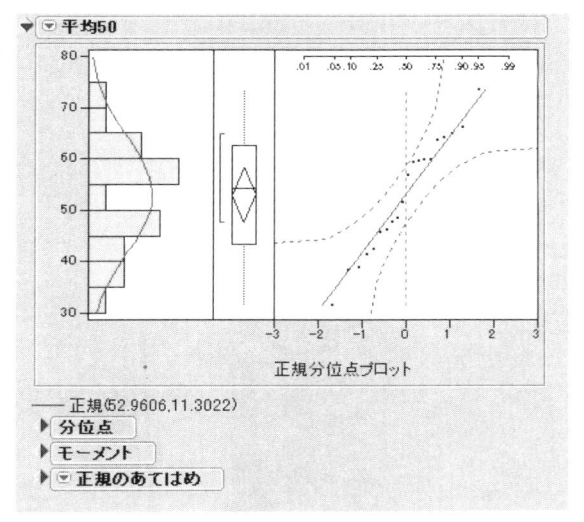

◆図7.28
変数「平均50」100個分の分布

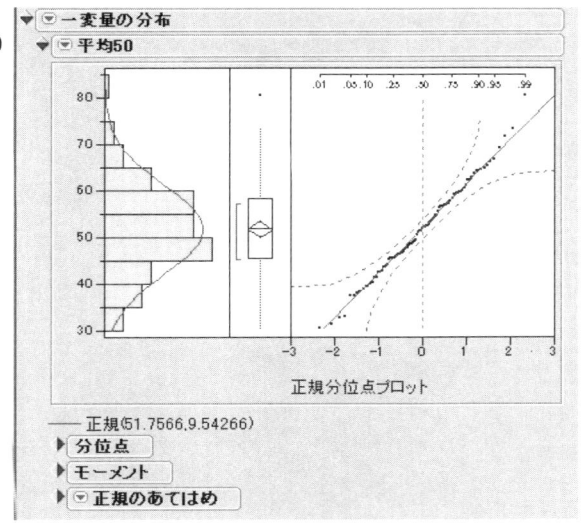

## 7.2.7　正規分布の検定をするには

　　　　　　　　　求めた変数の分布が正規分布と見なせるかどうかの検定をしてみましょう。［分布のあてはめ］-［正規］を選ぶと、画面の下に「正規のあてはめ」のアウトラインが表示されます。「正規のあてはめ」の横の赤い▼をクリックし［適合度］を選びます。データの数が2,000以下の場合はShapiro-Wilkの$W$検定が行われます。これは、帰無仮説が分布は正規分布である、という仮説に対して検定を行うものです。「$p$値（Prob$<W$）」が0.05以下になった場合、有意水準5%で帰無仮説を棄

却します。つまり正規分布といえないことになります。

図7.29の例では、分布は正規分布であるという帰無仮説が棄却できないことになります。

◆図7.29
20件の正規分布の場合

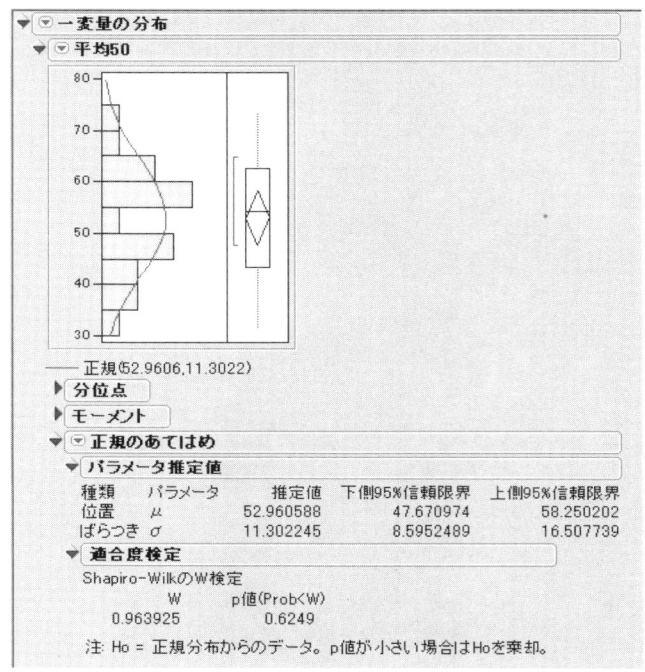

ここで、Aimai.JMPの「ちょっと待って」の時間の分布を職種ごとに求め、正規分布と見なせるかを見てみましょう。

「一変量の分布」で「Y, 列」に「ちょっと待って」を、「By」に「職種」を設定します。今までの操作説明に従って、「適合度検定」を求めます。

どの職種の場合も「適合度検定」の結果、「p値（Prob＜W）」は「＜0.0001」となり正規性の帰無仮説を棄却します。つまり、どの職種でも正規分布とはいえない訳です。このように、変数の分布が正規分布か否かを明確に調べたいときは、適合度検定が便利に使えます。

JMPでは正規性の検定を簡単に行えるので、自分が扱うデータが正規分布と見なせるかどう、一度検定してから解析を行うようにするとよいでしょう。

## まとめ

Aimai.JMPを使用してノンパラメトリック検定と正規分布の適合度の検定、マーカーの取り扱いを学びました。

通常の二変量の関係の比較では平均値の比較にばかり目が奪われますが、全体のサンプルの分布に常に注意を向けなくてはなりません。論文を読んでいると、外れ値が存在するのに気がつかずに解析を進めて誤った結論を導く報告を見ることがあります。検定を行う前にグラフの表示をして、そこで何かいえないかよく考えます。常に、そのような注意深い解析をしていれば、そう大きな間違いはしないはずです。

**チェックポイント**

☐ Wilcoxonの順位和検定を3変数に拡張したものが、Kruskal-Wallis検定だと理解できる。
☐ 正規性の検定を行える。

# 第8章
# 相関と回帰——多重ロジスティック回帰

## 8.1 アンケート回答を科学する——本当の体重は

### 8.1.1 はじめに

　　　　ベテランの調査員がインタビューをする場合、いろいろな話題を話して相手の緊張感を解きほぐし適切な答えが得られるように努力をします。しかし、経験の浅い調査員が事務的な質問をしても、相手が本当の答えをいう保証はありません。医療関係ではよほどの信頼関係がなければ、タバコの本数、お酒の量を聞いても少な目の答えしか戻ってこないのが知られています。そうであれば、通常の調査のときに、どの程度、本当の値と実際の値が異なるかを押さえておけば、正しい値を類推するのに役立つはずです。

　　ここでは、著者の一人が看護師を対象とした講演会で収集したデータを用います。データは町で「体重を教えてください」と声をかけられたときに答える値と、本当の体重の差を集計したものです。本当の値の収集にあたっては、事情を聴衆に話し「調査の趣旨をご理解の上、ぜひ、真実の値を記入してください」とお願いして集めました。

　　本説では

**仮説**
　　$H_0$：町で声をかけられて適当に答える体重と本当の体重に差がない。
　　$H_1$：町で声をかけられて適当に答える体重と本当の体重に差がある。

について検討します。（資料提供：著者の一人（田久）が日本看護協会の講演会で調査したデータ）

　　ファイルはNurse.JMPを使います。

## 8.1.2　町で答える体重と本当の体重

解析には、すでに用いたNurse.JMPファイルを使います。このファイルにはいろいろな異常値が含まれています。「性別」は女性のみを抽出します。そして「町での体重」と「本当の体重」は、一変量の分布をとって10kg以下の異常な値はカーソルを右クリックして［行の除外］と［行を表示しない］を選んでください。その結果、全体で180件のデータとなります。

メニューから［分析］-［対応のあるペア］を選んで、「本当の体重」と「町での体重」の比較を行います。その結果は図8.1のようになり、平均値の差が1.67611kgある、つまり町で答える方がそれだけ軽く答える傾向があることを示しています。

◆図8.1　対応のあるペアの解析

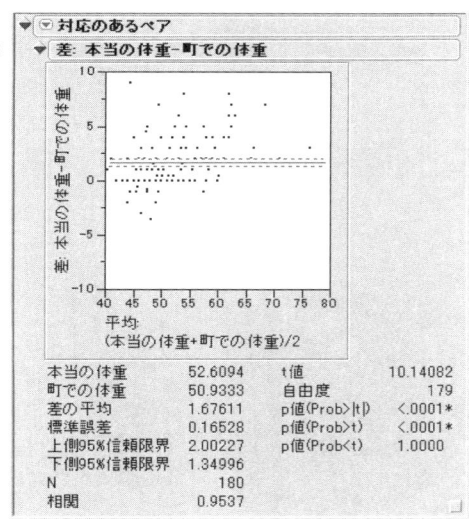

試しに両者の変数の二変量の関係を求めます。両変数とも連続尺度であるので散布図が作成されます（図8.2）。

◆図8.2　「町での体重」と「本当の体重」の関係

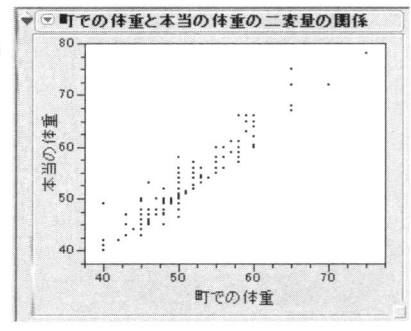

このデータから面白いことがわかります。もし、町で聞かれた体重と本当の体重が同じ値を解答していればすべてのデータは対角線上にのるはずですが、実際は対角線より下にデータがずれています。これは、回答者が体重を少なめに申告することを意味しています。

そこで両者の関係を回帰分析を用いて、「町での体重」から「本当の体重」を推測してみましょう。そのためには、「町での体重と本当の体重の二変量の関係」のアウトラインの横の▼をクリックし、[直線のあてはめ]を選びます。

その結果、「本当の体重」は

$$-3.9242 + 1.1099 \times 町での体重$$

で求められることがわかります（図8.3）。

◆図8.3
「町での体重」から「本当の体重」を求める回帰式

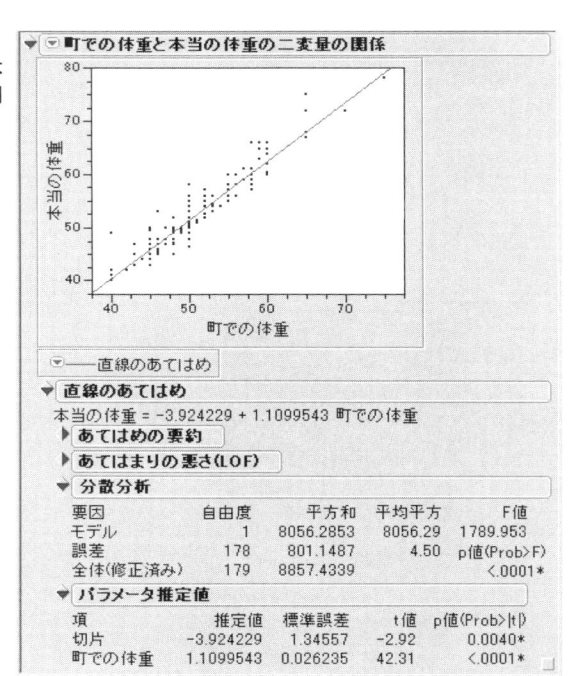

## 8.1.3　体重の大小による解析

ここで1つの疑問が生じます。体重が重い人と体重の軽い人で分けた場合、この回帰式は同じになるのでしょうか。つまり、体重の重い人の方がより軽めにいう傾向があるのか、どうかという点です。そこで、新規に「体重の大小」という名義尺度の変数を作成し、本当の体重が55kg以上と未満に分けて大小の2群に分類しま

す。体重の散布図を作成し、図8.4のように［グループ別］を選び、その後でグループ変数の列として「体重の大小」を選択します。この段階ではまだ直線のあてはめが実行されていないことに注意してください。

◆図8.4
［グループ別］の選択

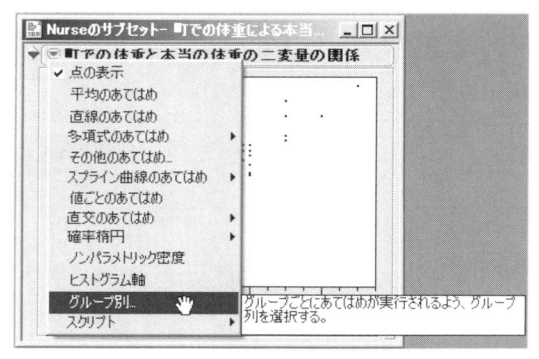

その後、同じグラフで［直線のあてはめ］を指定すると2種類の直線が表示されます（図8.5）。これを見ると直線がほぼ同じ傾きであることが把握できます。つまり、体重の申告の回帰式の傾向は体重に依存しないと考えられます。

◆図8.5
グループごとの直線のあてはめ

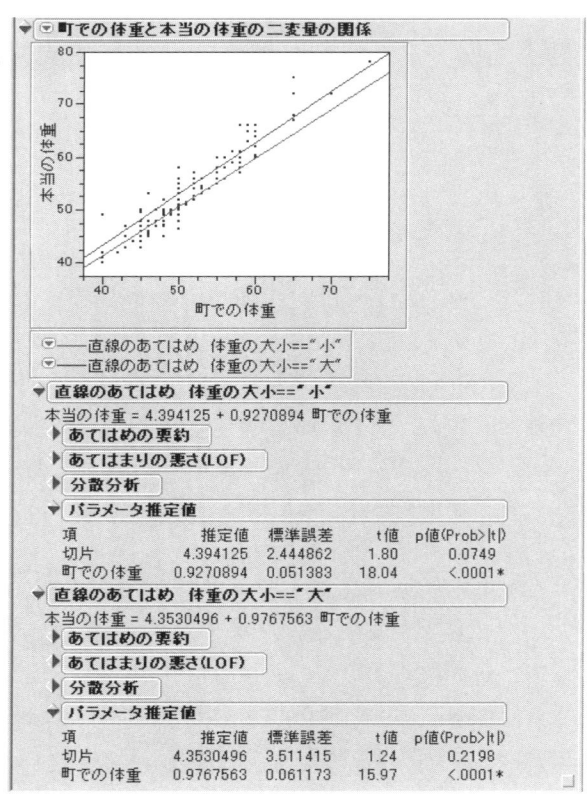

では、2群によってどの程度の体重差をいうと考えたらよいでしょうか。回帰式は一次の直線関係ですから、体重が大きくなれば平均の差も大きくなるはずです。これを検討するには「対応のあるペア」で変数を指定するところで、「By」に「体重の大小」を指定します。こうすると「体重の大小」ごとに分析が行われます。結果を見ると、「体重の大小＝小」の群では平均0.932kgの差、「体重の大小＝大」の群では平均3.02kgの差となることがわかります（図8.6）。

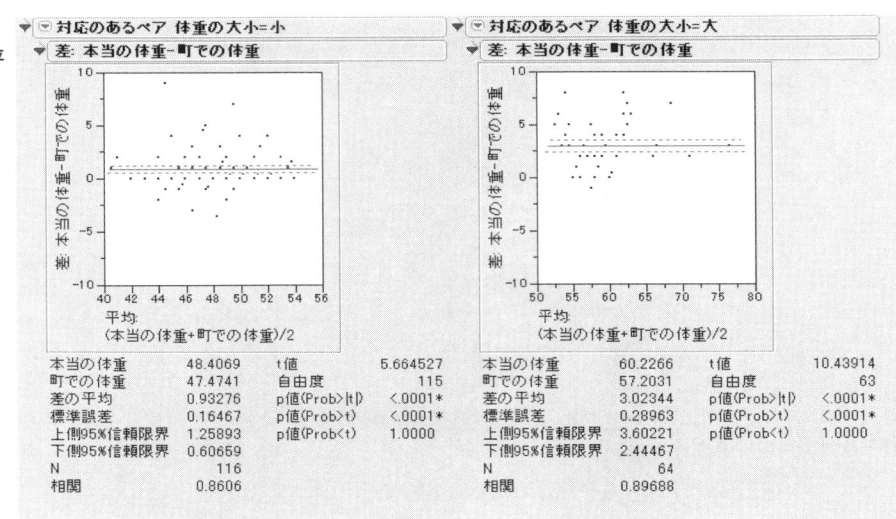

◆図8.6
体重の大小による平均の差

## 8.1.4 「理想の体重」と「本当の体重」

ところで、「理想の体重」と「本当の体重」の関係はどうなっているのでしょうか。小柄な人も痩身願望があるのでしょうか。その点を確かめてみましょう。

最初に「理想の体重」の一変量の分布を求め、なげなわツールで異常値を囲み、解析から除外する処理を行います。

「本当の体重」と「理想の体重」の二変量の関係を求めます。

$X$軸と$Y$軸をダブルクリックして数値の範囲を37.5から80までと同じ値にします。

直線ツールを用いて対角線に線を引きます。これは「本当の体重」と「理想の体重」が等しくなる直線ですから、この直線と、プロットした点との間の長さが変化したい体重になります（図8.7）。

これを見ると48kgぐらいまでは今より体重を増やしたいと考える人がいますが、それ以上ではほとんど理想の体重は今より少ないと考えることがわかります。

◆図8.7
本当の体重と理想の体重の関係

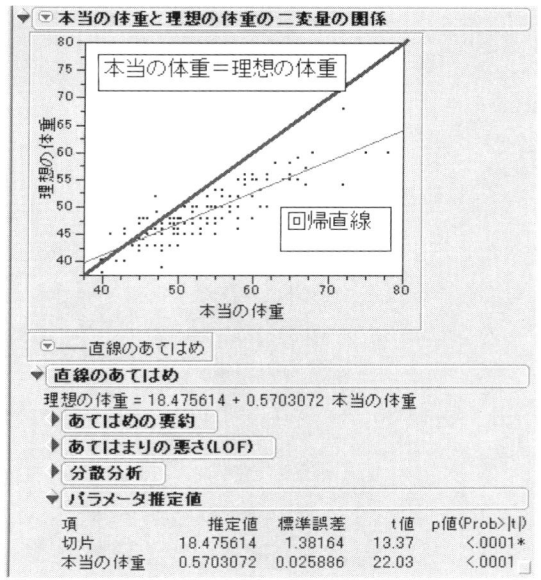

## まとめ

2種類の体重から回帰式を求めるのはよいのですが、もう少し先を考えましょう。今、問題にしているのは、回答者の属性によってどの程度本当の体重を答えるか否かという問題です。調査をする側の立場としては、前もって入手した相手の属性によってその回答の正しさを知りたいところです。

相手の属性の一例として体重の大小を取り上げました。しかし身長の高い人は必然的に体重も増加します。そのため単純に体重の大小でグループ分けをするのも問題があります。そこで、1つの考えとして、以前説明したBMIを使うことが考えられます。BMIは一種の肥満の指標ですので、身長の大小を考慮する必要はなくなります。

考えてみれば、見ず知らずの人間に「体重を教えてください」といって、本当の体重を答える人は少ないでしょう。調査員へのアンケートなら回答者に特に被害もないのですが、妊婦の検診、体重の管理が必要な疾患によっては正確な体重を申告しないと本人にトラブルが生じることがあります。

調査を行うときには、いかに回答者の信頼を得るかが重要ということが、この結果から読み取れます。

### チェックポイント

☐回帰分析を行える。
☐年代別で回帰直線の違いを求められる。

## 8.2 セクハラに対する拒絶の度合い

### 8.2.1 はじめに

新聞で、ときとしてセクシャルハラスメントの記事が報道されます。当然、暴力行為、強引なお誘い、嫌がらせに関してはそれがセクハラに該当するかどうか議論の余地はなく、通常の企業や大学の日常において、そのようなセクハラ行為があってはなりません。

ここでは、「セクハラに対する男女の認識の定量的解析」について検討します（資料提供：著者の一人（田久）が講演会で調査したデータ）。

ファイルは「セクハラ.JMP」です。

### 8.2.2 データの説明

実際に用いた調査用紙の抜粋を図8.8に示します。前提条件として、男性に対するセクハラも存在するのは承知していますが、今回は女性に対するセクハラに限定します。女性と男性の親密さによってセクハラの許容範囲が変わることが考えられるので、想定する場面は、通常の学校や職場での生活で少し離れた間柄の人との対応、もしくは、食事の席などで同席した初対面の人との対応に限定しました。

調査対象は、2002年に著者の一人が講演を行った病院の看護師120人です。

性別、独身既婚と共に図8.8の事項を調べました。

年齢は、①18－22、②23－25、③26－29、④30－39、⑤40－49、⑥50－で分類しました。①－③を20代、④以降を10歳刻みで分類したと考えてもいいでしょう。

「Q1. あなたの性格」では2種類の名義尺度、「Q2. 女性は自分の事としてお答えください」では「①別に感じない、②あまり不快でない、③やや不快、④極めて不快」の4段階の順序尺度、「Q3. 不快な思いをさせた相手にあなたはどう対処しますか」では3段階の順序尺度、としました。

◆図8.8
**調査用紙**

Q1. あなたの性格（すべて2水準の名義尺度）
(1) どちらかというとファッションにこらない　□　　どちらかというとファッションにこる　□
(2) どちらかというと化粧にこらない　□　　どちらかというと化粧にこる　□
(3) 異性の目をあまり気にしない　□　　異性の目をどちらかというと気にする　□
(4) どちらかというと男性に厳しい　□　　どちらかというと男性に寛容　□
(5) 一人っ子である　□　　(6) 男の兄弟がいる　□　　(7) 女の姉妹がいる　□

Q2. 女性は自分の事としてお答えください。男性は女性がそれらの質問にどのように感じるだろうかと考えてお答えください。（「①別に感じない、②あまり不快ではない、③やや不快、④極めて不快」までの4段階の順序尺度）
(1) スリーサイズ、体型などを訊かれるのはどうか
(2) 恋人はいるのかと訊かれるのはどうか
(3) 年齢を訊かれるのはどうか
(4) 飲み会で「つげ」とお酌を強要されるのはどうか
(5) 女のクセに……という発言はどうか
(6) 髪の毛、肩、腰など体を触られるのはどうか
(7) 色っぽい、セクシー、美人、かわいい、きれいなどと言われるのはどうか
(8) 必要もないのに個人的な性体験を尋ねられるのはどうか
(9) 男性が他の女性の身体、服装や性的な関係を他の人がいるところで話題にするのはどうか

Q3. 不快な思いをさせた相手にあなたはどう対処しますか？（下記の選択肢から1つを選択。3水準の順序尺度）
①よくあることだから何も気にしない（忘れる）
②口をきかないし誘いを受けてもことわる（自分の中にとどめる）
③仲間に「あいつは不快な男だ。口をきくな、誘われても断れ。」という（仲間を巻き込む）

## 8.2.3　解析結果

「セクハラ.JMP」から女性のみのデータを取り出します。そのため、男性2名が除外されるので、データは117人になります。

■**女性が不快に思う質問**
ここで問題になるのはQ2の各質問の分布です。その結果を図8.9に示します。全体的に女性が不快に思うのは、(1) スリーサイズ、(4) お酌、(5) 女のくせに、(6) 触られる、(8) 個人的体験、(9) 他人の女性などであることがわかります。

第8章　相関と回帰──多重ロジスティック回帰

◆図8.9
女性の認識

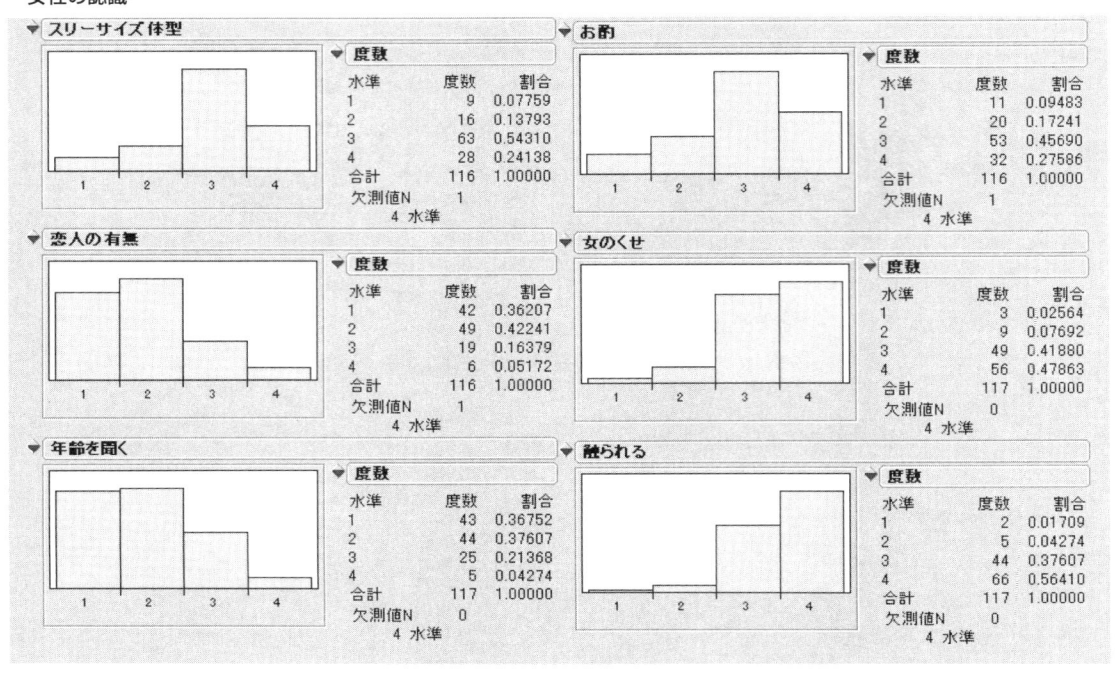

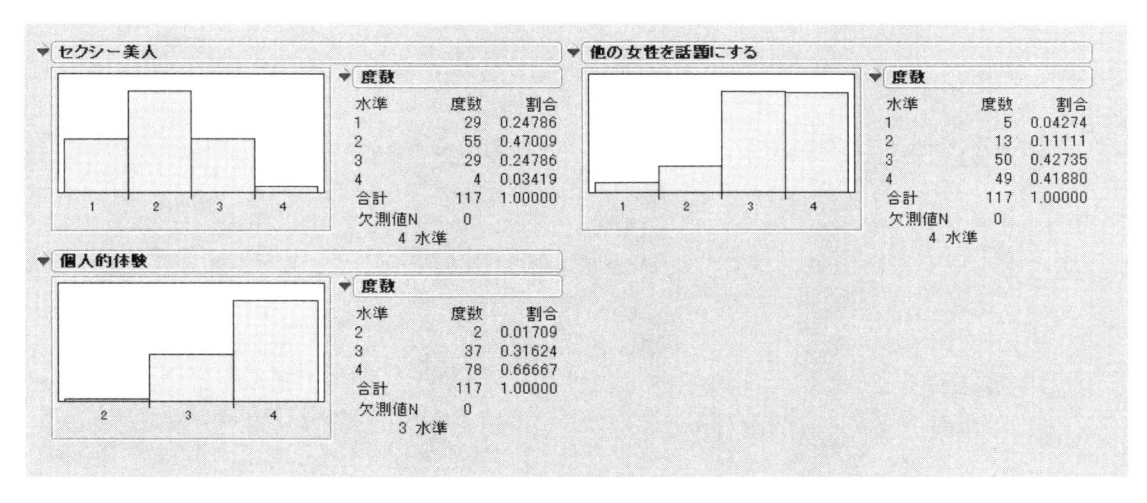

**スリーサイズ体型**

| 水準 | 度数 | 割合 |
|---|---|---|
| 1 | 9 | 0.07759 |
| 2 | 16 | 0.13793 |
| 3 | 63 | 0.54310 |
| 4 | 28 | 0.24138 |
| 合計 | 116 | 1.00000 |
| 欠測値N | 1 | |

4 水準

**お酌**

| 水準 | 度数 | 割合 |
|---|---|---|
| 1 | 11 | 0.09483 |
| 2 | 20 | 0.17241 |
| 3 | 53 | 0.45690 |
| 4 | 32 | 0.27586 |
| 合計 | 116 | 1.00000 |
| 欠測値N | 1 | |

4 水準

**恋人の有無**

| 水準 | 度数 | 割合 |
|---|---|---|
| 1 | 42 | 0.36207 |
| 2 | 49 | 0.42241 |
| 3 | 19 | 0.16379 |
| 4 | 6 | 0.05172 |
| 合計 | 116 | 1.00000 |
| 欠測値N | 1 | |

4 水準

**女のくせ**

| 水準 | 度数 | 割合 |
|---|---|---|
| 1 | 3 | 0.02564 |
| 2 | 9 | 0.07692 |
| 3 | 49 | 0.41880 |
| 4 | 56 | 0.47863 |
| 合計 | 117 | 1.00000 |
| 欠測値N | 0 | |

4 水準

**年齢を聞く**

| 水準 | 度数 | 割合 |
|---|---|---|
| 1 | 43 | 0.36752 |
| 2 | 44 | 0.37607 |
| 3 | 25 | 0.21368 |
| 4 | 5 | 0.04274 |
| 合計 | 117 | 1.00000 |
| 欠測値N | 0 | |

4 水準

**触られる**

| 水準 | 度数 | 割合 |
|---|---|---|
| 1 | 2 | 0.01709 |
| 2 | 5 | 0.04274 |
| 3 | 44 | 0.37607 |
| 4 | 66 | 0.56410 |
| 合計 | 117 | 1.00000 |
| 欠測値N | 0 | |

4 水準

**セクシー美人**

| 水準 | 度数 | 割合 |
|---|---|---|
| 1 | 29 | 0.24786 |
| 2 | 55 | 0.47009 |
| 3 | 29 | 0.24786 |
| 4 | 4 | 0.03419 |
| 合計 | 117 | 1.00000 |
| 欠測値N | 0 | |

4 水準

**他の女性を話題にする**

| 水準 | 度数 | 割合 |
|---|---|---|
| 1 | 5 | 0.04274 |
| 2 | 13 | 0.11111 |
| 3 | 50 | 0.42735 |
| 4 | 49 | 0.41880 |
| 合計 | 117 | 1.00000 |
| 欠測値N | 0 | |

4 水準

**個人的体験**

| 水準 | 度数 | 割合 |
|---|---|---|
| 2 | 2 | 0.01709 |
| 3 | 37 | 0.31624 |
| 4 | 78 | 0.66667 |
| 合計 | 117 | 1.00000 |
| 欠測値N | 0 | |

3 水準

## ■「拒絶度」の分布

これら9種類の女性の認識の結果を足し合わせ「拒絶度」という新しい変数を作成しました。この「拒絶度」は最小9点から最大36点までになり、中心極限定理により正規分布に近い分布になります（図8.10）。

この「拒絶度」を見ると、拒絶度の低い人、つまりほとんどの内容を不快に思わない人から、ほとんどすべての内容を不快に思う人まで幅広く存在することがわかります。

◆図8.10 「拒絶度」の分布

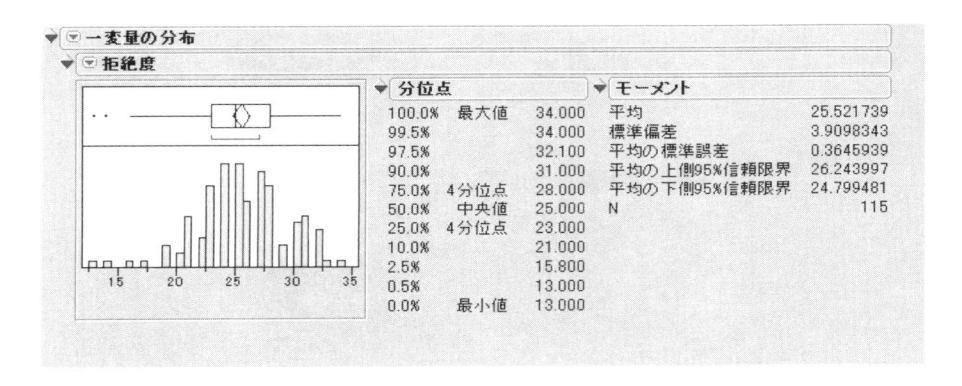

| 分位点 | | モーメント | |
|---|---|---|---|
| 100.0% 最大値 | 34.000 | 平均 | 25.521739 |
| 99.5% | 34.000 | 標準偏差 | 3.9098343 |
| 97.5% | 32.100 | 平均の標準誤差 | 0.3645939 |
| 90.0% | 31.000 | 平均の上側95%信頼限界 | 26.243997 |
| 75.0% 4分位点 | 28.000 | 平均の下側95%信頼限界 | 24.799481 |
| 50.0% 中央値 | 25.000 | N | 115 |
| 25.0% 4分位点 | 23.000 | | |
| 10.0% | 21.000 | | |
| 2.5% | 15.800 | | |
| 0.5% | 13.000 | | |
| 0.0% 最小値 | 13.000 | | |

## ■嫌な思いをさせた相手への「具体的な行動」

次に「Q3. 不快な思いをさせた相手にあなたはどう対処しますか」という問題を単純化し、下記の②と③をまとめ、「①特に何もしない、②具体的行動をとる」に再分類します。

①よくあることだから何も気にしない（忘れる）
②口をきかないし誘いを受けてもことわる（自分の中にとどめる）
③仲間に「あいつは不快な男だ。口をきくな、誘われても断れ。」という（仲間を巻き込む）

年齢は、①-③を20代、④以降を10歳刻みで分類していますので20代は自分のうちにひめるが、それ以降は具体的な行動をとる人が増加する傾向を示しています。

◆図8.11
具体的行動

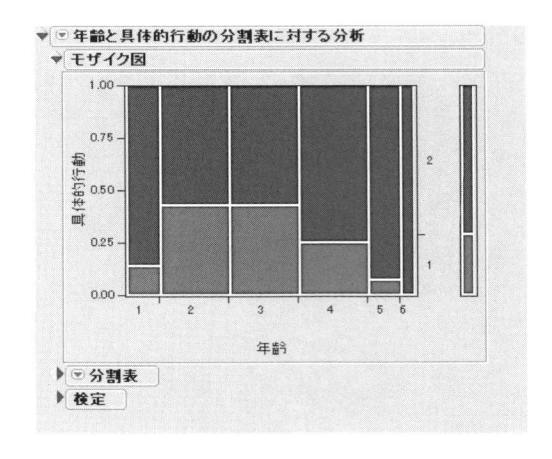

### ■「拒絶度」と回答者の性格の関係

　異性に対して寛容と答えた人の「拒絶度」はどうなるでしょうか（図8.12）。解析の結果、異性に対して寛容と答えた人の「拒絶度」が有意に低下しているのはわかりましたが、他のファッション、お化粧、異性の眼、兄弟の有無では有意な差がありませんでした。これは、女性の外観、性格などから、「拒絶度」の分布を推し量ることはできないことを意味しています。

◆図8.12
「異性に寛容」と「拒絶度」

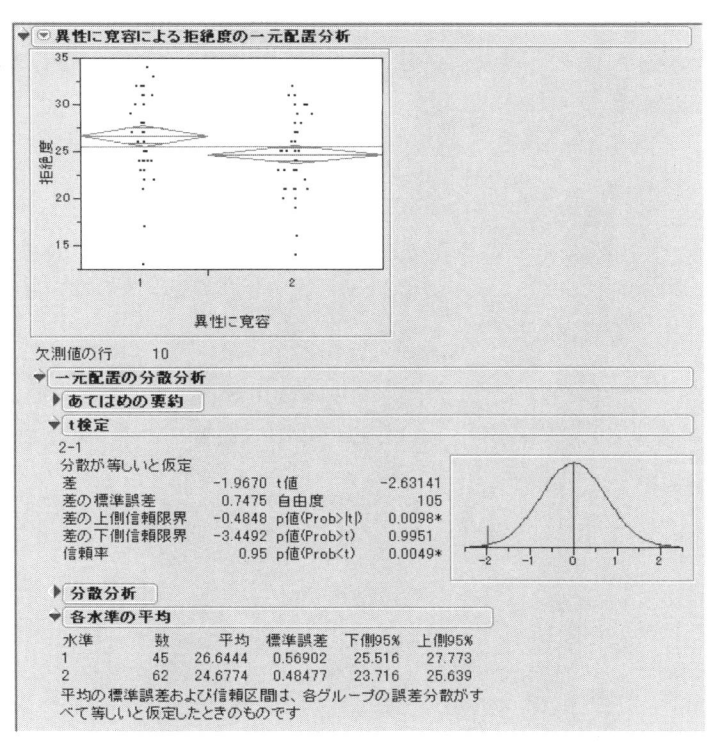

## 8.2.4 「具体的行動」と「拒絶度」の関係

セクハラに対する「拒絶度」は連続尺度、「具体的行動」を名義尺度と考えたとき、「拒絶度」から「具体的行動」を推し量るのはロジスティック回帰の問題になります（図8.13）。

拒絶度が高い低いといっても、実際にどの程度、具体的行動に出ているかを明らかにしましょう。

◆図8.13
「具体的行動」と「拒絶度」

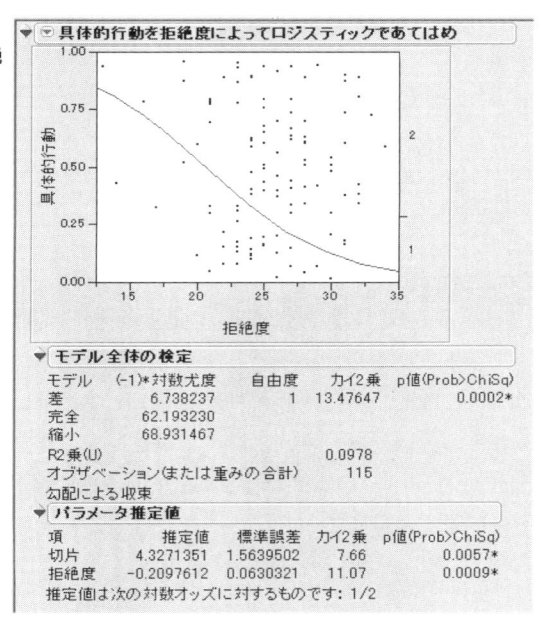

十字ツールを用いて、特定の「拒絶度」と「具体的行動」の関係を調べると、「拒絶度」の分布の中央値の25と「具体的行動」カーブの交点は0.2842、つまり71.58％の人は具体的行動にでるのがわかります。同様に拒絶度が75％パーセンタイルの28では82.11％の人が具体的行動にでるという結果になります（図8.14）。

◆図8.14
拒絶度25の場合(左)と拒絶度28の場合(右)

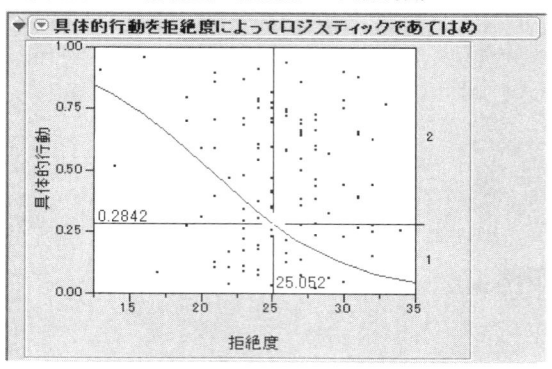

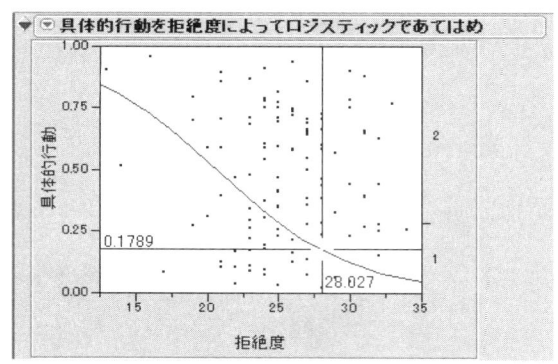

あたりまえですが、拒絶度の高い人はすぐに具体的行動に出て、低い人は具体的行動に出る割合が低いわけです。

### まとめ

拒絶度の分布がある程度の範囲を示すことから、いろいろな具体的な個別事例を取り上げて、一概にこれがセクハラだと決めつけることは難しいのがわかりました。セクハラに対しての考え方が異なる人がたくさんいますが、それらの人は、おしゃれ、ファッション、性格などから識別はほとんどできません。また、今回取り上げたすべての質問に不快に思う人が現実に存在します。

結局のところ、互いに異性が不快に思うようなことをいうべきではなく、それが企業や大学の日常において、皆が平穏に暮らす秘訣だ、とだけはいえるでしょう。

# 第9章 多変量解析——主成分分析（バイプロット）・対応分析・決定木

## 9.1 学生は高校で何を学んでくるか

### 9.1.1 はじめに

多数の応答から類似のものをまとめるのは、まとめる数が少ないときは直観感でなんとかなりますが、多くなると至難の業です。そのような目的には対応分析を用います。本節ではモザイク図を一度作成した後に、そのモザイク図のパターンをまとめて解釈するのに便利な対応分析について紹介します（資料提供：荒井克弘編「学生は高校で何を学んでくるか」大学入試センター研究開発部発行、2000.3）。

ファイルは「高校生.JMP」を使います。

### 9.1.2 データの説明

表9.1は、大学入試センターの荒井らが行った調査の結果です。調査は各質問について、「A：高校で身につき、大学で必要」「B：高校では身につかず、大学で必要」「C：高校で身につかなかったが、大学で必要ない」「D：高校で身についたが、大学で必要ない」と考える者の割合を示しています。

対象は、1999年度に大学入試センターを利用している大学の951学部からランダムに抽出した400学部の2年生各100人で、高校で獲得した能力と大学で求められる能力に関する調査票を32,425人より回収し、その中の有効回答23,466人についてまとめ直したのが表9.1の結果です。ある意味で日本の現代の大学生が得意とするもの、不得意とするものを示しているがこの表です。これは「高校生.JMP」というファイルを用意してありますので、それを使って以後の操作をしてください。

◆表9.1
各能力・技能に関する評価の分布（荒井克弘編「学生は高校で何を学んでくるか」大学入試センター研究開発部 2000/3/31、P178の表11-8より）

A：高校で身につき、大学で必要
B：高校では身につかず、大学で必要
C：高校では身につかなかったが、大学で必要でない
D：高校で身についたが、大学で必要ない

| 番号 | 能力・技術 | 4領域の割合 | | | |
|---|---|---|---|---|---|
| | | A | B | C | D |
| 1 | 基本的な公式や法則、事柄などを記録し必要に応じて思い出す力 | 33.8 | 6.4 | 11.7 | 48.1 |
| 2 | 言葉や他の記号（イラストなども含む）の意味を解釈する力 | 45.9 | 11.6 | 11.6 | 30.9 |
| 3 | 表・図・地図・グラフが読めること | 51.5 | 9.9 | 14.2 | 34.4 |
| 4 | 一つの表現形式を他の表現形式に変換する力 | 27.9 | 17.5 | 28.3 | 26.4 |
| 5 | 脈絡にあった表現、文法を正しく使うこと | 41.3 | 18 | 18.1 | 22.7 |
| 6 | 文章を要約すること | 38.6 | 25 | 17.5 | 19 |
| 7 | 表やグラフが書けること | 32.8 | 16.1 | 22.6 | 28.4 |
| 8 | プレゼンテーション（発表・アレンジ・ディスプレイすること） | 14.9 | 51.2 | 26.5 | 7.4 |
| 9 | まとまりのある長い文章を書く力 | 26.2 | 40.7 | 21.7 | 11.3 |
| 10 | 自分の考えを分かりやすく説明できること | 28.1 | 48.7 | 16.5 | 6.8 |
| 11 | 文章や人の考え方、絵画などに感情移入できること | 20.2 | 9.1 | 37 | 33.7 |
| 12 | 物事を比較して客観的に評価できる力 | 30.7 | 24.1 | 25.7 | 19.5 |
| 13 | アイディア・テーマ・問題などを相互に関係づけること | 25.7 | 29.8 | 30.2 | 14.3 |
| 14 | 与えられた前提から全体を把握できる力 | 25.7 | 32.5 | 27.6 | 14.2 |
| 15 | 部分的な情報から結論を推論すること | 30.5 | 30 | 24.5 | 15 |
| 16 | 自分のアイディアを実現するための方策を講じる力 | 19.9 | 37 | 32.4 | 10.7 |
| 17 | 仮説・仮定を立てること | 19.3 | 31.9 | 35.4 | 13.5 |
| 18 | 他人の意見・行動に根拠のある批判ができること | 24.2 | 31.8 | 29.1 | 14.9 |
| 19 | 分析すること。ある物事を分解して、それを成立させている成分・要素・側面を明らかにすること | 21.6 | 36.2 | 31.6 | 10.7 |
| 20 | 統合すること。いくつかの要素にまとめあわせること | 24.2 | 32.2 | 30.5 | 13.1 |
| 21 | 直面する状況に対して適切に判断・評価することができる力 | 43 | 29.4 | 14.5 | 13.2 |
| 22 | 自分の意見を筋道を立てて主張できる力 | 32.5 | 44.4 | 15.1 | 8.1 |
| 23 | パターンを読み取る力 | 31.2 | 18.3 | 22.9 | 27.7 |
| 24 | 必要な情報を探し出し整理する力 | 36.4 | 30 | 18.7 | 14.9 |
| 25 | 装置・機械等の操作・利用する力 | 31.5 | 24.9 | 18.9 | 24.7 |
| 26 | スケッチ・作図・図式化する力 | 15.9 | 18.9 | 47.6 | 17.7 |

## 9.1.3 操作

データテーブルには、「番号」「能力・技術」「A」「B」「C」「D」という変数があります（図9.1）。

◆図9.1
高校生は何を学んでくるか

このデータテーブルはすでに集計されて、1つの質問項目の中の横の合計が100％になるように調整されています。そこで、「A」「B」「C」「D」の回答について、図9.2のように列名を設定してデータの積み重ねを行います。

◆図9.2
列の積み重ね

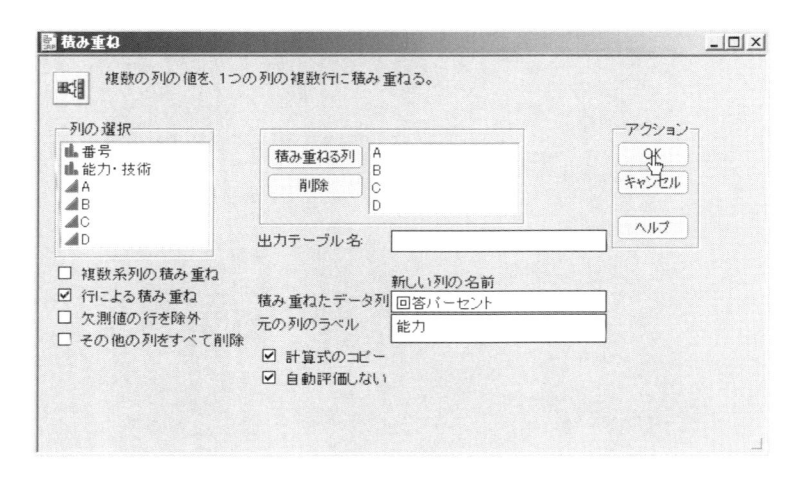

その結果、図9.3のようなデータテーブルが生成されます。

第9章　多変量解析——主成分分析（バイプロット）・対応分析・決定木

◆図9.3
積み重ねの結果

　このデータテーブルに対して、二変量の関係を求めます。「X, 説明変数」に「番号」を、「Y, 目的変数」に「能力」を設定し、かつ「重み」に「回答パーセント」を設定して、[OK] ボタンを押します。

　いつものように、モザイク図が表示されますが、正直にいって、これでは何が何だかわかりません。そこで対応分析をしてみましょう。

## 9.1.4　対応分析の実施

　「番号と能力の分割表に対する分析」のアウトラインにある赤い▼をクリックし、[対応分析] を選びます（図9.4）。

◆図9.4
対応分析の設定

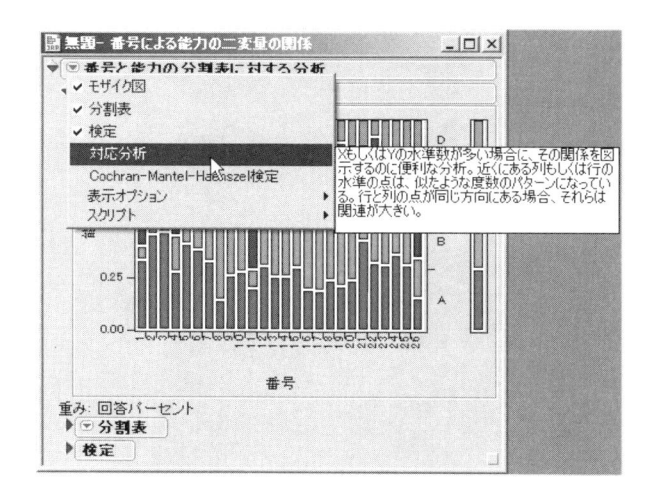

対応分析の詳しい例は、次の例をご覧ください。ここでは単に度数表の中から度数のパターンが似ている行や列を見つけるための手法、あるいはシンプルな数量化III類と理解されても結構です。

### ■対応分析

対応分析は、度数表の中から度数のパターンが似ている行や列を見つけるためのグラフです。対応分析のプロットには各行と各列につき1つの点があります。

行内にある度数をその行の合計度数で割ったものを行プロファイルとします。2つの行のプロファイルが似ているとき、対応分析プロット内でそれらの行を表す点は互いに近い位置にあります。2点の平方距離は、その2行の等質性を検定するカイ2乗の距離にほぼ比例します。

列プロファイルと行プロファイルは、計算の仕方が同じなので似た内容になります。行の点と列の点の距離には意味がありませんが、原点からの方向には意味があり、その関係を見ることでプロットを解釈できます。

対応分析は、特にフランス(Benzecri 1973, Lebart et al., 1977)と日本(Hayashi 1950)で広く使われていますが、米国で普及するようになったのはつい最近のことです(Greenacre 1984)。

この手法が特に有効なのは、データの水準数が多く、表から意味のある情報を引き出すのが難しい場合です。(JMPヘルプファイルより)

今回の例で、対応分析を行うと、各質問項目が二次元平面に布置されました。左上が「A」、右上が「D」、左下が「B」、右下が「C」の質問に対応し、類似の質問項目がプロットされているのがわかります(図9.5)。

◆図9.5 布置の結果

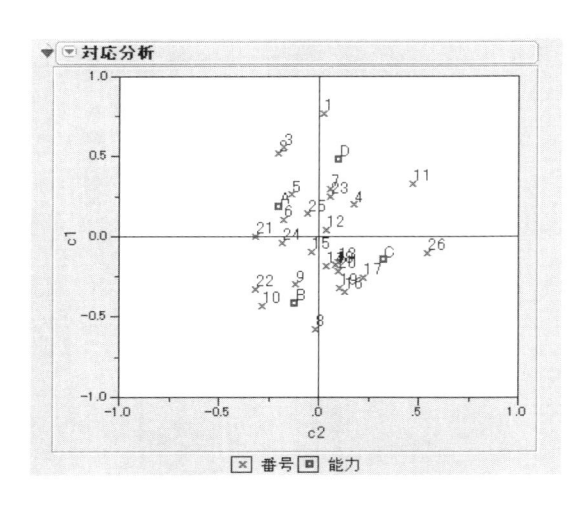

## 9.1.5　データの解釈

　今回のデータは非常に興味深いものです。大学生の学力低下がとかくいわれていますが、大学生自身の自己評価を示したと考えられるのがこのデータです。特に全国規模の23,466人もの回答を解析し、かつ学部も多種にわたっていますので大学生の得意分野と不得意分野の現実を表しているといってよいでしょう。

　調査対象は2年生ですから、すでに1年間大学で学んでいます。その結果から自分の能力に足りない点を指摘しているのが、「B：高校では身につかず、大学で必要」といっている分野です。

　項目番号でいえば、8、9、10、22番で具体的な内容は以下のようになります。

　　8　プレゼンテーション（発表・アレンジ・ディスプレイすること）
　　9　まとまりのある長い文章を書く力
　　10　自分の考えを分かりやすく説明できること
　　22　自分の意見を筋道を立てて主張できる力

　いろいろな解釈が成り立つでしょうが、筆者はこれらの不得意な分野は、総合的なコミュニケーション能力ではないかと考えています。高校まではどちらかというと、無難なもの、人と同じものを選ぶ消極的な態度でなんとかしのいでいても、大学に入るとそうはいかなくなる現実を反映しているのでしょう。

　実はこの結果は、「5.2　企業の求める大学生とは」で示す、日経連の調査結果と非常に関係があると考えられます。日経連の調査は大学の出口での調査にあたり、学生採用時に重視する項目として「1. コミュニケーション能力」「2. チャレンジ精神」「3. 主体性」「4. 協調性」をあげています。今回、高校生が何を学んできたかの調査は大学の入り口の調査でもあるので、大学2年生が不得意とする内容は、そのまま企業が重視するものと重なっているのです。

　ひょっとして、これら8、9、10、22の不得意な項目は大学の学生生活中で改善されているかもしれません。しかし、大学の教育現場に長い間いる経験からいって、そうは改善されず卒業論文においては、日本語の指導を必要とし論理的な文章の作成が不得意な学生が多いのも事実です。

> **まとめ**
>
> 今回の解析結果からいろいろな戦略がたてられます。大学生の視点から見ると、普通の大学生はこのような調査結果は知りませんし、無関心なままの者が大半といってよいでしょう。そうであれば、上記の4点を徹底的に在学中に行えば、就職時に有利になるとも考えられます。
>
> 学生を採用する企業の立場からは、皆大学生が不得意といっているこれらの重要な項目は、ある意味で企業にとって重要視する項目です。
>
> 目まぐるしく変化するこれからの社会では、大学で学んだ知識が役に立たなくなる可能性もあります。新たな問題に遭遇したとき、それを解決する方法を考え、それに必要な知識と技術を自ら学び、考えをわかりやすく説明して人を説得し、仲間と協力しながら仕事を進める。そんな問題発見解決型人材が求められているはずです。今回のデータはそのような面を指摘しているのかもしれません。

## 9.2 ワインに関する定量調査

### 9.2.1 はじめに

一時、ワインが大ブームになりました。その影響もあってか最近では家庭でワインを飲む機会もずいぶんと増えてきましたし、居酒屋でもワインを置くようになりました。酒屋に並ぶワインの種類もずいぶんと豊富になってきたようです。そこで、ワインの商品開発を行うことを想定して、JMPを使ってアンケートの解析を行ってみようと思います。

### 9.2.2 データの説明

実際に調査に用いた調査票は図9.6のとおりです。

◆図9.6
調査票

# 「ワイン」に関する調査

問1　最初に、あなたご自身のことをお知らせ下さい。
(1)　あなたの年代は　　　　　　　　　　　　　　　　　　　　　（○は1つ）
　　①20代　　②30代　　③40代　　④50代　　⑤60代以上
(2)　未既婚は　　　　　　　　　　　　　　　　　　　　　　　　（○は1つ）
　　①未婚　　②既婚
(3)　職業は　　　　　　　　　　　　　　　　　　　　　　　　　（○は1つ）
　　①大学生（短大生）　　②会社員（OL）　　③パート・アルバイト
　　④専業主婦　　⑤有職主婦（パート・アルバイト含む）　　⑥無職・その他

問2　あなたの一番お好きなお酒の種類をお知らせ下さい。（例：ビール）（1種類のみ）


問3　あなたはどの程度ワインをお飲みになっていますか。あてはまるものを1つお知らせ下さい。　　　　　　　　　　　　　　　　　　　　　　　　　　　　　　　（○は1つ）
　　①ほぼ毎日　　②週に1、2度程度　　③月に1、2度程度
　　④年に数回程度

問4　あなたは主にどこでワインをお飲みになっていますか。あてはまるものを1つお知らせ下さい。　　　　　　　　　　　　　　　　　　　　　　　　　　　　　　　（○は1つ）
　　①自宅　　②友人宅　　③飲食店　　④その他（　　　　　　　　　　）

問5　あなたはどの程度ワインにこだわっていますか。あてはまるものを1つお知らせ下さい。　　　　　　　　　　　　　　　　　　　　　　　　　　　　　　　（○は1つ）
　　①決まった銘柄しか飲まない
　　②銘柄は気になるがあるレベル以上ならかまわない
　　③銘柄は一応気になるが何でも飲む
　　④銘柄は特に気にならない

　男性についても調査したかったのですが、「女性を制するもの市場を制す」のことわざ（？）もあり、今回は女性向けのワインの開発にフォーカスしました。

　このようなアンケートを、2000年10月に、「首都圏在住の自分でワインを購入、またはお店で銘柄を指定する女性150名」に対して行いました。

　その結果をJMPのデータセットにしたものが「ワイン（定量）.JMP」です。念のためにデータの一部を抜粋しておきます。

◆図9.7
ワイン(定量).JMP

| パネル番号 | 年代 | 未既婚 | 職業 | 好きなお酒 |
|---|---|---|---|---|
| 1 | 20 | 未婚 | 会社員(OL) | カクテル・リキュール類 |
| 2 | 20 | 既婚 | 専業主婦 | カクテル・リキュール類 |
| 3 | 20 | 未婚 | 大学生(短大生) | ビール |
| 4 | 20 | 未婚 | 会社員(OL) | カクテル・リキュール類 |
| 5 | 20 | 未婚 | パート・アルバイト | ワイン |
| 6 | 20 | 既婚 | 専業主婦 | 日本酒 |
| 7 | 20 | 未婚 | 大学生(短大生) | カクテル・リキュール類 |
| 8 | 20 | 既婚 | 無職・その他 | ワイン |
| 9 | 20 | 既婚 | 専業主婦 | ワイン |
| 10 | 20 | 未婚 | パート・アルバイト | カクテル・リキュール類 |
| 11 | 20 | 未婚 | 専業主婦 | ワイン |
| 12 | 20 | 既婚 | 専業主婦 | カクテル・リキュール類 |
| 13 | 20 | 未婚 | 会社員(OL) | カクテル・リキュール類 |
| 14 | 20 | 未婚 | 会社員(OL) | カクテル・リキュール類 |
| 15 | 20 | 既婚 | 専業主婦 | カクテル・リキュール類 |
| 16 | 20 | 既婚 | 専業主婦 | ワイン |
| 17 | 20 | 未婚 | 大学生(短大生) | ワイン |
| 18 | 20 | 既婚 | 専業主婦 | ビール |
| 19 | 20 | 既婚 | 専業主婦 | カクテル・リキュール類 |
| 20 | 20 | 未婚 | 大学生(短大生) | カクテル・リキュール類 |
| 21 | 20 | 未婚 | パート・アルバイト | ビール |
| 22 | 20 | 既婚 | 専業主婦 | ビール |
| 23 | 20 | 既婚 | 有職主婦(パート・アルバイト含む) | カクテル・リキュール類 |
| 24 | 20 | 未婚 | 会社員(OL) | 発泡酒 |
| 25 | 20 | 未婚 | 会社員(OL) | ワイン |
| 26 | 20 | 未婚 | 大学生(短大生) | カクテル・リキュール類 |
| 27 | 20 | 未婚 | パート・アルバイト | ビール |
| 28 | 20 | 既婚 | 有職主婦(パート・アルバイト含む) | ワイン |
| 29 | 20 | 未婚 | パート・アルバイト | ビール |
| 30 | 20 | 既婚 | 有職主婦(パート・アルバイト含む) | カクテル・リキュール類 |
| 31 | 30 | 既婚 | 専業主婦 | ワイン |
| 32 | 30 | 既婚 | 専業主婦 | ビール |
| 33 | 30 | 既婚 | 専業主婦 | ワイン |
| 34 | 30 | 既婚 | 専業主婦 | ワイン |

## 9.2.3 解析結果

■各設問の集計

さっそくJMPで各設問を集計してみましょう。といっても操作は簡単です。メニューから[分析]-[一変量の分布]を選び、必要な変数を選択して[OK]ボタンを押すだけです(図9.8、図9.9)。

◆図9.8
一変量の分布の設定

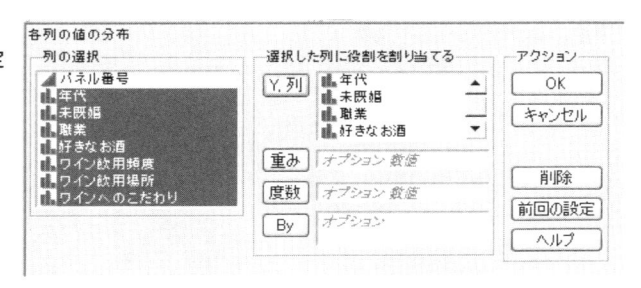

◆図9.9
　一変量の分布の結果

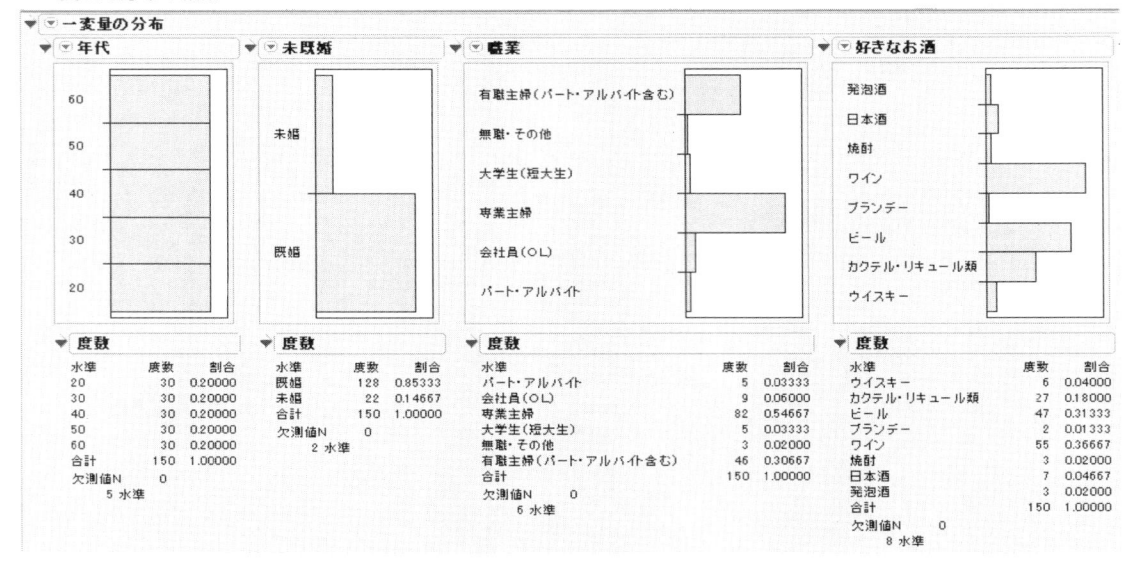

このような結果が瞬時に得られたと思います。

年代は均等にリクルートしていますからすべて同じで当然ですが、既婚者が多いことがわかりますね。

個々の設問への回答をもう少し詳しく見ていきましょう。

「職業」では、専業主婦、有職主婦の割合が多いようですね（図9.10）。ワインの商品開発を考える際には、やはり主婦の意向を無視してはならないようです。

次は「好きなお酒」です（図9.11）。自分でワインを購入、またはお店で銘柄を指定する女性へのアンケートですから当然かもしれませんが、「ワイン」を一番好きと申告する人が多いですね。次いで「ビール」「カクテル・リキュール類」と続いていて、女性であっても「とりあえずビール」は押さえておかなければならないようです。

9.2 ワインに関する定量調査

◆図9.10
「職業」の分析

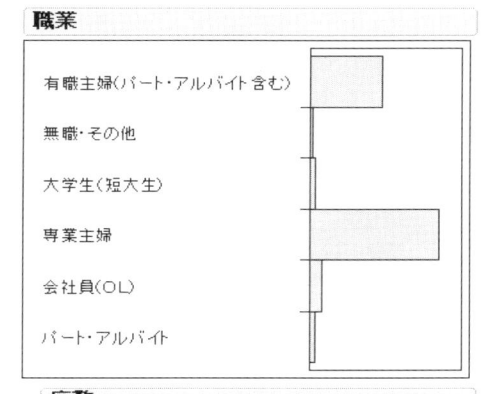

職業

[横棒グラフ：有職主婦（パート・アルバイト含む）、無職・その他、大学生（短大生）、専業主婦、会社員（OL）、パート・アルバイト]

度数

| 水準 | 度数 | 割合 |
|---|---|---|
| パート・アルバイト | 5 | 0.03333 |
| 会社員（OL） | 9 | 0.06000 |
| 専業主婦 | 82 | 0.54667 |
| 大学生（短大生） | 5 | 0.03333 |
| 無職・その他 | 3 | 0.02000 |
| 有職主婦（パート・アルバイト含む） | 46 | 0.30667 |
| 合計 | 150 | 1.00000 |
| 欠測値N | 0 | |

6 水準

◆図9.11
「好きなお酒」の分析

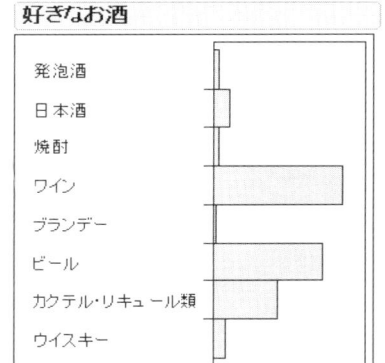

好きなお酒

[横棒グラフ：発泡酒、日本酒、焼酎、ワイン、ブランデー、ビール、カクテル・リキュール類、ウイスキー]

度数

| 水準 | 度数 | 割合 |
|---|---|---|
| ウイスキー | 6 | 0.04000 |
| カクテル・リキュール類 | 27 | 0.18000 |
| ビール | 47 | 0.31333 |
| ブランデー | 2 | 0.01333 |
| ワイン | 55 | 0.36667 |
| 焼酎 | 3 | 0.02000 |
| 日本酒 | 7 | 0.04667 |
| 発泡酒 | 3 | 0.02000 |
| 合計 | 150 | 1.00000 |
| 欠測値N | 0 | |

8 水準

「ワインの飲用頻度」です（図9.12）。さすがに「ほぼ毎日」という訳ではないようですが、「月に1、2度程度」「週に1、2度程度」と結構飲んでいるようです。

◆図9.12
「ワインの飲用頻度」の分析

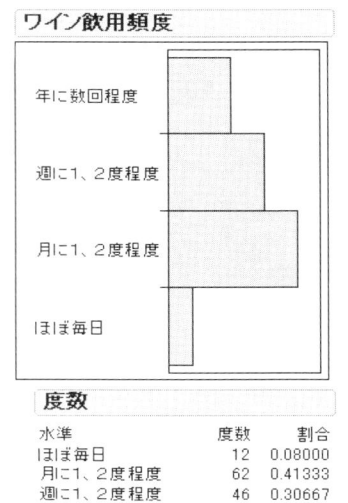

**ワイン飲用頻度**

度数

| 水準 | 度数 | 割合 |
|---|---|---|
| ほぼ毎日 | 12 | 0.08000 |
| 月に1、2度程度 | 62 | 0.41333 |
| 週に1、2度程度 | 46 | 0.30667 |
| 年に数回程度 | 30 | 0.20000 |
| 合計 | 150 | 1.00000 |

欠測値N　0
4 水準

飲む場所は、筆者もちょっと意外だったのですが、圧倒的に「自宅」です（図9.13）。ワインはホームパーティなど友人宅で消費されることが多いのかななどと考えていた筆者の仮説は見事にはずれてしまいました。

◆図9.13
「ワイン飲用場所」の分析

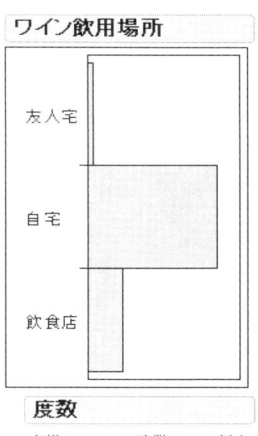

**ワイン飲用場所**

度数

| 水準 | 度数 | 割合 |
|---|---|---|
| 飲食店 | 31 | 0.20667 |
| 自宅 | 114 | 0.76000 |
| 友人宅 | 5 | 0.03333 |
| 合計 | 150 | 1.00000 |

欠測値N　0
3 水準

ワインへのこだわり方を見てみます（図9.14）。自分でワインを購入、またはお店で銘柄を指定する女性ですが、「銘柄は特に気にならない」「銘柄は一応気になるが何でも飲む」という回答が多く、化粧品やファッションほどには嗜好品でなく、いわゆる「お酒」としての認識がまだまだ強いことがうかがえます。

◆図9.14
「ワインへのこだわり」の分析

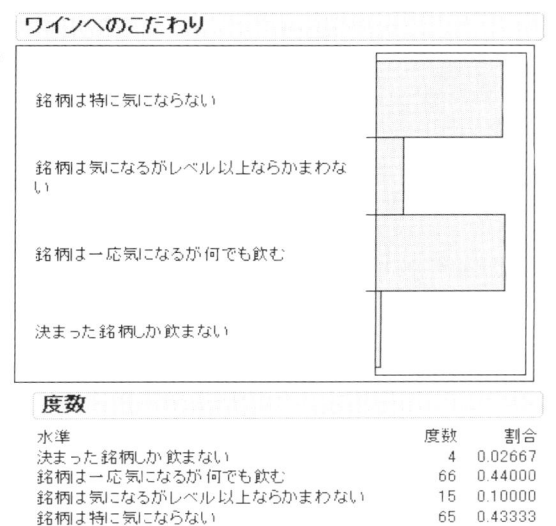

**ワインへのこだわり**

度数

| 水準 | 度数 | 割合 |
|---|---|---|
| 決まった銘柄しか飲まない | 4 | 0.02667 |
| 銘柄は一応気になるが何でも飲む | 66 | 0.44000 |
| 銘柄は気になるがレベル以上ならかまわない | 15 | 0.10000 |
| 銘柄は特に気にならない | 65 | 0.43333 |
| 合計 | 150 | 1.00000 |

欠測値N　　0
　　　　4 水準

このように、JMPを使えば、簡単な操作でアンケートの集計結果が瞬時にビジュアルで把握できます。これだけでも結構使えるのですが、実はJMPにはもっと凄い機能が備わっているのです。

■定番、クロス集計

アンケート結果の集計の際の定番はなんといってもクロス集計でしょう。早速JMPでクロス集計を行ってみます。ここでは「年代によって好きなお酒に差があるのか」を検討してみることにします。メニューから［分析］－［二変量の関係］を選び、「Y, 目的変数」に「好きなお酒」を、「X, 説明変数」に「年代」を設定して［OK］ボタンを押します（図9.15）。

第9章　多変量解析——主成分分析（バイプロット）・対応分析・決定木

◆図9.15
二変量の関係の設定

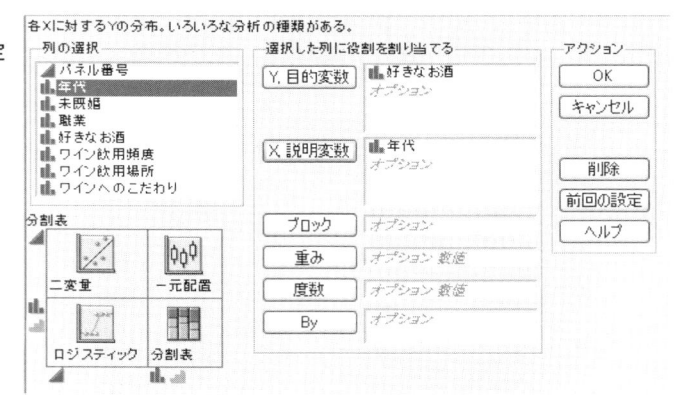

すると瞬時に図9.16のような結果が得られるはずです。

◆図9.16
二変量の関係の分析結果

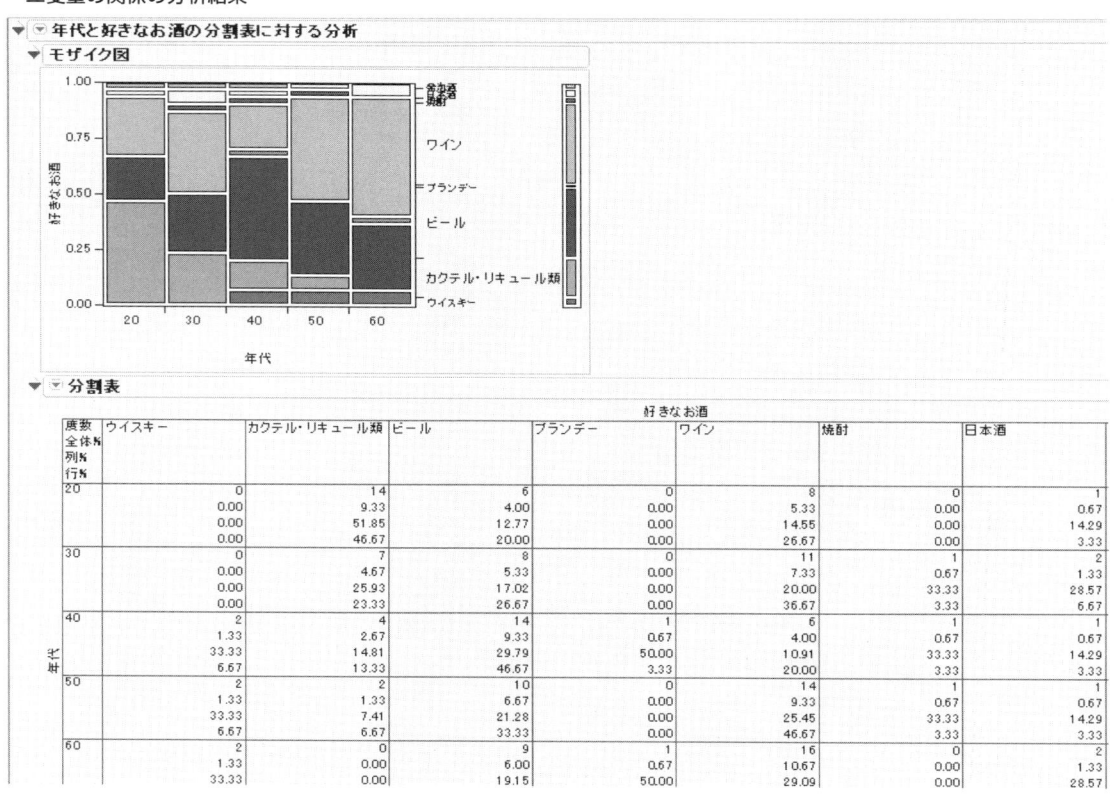

| 度数<br>全体%<br>列%<br>行% | ウイスキー | カクテル・リキュール類 | ビール | ブランデー | ワイン | 焼酎 | 日本酒 |
|---|---|---|---|---|---|---|---|
| 20 | 0<br>0.00<br>0.00<br>0.00 | 14<br>9.33<br>51.85<br>46.67 | 6<br>4.00<br>12.77<br>20.00 | 0<br>0.00<br>0.00<br>0.00 | 8<br>5.33<br>14.55<br>26.67 | 0<br>0.00<br>0.00<br>0.00 | 1<br>0.67<br>14.29<br>3.33 |
| 30 | 0<br>0.00<br>0.00<br>0.00 | 7<br>4.67<br>25.93<br>23.33 | 8<br>5.33<br>17.02<br>26.67 | 0<br>0.00<br>0.00<br>0.00 | 11<br>7.33<br>20.00<br>36.67 | 1<br>0.67<br>33.33<br>3.33 | 2<br>1.33<br>28.57<br>6.67 |
| 40 | 2<br>1.33<br>33.33<br>6.67 | 4<br>2.67<br>14.81<br>13.33 | 14<br>9.33<br>29.79<br>46.67 | 1<br>0.67<br>50.00<br>3.33 | 6<br>4.00<br>10.91<br>20.00 | 1<br>0.67<br>33.33<br>3.33 | 1<br>0.67<br>14.29<br>3.33 |
| 50 | 2<br>1.33<br>33.33<br>6.67 | 2<br>1.33<br>7.41<br>6.67 | 10<br>6.67<br>21.28<br>33.33 | 0<br>0.00<br>0.00<br>0.00 | 14<br>9.33<br>25.45<br>46.67 | 1<br>0.67<br>33.33<br>3.33 | 1<br>0.67<br>14.29<br>3.33 |
| 60 | 2<br>1.33<br>33.33 | 0<br>0.00<br>0.00 | 9<br>6.00<br>19.15 | 1<br>0.67<br>50.00 | 16<br>10.67<br>29.09 | 0<br>0.00<br>0.00 | 2<br>1.33<br>28.57 |

9.2 ワインに関する定量調査

JMPで二変量の関係を見るとき、まず表示されるのはモザイク図で、その次に分割表(いわゆるクロス集計表)なのです。なぜモザイク図が先なのかは後に説明するとして、ここではまず分割表を見てみましょう（図9.17）。

◆図9.17
分割表

| 度数 全体% 列% 行% | ウイスキー | カクテル・リキュール類 | ビール | ブランデー | ワイン | 焼酎 | 日本酒 | 発泡酒 | |
|---|---|---|---|---|---|---|---|---|---|
| 20 | 0<br>0.00<br>0.00<br>0.00 | 14<br>9.33<br>51.85<br>46.67 | 6<br>4.00<br>12.77<br>20.00 | 0<br>0.00<br>0.00<br>0.00 | 8<br>5.33<br>14.55<br>26.67 | 0<br>0.00<br>0.00<br>0.00 | 1<br>0.67<br>14.29<br>3.33 | 1<br>0.67<br>33.33<br>3.33 | 30<br>20.00 |
| 30 | 0<br>0.00<br>0.00<br>0.00 | 7<br>4.67<br>25.93<br>23.33 | 8<br>5.33<br>17.02<br>26.67 | 0<br>0.00<br>0.00<br>0.00 | 11<br>7.33<br>20.00<br>36.67 | 1<br>0.67<br>33.33<br>3.33 | 2<br>1.33<br>28.57<br>6.67 | 1<br>0.67<br>33.33<br>3.33 | 30<br>20.00 |
| 40 | 2<br>1.33<br>33.33<br>6.67 | 4<br>2.67<br>14.81<br>13.33 | 14<br>9.33<br>29.79<br>46.67 | 1<br>0.67<br>50.00<br>3.33 | 6<br>4.00<br>10.91<br>20.00 | 1<br>0.67<br>33.33<br>3.33 | 1<br>0.67<br>14.29<br>3.33 | 1<br>0.67<br>33.33<br>3.33 | 30<br>20.00 |
| 50 | 2<br>1.33<br>33.33<br>6.67 | 2<br>1.33<br>7.41<br>6.67 | 10<br>6.67<br>21.28<br>33.33 | 0<br>0.00<br>0.00<br>0.00 | 14<br>9.33<br>25.45<br>46.67 | 1<br>0.67<br>33.33<br>3.33 | 1<br>0.67<br>14.29<br>3.33 | 0<br>0.00<br>0.00<br>0.00 | 30<br>20.00 |
| 60 | 2<br>1.33<br>33.33<br>6.67 | 0<br>0.00<br>0.00<br>0.00 | 9<br>6.00<br>19.15<br>30.00 | 1<br>0.67<br>50.00<br>3.33 | 16<br>10.67<br>29.09<br>53.33 | 0<br>0.00<br>0.00<br>0.00 | 2<br>1.33<br>28.57<br>6.67 | 0<br>0.00<br>0.00<br>0.00 | 30<br>20.00 |
| | 6<br>4.00 | 27<br>18.00 | 47<br>31.33 | 2<br>1.33 | 55<br>36.67 | 3<br>2.00 | 7<br>4.67 | 3<br>2.00 | 150 |

定量調査をよくやっている方ならお馴染みの表かと思います。ちょっと数字がごちゃごちゃしていて見にくいので、すっきりさせましょう。分割表の左上の赤い▼をクリックしてみてください（図9.18）。

◆図9.18
分割表に表示する要素

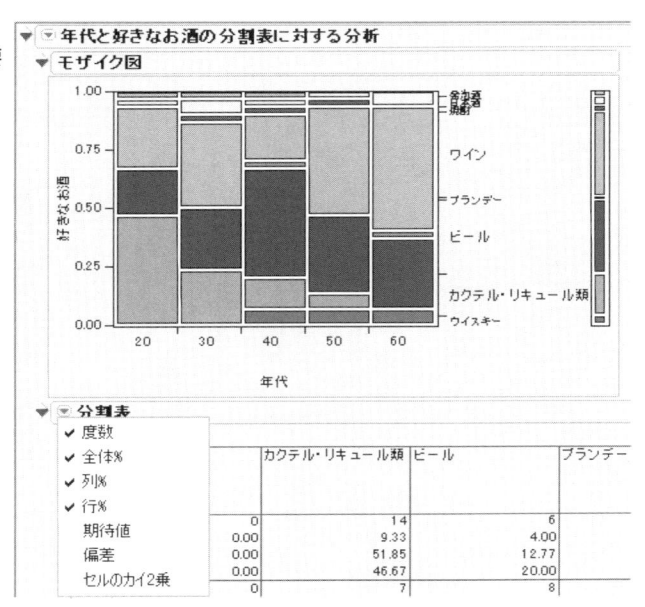

ここでは、分割表の各セルの中に表示する要素を選択できます。現在はチェックマークのついている「度数」「全体%」「列%」「行%」が表示されるよう設定されています。これを「全体%」のみの表示に変更してみましょう（図9.19）。

◆図9.19
「全体%」のみの分割表

| 分割表 | | | | | | | | | | |
|---|---|---|---|---|---|---|---|---|---|---|
| 全体% | ウイスキー | カクテル・リキュール類 | ビール | ブランデー | ワイン | 焼酎 | 日本酒 | 発泡酒 | | |
| 20 | 0.00 | 9.33 | 4.00 | 0.00 | 5.33 | 0.00 | 0.67 | 0.67 | 20.00 |
| 30 | 0.00 | 4.67 | 5.33 | 0.00 | 7.33 | 0.67 | 1.33 | 0.67 | 20.00 |
| 40 | 1.33 | 2.67 | 9.33 | 0.67 | 4.00 | 0.67 | 0.67 | 0.67 | 20.00 |
| 50 | 1.33 | 1.33 | 6.67 | 0.00 | 9.33 | 0.67 | 0.67 | 0.00 | 20.00 |
| 60 | 1.33 | 0.00 | 6.00 | 0.67 | 10.67 | 0.00 | 1.33 | 0.00 | 20.00 |
| | 4.00 | 18.00 | 31.33 | 1.33 | 36.67 | 2.00 | 4.67 | 2.00 | |

すっかりシンプルなクロス集計表になりました。これを見ると、ワインは、36.67%の女性が一番好きであると申告し、50代、60代に好きな人が多そうなことがわかります。しかし、このように数字を追っていくのはなかなか大変です。統計的発見ソフトを標榜するJMPとしては、こんな大変な、人間の発想・思考にブレーキをかけるようなことは決してしたくないのです。だから、分割表は2番目で、モザイク図が最初に表示されるのです。それでは、このモザイク図を見ていくことにしましょう。

### ■ JMPだからできるクロス集計の工夫（モザイク図に可視化する）

モザイク図に注目してください（図9.20）。今は比較的小さいサイズで、ラベル文字も重なった状態です。

◆図9.20
モザイク図

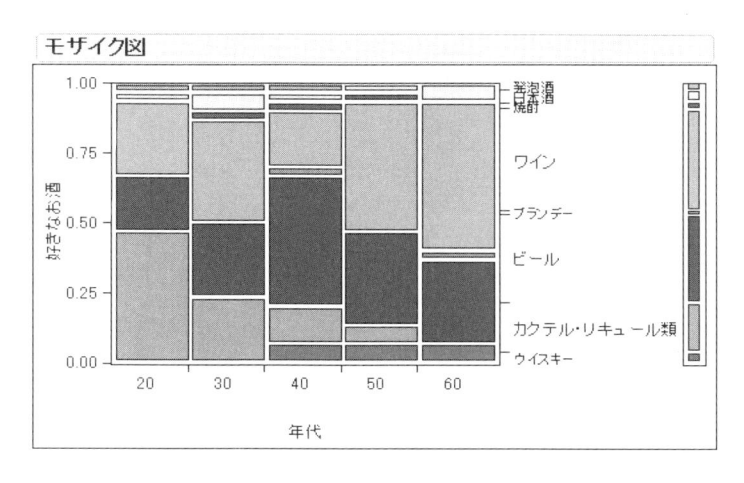

これを少し見やすくしましょう。矢印ツールを使ってモザイク図の右下をつかんで、右下方向にドラッグしてみてください（図9.21）。

9.2 ワインに関する定量調査

◆図9.21
モザイク図を大きくする

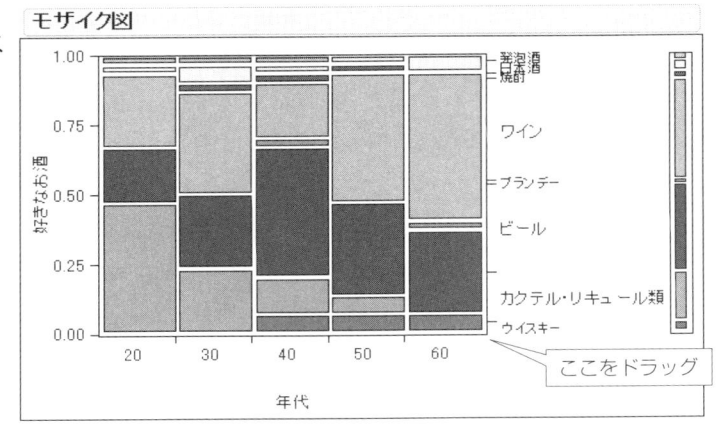

大きく、見やすいモザイク図になりました（図9.22）。

◆図9.22
大きくなったモザイク図

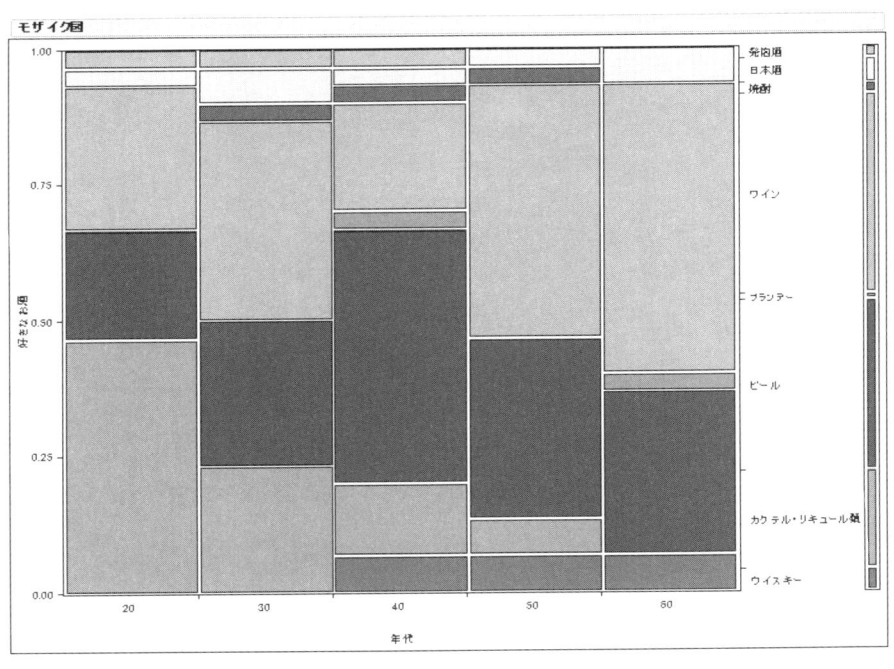

　このモザイク図は、「年代」「好きなお酒」について、その属性の占める割合に応じて横幅、縦幅の広さを調整した図です。年代は同じ$n$数ですので等間隔になっており、「好きなお酒」は、各「年代」について割合が変化しています。ここでの着眼点はモザイク1つ1つの面積の大きさと全体の中での傾向です。面積はその属性に当てはまる人数の多さを表しており、傾向は市場を支配する潜在的な法則性のようなものを表すわけです。

227

読者の皆さんはこのモザイク図を見てまず何を感じますか？　筆者はまず中心の40代ビールに目が行きました。40代はやっぱりビール。そうだよなぁ……と実感します。本題のワインに目を移しましょう。やはりワインは60代、50代ですが、30代も実はワインが最も好まれている年代のようです。30代は嗜好が分散していて分割表上はさほど目立った数字の大きさではなかったので、ついうっかり見逃してしまった事実です。また、20代はカクテルが幅をきかせているのですが、年代が上がるに従ってしぼんでしまう傾向があることも見事にわかります。ウイスキーももはや若者にはまったく支持されないお酒なのだという事実もモザイク図にしてみると見せつけられます。

このように、二変量の関係をモザイク図でビジュアル化することで、分割表のような数字の羅列からは発見しにくいさまざまな役に立つ知識・情報を得ることができるわけです。JMPが統計的発見ソフトを標榜する理由の一端をご理解いただけたことと思います。

ちなみに、ここまで議論してきたことは本当にそうなのでしょうか？　偶然そうなっているだけなのではないでしょうか？　その疑問に答えるためには「偶然ではない」という検定を行う必要がありますが、ご安心ください。JMPは先回りしてすでにその検定を行ってくれています（図9.23）。

◆図9.23　検定

| 要因 | 自由度 | (-1)*対数尤度 | R2乗(U) |
|---|---|---|---|
| モデル | 28 | 25.35397 | 0.1108 |
| 誤差 | 115 | 203.54357 | |
| 全体(修正済み) | 143 | 228.89754 | |
| N | 150 | | |

| 検定 | カイ2乗 | p値(Prob>ChiSq) |
|---|---|---|
| 尤度比 | 50.708 | 0.0054* |
| Pearson | 43.858 | 0.0287* |

警告:
セルのうち20%の期待度数が5未満です。カイ2乗に問題がある可能性があります。
警告:
平均セル度数が5未満です。尤度比カイ2乗に問題がある可能性があります。

JMPでは、「尤度比」のカイ2乗検定と「Pearson」のカイ2乗検定という2種類の方法での検定を行います。カテゴリカルなデータでの「(-1)×対数尤度」は、連続量のデータにおける平方和と同じ役割を果たすのでカイ2乗検定の概念が適用できます。また、Pearsonのカイ2乗は、標本のサイズが非常に大きいと、各セルの度数が正規分布に従う傾向にあるという性質を利用して、観測セル度数と期待セル度数の差の平方和からカイ2乗を計算します。ここでは、それぞれのカイ2乗値が十分小さいので、偶然の結果ではなさそうだと結論できます。ただし、厳密にいえば、各セルの実測値・期待値が小さい（標本のサイズが非常に大きいわけではな

い)ので、各セルの度数が正規分布に従わない可能性があるので、検定が正しくないかもしれないとわざわざ警告まで発してくれています。

### ■JMPだからできるクロス集計の工夫（ロジスティック回帰分析）

市場を支配する潜在的な法則性を発見するためにもう一工夫してみましょう。今回の「年代」と「好きなお酒」というような、片方の変数が「連続尺度」としてとらえられる（とらえても大きな間違いではない）場合にのみ適用できる方法で、すべてのケースで使える訳ではないことはご了承ください。先ほどのJMPのデータセット「ワイン（定量）.JMP」に戻ります。

◆図9.24
列属性

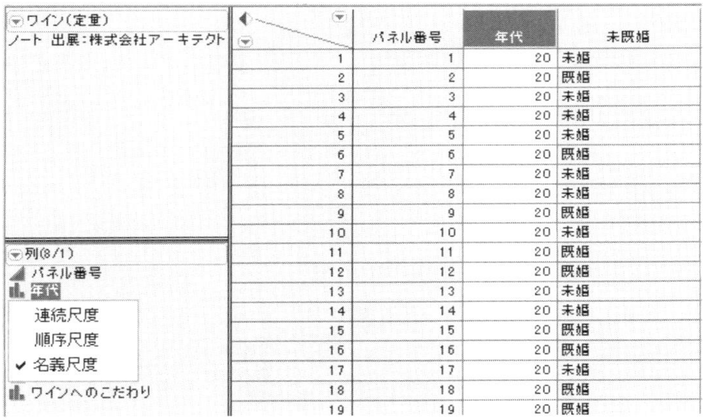

ここで左の列属性の表示に着目してください。「パネル番号」「年代」……という変数の頭に「青い三角の直線グラフ」アイコンとか、「赤い棒グラフ」アイコンがついています（図9.24）。そのアイコンをクリックすると、「青い三角の直線グラフ」アイコンが連続尺度、「赤い棒グラフ」アイコンが名義尺度なのだということがわかります。この「年代」の［名義尺度］のチェックを［連続尺度］のチェックに変えてやるのです。すると先ほどまで「赤い棒グラフ」アイコンだった「年代」の頭の記号が「青い三角の直線グラフ」アイコンに変わったはずです。データは年代ですが、連続尺度としてとらえても大きな間違いではないという立場をとります。この状態で、先ほどのようにメニューから［分析］－［二変量の関係］を選び、「Y, 目的変数」に「好きなお酒」を、「X, 説明変数」に「年代」を設定して、［OK］ボタンを押します（図9.25）。

◆図9.25
　二変量の関係の設定

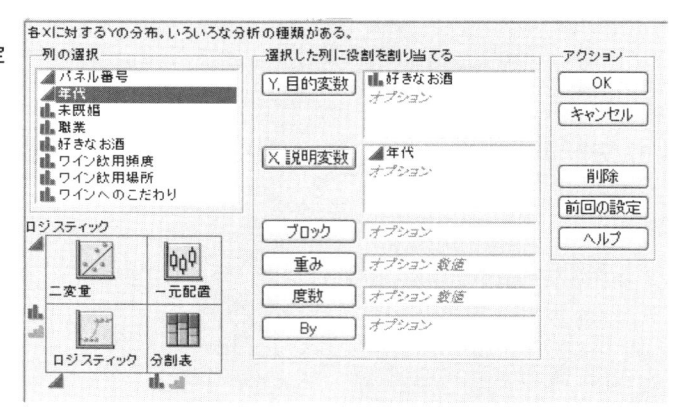

すると瞬時に図9.26の結果が得られます。

◆図9.26
　二変量の関係の結果

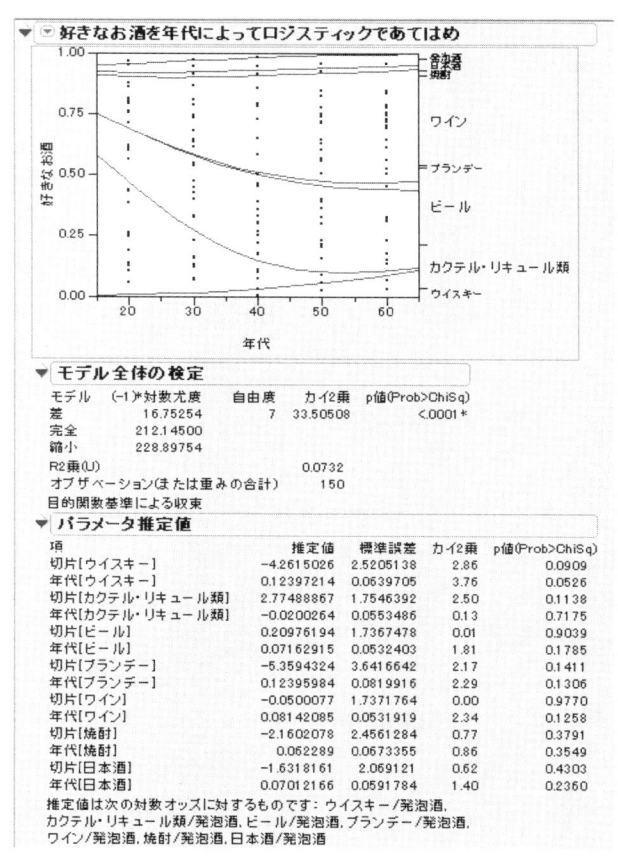

見やすくするために図の右下をドラッグしてサイズを調整しましょう。

図9.27のような結果が得られたはずです。これは、「年代」が連続的に変化する

◆図9.27
グラフの拡大

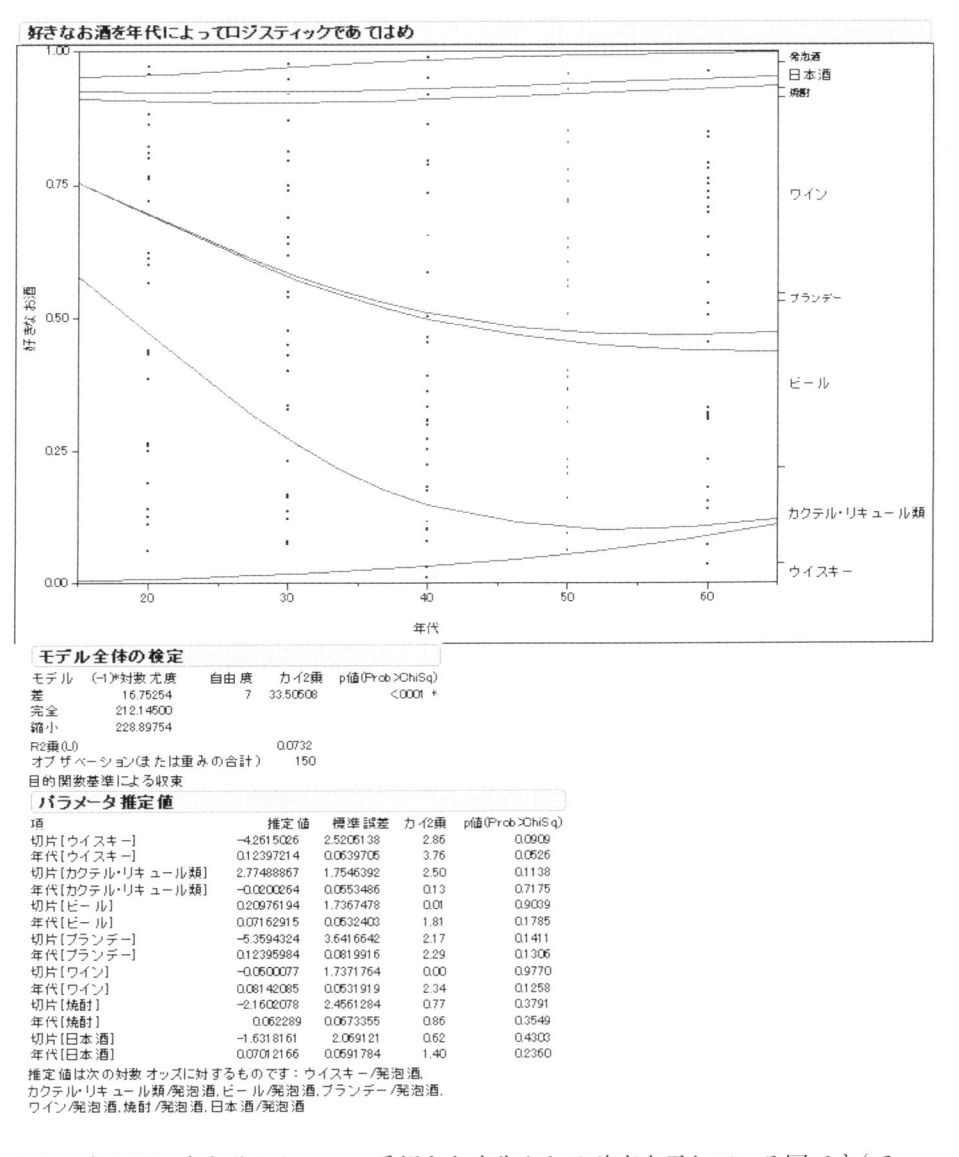

**好きなお酒を年代によってロジスティックであてはめ**

**モデル全体の検定**

| モデル | (-1)*対数尤度 | 自由度 | カイ2乗 | p値(Prob>ChiSq) |
|---|---|---|---|---|
| 差 | 16.75254 | 7 | 33.50508 | <.0001 * |
| 完全 | 212.14500 | | | |
| 縮小 | 228.89754 | | | |

R2乗(U)　0.0732
オブザベーション(または重みの合計)　150
目的関数基準による収束

**パラメータ推定値**

| 項 | 推定値 | 標準誤差 | カイ2乗 | p値(Prob>ChiSq) |
|---|---|---|---|---|
| 切片[ウイスキー] | -4.2615026 | 2.5205138 | 2.85 | 0.0909 |
| 年代[ウイスキー] | 0.12397214 | 0.0639705 | 3.75 | 0.0526 |
| 切片[カクテル・リキュール類] | 2.77488867 | 1.7546392 | 2.50 | 0.1138 |
| 年代[カクテル・リキュール類] | -0.0200264 | 0.0553486 | 0.13 | 0.7175 |
| 切片[ビール] | 0.20976194 | 1.7367478 | 0.01 | 0.9039 |
| 年代[ビール] | 0.07162915 | 0.0532403 | 1.81 | 0.1785 |
| 切片[ブランデー] | -5.3594324 | 3.6416642 | 2.17 | 0.1411 |
| 年代[ブランデー] | 0.12395984 | 0.0819916 | 2.29 | 0.1306 |
| 切片[ワイン] | -0.0500077 | 1.7371764 | 0.00 | 0.9770 |
| 年代[ワイン] | 0.08142085 | 0.0531919 | 2.34 | 0.1258 |
| 切片[焼酎] | -2.1650278 | 2.4561284 | 0.77 | 0.3791 |
| 年代[焼酎] | 0.062289 | 0.0673355 | 0.85 | 0.3549 |
| 切片[日本酒] | -1.6318161 | 2.069121 | 0.62 | 0.4303 |
| 年代[日本酒] | 0.07012166 | 0.0591784 | 1.40 | 0.2360 |

推定値は次の対数オッズに対するものです：ウイスキー/発泡酒,
カクテル・リキュール類/発泡酒,ビール/発泡酒,ブランデー/発泡酒,
ワイン/発泡酒,焼酎/発泡酒,日本酒/発泡酒

とき、各お酒が各年代において一番好きと申告される確率を示している図です(ですから、トータルの確率は1になります)。この結果から、

法則1　ワインは年代が高くなるほど一番好きといわれやすいお酒である。
法則2　ウイスキーも絶対量は少ないものの、年代が高くなるほど好まれる傾向がある。
法則3　カクテルはその逆で、年代が高くなると好まれなくなる。
法則4　発泡酒も絶対量は少なく、年代が高くなると好まれなくなる傾向にある。

法則5　ビールは幅広く好まれる。

法則6　焼酎・日本酒はコンスタントだが絶対量は少ない。

といった市場を支配する潜在的な法則性を発見できます。また、ここでもJMPは先回りして検定までも行ってくれています。この場合も「尤度比」によるカイ2乗検定が使われています。カイ2乗の値は十分小さいので、この結果は偶然ではなく、自信をもって提案できます。

JMPが、片方が名義尺度変数、もう一方が連続尺度変数の場合で、名義尺度変数を目的変数に連続尺度変数を説明変数にとった場合の二変量の関係の分析で採用する方法は、「名義ロジスティック回帰分析」とよばれるものです。専門的な表現をすると、カテゴリカルな応答変数の確率を連続量の説明変数($X$)に直線ではなくロジスティック曲線（シグモイド平滑化曲線）を使ってあてはめる手法ということになります。

ロジスティック回帰は古くから普及している手法で、投与量／反応データや購買／選択データをモデル化するなど、いろいろな分野で応用されています。筆者の知る限りでは、特に医学分野の研究で多用されているようです。同じデータを使って判別分析を行うこともできるのですが、連続尺度変数のデータが正規分布でなければならないという制約があるので名義ロジスティック回帰分析の方が使いやすいようです。

JMPが表示する図はロジスティック確率プロットとよばれるもので、$Y$軸が確率を表します。応答変数（ここでは「好きなお酒」）の水準の数を$k$とすると、$k-1$個のロジスティック曲線が作成され、それによって確率の合計(1)が応答水準（ここでは「年代」）ごとに分割されます。ロジスティック曲線へのあてはめは、起こった応答（ここでは選ばれた「好きなお酒」）を予測する確率の対数符号を逆にしたものを最小化する方法（最尤法）が使われます。

### ■ JMPだからできるクロス集計の工夫（対応分析）

市場を支配する潜在的な法則性を発見するためにさらにもう一工夫してみましょう。今回の「年代」と「好きなお酒」というような、片方の変数が「連続尺度」としてとらえられる（とらえても大きな間違いではない）場合はロジスティック回帰分析が適用できましたが、「好きなお酒」と「ワイン飲用場所」というような、片方の変数をどうやっても「連続尺度」としてとらえることのできないケースがあります。このようなときには対応分析という手があるのです。再度JMPのデータセット「ワイン（定量）.JMP」に戻ってください。

「好きなお酒」と「ワイン飲用場所」を検討してみることにします。メニューか

## 9.2 ワインに関する定量調査

ら［分析］－［二変量の関係］を選び、「Y,目的変数」に「好きなお酒」を、「X,説明変数」に「ワイン飲用場所」を設定して、［OK］ボタンを押します（図9.28）。

◆図9.28
二変量の関係の設定

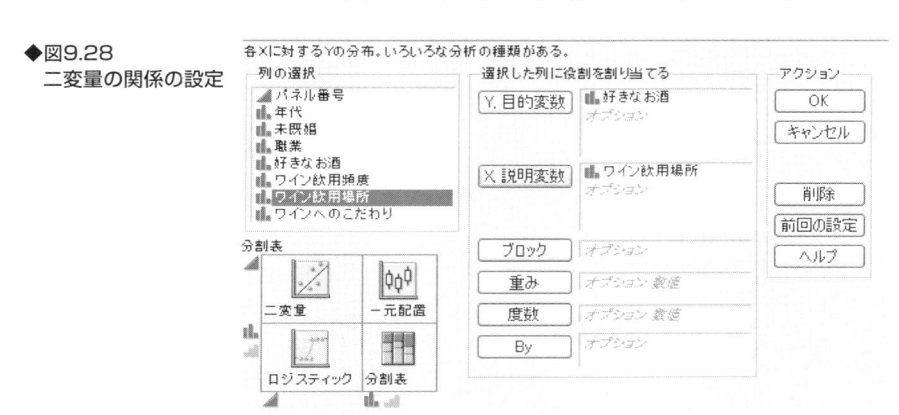

いつものとおり、JMPは瞬時にモザイク図と分割表を出力してくれます（図9.29）。

◆図9.29
二変量の関係の分析結果

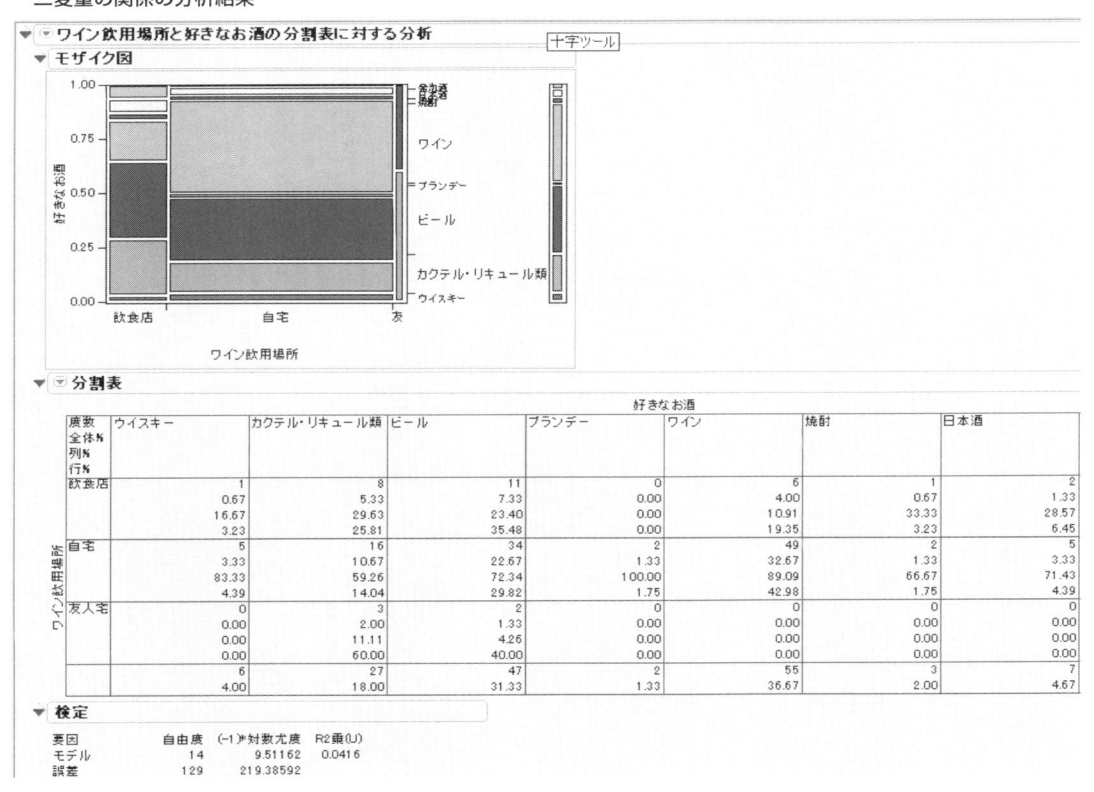

第9章　多変量解析──主成分分析（バイプロット）・対応分析・決定木

しかし、今回はこれに甘んじません。左上の赤い▼をクリックしてみてください。
［対応分析］という選択メニューがあります（図9.30）。それを選択してみましょう。

◆図9.30
［対応分析］を選択

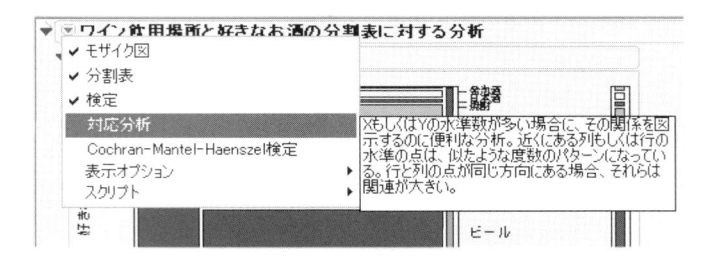

すると図9.31のような結果が現れます。

◆図9.31
対応分析結果

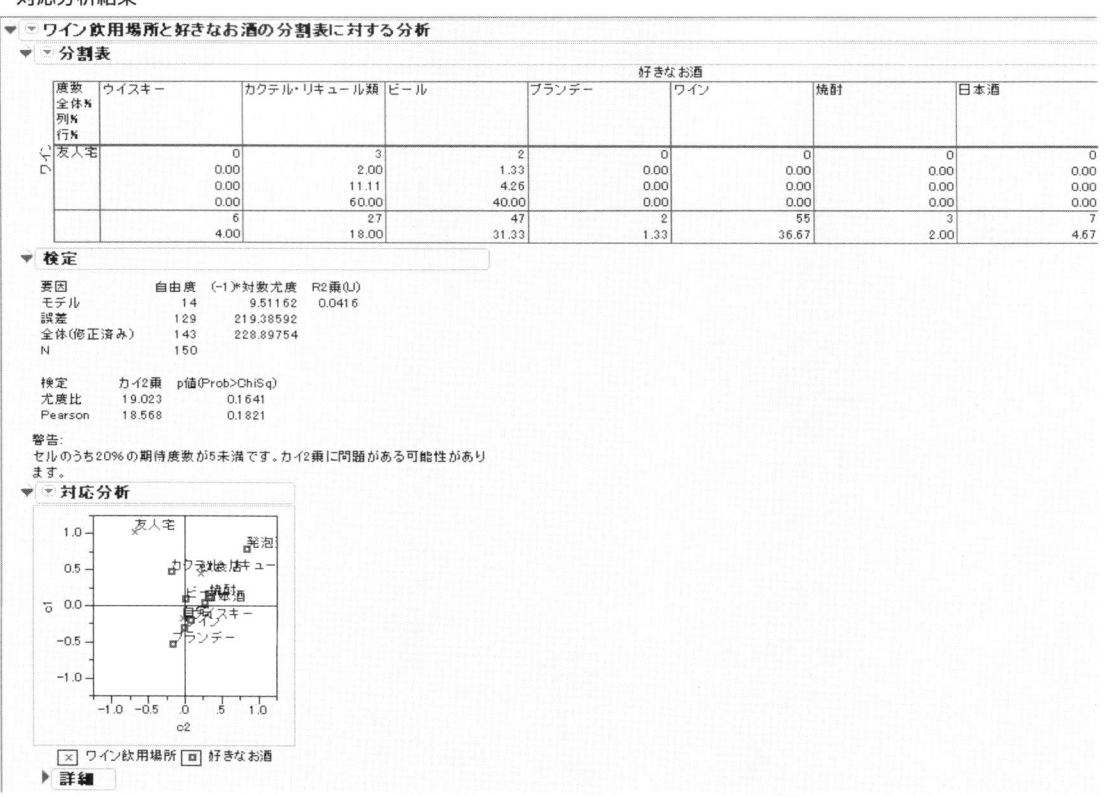

グラフがちょっと見にくいので、グラフの上でマウスを右クリックしてサイズ調整をしましょう（図9.32）。

◆図9.32
グラフのサイズの調整①

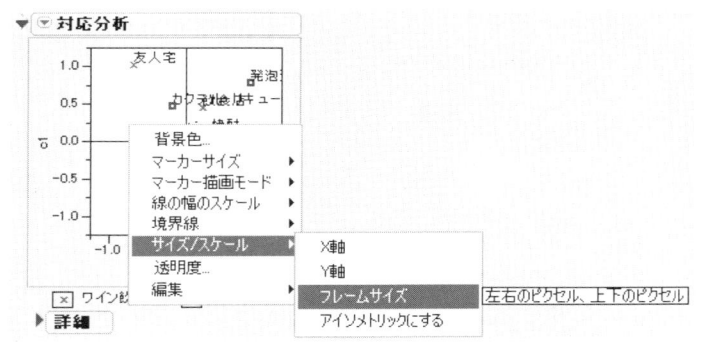

左右、500ピクセル、上下500ピクセルの正方形が見やすいでしょう（図9.33）。

◆図9.33
グラフのサイズの調整②

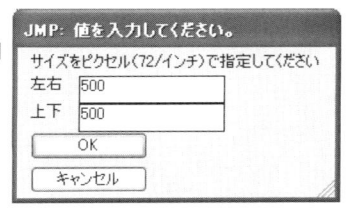

［OK］ボタンを押すと、図9.34のようなグラフが得られます。

◆図9.34
グラフのサイズの調整③

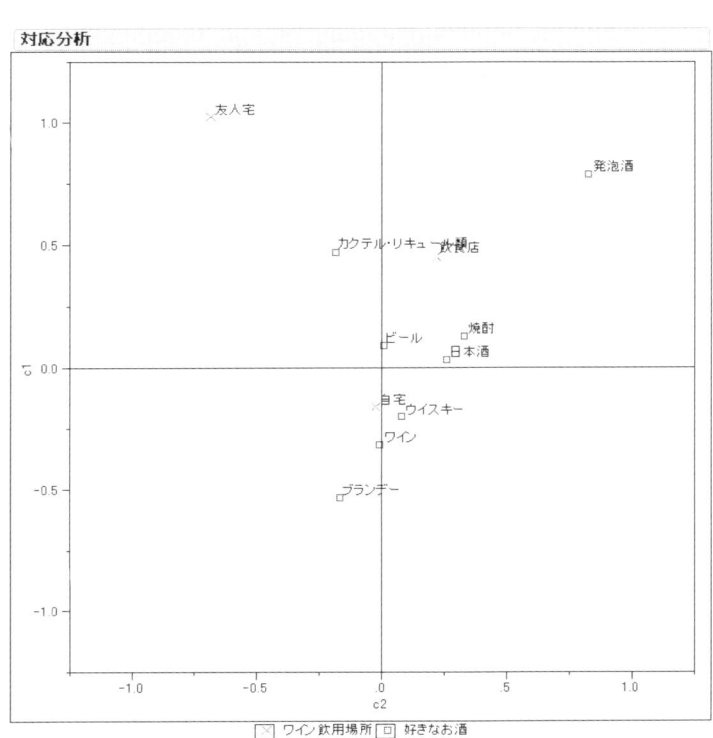

これが対応分析とよばれる分析の結果です。見方はちょっと慣れが必要ですが、原点から見て同じ方向の応答が同時に起こりやすいと考えてください。この例では、友人宅でワインをよく飲む女性はカクテルが一番好きで、飲食店でワインをよく飲む人は実は発泡酒が一番好きで、ワイン好きは実は自宅で飲む場合が多いことを表しています。本当でしょうか？ モザイク図に戻って少し見てみましょう（図9.35）。

◆図9.35 モザイク図

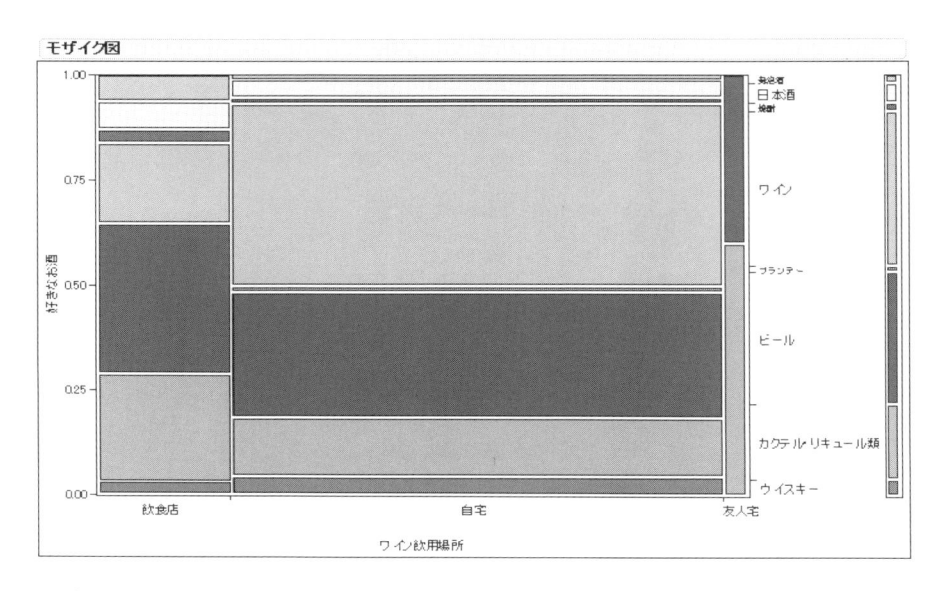

確かに、ワインが好きと答える人はワインを自宅で飲むことが多いようです。飲食店での発泡酒は確かに特徴的ですし、友人宅のカクテルもなるほどです。このように、対応分析を行うことで、モザイク図からいろいろと読みとらなければならなかった市場を支配する潜在的な法則性を、頭を悩ますことなく、半ば自動的に導き出すことができるのです。検定も見ておきましょう（図9.36）。偶然である確率（カイ2乗）が0.16〜0.18と結構高いので一般的な検定の概念では有意（偶然ではない）とはいいきれませんが、傾向はつかめたということになるでしょう。

◆図9.36 検定

検定

| 要因 | 自由度 | (-1)*対数尤度 | R2乗(U) |
|---|---|---|---|
| モデル | 14 | 9.51162 | 0.0416 |
| 誤差 | 129 | 219.38592 | |
| 全体(修正済み) | 143 | 228.89754 | |
| N | 150 | | |

| 検定 | カイ2乗 | p値(Prob>ChiSq) |
|---|---|---|
| 尤度比 | 19.023 | 0.1641 |
| Pearson | 18.568 | 0.1821 |

警告:
セルのうち20%の期待度数が5未満です。カイ2乗に問題がある可能性があります。

名義尺度変数同士に対する二変量の関係の分析でJMPがオプションで提供する対応分析は、日本では比較的ポピュラーな分析手法で、英語でコレスポンデンス分析とよばれることから「コレポン」の愛称でよばれたりしているほどなのですが、実は昭和30年代に林知己夫が開発した数量化III類と数学的には同じです。

数量化III類は、サンプルが、あるアイテムに対して応答したかどうかというデータがあるとき、同じアイテムに対して同じような応答をしたサンプルの距離がなるべく近くなるように、また、あるサンプルが同じように応答したアイテムの距離がなるべく近くなるように、サンプルやアイテムの座標を求める方法です。サンプルを「好きなお酒」、アイテムを「ワイン飲用場所」と考えると、結局、「好きなお酒」の応答と「ワイン飲用場所」の応答との相関が最大になるように「好きなお酒」「ワイン飲用場所」の座標を定めるという問題となり、クロス集計表という「好きなお酒」と「ワイン飲用場所」の間の関連の強弱を示す応答行列の固有ベクトルを求めることと同じになっているのです。

応答行列の固有ベクトルを求めるという意味では、主成分分析ともまったく同じ考え方といえます。数量化III類には2つの項目間のクロス集計表（分割表）の分析のほかにも、「被験者×2項目反応パターンデータの分析」「被験者×多項目反応パターンデータ（多重対応分析）」のタイプがありますが、今回のケースは最もシンプルな2つの項目間のクロス集計表（分割表）の分析のケースというわけです。

### ■ JMPだからできるクロス集計の工夫（一変量の分布グラフの活用）

今まで、JMPだからできるクロス集計の工夫をモザイク図、ロジスティック回帰分析、対応分析を使って行ってきましたが、それらの手法はいずれも、クロス集計すべき2つの変数をあらかじめ決めてからその分析を行うというある意味、仮説検証的な使い方でした。しかし、JMPには実はとんでもない機能が仕込まれています。仮説発見的な使い方とでもいいましょうか、JMPによる統計的発見の真骨頂を解説しようと思います。それは、最初に示した一変量の分布グラフを活用することで実現します。これで最後ですので、再度JMPのデータセット「ワイン（定量）.JMP」に戻ってください。

さて、もう一度JMPで各設問を集計してみましょう。といっても操作はすごく簡単でした。メニューから［分析］-［一変量の分布］を選び、必要な変数を選択して［OK］ボタンを押すだけです（図9.37）。

第9章　多変量解析──主成分分析（バイプロット）・対応分析・決定木

◆図9.37
一変量の分布の設定

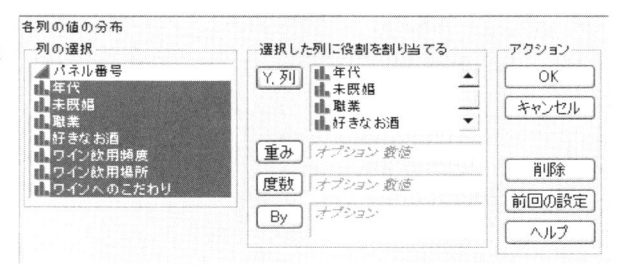

結果が表示されたら、「好きなお酒」の一変量の分布グラフを探して、「ワイン」に該当する棒グラフの部分をクリックしてみてください。薄い緑色だったグラフが濃い緑色に変わりました（図9.38）。それと同時に、他のグラフにも濃い緑色の部分が出現したことにお気づきでしょうか？

◆図9.38
グラフで「ワイン」をクリック

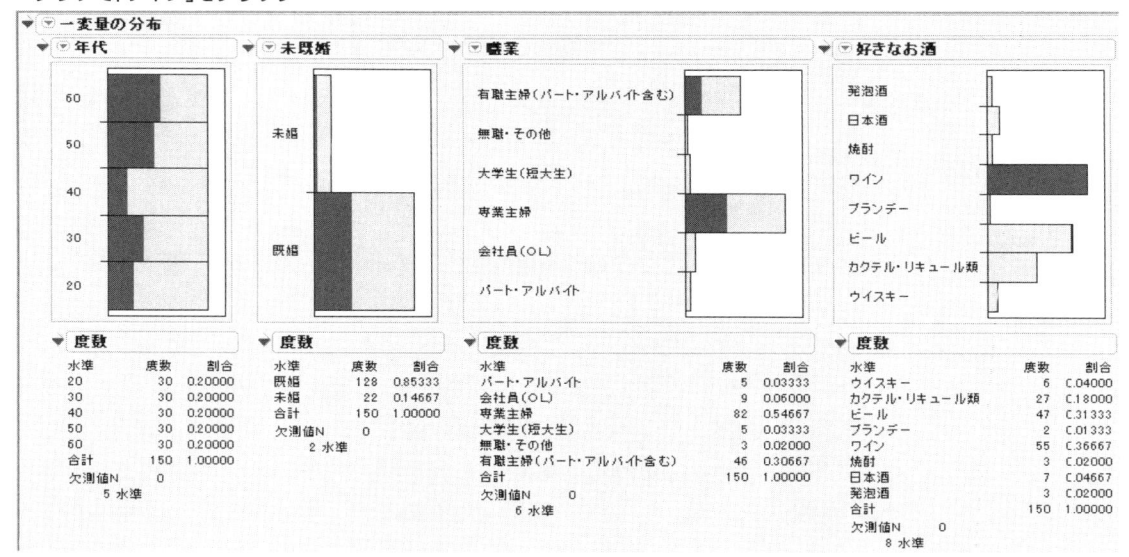

これぞJMPの真骨頂です。すべてのデータが連動しているという特徴のなせる技です。この機能によって、探索的にクロス集計ができるのです。つまり、すべての変数（設問）に対して、ワインが好きな人が反応する部分が濃い緑色になっているのです。実際に個々の設問について見ていきましょう。

年代です。60代、50代、そして30代が反応していることが一目瞭然です（図9.39）。

◆図9.39
「年代」

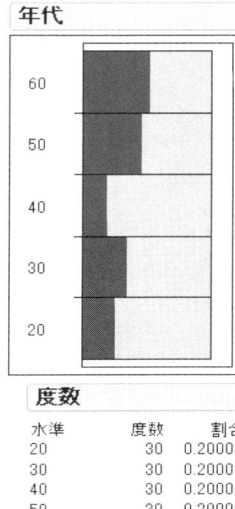

**年代**

| 水準 | 度数 | 割合 |
|---|---|---|
| 20 | 30 | 0.20000 |
| 30 | 30 | 0.20000 |
| 40 | 30 | 0.20000 |
| 50 | 30 | 0.20000 |
| 60 | 30 | 0.20000 |
| 合計 | 150 | 1.00000 |
| 欠測値N | 0 | |

5 水準

既婚か未婚かといえば、既婚者が好む割合の方が高そうです（図9.40）。

◆図9.40
「未既婚」

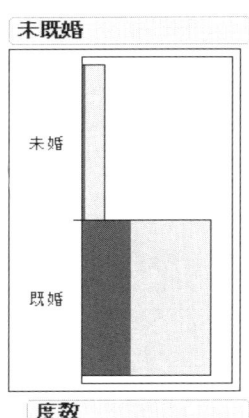

**未既婚**

| 水準 | 度数 | 割合 |
|---|---|---|
| 既婚 | 128 | 0.85333 |
| 未婚 | 22 | 0.14667 |
| 合計 | 150 | 1.00000 |
| 欠測値N | 0 | |

2 水準

職業では、専業主婦が最も好むようで、次いで有職主婦、いずれにしても主婦が好むお酒ですね（図9.41）。

◆図9.41
「職業」

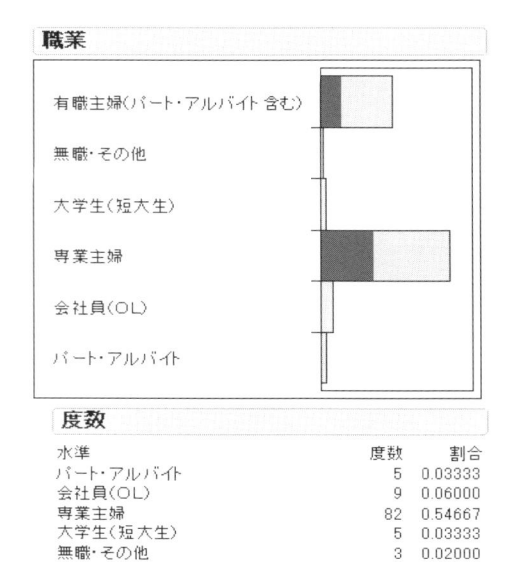

**職業**

| 水準 | 度数 | 割合 |
|---|---|---|
| パート・アルバイト | 5 | 0.03333 |
| 会社員（OL） | 9 | 0.06000 |
| 専業主婦 | 82 | 0.54667 |
| 大学生（短大生） | 5 | 0.03333 |
| 無職・その他 | 3 | 0.02000 |
| 有職主婦（パート・アルバイト含む） | 46 | 0.30667 |
| 合計 | 150 | 1.00000 |

欠測値N　0
6 水準

飲む頻度は週に1、2度というのが最も多いのですが、ほぼ毎日飲む人はワインを好む率が非常に高いことがわかります（図9.42）。

◆図9.42
「ワイン飲用頻度」

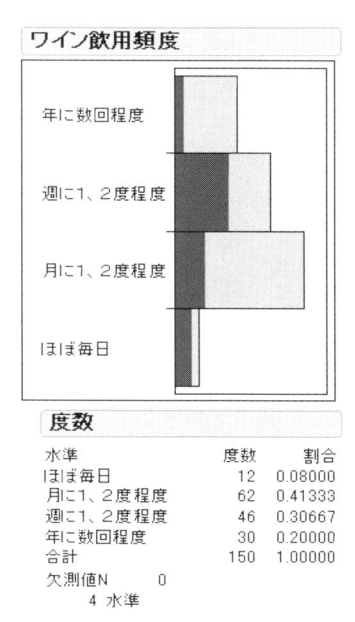

**ワイン飲用頻度**

| 水準 | 度数 | 割合 |
|---|---|---|
| ほぼ毎日 | 12 | 0.08000 |
| 月に1、2度程度 | 62 | 0.41333 |
| 週に1、2度程度 | 46 | 0.30667 |
| 年に数回程度 | 30 | 0.20000 |
| 合計 | 150 | 1.00000 |

欠測値N　0
4 水準

9.2 ワインに関する定量調査

飲む場所は、自宅である比率が高く、友人宅というのはそもそもレアケースです（図9.43）。

◆図9.43
「ワイン飲用場所」

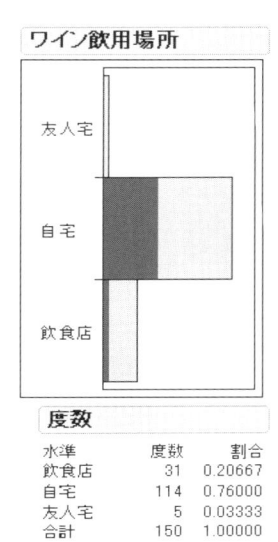

ワイン飲用場所

度数

| 水準 | 度数 | 割合 |
|---|---|---|
| 飲食店 | 31 | 0.20667 |
| 自宅 | 114 | 0.76000 |
| 友人宅 | 5 | 0.03333 |
| 合計 | 150 | 1.00000 |
| 欠測値N | 0 | |

3 水準

ワインへのこだわりに関しては、決まった銘柄しか飲まないという人はワインを一番好むことが多いようですが、一方で特に気にならなかったり、何でも飲むという人も結構ワイン好きが多いということがわかります（図9.44）。

◆図9.44
「ワインへのこだわり」

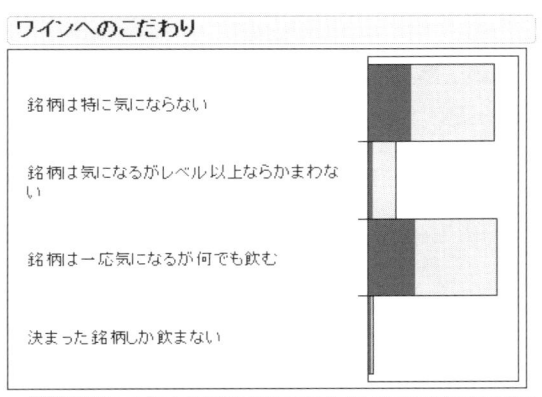

ワインへのこだわり

度数

| 水準 | 度数 | 割合 |
|---|---|---|
| 決まった銘柄しか飲まない | 4 | 0.02667 |
| 銘柄は一応気になるが何でも飲む | 66 | 0.44000 |
| 銘柄は気になるがレベル以上ならかまわない | 15 | 0.10000 |
| 銘柄は特に気にならない | 65 | 0.43333 |
| 合計 | 150 | 1.00000 |
| 欠測値N | 0 | |

4 水準

逆に、ほぼ毎日飲むという人をクリックして濃い緑色にしておけば、ほぼ毎日飲んでいるお酒が恐らくワインとビールなのだなといったこともわかるわけです（図9.45）。

◆図9.45
ほぼ毎日飲むお酒

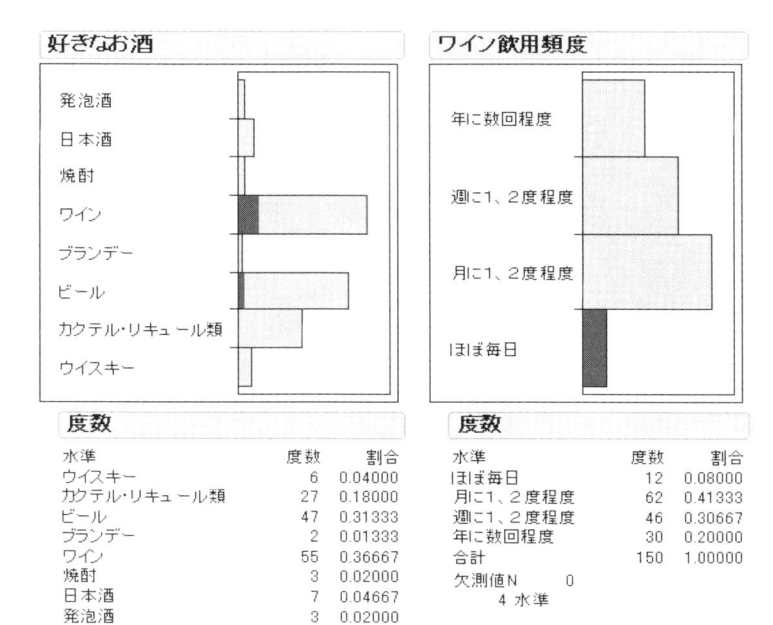

**好きなお酒**

度数

| 水準 | 度数 | 割合 |
|---|---|---|
| ウイスキー | 6 | 0.04000 |
| カクテル・リキュール類 | 27 | 0.18000 |
| ビール | 47 | 0.31333 |
| ブランデー | 2 | 0.01333 |
| ワイン | 55 | 0.36667 |
| 焼酎 | 3 | 0.02000 |
| 日本酒 | 7 | 0.04667 |
| 発泡酒 | 3 | 0.02000 |
| 合計 | 150 | 1.00000 |

欠測値N　0
8 水準

**ワイン飲用頻度**

度数

| 水準 | 度数 | 割合 |
|---|---|---|
| ほぼ毎日 | 12 | 0.08000 |
| 月に1、2度程度 | 62 | 0.41333 |
| 週に1、2度程度 | 46 | 0.30667 |
| 年に数回程度 | 30 | 0.20000 |
| 合計 | 150 | 1.00000 |

欠測値N　0
4 水準

## まとめ

　ワインに関するアンケートを取り上げて、JMPを使った女性のワイン市場を支配する潜在的な法則性の発見（商品開発のまねごと）を行ってみました。データさえそれなりに集めることができれば、マウスクリックのみで、どのような分析手法を適用すればよいのかといった統計的知識がまったくなくても、JMPが適切な方法を自動的に選び出して、かつ、最もわかりやすく多くの発見を我々にもたらしてくれるようなビジュアルで、解析結果をアウトプットしてくれることを理解いただけたかと思います。今度は皆さんが自分自身のデータでやってみる番です。今回例に使ったのと同じような形式のアンケートを行って、同じようにデータ化して、同じような流れで分析すれば、きっと役に立つ知見がすぐに得られることでしょう。

## 9.3　アトリウムの印象評価データの解析

### 9.3.1　はじめに

　この節では、アトリウム（吹き抜け空間のこと）の印象を評価したデータの分析について紹介します。評価データは、評価対象×評価者×評価項目の形をしていて、「3相データ」とよばれるタイプになります。個人差に注意しながら1項目ごとの分布を眺めることから始めて、最後には、主成分分析という方法で、データを一挙に要約した1つの図「バイプロット」を得るところまでを、JMPのインタフェースを最大限に活かしつつ解説することを心がけました。

　（資料提供：鏡晴子著「アトリウムの快適な光環境に関する研究」東京大学卒業論文、1996年）

　ファイルは「Atrium Data.JMP」を使います。

### 9.3.2　データの概要

　アトリウムとは、デパートなどの建物でよく見かける、いくつかの階が吹き抜けになっている大空間のことです。この節では、当時、建築学科の学生だった鏡さんという人が、卒業論文のために調査して得られた「アトリウムの印象評価データ」を分析してみます。なお、このデータは、「Atrium Data.JMP」というファイル名です。

　一口にアトリウムといってもいろいろなタイプがあるのですが、鏡さんの研究したところによれば、大まかに「中庭型」と「付加型」の2つのタイプに分かれるそうです。「中庭型」アトリウムとは、その建物の天井部分のみがガラス張りなどで空が見えるようになっているタイプのものをいい、「付加型」アトリウムとは、建物の側面もガラス張りなどで光が入るようになっているものをいいます。つまり、正式には側面採光があるかないかで定義されるのですが、その名のとおりに、中庭のように建物内部に造られたアトリウムを「中庭型」、建物の外周部にアトリウムがくっついている感じの場合を「付加型」と考えてもほぼ大丈夫、とのことです。

　鏡さんは、東京都心部にあるアトリウムを持つ建物の中から、中庭型と付加型のアトリウムを各5個ずつ選び、6名の人にお願いして、それぞれのアトリウムを見学し、その印象を評価してもらうことにしました。どんなアトリウムがどんな印象になるかを把握・整理することが、この調査の目的です。中でも、「快適だ」と思

われるアトリウムはどんなものか、中庭型と付加型の違いなどには、特に興味があるところかと思います。

◆図9.46
付加型アトリウム

　印象を測定する方法としては、「SD法」という方法が使われています。これは、「明るい－暗い」「快適－不快」など対になる形容詞のどちらに近いかを次のように7段階くらいの段階評価尺度（SD尺度といいます）で評価するというものです。例えば、かなり明るい、と思ったら、「2」にマルをつけることになります。どんな形容詞を用意するかが問題なのですが、自由記述式の予備調査や既往研究などを参考に、18対のSD尺度を作成しました。

◆図9.47
SD法を用いた評定用紙

| | 非常に | かなり | やや | どちらともいえない | やや | かなり | 非常に | |
|---|---|---|---|---|---|---|---|---|
| 明るい | 1 | 2 | 3 | 4 | 5 | 6 | 7 | 暗い |
| 快適な | 1 | 2 | 3 | 4 | 5 | 6 | 7 | 不快な |
| …… | 1 | 2 | 3 | 4 | 5 | 6 | 7 | …… |

## 9.3.3 データの入力

　この調査では、6人の評価者が、10個のアトリウムを、18個のSD尺度で評価しています。このように、評価者×評価対象×評価項目の形になる評価データのことを「3相データ」とよぶことがあります。データシートは行×列の2次元ですから、評価者6名×評価対象10個＝60行とし、列は18個のSD尺度および評価者コード（列名は「パネル」）と評価対象コード（列名は「アトリウムNo」）の20列のデータとして入力するのが定石です（評価者コード・評価対象コードの入力を忘れずに）。

　このデータの場合、アトリウムが付加型・中庭型の2つのタイプに分類されているので、さらに「アトリウムタイプ」という列が追加されています。このように、評価対象や評価者についての情報を表す変数を追加したい場合、いちいち入力するのは面倒なので、次のような手順をとると便利です。いったん「アトリウムタイプ」の列を削除してしまってから、あらためて「アトリウムタイプ」の列を追加する操作を体験してみてください。

　まず、それぞれのアトリウムがどちらのタイプかを入力して、図9.48のようなデータシートを作ります。とりあえず、「アトリウム情報」という名前で保存しておくことにします。もしも、「建物規模」など、これ以外にも評価対象についての情報がある場合は、どんどん列を追加し、後に分析で使うかもしれない情報はすべて入力しておきましょう。

◆図9.48　アトリウム情報の入力

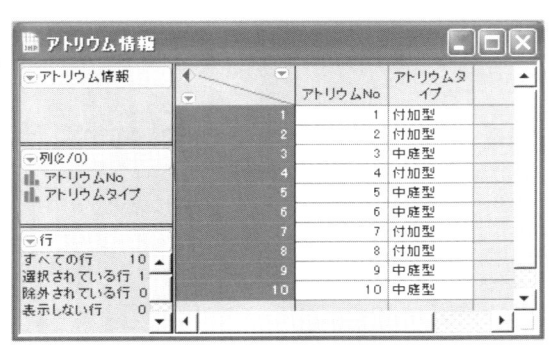

　このデータと「Atrium Data」を開いた状態で、次の操作を行います。

(1) メニューから［テーブル］－［結合（Join）］を選ぶ。
(2) 「結合するテーブル」を選び、「対応する列の値で結合」のチェックをオン。
(3) 「アトリウムNo」と「アトリウムNo」を対応させて、2つのデータを結合する（図9.49）。

◆図9.49
「結合(Join)」により
アトリウム情報を追
加

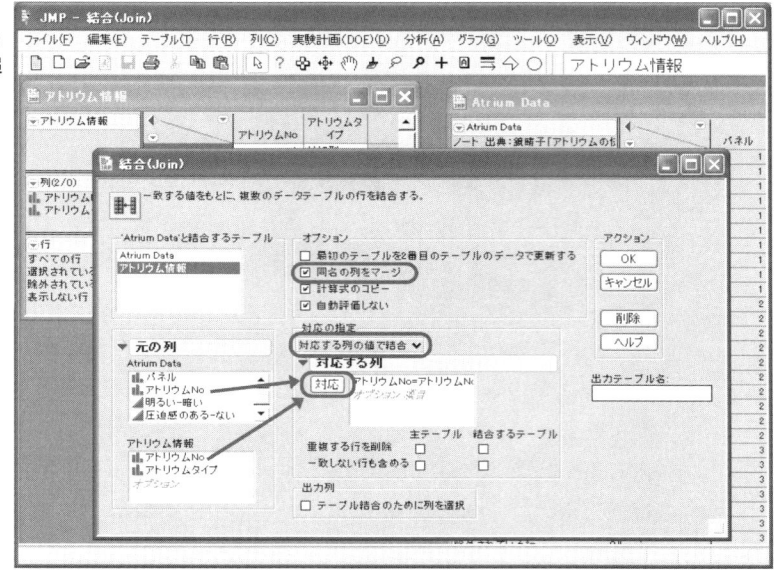

すると、「Atrium Data」に「アトリウムタイプ」の列が追加された、新たなデータシートが生成されます。

もとの「Atrium Data」に「アトリウムタイプ」を入力すると60行分の入力が必要ですが、この方法を使えば、評価対象についての情報は評価対象の数だけ（ここでは10行分）の入力ですむというわけです。

なお、評価対象ではなくて評価者についての情報（例えば、年齢・性別など）も、同じ方法で追加することができます。

> ### 「同名の列をマージ」オプションについて
>
> 「同名の列をマージ」とは、「結合する2つのデータにある同じ名前の列を、1列に統合する」という意味です。このデータの場合、「同名の列をマージ」のチェックがオフになっていると、「アトリウムNo」の列が、「Atrium DataのアトリウムNo」と「アトリウム情報のアトリウムNo」という列名になって2列分できてしまっていますので、どちらかを削除し、列名を変更するなど、適宜整理してください。
>
> 「同名の列をマージ」のチェックがオンになっていると、新たに生成されたデータシート上に「アトリウムNo」の列は1列しかできない代わりに、それぞれの行がどちらのデータシートからのデータかを示す「対応フラグ」という名前の列が生成されます。すべての行に「両方のデータシートに共通するデータである」ということを示す「3」が入力されていることを確認した後、「対応フラグ」列は削除してください。
>
> さらに詳しくは、JMPのオンラインヘルプを参照してください。

## 9.3.4 「一変量の分布」で評定値の分布を観察する

7段階のSD尺度というのは、本来「順序尺度」なのですが、アトリウムごとに平均や標準偏差を計算したり、相関係数を求めたりと、量的変数のように扱いたいことが多いので、ここではとりあえず「連続尺度」としておきます。「パネル」「アトリウムNo」「アトリウムタイプ」はもちろん「名義尺度」です。

まず、メニューから［分析］-［一変量の分布］を選んで、18項目の評定値の分布の様子を眺めてみましょう（図9.50）。ヒストグラムを見まわしたところ、「どちらともいえない」の4点が少なく、2山に分かれた分布をする尺度が多いようです。

◆図9.50
評定値の分布（一変量の分布）

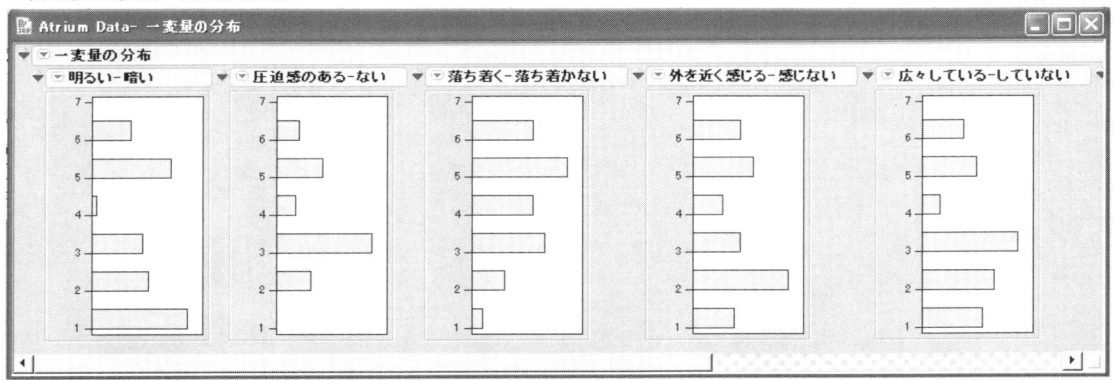

ここでは「一変量の分布」タイトルバーの▼から［スケールの統一］をチェックし、変数名タイトルバーの▼から、［箱ひげ図］などの不要なオプションのチェックをオフにしてあります（「Ctrl」キーを押しながら操作すると、すべての変数に対して同じ変更を加えることができます）。

次に、「パネル」「アトリウムNo」「アトリウムタイプ」のヒストグラムも表示し、ヒストグラム上で1番から10番までのアトリウムを、次々にクリックしてみましょう。すると、該当する行が選択され、選択された行はヒストグラム上で強調表示されるので、アトリウムごとにSD尺度の評定値の分布をざっと眺めることができます。

例として、2番のアトリウムをクリックした画面と、8番のアトリウムをクリックした画面を図9.51に示します。2番は「落ち着く－落ち着かない」「外を近く感じる－感じない」「広々としている－していない」などの尺度の評価が人によってかなり違っていることがわかります。8番は2番ほど評価に個人差がなく、「明るく」「外を近くに感じる」「広々としている」アトリウムだと評価されているようです。

同じようにして、パネル別・アトリウムタイプ別の分布も簡単に検討できます。

第9章　多変量解析──主成分分析（バイプロット）・対応分析・決定木

◆図9.51
2番(上)と8番(下)のアトリウムを選択して分布を見る

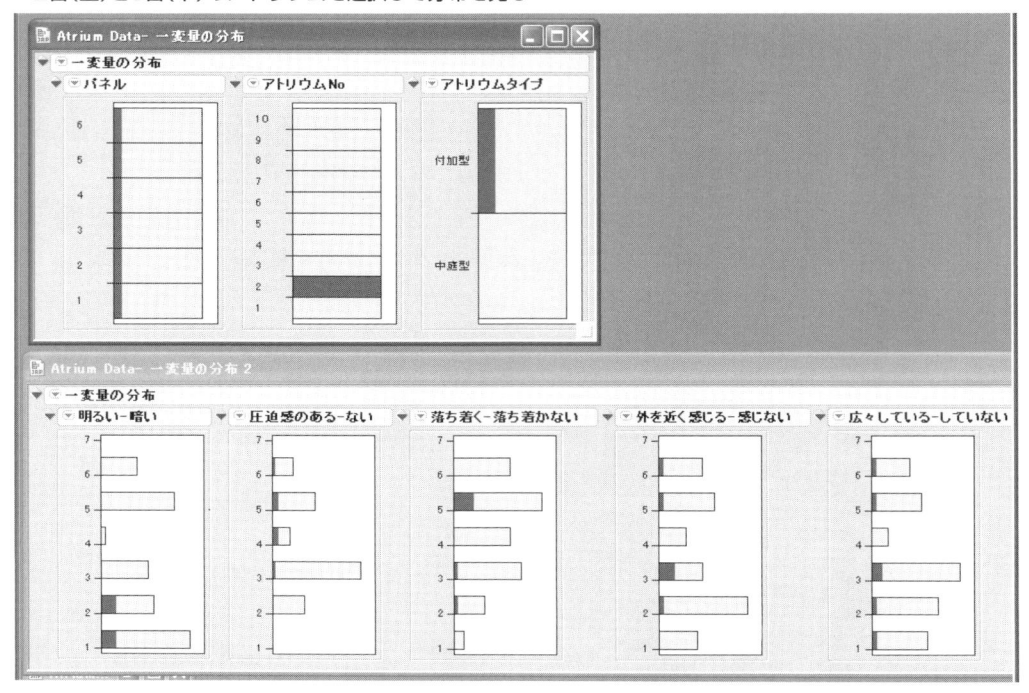

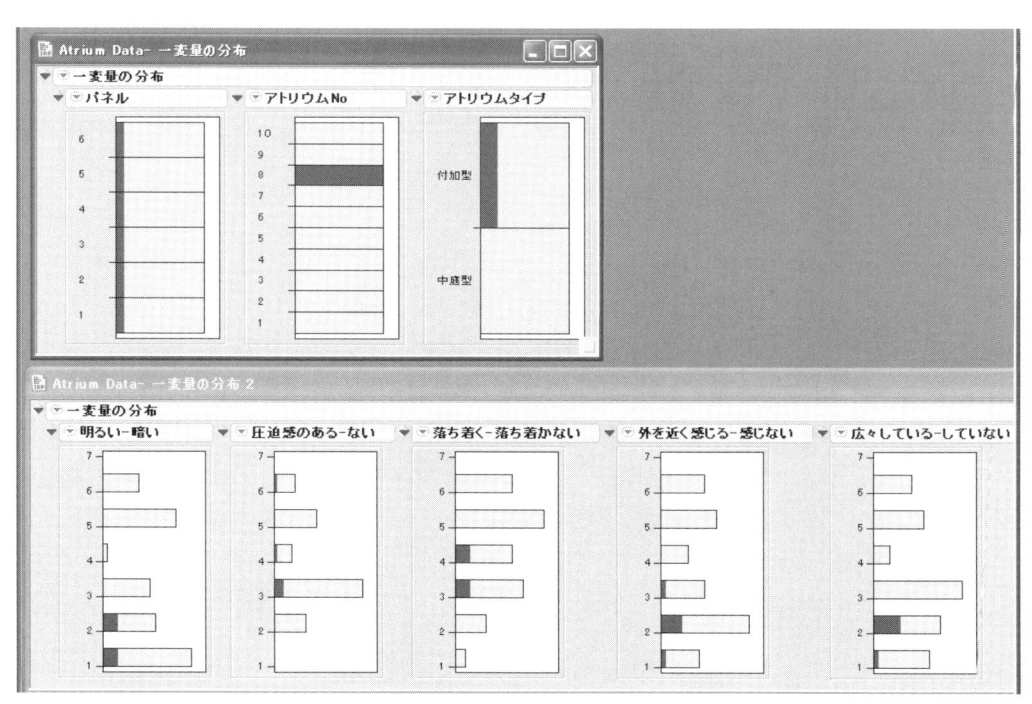

## 9.3 アトリウムの印象評価データの解析

アトリウム・尺度によっては、けっこう評価に個人差があるらしいので、もう少し詳しく評定値の分布を検討してみます。尺度×アトリウムごとに、評定値の分布を表示させてみましょう。図9.52のように、「一変量の分布」ウィンドウで、「By」に「アトリウムNo」を設定すれば、「アトリウムNo」ごとに「Y, 列」の分布が表示されます。

◆図9.52
アトリウムごとに評定値の分布を見るための設定

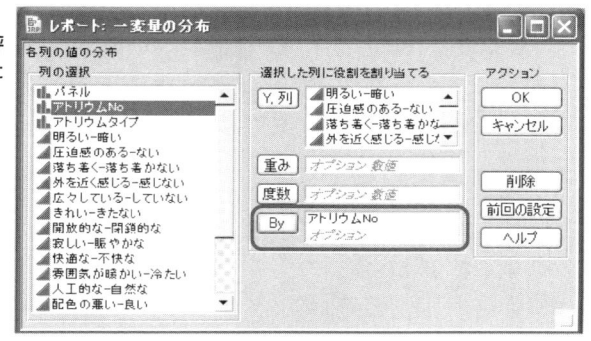

その際、グラフの向きや並び方をなるべく見やすくしたいので、あらかじめメニューから［ファイル］－［環境設定］を選び、「プラットフォーム」で「プラットフォームの選択」に「一変量の分布」をクリックして、「オプション」を好みに合わせて調節しておきます。ここでは、「スケールの統一」「横に並べる」「ヒストグラム」をチェックし、その他のチェックはすべてはずしました（図9.53）。「度数軸」「箱ひげ図」もチェックしてみるなど、いろいろ試してください。

◆図9.53
アトリウムごとの評定値の分布を見やすくするための設定

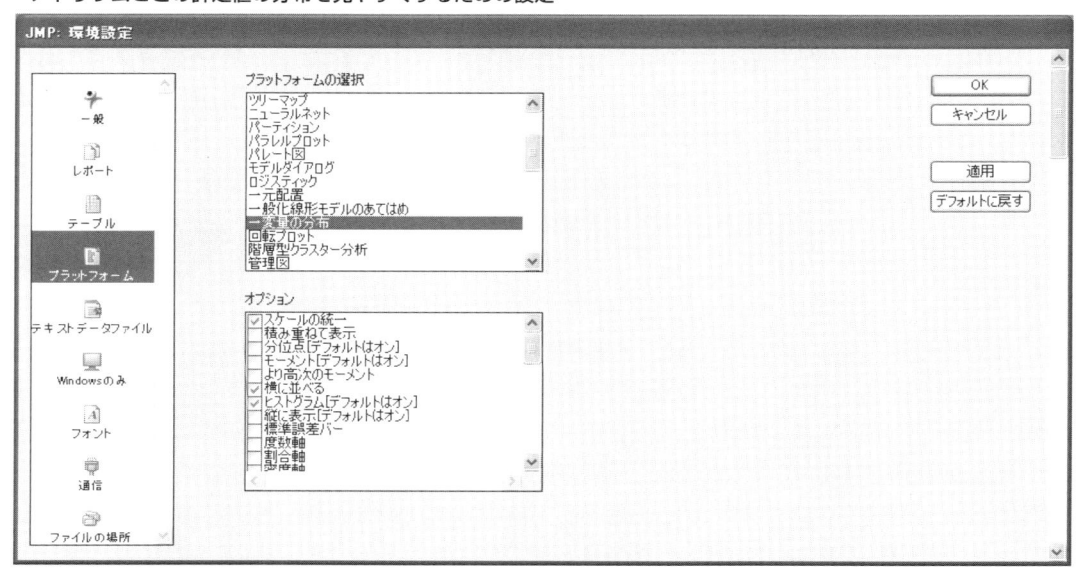

第9章　多変量解析——主成分分析（バイプロット）・対応分析・決定木

すると、図9.54のようなヒストグラム行列が表示されます。

◆図9.54
アトリウムごとの評定値の分布

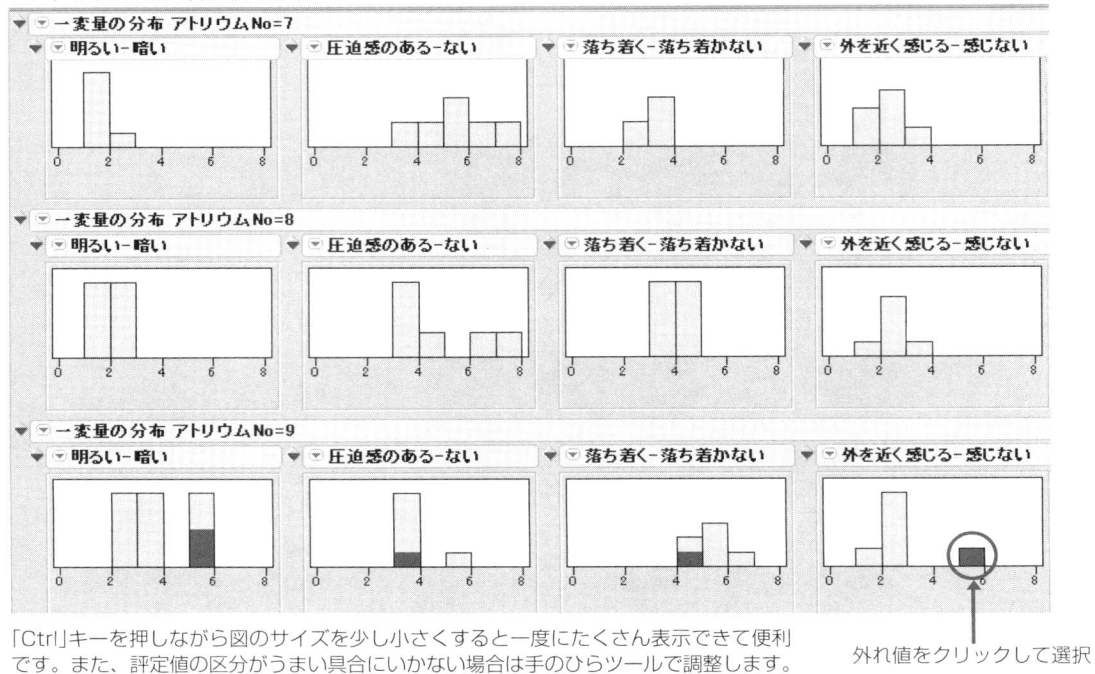

「Ctrl」キーを押しながら図のサイズを少し小さくすると一度にたくさん表示できて便利です。また、評定値の区分がうまい具合にいかない場合は手のひらツールで調整します。

外れ値をクリックして選択

　　縦・横にスクロールすれば、尺度・アトリウムごとに評定値の分布を検討するのに便利です。ここで、図中に丸で示したように、明らかに1人だけ外れた評価をしているところは、「Shift」キー＋クリックして、行を選択していってみます。すべての外れ評定値を選択した後、「パネル」「アトリウムNo」「アトリウムタイプ」のヒストグラムを見ると、外れ評定値は1、3、4番のパネルに1つずつあり、誰か1人の「変わり者」のせい、というわけではないこと、外れ評定値のある2番と9番のアトリウムはいずれも「付加型」であることなどがわかります（図9.55）。

9.3 アトリウムの印象評価データの解析

◆図9.55
外れ評定値のあるアトリウム・パネル

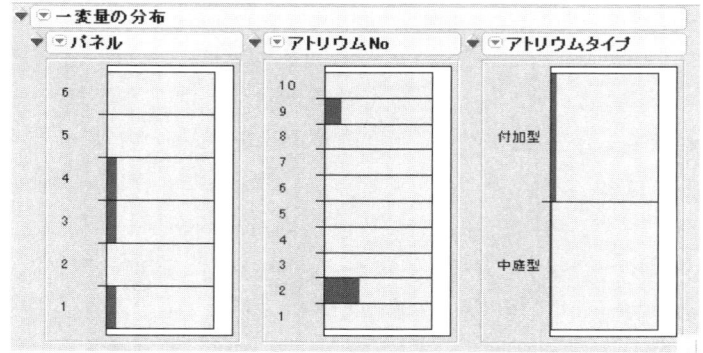

このような検討の結果を受けて、外れ評定値を分析から除外（メニューから［行］－［除外する］）するとか、あるいは、外れ評価が多い人・対象・尺度は丸ごと分析から除外しよう、などといった判断をすることもありますが、ここではとりあえずそのまますべてのデータを使って分析を続けることにしましょう。

## 1項目ごとに各アトリウムの評価を眺めるその他の方法

これまで、ヒストグラムを使ってアトリウムごとに分布を眺めてきましたが、他のやり方もいくつか紹介しましょう。

- メニューから［テーブル］－［要約］、あるいはメニューから［グラフ］－［チャート］を選択し、「アトリウムNo」でグループ化して、各項目の平均や標準偏差を求める。
- メニューから［分析］－［二変量の関係］を選び、「X, 説明変数」に「アトリウムNo」を、「Y, 目的変数」に各項目として一元配置分析の出力を利用する。ここで［表示オプション］の［ヒストグラム］をチェックすると、アトリウムごとのヒストグラムが表示される（図9.56）。

◆図9.56
「二変量の関係」の出力によりアトリウムごとのヒストグラムを眺める

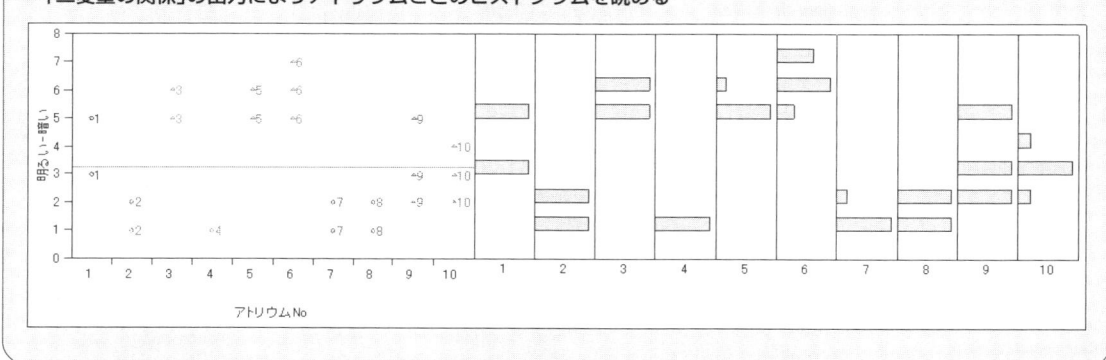

## 9.3.5 多次元的にデータを眺める

ここまでは1項目ずつ分布の様子を検討してきましたが、せっかく18項目も評価しているのですから、今度は多次元的にデータを眺めてみます。

どのアトリウムがどのように評価されているかを眺めたいのですから、とりあえずはアトリウムごとの平均値のデータを使うことにしましょう。メニューから［テーブル］－［要約］を選び、「グループ化」変数に「アトリウムNo」を、「統計量」には18個のSD尺度の「平均」を設定して、［OK］ボタンを押すと、アトリウムごとの平均値データが作られます（図9.57）。このデータシートには、「Atrium Dataの要約（アトリウムNo）」という名前がつきます。

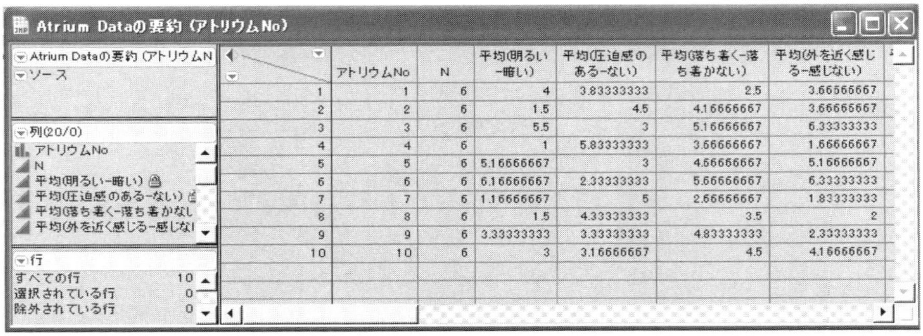

◆図9.57
アトリウムごとの各項目の平均値（［要約］メニューより作成）

| アトリウムNo | N | 平均（明るい－暗い） | 平均（圧迫感のある－ない） | 平均（落ち着く－落ち着かない） | 平均（外を近く感じる－感じない） |
|---|---|---|---|---|---|
| 1 | 6 | 4 | 3.83333333 | 2.5 | 3.66666667 |
| 2 | 6 | 1.5 | 4.5 | 4.16666667 | 3.66666667 |
| 3 | 6 | 5.5 | 3 | 5.16666667 | 6.33333333 |
| 4 | 6 | 1 | 5.83333333 | 3.66666667 | 1.66666667 |
| 5 | 6 | 5.16666667 | 3 | 4.66666667 | 5.16666667 |
| 6 | 6 | 6.16666667 | 2.33333333 | 5.66666667 | 6.33333333 |
| 7 | 6 | 1.16666667 | 5 | 2.66666667 | 1.83333333 |
| 8 | 6 | 1.5 | 4.33333333 | 3.5 | 2 |
| 9 | 6 | 3.33333333 | 3.33333333 | 4.83333333 | 2.33333333 |
| 10 | 6 | 3 | 3.16666667 | 4.5 | 4.16666667 |

メニューから［分析］－［多変量］－［多変量の相関］を選んで、このデータシートの散布図行列を表示すると、図9.58のようになります。紙面の制約から、表示したのは6尺度分ですが、次のような関係を読み取ることができます。

- 「圧迫感のある－ない」と「開放的な－閉鎖的な」は高相関
- 「落ち着く－落ち着かない」と「疲れる－安らぐ」はかなり高い相関
- 「きれい－きたない」は上記4尺度と中程度の相関
- 「寂しい－賑やか」は他の5尺度とは相関が低い

なお、相関の大小を数値で確認したい場合は、「散布図行列」タイトルバーの赤い▼のオプションで[相関の表示]をチェックしてください。それぞれの散布図上に相関係数が表示されます。

また、対角線上にある変数名のドラッグ＆ドロップ操作により、変数の順番を自由に画面上で並べ替えることができるので、相関の高い変数が隣にくるようにするなど、見やすいように並べ方を工夫するとよいでしょう。

◆図9.58
アトリウムごとの平均値の散布図行列

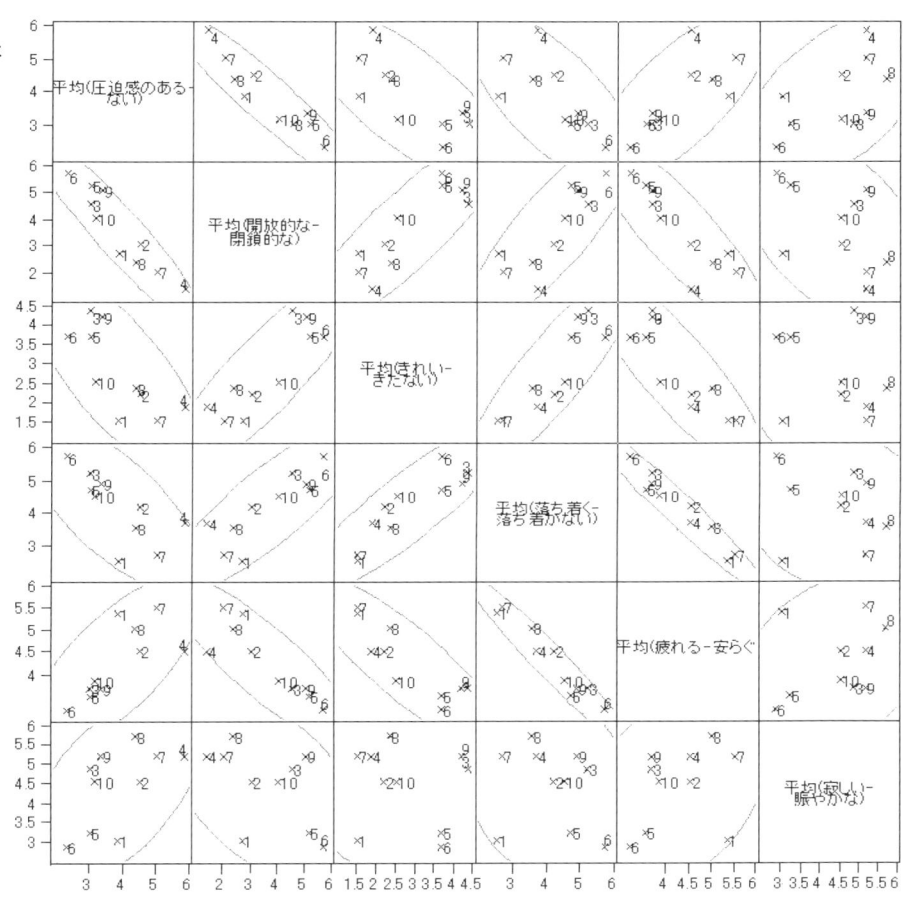

アトリウムNoが表示されない場合は、次の操作を行ってください。
(1) データシート上で「アトリウムNo」列を選択し、メニューから［列］－［ラベルあり/ラベルなし］を切り替える。
(2) すべての行を選択し、メニューから［行］－［ラベルあり/ラベルなし］を切り替える。

　さて、いくつもの散布図の中で、どれか1つだけを使って、アトリウムの特徴について論じなさい、といわれたら、どの散布図を選ぶでしょうか？　私だったら、「落ち着く－落ち着かない」×「疲れる－疲れない」のような、非常に相関の高い散布図は絶対に選びません。なぜなら、ほとんど1次元上に並んでいるようなものなので、わざわざ2次元に布置している意味がないからです。いわば次元の無駄使いです。

　一方、相関の低い「寂しい－賑やか」×「きれい－きたない」の散布図を使うと、10個のアトリウムを「きれいで賑やか」「きれいだが寂しい」「きたないが賑やか」「きたなくて寂しい」の4つにタイプ分類できそうです。こうした考察ができることは2次元布置の真骨頂です。そのためには、なるべく相関の低い変数を

縦・横の軸にとるのがコツといえます。

「多変量の相関」では、2変数を縦・横の軸にとった散布図がたくさん表示されましたが、今度は、メニューから［グラフ］－［回転プロット］を使って、3変数を縦・横・高さ方向の軸にとった立体散布図を眺めてみましょう。メニューから［グラフ］－［回転プロット］を選び、「Y, 列」に18個のSD尺度（のアトリウムごとの平均値）を設定して、［OK］ボタンを押すと、図9.59のようなウィンドウが表示されます。

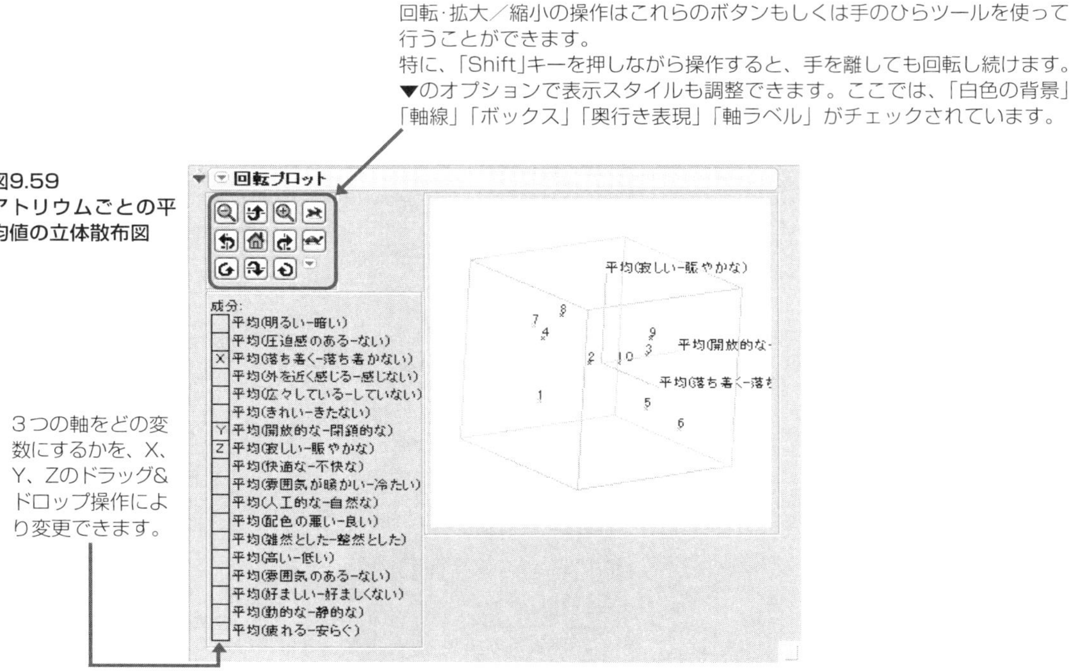
回転·拡大／縮小の操作はこれらのボタンもしくは手のひらツールを使って行うことができます。
特に、「Shift」キーを押しながら操作すると、手を離しても回転し続けます。
▼のオプションで表示スタイルも調整できます。ここでは、「白色の背景」「軸線」「ボックス」「奥行き表現」「軸ラベル」がチェックされています。
3つの軸をどの変数にするかを、X、Y、Zのドラッグ&ドロップ操作により変更できます。
回転プロット
成分:
平均(明るい-暗い)
平均(圧迫感のある-ない)
平均(落ち着く-落ち着かない)
平均(外を近く感じる-感じない)
平均(広々している-していない)
平均(きれい-きたない)
平均(開放的な-閉鎖的な)
平均(寂しい-賑やかな)
平均(快適な-不快な)
平均(雰囲気が暖かい-冷たい)
平均(人工的な-自然な)
平均(配色の悪い-良い)
平均(雑然とした-整然とした)
平均(高い-低い)
平均(雰囲気のある-ない)
平均(好ましい-好ましくない)
平均(動的な-静的な)
平均(疲れる-安らぐ)

◆図9.59
アトリウムごとの平均値の立体散布図

試しに、適当な3変数をとって、くるくる回転させてみましょう。そして、見やすい方向を探してみてください。

さて、ここで、実際にこの操作をやってくれた方にお聞きしましょう。
今、どんな方向を探していましたか？

立体プロットといっても、パソコン画面は2次元です。いくら「奥行き表現」をオンにしているとはいえ、静止画面からは手前にある点と奥の方にある点の区別がわかりにくいです。なるべく、点の重なりが少ないように、言い換えると、なるべくパソコン画面の2次元上に点が広がっていて、画面の奥行き方向の散らばり方が少なくなるような方向を探していたのではないでしょうか。もちろん、軸やボック

スの向きとか、ラベルの重なり具合などによっても見やすさは変わりますが、とりあえずここでは、「パソコン画面の2次元上の散らばり方が大きく、奥行き方向の散らばり方が小さい方向にすると、立体散布図は見やすい」ということを頭に入れておいてください。

## 9.3.6　主成分分析によるバイプロット表示

　　ここで、回転プロットのタイトルバーの赤い▼をクリックして、［標準化した主成分］をチェックしてみましょう。すると、立体散布図上に、P1とかP2といったラベルがついた、新たな軸が現れます（図9.60）。また、立体散布図の左にある変数リストには主成分1、主成分2、……が追加され、下の方には、「主成分分析」というタイトルのレポートが表示されます。

◆図9.60
立体散布図に主成分軸が現れた様子

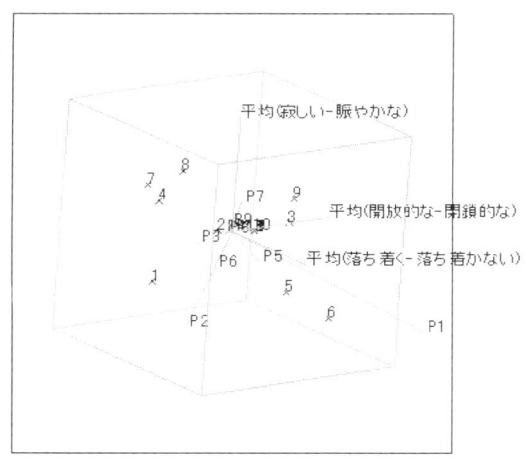

　　主成分1、主成分2、……というのは、図中のP1、P2、……を指しており、これらは「主成分」とよばれます。主成分を求めるのが「主成分分析」というわけです。以下、この主成分分析とはどういうものかを、簡単に説明します。

　　回転プロットで画面に表示できるのは3次元ですが、もともとは18尺度ですから、18次元空間に10個のアトリウムが布置されている「18次元散布図」（！）を想像してみてください（そんなの無理だ、と思われることでしょう。ごもっともです。とりあえず、想像したつもりになってください）。この18次元散布図を、「見やすい方向から見る」ことを考えましょう。

　　先ほどの立体プロットでは、「パソコン画面の2次元上の散らばりが大きい方向」から見ると見やすかったことを思い出してください。もとの散布図が3次元だろう

が18次元だろうが、同じことがいえるのではないでしょうか。

　さて、新たに現れたP1という軸ですが、実はこの軸、「18次元散布図上で、最も散らばり方が大きくなる方向」を示しているのです※。確かに、図9.60でも、P1方向の散らばり方が大きいように見えます。さらに、P2は「P1と直交する方向の中で、最も散らばり方が大きくなる方向」を示します（以下、同様に、P3は「P1、P2に直交する方向の中から……」、P4は「P1、P2、P3に直交する方向の中から……」、……といった具合です）。

　ということは、P1とP2を縦横の軸にとった2次元散布図は、最も散らばり方が大きくなります。つまり、18次元散布図を最も見やすい方向から眺めている、という感じです。さらに、P3の軸も加えた立体散布図は、18次元散布図から、最も見やすい3次元を切り出してきた、という感じでしょうか。

　また、P1、P2、……の軸上にとった各行の座標の値を「主成分スコア」とよびますが、これらは互いに必ず無相関になります。つまり、P1座標とP2座標の相関係数を求めるとぴったり0になる、ということです。254ページでは「なるべく相関の低い変数を縦・横の軸にとるのがコツ」ということでした。主成分軸同士が無相関になるというのは、主成分分析の持つ素晴らしい性質の1つといえます。

　実際に、P1～P3を回転プロットの軸にとってみましょう。図の左にある変数リストの「X」「Y」「Z」を、「主成分1」「主成分2」「主成分3」にドラッグ＆ドロップすればOKです。すると、これもまた素晴らしいことに、軸としている3つの主成分だけでなく、もとの18変数の軸も表示されるのです（図9.61）。

　このように、行と列を同時に視覚化した布置図のことを「バイプロット」と呼びます（234～235ページの対応分析による2次元布置もバイプロットの1つです）。

---

※　正確にいうと、すべての変数を平均0、分散1に標準化した上で、最も分散が大きくなる方向に軸をとっています。このデータでは、どの変数も同じような7段階評価なので、標準化しない多次元空間内で分散が大きくなる方向というのにも意味があるのですが、例えば、「重さ」「長さ」「時間」「金額」など、まったく単位が違う変数がつくる多次元空間で分散が大きくなる方向を考えるとなると、標準偏差を単位にするしかありません。JMPで標準化しない多次元空間内の主成分分析を行うには、「回転プロット」でなくて「多変量の相関」の「主成分分析」オプションで「共分散行列から」を選んでください（ただし、以下に説明する、「バイプロット表示」はできません）。

◆図9.61
アトリウムごとの平均値の3次元バイプロット

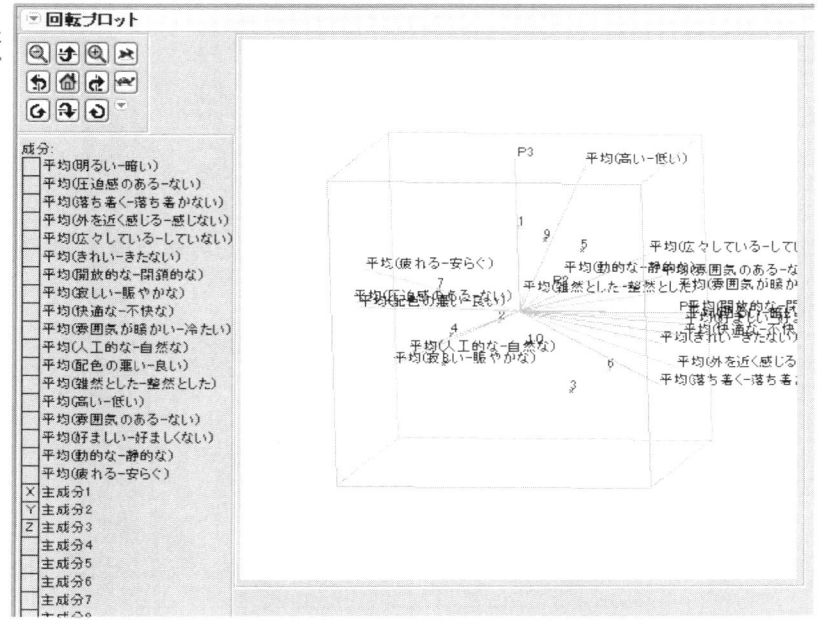

バイプロットの見方について少し説明しましょう。

まず、くるくる回転させて観察するとわかることですが、行(アトリウム)を表す点は、どの方向にも同じくらいの散らばり方をしているようです。つまり、もともとはP1方向の散らばりが最も大きく、次にP2で、P3方向の散らばり方はP1やP2より小さいはずですが、適当にスケールが調整された図が表示されている、ということになります※。

一方、変数名がついた軸は、その変数の値を近似する方向を示しています。このことから、2つの変数軸のなす角度が小さい場合、その2変数の相関が高いということを意味しています。また、軸線の長さは近似のよさに対応しています。

さて、くるくる回転して観察するとよくわかりますが、どうもP3方向に張り出している変数軸は「高い－低い」だけのようです。そこで、P3はとりあえず無視して、P1とP2の2次元バイプロットを眺めてみましょう。それには、家の形をしたホームアイコンを押すだけでOKです（図9.62）。

---

※ スケールの調整を行わず、もとの18次元散布図における散らばり方の大小に忠実なバイプロットを表示させたいときは、主成分軸を求めるとき、「回転プロット」のタイトルバーの▼オプションで、［標準化した主成分］ではなく［主成分分析］を選びます。どちらにしても、得られる主成分軸P1, P2, ……自体は同じですが、バイプロットの表示スタイルが違うのと、［主成分スコアの保存］オプションを選んだときに保存される主成分スコアが分散1に標準化されているかいないか、という違いがあります（もちろん［標準化した主成分］の方が標準化されていて、［主成分分析］の方は分散＝固有値（後述）としたスコアが保存されます）。

◆図9.62
アトリウムごとの平均値の2次元バイプロット

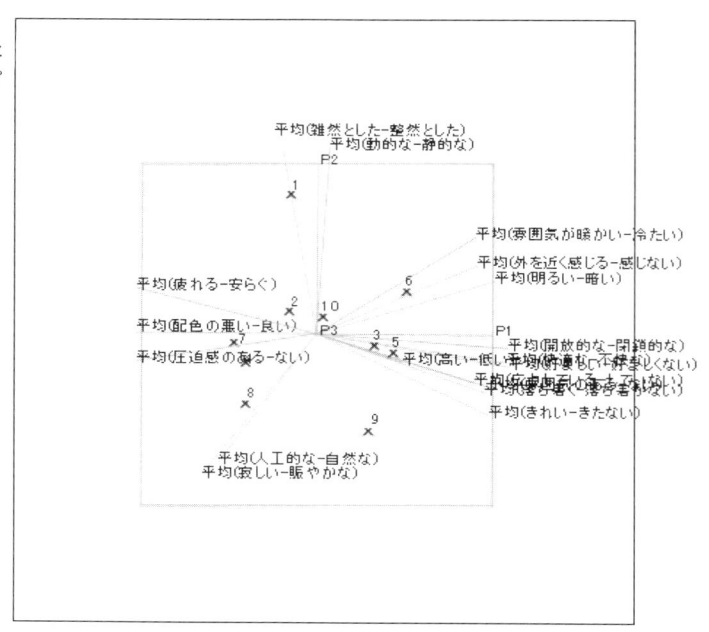

バイプロットは、どの対象がどんなふうに評価されているかを、一挙に教えてくれます。例えば、この図で上の方にある1番のアトリウムは「整然」「静的」だが、やや「人工的」で「寂しい」のだな、といったように、布置されている位置および変数軸の向きからアトリウムの印象を概略つかむことができるのです。この図を使うと、さまざまな考察ができそうです。

ここで、もう少し欲張って、アトリウムごとの平均値データでなく、もとの「Atrium Data」のバイプロットも表示してみましょう。「Atrium Data」に対してメニューから［グラフ］－［回転プロット］を選び、平均値データのときと同じように18個のSD尺度の「標準化した主成分」を用いて、図9.64のようなバイプロットが得られました。メニューから［行］－［列の値による色／マーカー分け］で、アトリウムNoごとに色とマーカーを変えてあります（といっても一色刷りですが）。

## 「主成分分析」レポートの見方

「固有値」とは、もとの18次元散布図における主成分スコアの分散、つまりP1、P2、……の方向の点の散らばり方の大小を示します。18個の変数はどれも分散1に標準化した状態で考えているので（256ページの脚注を参照）、それぞれの主成分が変数何個分の分散を持っているかを表しているともいえます。例えば、P1の固有値は約11なので、P1軸だけで11変数分の情報を持っていることになります。確かに図9.62を見ると、たくさんの変数軸がP1の方向を向いています。なお、全部で18変数ですから、11/18を計算すると、P1方向の分散は全体の61.5%に相当していることがわかります。このようにして、全体の何%を説明しているかを求めたものが「寄与率」です。

また、P1の寄与率が61.5%、P2の寄与率が21.1%なので、61.5＋21.1を計算すると、P1とP2の2次元布置でもとの散らばり方の82.6%を表現できていることがわかります。このようにして、第 $k$ 主成分までの $k$ 次元布置が全体の何%を説明しているかを求めたものが「累積寄与率」です。

その下の「固有ベクトル」というのは、もとの18次元散布図の空間内における主成分の向きを表しています。また、標準化した18個の変数にこれらの数値を乗じて加算すると主成分スコアが求められるので、これらの数値のことを「主成分係数」とよびます（言葉の使い方としては、18個の数値を丸ごとベクトルとして「固有ベクトル」、そのベクトルの成分である個々の数値が「主成分係数」ということになります）。

図9.61によれば、P3方向に線が伸びている変数は「高いー低い」だけのようでしたが、確かに第3主成分の主成分係数は「高いー低い」だけが約0.74と大きく、他の変数は（絶対値が）小さい値になっています。

以上をまとめると、固有値・寄与率・累積寄与率は、何次元で散布図をつくればどれくらい説明力があるかを表し、固有ベクトル（主成分係数）は、もとの変数と主成分の関係を表しているといえます。バイプロットより先にこれらの出力を眺めて、「第2主成分までの2次元で十分に説明力がありそうだな」などと、あたりをつけることも効果的です。

◆図9.63 「主成分分析」レポート

| 主成分分析 | | | | |
|---|---|---|---|---|
| 固有値 | 11.0725 | 3.7957 | 1.4047 | 0 |
| 寄与率 | 61.5137 | 21.0873 | 7.8038 | 3 |
| 累積寄与率 | 61.5137 | 82.6010 | 90.4047 | 94 |
| 固有ベクトル | | | | |
| 平均(明るいー暗い) | 0.27227 | 0.14211 | -0.06628 | 0.2 |
| 平均(圧迫感のあるーない) | -0.27067 | -0.06870 | 0.06683 | -0.3 |
| 平均(落ち着くー落ち着かない) | 0.25557 | -0.15321 | -0.30811 | -0.2 |
| 平均(外を近く感じるー感じない) | 0.24544 | 0.18475 | -0.31281 | 0.1 |
| 平均(広々しているーしていない) | 0.24125 | -0.12779 | 0.33777 | 0.0 |
| 平均(きれいーきたない) | 0.26350 | -0.21361 | -0.08093 | 0.0 |
| 平均(開放的なー閉鎖的な) | 0.29190 | -0.03785 | 0.01812 | 0.1 |
| 平均(寂しいー賑やかな) | -0.17099 | -0.36758 | -0.14536 | -0.0 |
| 平均(快適なー不快な) | 0.28882 | -0.07218 | -0.08211 | -0.1 |
| 平均(雰囲気が暖かいー冷たい) | 0.24288 | 0.26027 | 0.04476 | -0.1 |
| 平均(人工的なー自然な) | -0.14704 | -0.33733 | -0.09672 | 0.6 |
| 平均(配色の悪いー良い) | -0.27072 | 0.00665 | 0.01880 | -0.3 |
| 平均(雑然としたー整然とした) | -0.04900 | 0.48597 | -0.03860 | 0.1 |
| 平均(高いー低い) | 0.13072 | -0.07201 | 0.74398 | 0.0 |
| 平均(雰囲気のあるーない) | 0.26180 | -0.13882 | 0.22172 | -0.2 |
| 平均(好ましいー好ましくない) | 0.29300 | -0.08564 | -0.02079 | -0.0 |
| 平均(動的なー静的な) | 0.02015 | 0.49872 | 0.05427 | -0.0 |
| 平均(疲れるー安らぐ) | -0.27088 | 0.12449 | 0.17400 | 0.3 |

第9章　多変量解析——主成分分析（バイプロット）・対応分析・決定木

◆図9.64
もとのAtrium Dateの2次元バイプロット

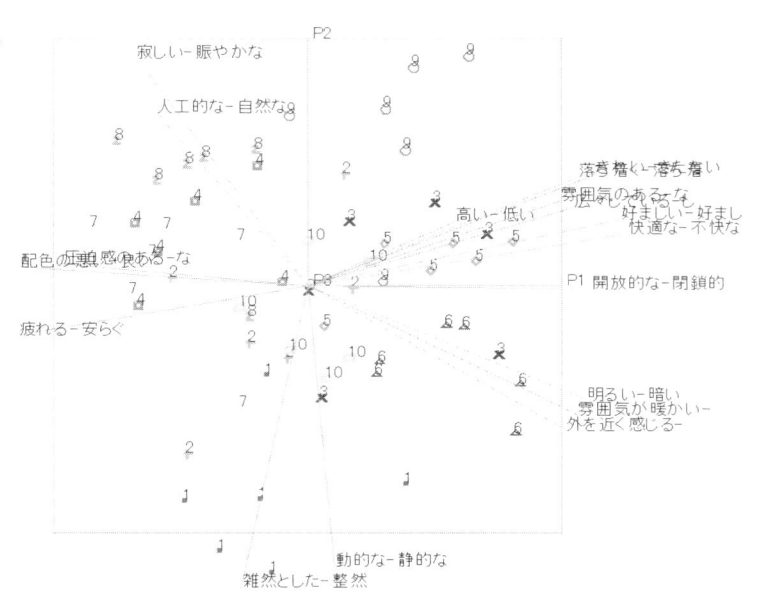

　1つのアトリウムを6人が評価しているので、各アトリウムは6個の点として表示されるのが、平均値データのバイプロットとは違うところです。この6個の点の広がりが、つまり個人差ということです。例えば「1」というラベルのついた点は6個とも図の下の方、「9」は5個が上の方にあって1つだけ真ん中やや右にある、といった具合で、1つのアトリウムの評価を表す6人分の点は、概略、近くに布置されているようです。この図は、もとは18次元分あったものを、最も主要な2次元で見ている図、ということなのですが、この程度に大まかに見ているうちは、それほど個人差は問題にしなくてよいだろう、ということがいえそうです。

　なお、248ページで行ったように、「アトリウムNo」のヒストグラム上で、目当てのアトリウムをクリックすると、バイプロット上のマーカーが強調表示されるので、こうした検討には便利です。

　この図9.64と、図9.62を見比べてみると、P2軸の上下が逆になっているだけで、おおむね平均値データのバイプロットと同じような布置、つまり、変数軸の向きおよび各アトリウムの位置関係が大差のないものとなっていることがわかります。対象・評価者の数にもよりますが、見やすさの点では平均値データ、個人差も含めて検討できるという点ではもとのデータのバイプロットに軍配があがります。ただし、布置の様子ががらりと変わってしまうときは、どちらを使って考察すべきか迷います。そういう場合にはこうしたらよい、という「決定版」はないのですが……

注意 平均値データと元のデータで布置の様子が変わる場合
- 軸の方向がずれているだけで、布置空間はほぼ共有されている場合があります。どちらを使ってもかまわないと思います。また、[成分の回転]オプションを試してみてください（詳しい説明は割愛します）。
- 250ページで取り上げたような、外れ評定値（外れ評価者、外れ評価対象）が影響している場合があります。これらを除去して再分析を試みてください。

## 9.3.7　バイプロットの活用

　さて、ここまでバイプロットについての説明をしつつ、その中で、すでに内容の検討もかなりしているような気もしますが、あらためて、図9.64のバイプロットをもとにして、アトリウムの印象について考察を加えてみます。

　まず、P1軸、P2軸に名前をつけるとしたら、どんな名前になるでしょうか？それぞれの方向に伸びている変数のうち、わかりやすいもので代表させ、P1:「開放 - 閉鎖」の軸、P2:「整然 - 雑然」の軸と名づけてみます。左には開放的、右には閉鎖的なアトリウム、下には整然とした、上には雑然としたアトリウムが布置されているというわけです。

　P1軸を反時方向に少し回転させたあたりには、多くの尺度が集まっています。おおむね左の方、やや下の方にいくほど、「好ましい」「快適」「安らぐ」「雰囲気のある」「落ち着く」などなど、一言でいうと「良い印象」を与えるようです。これらの変数群とP1軸の向きは少ししか違わないので、アトリウムは「開放的」な方が良い印象になる、といえそうです。

　次に、右下と左上の方向に伸びているいくつかの変数に着目しましょう。左上の方にあるアトリウム（4、7、8番）は「開放的」で「雑然」としているはずですが、これらは「賑やか」「自然な」「暖かい」「明るい」「外を近くに感じる」という印象を与えます。これらは「快適な」「好ましい」などの尺度についても、良い側の評価がなされているはずで、まずまず好評です。少々雑然としていても開放的であれば、悪い印象にはならないようです。

　さて、このような考察は、点の布置と、変数軸の表示だけをもとにして行っていますが、変数軸の示す方向が、どれくらいよく評定値を近似しているかが少し心配です。そこで、もとの変数のヒストグラムを使って確認してみましょう。わかりやすいように、行の色・マーカーをすべて同じもの（なるべく目立つもの）に変えてから、ブラシツールで、例えば「雑然とした - 整然とした」のヒストグラムを、1→7まで順になぞりながら、バイプロットを観察してみてください。上の方から下の方へ、おおむね順番に、強調表示される点が移動していく様子が見て

とれ、なるほど下へいくほど「整然」と評価されているのだな、と実感すること
ができます（図9.65、アニメーションでお見せできないのが残念です。ぜひ試して
みてください）。

◆図9.65
ブラシツールにより
評定値と散布図上の
位置の関係を確認す
る様子

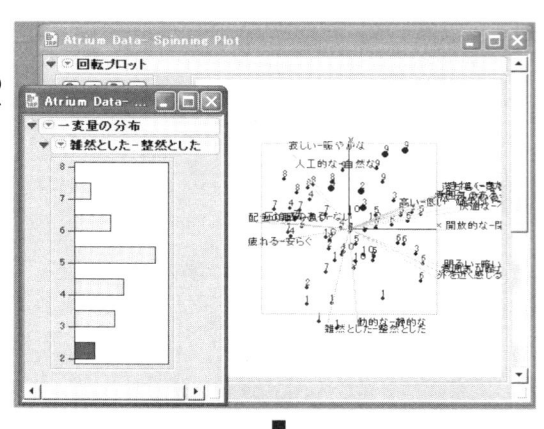

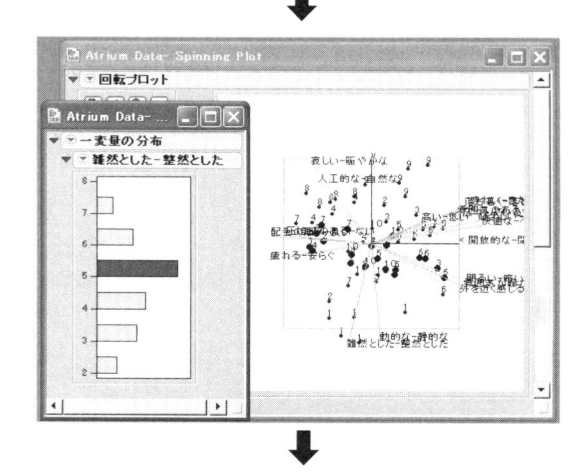

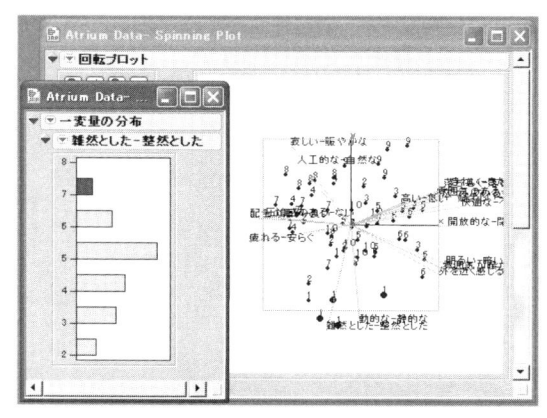

## 9.3 アトリウムの印象評価データの解析

次に、同じ要領で、「アトリウムタイプ」のヒストグラムを出して、「付加型」をクリックしてみてください（図9.66）。バイプロット上では左の方にある点が強調表示されるので、中庭型より付加型の方が「開放的」「快適」など、好評であることがわかります。また、強調表示される点とされない点は、上下の方向には分かれていませんので、付加型・中庭型のいずれにも、整然としたものと雑然としたものがあるということがわかります。

◆図9.66
「付加型」アトリウムを強調表示

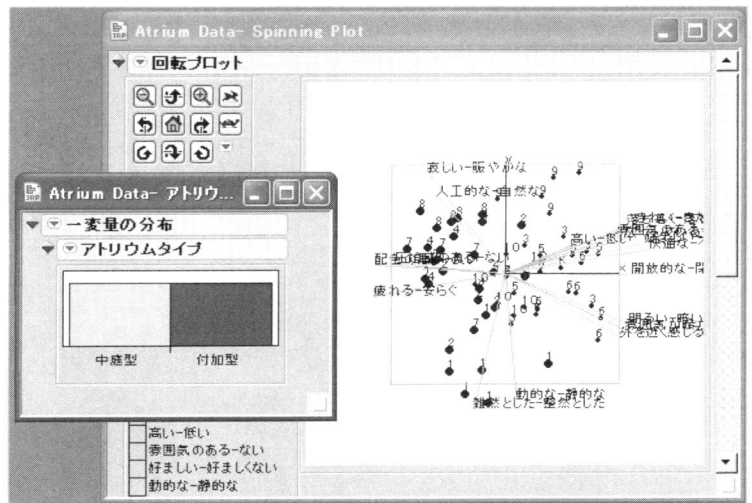

### まとめ

　この章では、3相データとよばれるタイプの評価データの分析の例として、アトリウム評価のデータを用いた分析を紹介しました。前にも書いたように、3相データの分析は情報が多く、データ分析の中でもかなり難しい部類に入ります。しかしまた、クリック操作で簡単に行が選択でき、すべてのグラフィカルな出力画面がリンクしていて、ただちに選択行が強調表示されるという、JMPの長所が最大限に発揮される場面でもあります。そのさわりだけでも実感していただければ幸いです。

## 9.4 ワインに関する定量調査のデータマイニング

### 9.4.1 はじめに

9.2節でワインの商品開発を行うことを想定して、JMPを使って定量的なアンケートの解析を行ってみました。女性ワイン市場を支配する潜在的な法則性もいくつか発見でき、データさえそれなりに集めることができれば、JMPで、マウスクリックのみでなかなか楽しい発見ができたのではないでしょうか。しかし、JMPの実力はこんなモノではありません。バージョン5以降、その実力はさらにパワーアップしているのです。ここでは、JMPがバージョン5から実装した機能、パーティションを使った定量調査データのデータマイニングを実践します。

### 9.4.2 データの説明

実際に調査に用いた調査票は先と同じものです（図9.67）。
念のために再度、データの一部を抜粋しておきます（図9.68）。

### 9.4.3 パーティションを使う

さっそくJMPでこのデータをマイニングしてみましょう。ここでは、JMPがバージョン5から実装した機能、パーティションを使います。メニューから［分析］－［モデル化］を選び、その中の［パーティション］を選択します。すると図9.69のようなウィンドウが開きます。ここでは、「ワインを頻繁に飲んでくれる女性」のプロファイリングを行ってみようということで、「Y, 目的変数」に「ワイン飲用頻度」、「X, 説明変数」に「年代」「未既婚」「職業」「好きなお酒」「ワイン飲用場所」「ワインへのこだわり」を設定します。

◆図9.67
調査票

# 「ワイン」に関する調査

問1　最初に、あなたご自身のことをお知らせ下さい。
(1)　あなたの年代は　　　　　　　　　　　　　　　　　　　　　（○は1つ）
　　①20代　　②30代　　③40代　　④50代　　⑤60代以上
(2)　未既婚は　　　　　　　　　　　　　　　　　　　　　　　　（○は1つ）
　　①未婚　　②既婚
(3)　職業は　　　　　　　　　　　　　　　　　　　　　　　　　（○は1つ）
　　①大学生（短大生）　②会社員（OL）　③パート・アルバイト
　　④専業主婦　⑤有職主婦（パート・アルバイト含む）　⑥無職・その他

問2　あなたの一番お好きなお酒の種類をお知らせ下さい。（例：ビール）（1種類のみ）


問3　あなたはどの程度ワインをお飲みになっていますか。あてはまるものを1つお知らせ下さい。　　　　　　　　　　　　　　　　　　　　　　　　　　（○は1つ）
　　①ほぼ毎日　　②週に1、2度程度　　③月に1、2度程度
　　④年に数回程度

問4　あなたは主にどこでワインをお飲みになっていますか。あてはまるものを1つお知らせ下さい。　　　　　　　　　　　　　　　　　　　　　　　　　（○は1つ）
　　①自宅　　②友人宅　　③飲食店　　④その他（　　　　　　　　　　）

問5　あなたはどの程度ワインにこだわっていますか。あてはまるものを1つお知らせ下さい。　　　　　　　　　　　　　　　　　　　　　　　　　　　（○は1つ）
　　①決まった銘柄しか飲まない
　　②銘柄は気になるがあるレベル以上ならかまわない
　　③銘柄は一応気になるが何でも飲む
　　④銘柄は特に気にならない

第9章　多変量解析──主成分分析（バイプロット）・対応分析・決定木

◆図9.68
ワイン(定量).JMP

◆図9.69
パーティションの設定

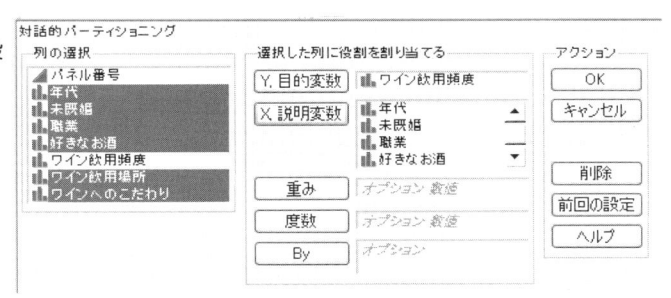

この状態で［OK］ボタンを押すと、図9.70のような画面に切り替わります。

9.4 ワインに関する定量調査のデータマイニング

◆図9.70
パーティションでの
解析の最初の状態

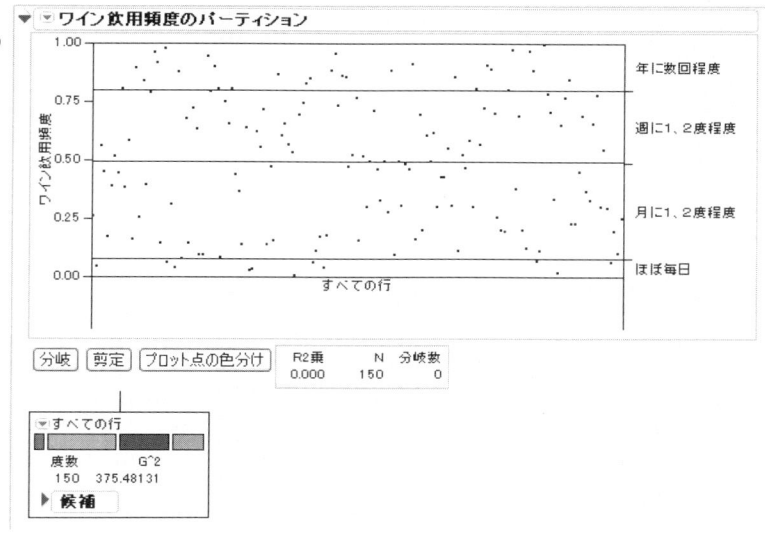

これで準備は完了なのですが、せっかくボタンがあるので、[プロット点の色分け]をクリックして、ビジュアルに彩りを与えておきましょう(図9.71)。

◆図9.71
プロット点を色分け

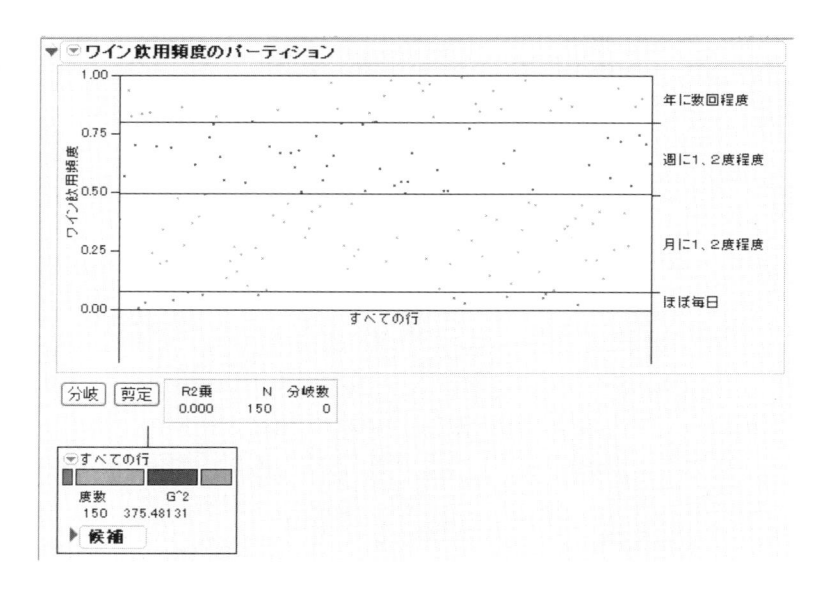

第9章　多変量解析——主成分分析（バイプロット）・対応分析・決定木

　さて、次に行うことは、ただ単に［分岐］ボタンをクリックするだけです。一度クリックしてください。すると図9.72のような結果が表示されます。

◆図9.72
最初の分岐

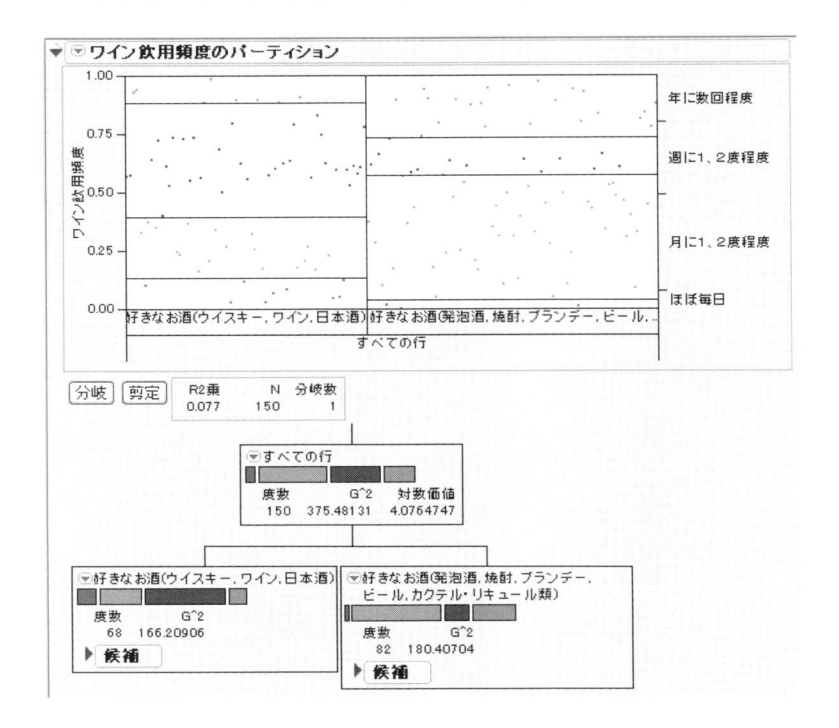

　これは、「好きなお酒」が「ウイスキー、ワイン、日本酒」なのか、「発泡酒、焼酎、ブランデー、ビール、カクテル・リキュール類」なのかでワインの飲用頻度が大きく異なることを表しています。

　四角の枠内の帯グラフが、そのグループの中でそれぞれのワイン飲用頻度がどの程度の確率で現れるのかを示しています。「好きなお酒」がウイスキー、ワイン、日本酒のいずれかであれば、ほぼ毎日ワインを飲む確率（帯グラフの赤色の部分）、週に1、2度程度飲む確率（帯グラフの青色の部分）が高くなっています。それに対して他方での確率はかなり低くなっており、「ワインを頻繁に飲んでくれる女性」は、ウイスキー、ワイン、日本酒好きに多いということがわかります。さらに深堀を行ってみます。「好きなお酒(ウイスキー、ワイン、日本酒)」枠の左の赤い▼をクリックして［ここを分岐］を選んでください。その結果は図9.73です。

◆図9.73
「好きなお酒(ウイスキー、ワイン、日本酒)」を分岐

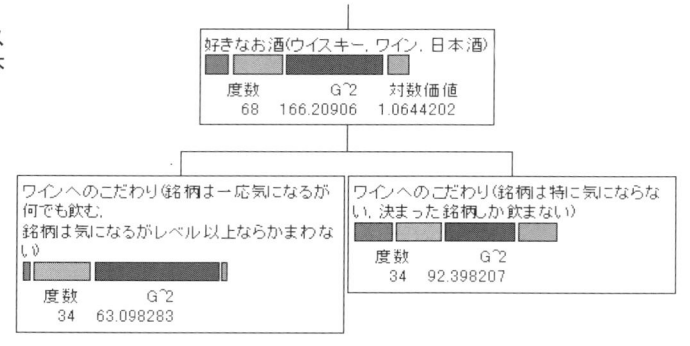

今度はワインへのこだわりで分かれました。「ワインへのこだわり」が「銘柄は一応気になるが何でも飲む」「銘柄は気になるがレベル以上ならかまわない」よりも「銘柄は特に気にならない」「決まった銘柄しか飲まない」の方がワインを「ほぼ毎日（赤帯）」か「週に1、2度程度（青帯）」飲む確率が高いようです。さらに「ワインへのこだわり（銘柄は特に気にならない、決まった銘柄しか飲まない）」を分岐させます。その結果は図9.74です。

◆図9.74
「ワインへのこだわり（銘柄は特に気にならない、決まった銘柄しか飲まない）」を分岐

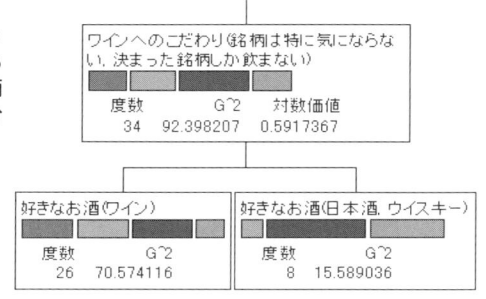

今度は少し分かれました。「好きなお酒」を「日本酒」「ウイスキー」という人は毎日ではなく「週に1、2度程度」ワインを飲む確率が高く、「好きなお酒」を「ワイン」という人が「ほぼ毎日飲む」というわけです。これで「ワインを頻繁に飲んでくれる女性」のプロファイリングがかなりできてきました。

法則1　ワイン好き以外に、ウイスキー、日本酒好きもワインを頻繁に飲む。
法則2　ワインへのこだわりは銘柄を特に気にしないか、決まった銘柄しか飲まないかの両極。
法則3　週に1、2度飲むのは「日本酒」「ウイスキー」好きで、毎日飲むのは「ワイン」好き。

といった女性ワイン市場を支配する潜在的な法則性が見えてきました。

JMPでパーティションとよんでいるこの分析方法は、実は有力なデータマイニング手法として有名な「決定木」とよばれる手法そのものです。決定木を生成するアルゴリズムは、CART（Classification and Regression Tree）、C4.5、CHAID（Chi-squared Automatic Interaction Detection）とよばれるアルゴリズムが知られていますが、考え方は単純で、「注目している変数のある1つの水準だけが固まって存在するようなグループを構成する」ように設問をつくるというものです。「注目している変数のある1つの水準だけが固まって存在する」程度を数値化する方法が微妙に異なって先のCART、C4.5、CHAIDといった方法論のバリエーションがうまれているだけです。JMPでは、G^2という数値をよりどころに確率計算をしているので、おそらくCHAIDアルゴリズムで決定木を生成していると筆者は考えています。

## まとめ

今回はJMPがバージョン5以降で実装している機能「パーティション」を使って、「ワインを頻繁に飲んでくれる女性」のプロファイリングを行ってみました。あえて作為的に、自分で分岐する場所を指定して深堀を行った例として紹介したのですが、自分なりに仮説を持っているマーケターが定量調査データをマイニングする場合、このようなツールはこたえられない魅力があるのではないでしょうか。JMPは、そのような分析者のわがままを理解して、まさに痒い所に手が届く分析を提供してくれます。もちろん、[分岐]ボタンを繰り返し押すことで自分で分岐場所を指定せず、客観的に最良分岐させることももちろん可能です（図9.75がそれです）。

◆図9.75
JMPが行った最良分岐

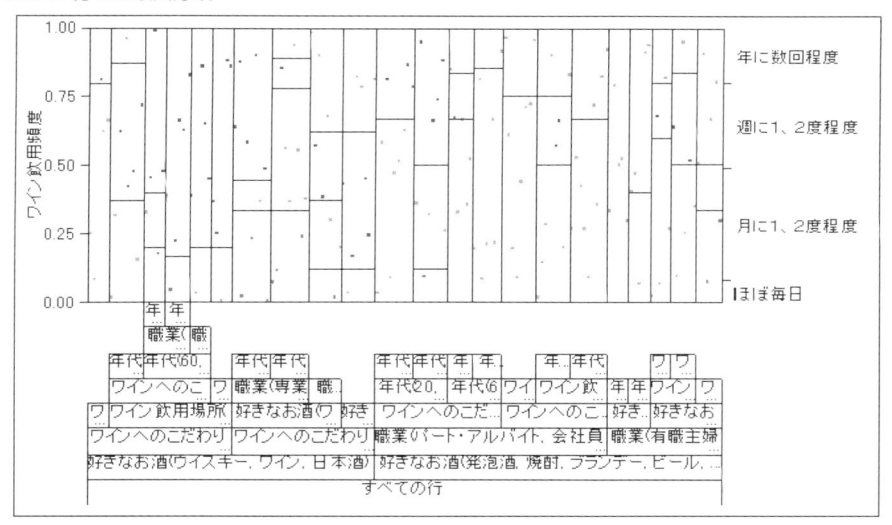

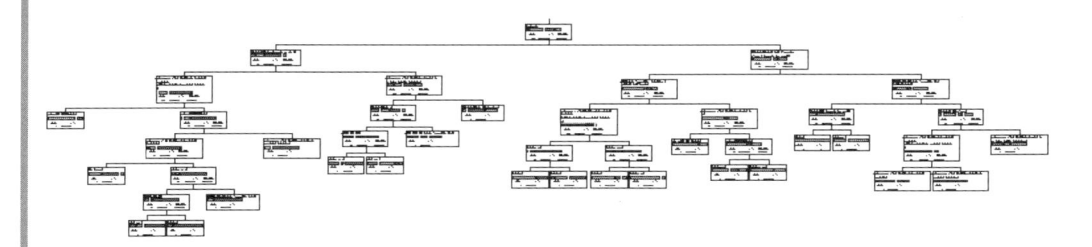

決定木は、判断基準が明確で、木構造によって判断の流れが視覚的に理解できるので、直感的に理解しやすい手法といえ、まさにJMPの思想である「統計的発見ツール」の真骨頂といえます。みなさんもぜひ、今回の例と同形式のアンケートを行って、同じようにデータ化して、ぜひこのパーティション機能を試してみて、「統計的発見」を体感してください。

# 第10章 テキストマイニング

## 10.1 定量調査と定性調査

　商品開発を行う際に行う調査には、大きく分けて2種類の方法があります。定量調査と定性調査です。定量調査とは、調査結果を統計的に数値でとらえる調査のことで、よく見かける、設問に対して「はい・いいえ」で答える形式のアンケート調査などがそれにあたります。この調査は、豊富に用意されている数理統計的な解析手法を適用しやすく、解析結果を考察する段階で主観が入りにくい利点がある反面、「アンケートに記載しなかったことに関する情報は絶対に入手できない」という宿命的な限界を背負っています。

　一方、定性調査とは、調査結果を統計的に数値でとらえるのではなく、言葉・会話から内容をとらえる調査のことで、グループインタビューや、アンケートの最後に時々見かける「お気づきの点を自由にお書きください」といった自由記入形式の設問などがこれにあたります。この調査は、あらかじめ設問を設定していないぶん、お客さまが実際に気にしていること、調査設計者が仮説として想定しきれなかったことなどを拾うことができますが、解析方法がまだ十分に整備されていないため、調査結果を考察する段階で主観が入りやすいという欠点があります。ただこの定性調査、近年になって「テキストマイニング」といった手法が発展してくるにつれて、かなり「定量的」な取り扱いができるようになってきつつあります。

　このように、一長一短のある定量調査と定性調査ですから、これらはそれぞれに重要と考え、相互に補完しながら用いることが望ましいのです。「9.2　ワインに関する定量調査」と「9.4　ワインに関する定量調査のデータマイニング」で定量調査についてはすでにふれたので、ここではJMPを使ってワインに関する定性調査を行ってみることにしましょう。

## 10.2 ワインに関する定性調査

### 10.2.1 はじめに

　先の例（9.2節）でワインの商品開発を行うことを想定して、JMPを使って定量的なアンケートの解析を行ってみました。それなりに役に立つ知見が得られたのですが、定性的なアンケートも商品開発には不可欠です。そこで、やはりワインの商品開発を想定して、少し毛色の変わった定性的なアンケートとその分析方法を紹介しましょう。この事例は、いわば定型自由文形式アンケートのテキストマイニングです。定性的な情報を定量的にとらえ、そこから役に立つ知見を得るわけですが、ここでもJMPは大変便利にテキストマイニングをこなしてくれます。

### 10.2.2 データの説明

　実際に調査に用いた調査票は図10.1のとおりです。
　このようなアンケートを、先の例と同じく、2000年10月に、「首都圏在住の自分でワインを購入、またはお店で銘柄を指定する女性150名」に対して行いました。
　その結果をJMPのデータセットにしたものが「ワイン（定義）.JMP」です。念のためにデータの一部を抜粋しておきます（図10.2）。
　ここで、データセットの作り方について若干説明をしておきます。アンケートでは、

- 「普段飲んでいるワイン」とは？
- 「理想のワイン」とは？

という形で質問していますが、データセットとしては、「区分」（「普段」か「理想」か）、「定義」（「普段」と「理想」それぞれに対する定義）という形で用意します。これによって「区分」と「定義」の間でのクロス集計を行おうという訳です。

第10章　テキストマイニング

◆図10.1
調査票

問　あなたにとって「普段飲んでいるワイン」、「理想のワイン」とはどのようなものですか。思いつくまま自由に定義してください。それぞれ必ず3つ以上ご記入下さい。

記入例）「冷蔵庫」とは

```
（白いもの                        ）で
（一番大きな家電品                ）で
（ずっとスイッチが入っているもの）で
（ビールが入っているもの          ）で
（暑いと頭を突っ込みたくなるもの）で
（壊れると本当に困るもの          ）で
（磁石がいっぱい貼ってあるもの    ）で
（めったに掃除しないもの          ）です。
```

注）ご記入にあたっては、メーカー名やブランド名、商品名を記入するのではなく、記入例にあるように言葉や文章を記入して下さい。

(1)「普段飲んでいるワイン」とは　　　　　　　　　　　　　（3つ以上記入）

```
(_____)で
(_____)で
(_____)で
(_____)で
(_____)です。
```

(2)「理想のワイン」とは　　　　　　　　　　　　　　　　　（3つ以上記入）

```
(_____)で
(_____)で
(_____)で
(_____)で
(_____)です。
```

◆図10.2
ワイン(定義).JMP

| パネル番号 | 区分 | 定義 |
|---|---|---|
| 1 | 普段 | 飲みやすい |
| 1 | 普段 | 外国産 |
| 1 | 普段 | 手頃な価格 |
| 1 | 理想 | おいしい |
| 1 | 理想 | ボトルのデザインが良い |
| 1 | 理想 | 飲みたい |
| 1 | 理想 | 手に入りにくい |
| 2 | 普段 | 安価 |
| 2 | 普段 | 甘口 |
| 2 | 普段 | 赤、ロゼ |
| 2 | 普段 | 葡萄を多く使用している |
| 2 | 理想 | 後味が良い |
| 2 | 理想 | 口当たりが良い |
| 2 | 理想 | 香りが良い |
| 2 | 理想 | 手頃な価格 |
| 2 | 理想 | 葡萄を多く使用している |
| 3 | 普段 | こぼしてももったいなくないもの |
| 3 | 普段 | 購入しやすい |
| 3 | 普段 | 手頃な価格 |
| 3 | 理想 | レストラン |
| 3 | 理想 | 高価 |
| 3 | 理想 | 上品 |
| 3 | 理想 | 有名 |
| 4 | 普段 | みんなで飲める |
| 4 | 普段 | 飲みやすい |
| 4 | 普段 | 手頃な価格 |
| 4 | 普段 | 身近に売っている |
| 4 | 理想 | 高級感がある |
| 4 | 理想 | 手に入りにくい |
| 4 | 理想 | 手に入りにくい |
| 4 | 理想 | 渋味が適度 |
| 4 | 理想 | 人気がある |
| 5 | 普段 | 安価 |

## 10.2.3 解析結果

■各変数の集計

さっそくJMPで各変数を集計してみましょう。といっても操作はこちらもすごく簡単です。メニューから［分析］-［一変量の分布］を選び、「区分」と「定義」という2変数を選択して［OK］ボタンを押すだけです（図10.3）。

◆図10.3
一変量の分布の設定

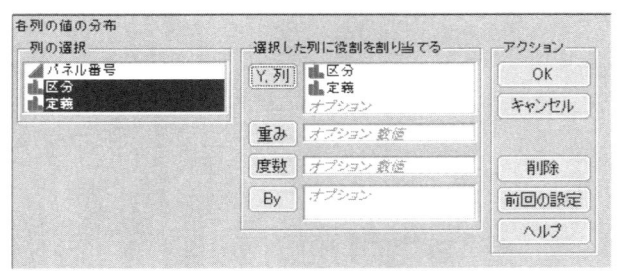

すると、瞬時にグラフが得られます。定義のグラフが見やすいように、横幅を少し広げておきましょう。図10.4のような分析結果が得られれば合格です。

## 第10章　テキストマイニング

◆図10.4
分析結果

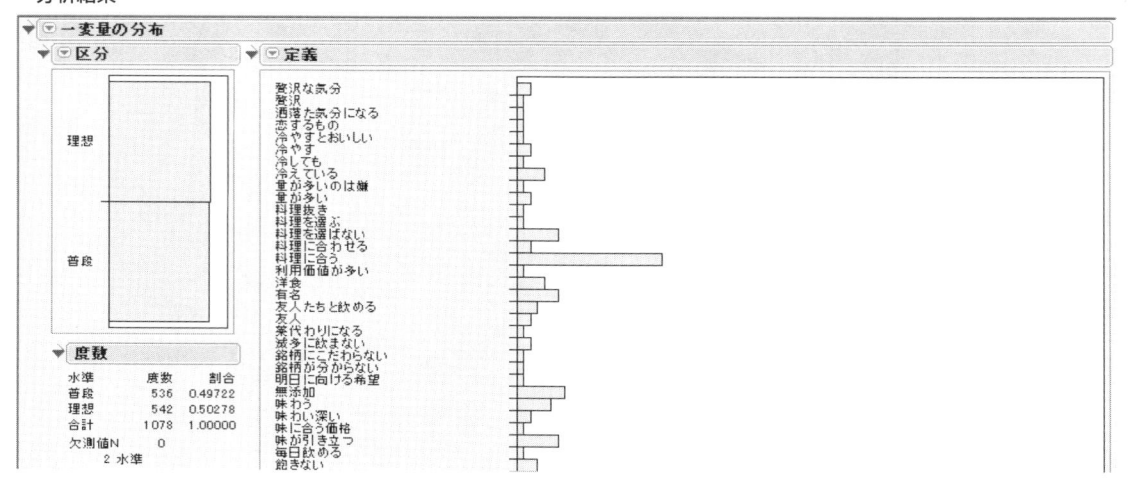

■一変量の分布グラフのデータ連動機能を使ったクロス集計

結果が表示されたら、「区分」側のグラフの「理想」に該当する棒グラフの部分をクリックしてください。薄い緑色だったグラフが濃い緑色に変わりました。それと同時に、「定義」側のグラフにも濃い緑色の部分が出現しました。図10.5のようになります。

◆図10.5
「理想」をクリック

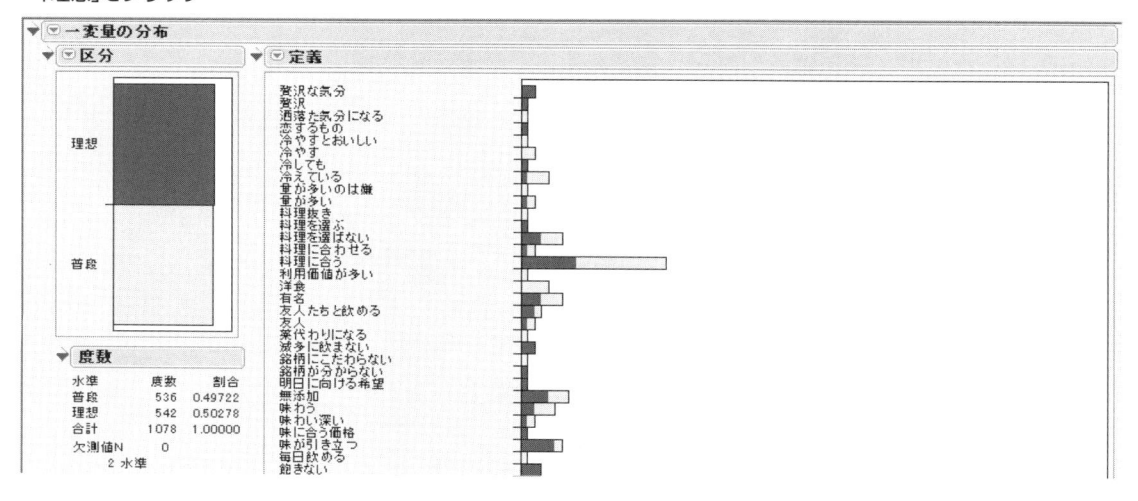

これで何がわかるのでしょうか？「定義」の一変数の分布グラフは、「普段」と「理想」のどちらであろうと、その定義が申告された度数がグラフ化されているわけですから、ここでの定義の総出現頻度が高いということは、ワインを語るとき頻繁に用いられる言葉（概念）であると考えてよいわけです。そして、先ほど濃い緑色に反転させた部分はワインの理想を語るときに用いられる言葉（概念）です。とすると、頻繁に使われ、かつ「理想」の占める割合が高い言葉（概念）は、新しいワインを開発するに際して、注目すべき言葉（概念）、すなわち狙い目のコンセプトであると考えられます。そういった観点から「定義」の一変量の分布グラフを眺めてみましょう（図10.6）。

◆図10.6
「定義」の一変量の分布グラフ

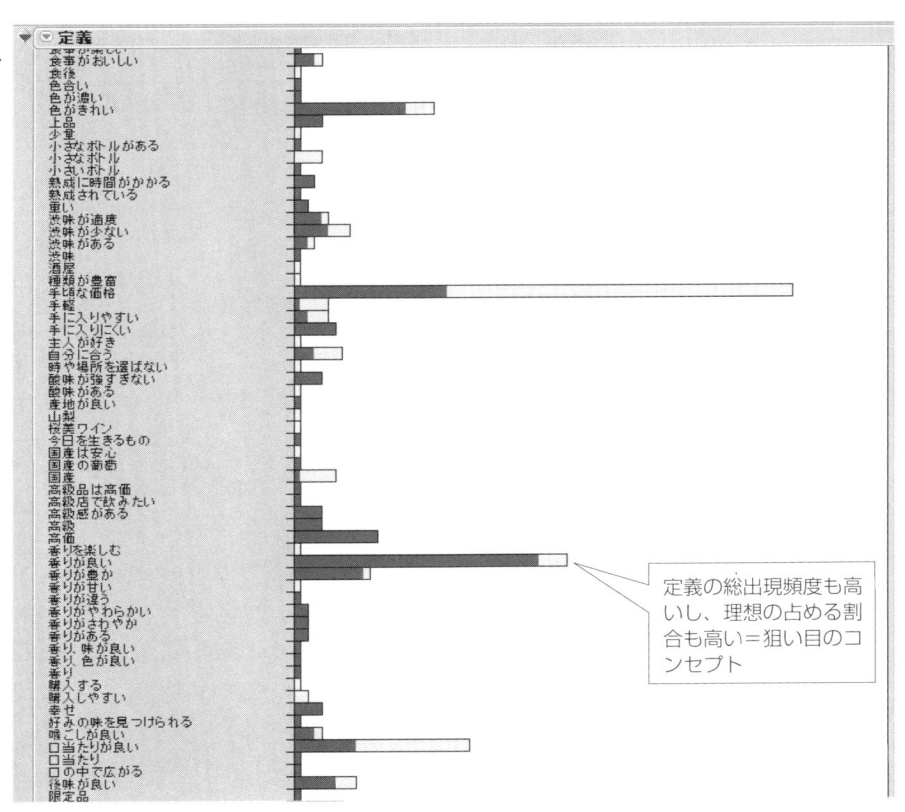

> 定義の総出現頻度も高いし、理想の占める割合も高い＝狙い目のコンセプト

「色がきれい」「香りが良い」「まろやか」といった「定義」は、「定義」の総出現頻度も高いですし、「理想」の占める割合も高いことがわかります。ほかにも、「おいしい」といった「定義」も「定義」の総出現頻度が高く、「理想」の割合も高いのですが、これはあまりに当たり前すぎるようです。

## まとめ

ワインの商品開発を行うことを想定し、ワインに関して「普段飲んでいるワインの定義」と「理想のワインの定義」を定型自由文形式アンケートで調べ、「定義」の総出現頻度と「理想」の占める割合から定型自由文形式アンケートのテキストマイニングを行ってみました。さほどの苦労もなく、定性的な情報を定量的にとらえ、そこから「色がきれいで、香りが良い、まろやかなワインを開発するべし」といった役に立つ知見を得ることができたわけです。テキストマイニングすらもこなしてくれるJMP、なかなかの奴ですね。

## 10.3　住民意識調査で得られた非定型自由文データの分析

### 10.3.1　はじめに

10.2では定型自由文形式のデータを分析しましたが、この節では、非定型自由文形式、つまり自由な形式の文章で回答するアンケートのデータを分析します。

「……について、ご意見・ご要望などをお書きください」「最後に、ご意見・ご感想などございましたらお書きください」などと、非定型自由文で回答する欄が用意されている調査はよくありますが、こうしたデータは分析者の主観によって「これこれのような記述が見られた」程度のまとめ方をするしかなく、あまり有効に活用されていなかったというのが現状でした。しかし、テキストマイニングによれば、自由記述欄の回答からも何かしら役に立つ情報が得られるかもしれません。

なお、分析には、JMPのほか、奈良先端技術大により開発された「茶筌」というフリーのソフトウェアを使います。茶筌は、奈良先端科学技術大学院大学自然言語処理講座で開発され、松本裕治氏の監督の下、以下のサイトで管理、配布されています[※]。

http://chasen.aist-nara.ac.jp/

(資料提供：国土交通省国土技術政策総合研究所「大都市市街地の環境形成に関する研究[1])」、「注釈・参考文献」は291ページ参照)

---

※　茶筌の著作権は奈良先端科学技術大学院大学に属します。また、茶筌に付属する辞書はICOT Free Softwareにて開発された辞書を利用したものです。茶筌の利用にあたっては、添付のマニュアルに記載されているICOT Free Softwareの利用条件も確認してください。

## 10.3.2　データの概要

本節で用いる自由記述データは、住宅と工場が混在する地域の主要な生活道路について、街路沿いに住む居住者の意識を調べるアンケートによって得られたものです。ほかにもいろいろな設問があるのですが、ここでは、次の設問を取り上げます。

「この道（地図で指定しています）に関して、あなたが想い出すもの、事柄は何ですか。何でも結構ですので、囲みの中にご自由にお書きください。深く考えずに、お気持ちのままお答えいただければ幸いです。」※

この調査は、東京都区内の2つの地域（具体名は出さない約束なので、地域1・地域2としておきましょう）で行われました。いずれの地域でも、次のような生活道路を調査対象としています。

- 工業地域・準工業地域で、街路沿いに住宅、工場、商店等が混在立地している。
- その街路は、周辺の居住者と日常的にかかわりが深い。
- その街路は、周辺の居住者にとって特定しやすい通りである。
- その街路は、400〜500m程度続く街路である。

また、調査員による現地調査によれば、対象街路の状況は次のように報告されています。

- 対象街路の幅員は、地域1が約4.2m、地域2が約6.6m。
- 横道の幅員は、地域1では2〜3m程度の細い道が多く、地域2では5〜6m程度の道が多い。
- 歩行者は地域1の方が多く、自転車はほぼ同数、車両は地域2の方が多い。
- 車両速度は、地域1では遅く、地域2ではやや速い印象。
- 路上駐車、看板、植え込みや鉢植え、路上に置かれた仮設物（工場の製品、台車、コンテナ等）などの状況は、同一街路沿いでも場所による違いが大きい。
- 地域1は、1階が工場、2階が住居という古い建物が目立つ下町。工場は小規模、住居は一戸建てが多く混在し、建て込んでいる。
- 地域2は、中小の工場、工場アパート、個人商店、工場跡地にできた大規模マンション等が混在している。工場は地域1に比べると大規模。「"この地区に新しく転入される皆様へ"　この地区は都市計画法による工業地区に指定さ

---

※　この質問文は、建築・都市分野で地域イメージの形成要素抽出のために用いられている「エレメント想起法[2], [3]、「注釈・参考文献」は291ページ参照」とよばれる調査法を参考に、本調査の主旨および調査形態になじむようアレンジしたものです。質問文のワーディングは、まことに単純なものです。

れています。したがって工場の終夜運転、及び休日稼働や、騒音、振動等の発生がありますので、ご承知ください」という看板あり。

調査対象者は、対象街路沿いおよびそのごく近傍の居住者約200戸（ほぼ全戸）です。調査員投げ込みにより配布し、訪問・郵送を併用して地域1が28票、地域2が34票、計62票を回収しました。有効回収率は23％程となります。

### 10.3.3 非定型自由文の回答例

回答の例をいくつかあげておきましょう。各人思い思いに自由な形の文章を書いていますが、中には似たような内容のものもありますね。

- 車を常用しているが、前方から車が来るとすれ違うとき大変なのでいつも避けている。
- 私の住宅は同一敷地内に2軒あります。親の家と次男の私。60年あまり住んでいますのでとても親しみがありますが、最近越してきた建売住宅の住人が、小学校の通学路となっていながら掃除をまったくしません。学校も外部には一向にかまいません。掃除をするのは常々旧住民のみ。不潔のみか子ども達にもあまりよくないのではと私ども高齢者は不服に思っています。どこも同じかな、最近は？
- ①電柱、電信柱等、統合できないか？　②道路脇に置かれている物の除去、美観と交通障害、近所ではなかなか言いにくい。
- 狭い道にいつも車が止まっていて、人も自転車も車も交通量が多い。道で小さい子を遊ばせていたりしていることもある。工場もあるので大型車も通る。危ない道。
- 年少の頃より歩いている道だが、商店街がなく、道の左右とも個人経営の工場ばかりである。昔からの人たちからは、この道沿いにできた商店はみんな栄えず「○○横丁」と言い伝わっている。でも住んでいる人たちは、それほど移動がなく顔見知りがたくさんいます。
- 道の端に車が止まっていて困る。
- 日中は駐車している車が多い。わりあいまっすぐな道なので自転車で走りやすい。
- 車が止められない（短時間）。ゴミの集積場所に収集日以外の日でもゴミが出ている。
- 駐車している車が多すぎる。自転車に乗る人のマナーが悪い。大きな車（生コン車など）が多い。

## 10.3.4 分析方針

ここでは、上記のような自由記述の内容が、居住地区によってどのように異なるのか、その概略を把握することを目的として、次のような方針の分析を行ってみます。

- 回答文中に何度も使われている語句を抽出する。
- 語句の出現頻度を居住地区別に集計し、「語句×地区」のクロス集計を作成する。
- 「語句×地区」の度数行列に対して対応分析を実施し、布置の様子を考察する。

ここで、「地区」というのは、2つの調査対象地域を、対象街路に沿って約100mごとに区切り、各5個程度の小地区に分けたものです。同一街路沿いでも場所による違いがありそうなので、この「地区」を小さめにとりたい一方、統計的安定性の点からは、1地区あたりの回答者数があまりに少なくなるのは避けたいところです。ここでは、1地区あたり最低5名程度の回答者を確保できるように配慮して、集計上の地区の区分を決定しています。

以下、ソフトの操作方法も含め、順を追って分析手順を解説していきます。

## 10.3.5 茶筌による形態素データの作成

「茶筌」とは、奈良先端技術大により開発されたフリーのソフトウェアです。日本語のテキストデータを形態素(単語より少し短い言語の構成単位)に分解し、品詞・基本形・活用などを出力してくれます。茶筌の入力画面を図10.7に、結果出力をJMPに読み込んだ様子を図10.8に示します。

第10章　テキストマイニング

◆図10.7
茶筌の入力画面

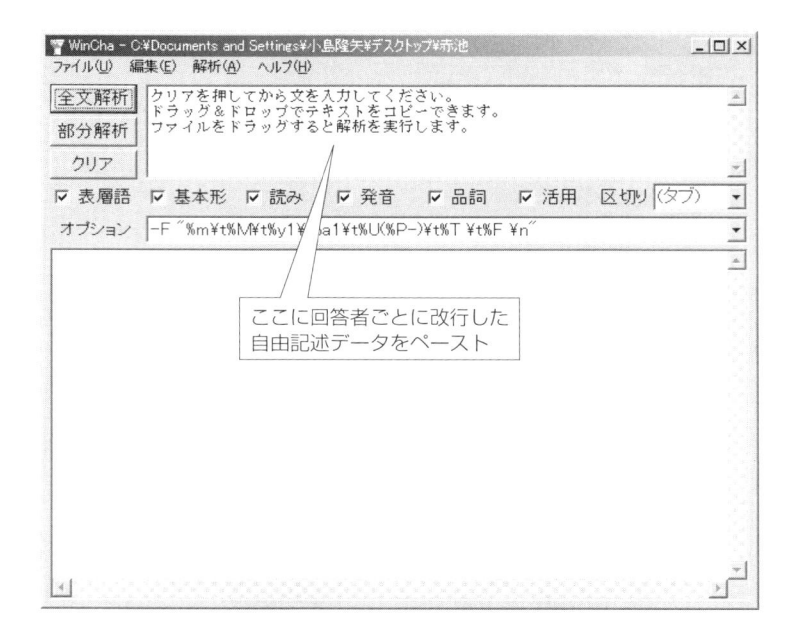

ここに回答者ごとに改行した
自由記述データをペースト

◆図10.8
茶筌の出力をJMPに
読み込む

改行コード（End Of Sentence）

「No」列は新規作成
回答者番号が表示される
ように 計算式を入力して
ある

茶筌の出力は、各形態素が行方向に並び、各形態素の基本形・読み・品詞などの情報がタブなどで区切られて列方向に並んだ形式となっています。また、入力したテキストデータの改行は「EOS（End Of Sentence）」というコードで表されるので、ある形態素がもとのテキストデータの第何行目にあったものかを調べるには、その行より上に「EOS」がいくつあるかを数えればよいことになります。

ここでは、第1列目に「No」という列を追加し、図10.9のような計算式を使って、この作業を行うことにしました。回答者ごとに改行した自由記述データを入力しているので、これで回答者番号との対応がつくことになります（無記入の回答者も改行だけは行うようにします）。

◆図10.9
計算式エディタを使って回答者番号を表示させる

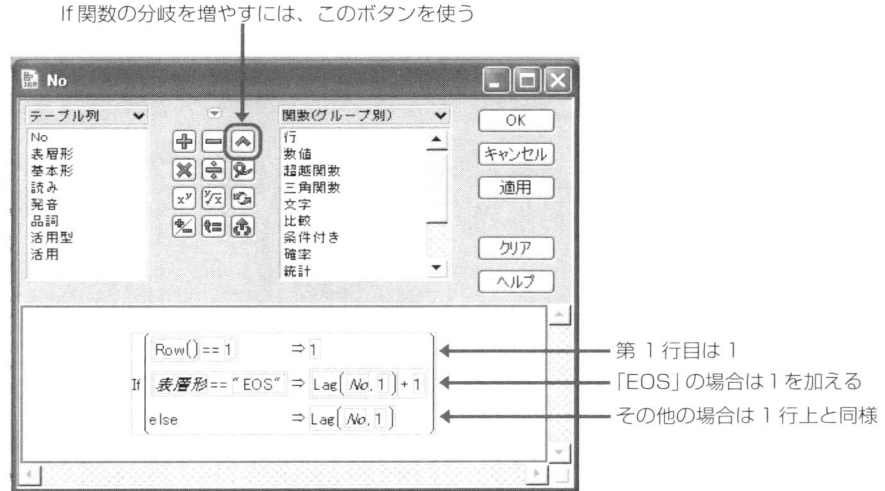

If関数の分岐を増やすには、このボタンを使う

第1行目は1
「EOS」の場合は1を加える
その他の場合は1行上と同様

関数 Lag(X, n)は、「Xという列の、現在の行からn行だけ前の行の値」を戻す関数です。

## 10.3.6 形態素データと他の設問のデータの結合

次に、茶筌出力データと、他の設問の回答を入力したデータを、JMPの「結合（Join）」機能を使って結合します（図10.10）。茶筌出力は行＝形態素、他の設問のデータは、行＝回答者であるので、「対応する列の値で結合」を選び、回答者番号の値を対応させて結合しましょう。

このような形式のデータテーブルを作成しておけば、形態素と、他のさまざまな設問とのクロス集計を容易に行うことが可能です（もちろん、他のさまざまな分析も！）。ここでは、「地区（図10.10では「街区」という変数名）」とのクロス集計を行おうとしているわけです。

◆図10.10
自由記述データと他の設問のデータをJMPで結合（Join）

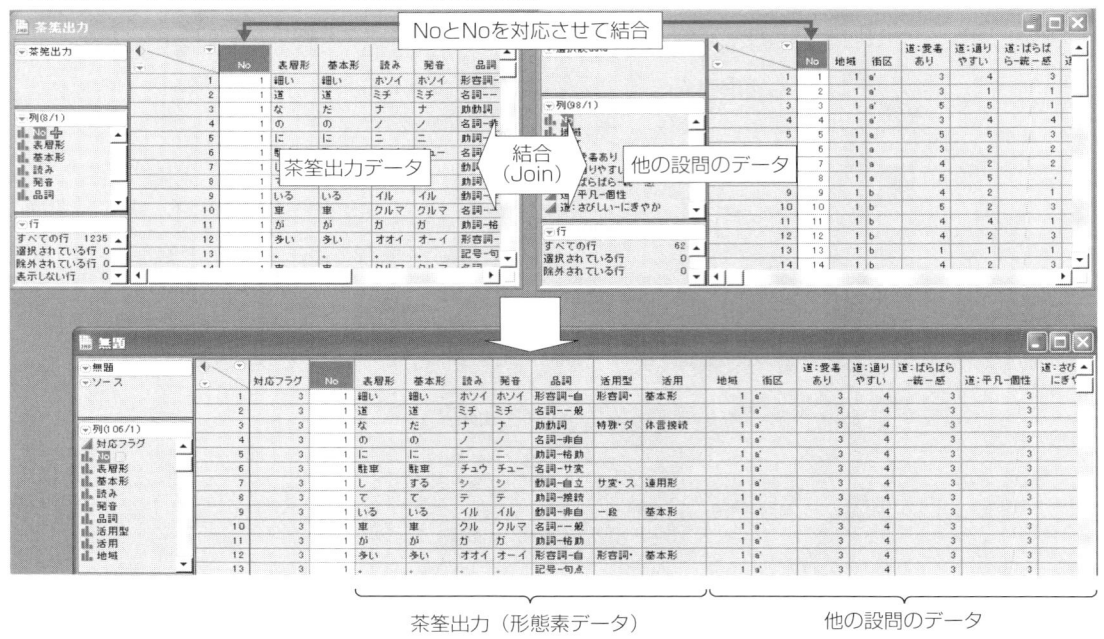

茶筌出力データ　　結合（Join）　　他の設問のデータ

茶筌出力（形態素データ）　　他の設問のデータ

## 10.3.7 分析対象とする語句の絞り込み

　　茶筌では、「表層形（もとの文章中で使われている形そのままの形態素）」だけでなく、その語句の「基本形」も推定して出力されます。例えば、「住んでいます」は、まず「住ん・で・い・ます」と分解され（これが表層形）、さらに「住む・で・いる・ます」という基本形が出力されます。当然、分析には基本形を用いた方が便利です。また、この例でいえば分析対象として意味がある形態素はせいぜい「住む」「いる」くらいで、「で」や「ます」は不要と思われます。さらに、あまりに出現頻度の小さい語も分析対象から除外したいところです。

　　まず、「基本形」の「一変量の分布」を選んで、「度数」レポートの一番下を見てみると、図10.11のようでした。「合計の度数が1179」とあるので、形態素は全部でのべ1179個あるのだな、ということがわかります。また、「332水準」とあるので、基本形の種類は332語もあるのだな、ということがわかります。

10.3 住民意識調査で得られた非定型自由文データの分析

◆図10.11
「基本形」の語数とのべ度数

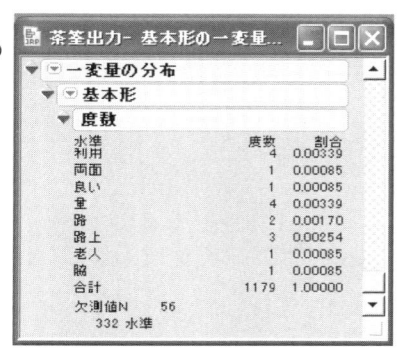

この状態から、次のような手順で、分析対象とする語句の絞り込みを行いました。

■品詞による絞り込み

茶筌の出力には「品詞」の情報も含まれます。そこで、

(1) 「一変量の分布」で「品詞」のヒストグラムを表示し、
(2) ヒストグラム上で、助詞、助動詞、記号等、分析対象とする意味がない品詞を選択して※、
(3) メニューから［行］－［除外する／除外しない］を選んで、分析から除外します（図10.12）。

ここで、先ほど表示させた「基本形」の「一変量の分布」ウィンドウ（図10.11）のタイトルバーの赤い▼から［スクリプト］－［分析のやり直し］を選ぶと、不要な品詞を除外した後の基本形の語数・総度数がわかります。この段階で、基本形は332語→273語に絞り込まれ、総度数は1179→620となりました。

---

※ ここでは、フィラー、記号、助詞、助動詞、接続詞、接続詞－名詞接続、動詞－末尾、未知語、連体詞を原則として除外しました。また、除外した語については、いったんすべて目を通し、内容を考えて一部の語の除外を解除するなどの微調整を行っています。

第10章　テキストマイニング

◆図10.12
ヒストグラム画面を用いた品詞の絞り込み

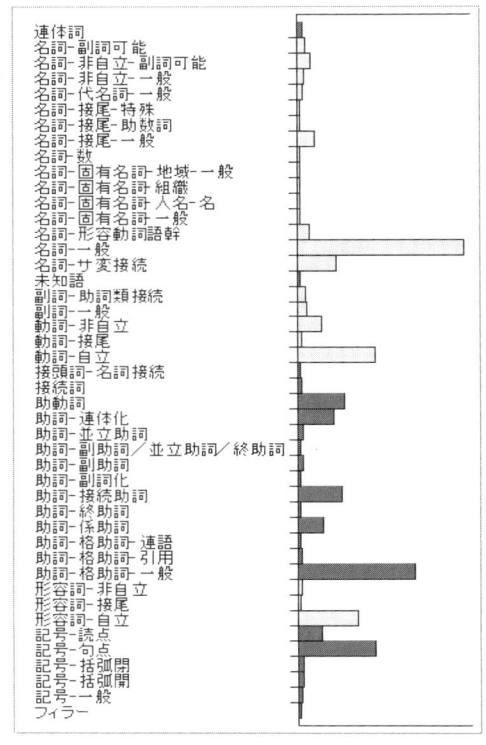

### ■頻度等による絞り込み

いま開いている「一変量の分布」には、「基本形」の一覧およびそれぞれの語句の出現度数が表示されています。そこで、次のような手順でさらに語句を絞り込みます。

(1) まず、「度数」レポートのところで右クリックし、ショートカットメニューから［列で並べ替え］を選び、度数順に並べ替えておく。
(2) 次に、度数の順に並べ替えられた「度数」レポートのところで再び右クリックし、［データテーブルに出力］を選ぶ。すると、基本形とその度数が入ったデータテーブルが生成される。
(3) 新たに生成されたデータテーブル上で、不要な語（度数が少ない語、意味がない語）をチェックする（1列設けて、不要コード「1」を入力）。度数の順に並べ替えてあるので、下の方は全部不要。「1」をコピー＆貼り付けすればすむ。
(4) 「基本形」同士を対応させてもとのデータテーブルに「結合（Join）」する（度数レポートから生成したデータテーブルでは、列名が「水準」となって

(5) もとのデータテーブルに不要コードが貼り付けられた、新たなデータテーブルが生成される。そこで、不要コードが入力されている行を選択し（メニューから［行］－［行の選択］－［Where条件で選択］を選択し、「不要語」が「1」の行を選択する）、これを分析から除外する。

この操作によって、基本形72語、総度数は392となりました。
一連の手順を図10.13（288ページ）、図10.14（289ページ）に示します。

## 10.3.8　語句×地区の対応分析

　分析対象とする語がひとまず決定したので、「基本形」と「地区」についての「二変量の分析」から「対応分析」を実施します。対応分析の結果である布置上で外れ値となる語句または地区は順次分析から除外していくと（除外するカテゴリーの選択はヒストグラムを使い、再分析は［スクリプト］－［分析のやり直し］により行う）、最終的には65語×9地区、総度数375となりました。地区と語句の同時布置を図10.15に示します（JMPの出力のままだと文字が重なって少し見にくいので、ドローソフトで少し加工しています）。

　地区のラベルは、小文字a～d、d'（dとd'はごく隣接している）が地域1、大文字A～Dが地域2です。見事に地域1と地域2に分かれて布置されるという結果が得られています。

　これに対応する語句の布置を見ると、地域2が布置されている図の上方には、職場・トラック・通行・激しい・ほこり・っぽい・車両・危険などの語句が布置されています。一方、地域1が布置されている図の下方には、住宅・住む・子ども・親しみ・通学・商店・ゴミなどの語句が布置されています。このことから、調査対象街路について思い出すもの・事柄の記述内容には、地域2は産業に関する言葉、地域1は生活に関する言葉が多いということがわかります。地域2の方が工場の規模が大きいこととか、地域1の方がいわゆる下町的な地域であることなどが反映されたものと推察されます。

　さらに、現地を見てきている我々にしかわからないことなのですが、2つの地域内の、小地区の布置にも、若干、解釈できる部分がありそうでした。

　地域1の中でも、特に「子ども・通学・住む・親しみ」などに対応する位置にはa地区が布置されていますが、これはa地区には少し大きめの公園があること、通りより住宅数戸分を隔てて区立小学校があること、居酒屋およびリビングショップがあることなどが関係しているのではないかと思われます。また、地域1の中でも

# 第10章　テキストマイニング

◆図10.13
頻度などに着目して語句を絞り込む手順①

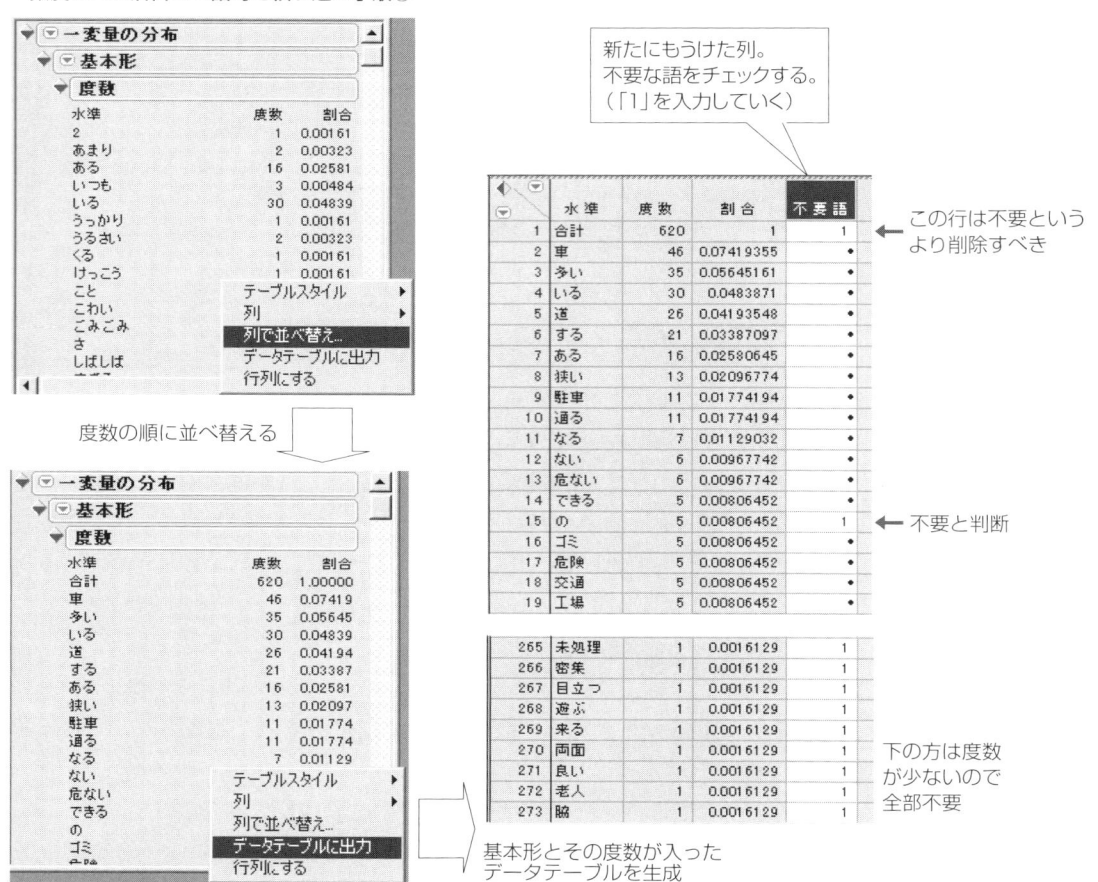

**[上段左: 一変量の分布ウィンドウ（度数）]**

| 水準 | 度数 | 割合 |
|---|---|---|
| 2 | 1 | 0.00161 |
| あまり | 2 | 0.00323 |
| ある | 16 | 0.02581 |
| いつも | 3 | 0.00484 |
| いる | 30 | 0.04839 |
| うっかり | 1 | 0.00161 |
| うるさい | 2 | 0.00323 |
| くる | 1 | 0.00161 |
| けっこう | 1 | 0.00161 |
| こと | | |
| こわい | | |
| ごみごみ | | |
| さ | | |
| しばしば | | |

メニュー：テーブルスタイル／列／列で並べ替え…／データテーブルに出力／行列にする

↓ 度数の順に並べ替える

**[下段左: 並べ替え後]**

| 水準 | 度数 | 割合 |
|---|---|---|
| 合計 | 620 | 1.00000 |
| 車 | 46 | 0.07419 |
| 多い | 35 | 0.05645 |
| いる | 30 | 0.04839 |
| 道 | 26 | 0.04194 |
| する | 21 | 0.03387 |
| ある | 16 | 0.02581 |
| 狭い | 13 | 0.02097 |
| 駐車 | 11 | 0.01774 |
| 通る | 11 | 0.01774 |
| なる | 7 | 0.01129 |
| ない | | |
| 危ない | | |
| できる | | |
| の | | |
| ゴミ | | |

メニュー：テーブルスタイル／列／列で並べ替え…／データテーブルに出力／行列にする

**[右上: データテーブル]**

新たにもうけた列。
不要な語をチェックする。
（「1」を入力していく）

| | 水準 | 度数 | 割合 | 不要語 |
|---|---|---|---|---|
| 1 | 合計 | 620 | 1 | 1 | ← この行は不要というより削除すべき
| 2 | 車 | 46 | 0.07419355 | ・ |
| 3 | 多い | 35 | 0.05645161 | ・ |
| 4 | いる | 30 | 0.0483871 | ・ |
| 5 | 道 | 26 | 0.04193548 | ・ |
| 6 | する | 21 | 0.03387097 | ・ |
| 7 | ある | 16 | 0.02580645 | ・ |
| 8 | 狭い | 13 | 0.02096774 | ・ |
| 9 | 駐車 | 11 | 0.01774194 | ・ |
| 10 | 通る | 11 | 0.01774194 | ・ |
| 11 | なる | 7 | 0.01129032 | ・ |
| 12 | ない | 6 | 0.00967742 | ・ |
| 13 | 危ない | 6 | 0.00967742 | ・ |
| 14 | できる | 5 | 0.00806452 | ・ |
| 15 | の | 5 | 0.00806452 | 1 | ← 不要と判断
| 16 | ゴミ | 5 | 0.00806452 | ・ |
| 17 | 危険 | 5 | 0.00806452 | ・ |
| 18 | 交通 | 5 | 0.00806452 | ・ |
| 19 | 工場 | 5 | 0.00806452 | ・ |

| | 水準 | 度数 | 割合 | 不要語 |
|---|---|---|---|---|
| 265 | 未処理 | 1 | 0.0016129 | 1 |
| 266 | 密集 | 1 | 0.0016129 | 1 |
| 267 | 目立つ | 1 | 0.0016129 | 1 |
| 268 | 遊ぶ | 1 | 0.0016129 | 1 |
| 269 | 来る | 1 | 0.0016129 | 1 |
| 270 | 両面 | 1 | 0.0016129 | 1 |
| 271 | 良い | 1 | 0.0016129 | 1 |
| 272 | 老人 | 1 | 0.0016129 | 1 |
| 273 | 脇 | 1 | 0.0016129 | 1 |

下の方は度数が少ないので全部不要

基本形とその度数が入ったデータテーブルを生成

10.3 住民意識調査で得られた非定型自由文データの分析

◆図10.14
頻度などに着目して語句を絞り込む手順②

もとのデータテーブルと結合（Join）

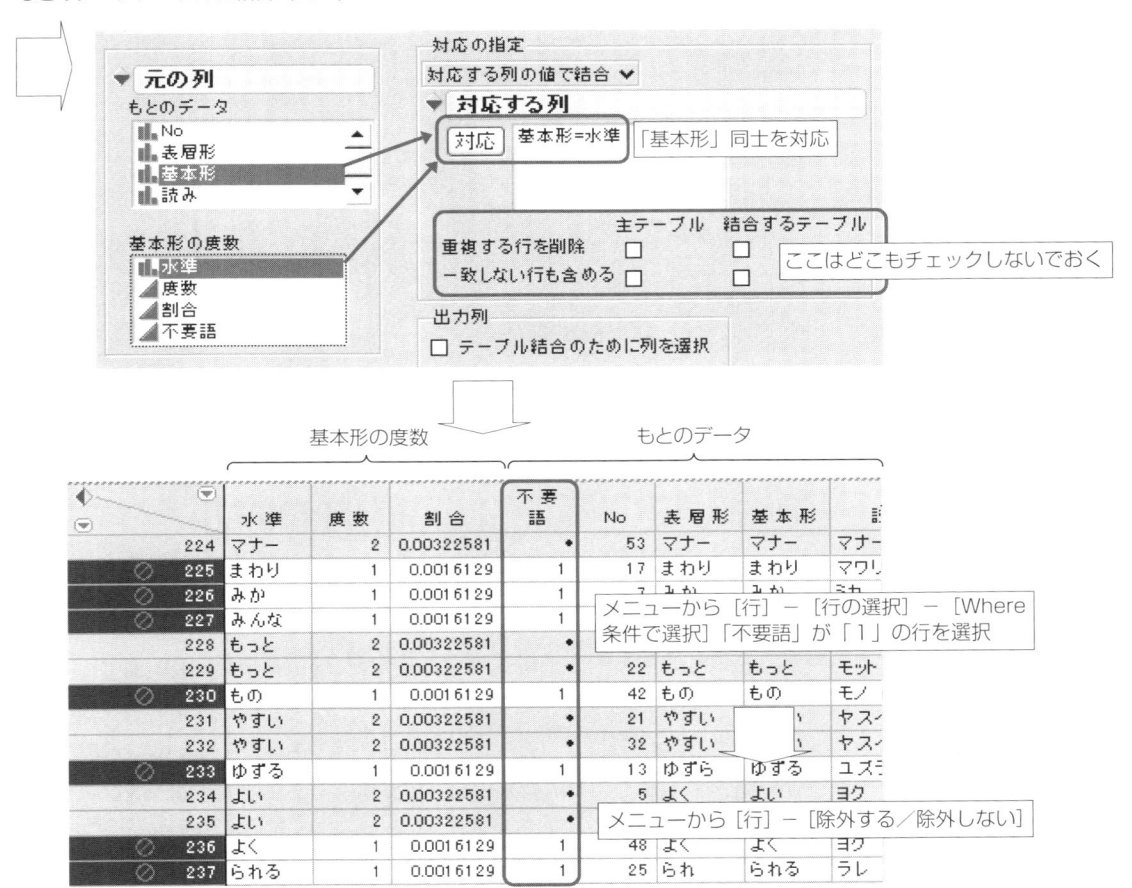

◆図10.15
語句と地区の対応分析

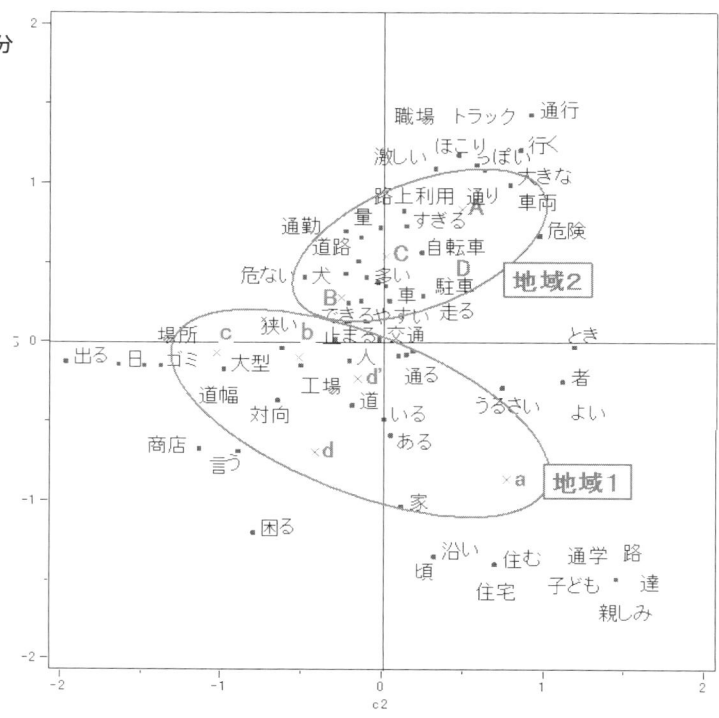

町工場が多く、最も規模の大きい町工場があるのがc地区なのですが、確かに生活中心の語句が多いa地区とは離れた位置に布置されています。

　地域2の中ではB地区が最も地域1に近い位置に布置されているのは、この地区には区立保育園があること、1街区隔てて区立小学校があることが関係しているのではないかと思われます。

　一方、図の右上方に布置されているA地区とD地区は、比較的最近になって転入してきた住民が多い地域です。A地区には新しい工場アパートが建てられ、住宅も新旧の戸建て住宅が混在している状況なのです。D地区には、工場跡地に大規模マンションが建てられています。これらの地区の回答者は工業地域の環境になじみが少ない新住民が多く、(10.3.2項で前述した「この地区に新しく転入される皆様へ……」という看板が示すように)不満やとまどいの声が上がっているのかと思われました。しかし、回答者の居住年数を調べてみると短くても10年以上で、20年以上前から住んでいる人が過半でした。住み慣れているはずの人にとっても問題の多い環境であるとも考えられますが、新住民の不満・とまどいの声がすでに表面化していることが、旧住民の意識をも左右した可能性も否定できませんね。こうしたことを、建築・環境分野では「寝た子を起こす」問題と呼ぶことがあります。

## まとめ

この節では、非定型自由文形式のアンケートデータの分析例を紹介しました。調査方法も単純で、分析も単語の出現頻度を数えるという素朴なものだと思いますが、その結果は地域の特色がよく反映されたものとなりました。

なお、今後、同様の方法で調査・分析を行う場合には、今回作成した「不要語チェックリスト」が役立つものと思われます。さらに、不要な語をチェックするだけでなく、同一語と見なす範囲なども設定して、分析上の見出し語を入力して辞書ファイルを作成すると、さらに便利になります。いったん、この辞書ファイルが作成されたならば、JMPの「結合（Join）」を使って形態素データに辞書を結合させれば、見出し語による分析、未登録語のチェックおよび辞書の拡充などが可能となり、さらに能率的に、質の高い分析ができるというものです。

**注釈・参考文献**

1) この章の調査は、建設省建築研究所（平成10〜12年度）および国土交通省国土技術政策総合研究所（平成13年度より）による「大都市市街地の環境形成に関する研究」の一環として、生活環境NPOあくとにより実施されたものであることを附記します。
2) 日本建築学会編『建築・都市計画のための　空間学』井上書院、1990
3) 日本建築学会編『建築・都市計画のための　モデル分析の手法』井上書院、1992

# 10.4　ワインに関する定性調査から因果関係を把握する

## 10.4.1　はじめに

10.2節でワインに関して「普段飲んでいるワインの定義」と「理想のワインの定義」を定型自由文形式アンケートで調べ、それをテキストマイニングして定性的な情報を定量的にとらえ、そこから役に立つ知見を得ることができましたが、今度はJMPを使ってもっと凄い（？）定性調査を行ってみましょう。因果関係の把握です。これも定型自由文形式のアンケートを用いる、広い意味でのテキストマイニングといえる手法です。

## 10.4.2　データの説明

実際に調査に用いた調査票は図10.16のとおりです。

このようなアンケートを、先の例と同じく、2000年10月に、「首都圏在住の自分でワインを購入、またはお店で銘柄を指定する女性150名」に対して行いました。

その結果を、原因と結果に分割し、JMPのデータセットにしたものが「ワイン（因果）.JMP」です。原因と結果に分割する方法は、「（　　　　　　）ので（　　　　　　）」が原因と結果、「（　　　　　　）から（　　　　　　）」が原因と結果を意味していると解釈し、書いてもらった文章から2つの因果関係データを作成するという方法をとっています。効率良く因果関係のデータを取得する工夫です。念のためにデータの一部を抜粋しておきます（図10.17）。

データセットは、原因と結果を必ず対にして作成してください。これによって原因と結果の間でのクロス集計を行おうという訳です。

◆図10.16　調査票

問　下記の記入例のように、（　）に単語や文を入れて、「ワイン」について自分が普段思っていること、感じていることを文章にしてみてください。

　　記入例）「冷蔵庫」とは

　　（ビールが冷える　）ので、（おいしく飲める　）から、（うれしい　　　　）
　　（音がうるさい　　）ので、（気になって眠れない）から、（困る　　　　　）
　参考
　　（事実っぽいこと　）ので、（その感想や結果　）から、（その結論や判断　）
　を書くと書きやすいです。
　※取り上げる点はいくつでも結構です。また同じ点（事実）でもいろいろな感じ方
　　があります。思いつくままにご自身の素直な感じ方をすべてご記入ください。た
　　くさん書いてくださるほどありがたいです。

　　ワインは　　　　　　　　　　　　　　　　　　　　　　（3つ以上記入）

　　（　　　　　　　）ので、（　　　　　　　　）から、（　　　　　　　　）
　　（　　　　　　　）ので、（　　　　　　　　）から、（　　　　　　　　）
　　（　　　　　　　）ので、（　　　　　　　　）から、（　　　　　　　　）
　　（　　　　　　　）ので、（　　　　　　　　）から、（　　　　　　　　）
　　（　　　　　　　）ので、（　　　　　　　　）から、（　　　　　　　　）

◆図10.17
ワイン(因果).JMP

## 10.4.3 解析結果

### ■各変数の集計

さっそくJMPで各変数を集計してみましょう。といっても操作はこちらもすごく簡単です。メニューから［分析］-［一変量の分布］を選び、原因と結果という2変数を選択して［OK］ボタンを押すだけです（図10.18）。

◆図10.18
一変量の分布の設定

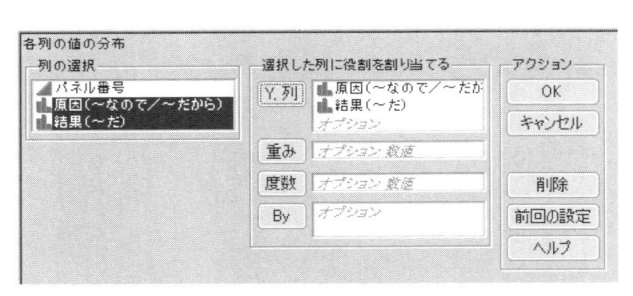

すると、瞬時に結果が得られます。

ここでも、グラフが見やすいように、横幅を少し広げておきましょう。図10.19が得られます。

片方のグラフの横幅を少し広げて、カーソルが←→の状態でダブルクリックすると、もう片方のグラフも同じ横幅に広がります。便利な機能ですので、覚えておきましょう。

◆図10.19
　一変量の分布グラフ

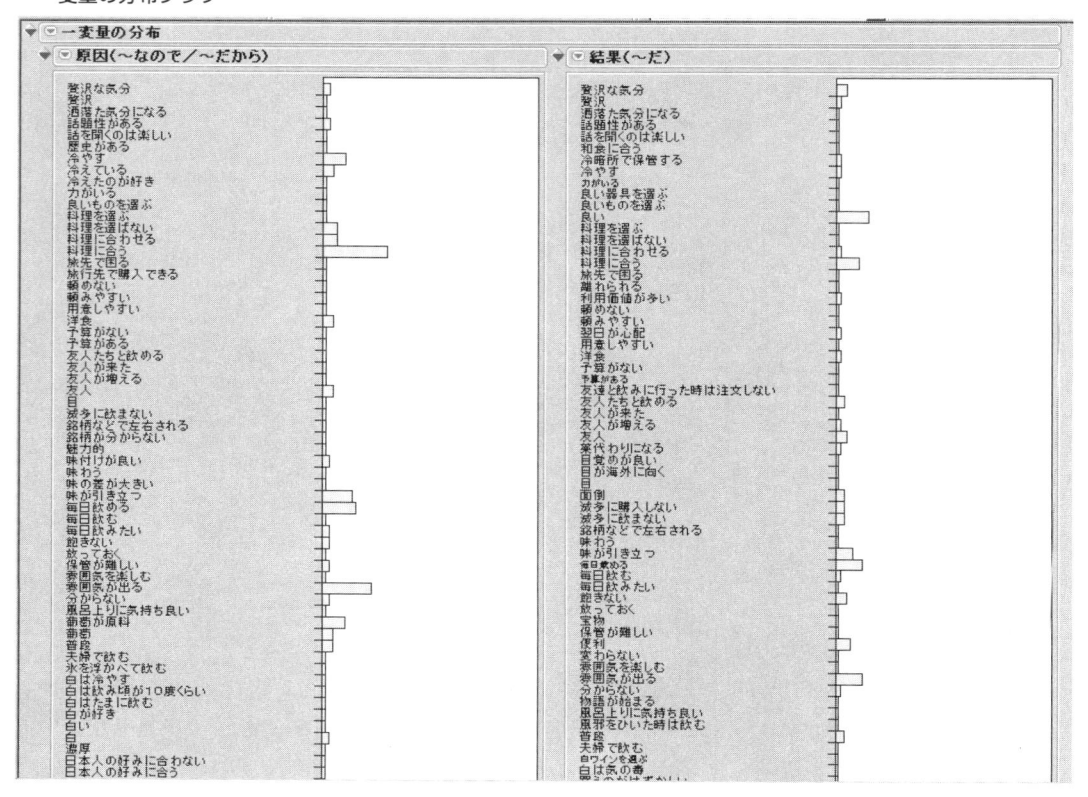

■一変量の分布グラフのデータ連動機能を使ったクロス集計

　結果が表示されたら、結果の方のグラフを見ていきます。何か注目すべき言葉（概念）はないでしょうか？　ここで、注目すべき言葉（概念）をワインにとって好ましいエンドベネフィットと考えることにしましょう。体に良いという言葉（概念）がありました。

　早速「体に良い」をクリックして濃い緑色に反転しましょう（図10.20）。さて、そして左側の原因のグラフを見ます。濃い緑色に反転表示された言葉（概念）が「体に良い」の原因、すなわち「体に良い」を実現するために必要なスペックであるということになります。原因の方のグラフを上から眺めていくと、同じ「体に良い」「睡眠を促進する」「飲み過ぎない」といった言葉（概念）が僅かに応答していますが、飛び抜けて「ポリフェノール」が応答しています。女性がワインで体に良いと認識するのは、ポリフェノールのお陰のようです。ほかにも「イタリアなどでは子供に飲ませる」「アルカリ性」が「体に良い」を感じさせています。

◆図10.20
「体に良い」をクリック

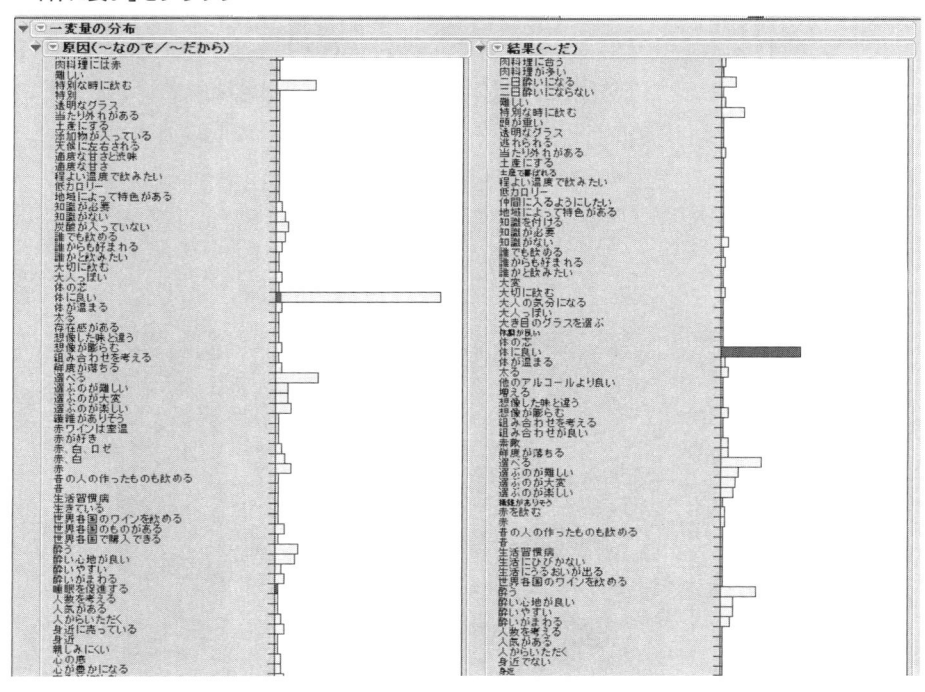

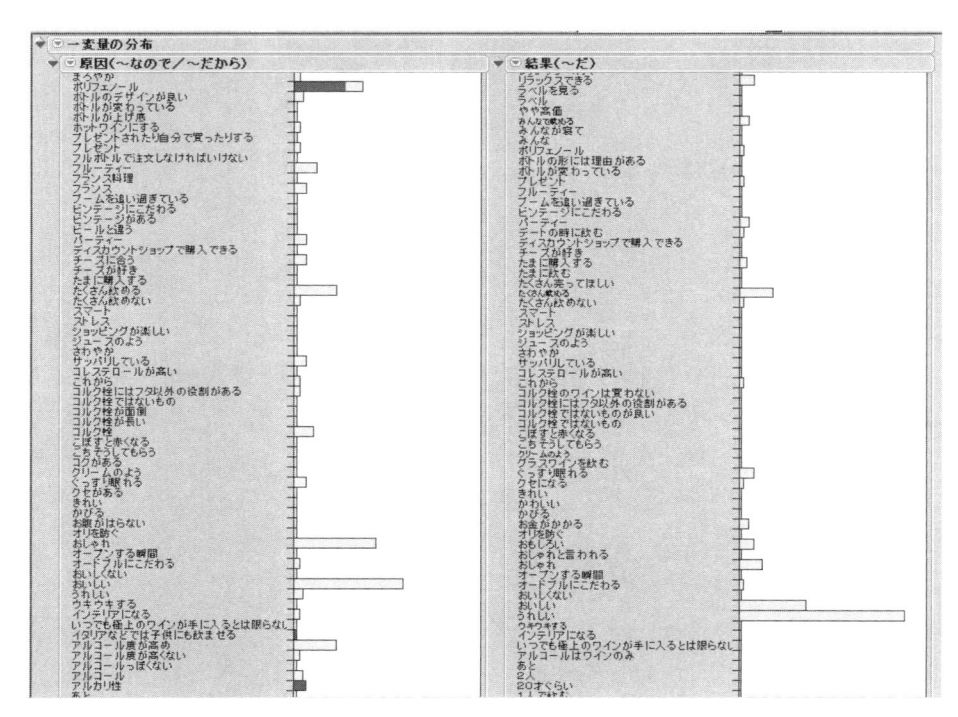

なかなか面白い知見（因果関係）を発見できてよいのですが……、いちいち少しづつスクロールしてグラフを眺めるのも結構面倒で飽きてきます。そんなとき、JMPは便利な機能を用意してくれています。データの抽出（サブセット）という機能です。早速やってみましょう。「体に良い」を濃い緑色に反転表示させておいて、JMPのメニューから［テーブル］－［抽出（サブセット）］を選びます（図10.21）。出力テーブル名はデフォルトのままで［OK］を押します。すると、「体に良い」の原因になっている言葉（概念）がすべて抽出（サブセット）されます（図10.22）。

◆図10.21
「体に良い」の抽出（サブセット）

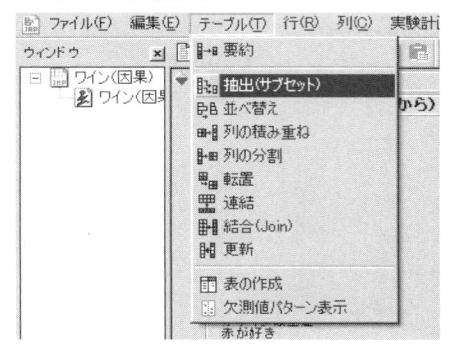

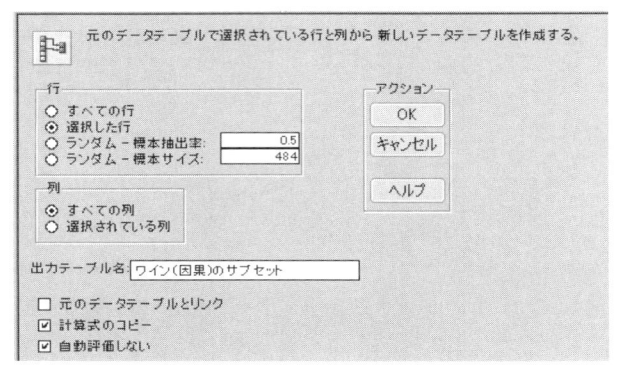

◆図10.22
「体に良い」の抽出（サブセット）結果

10.4 ワインに関する定性調査から因果関係を把握する

これだけでも十分助かりますが、さらにこのデータの原因を一変量の分布グラフにしてしまいましょう（図10.23）。

◆図10.23
「体に良い」の一変量の分布グラフ

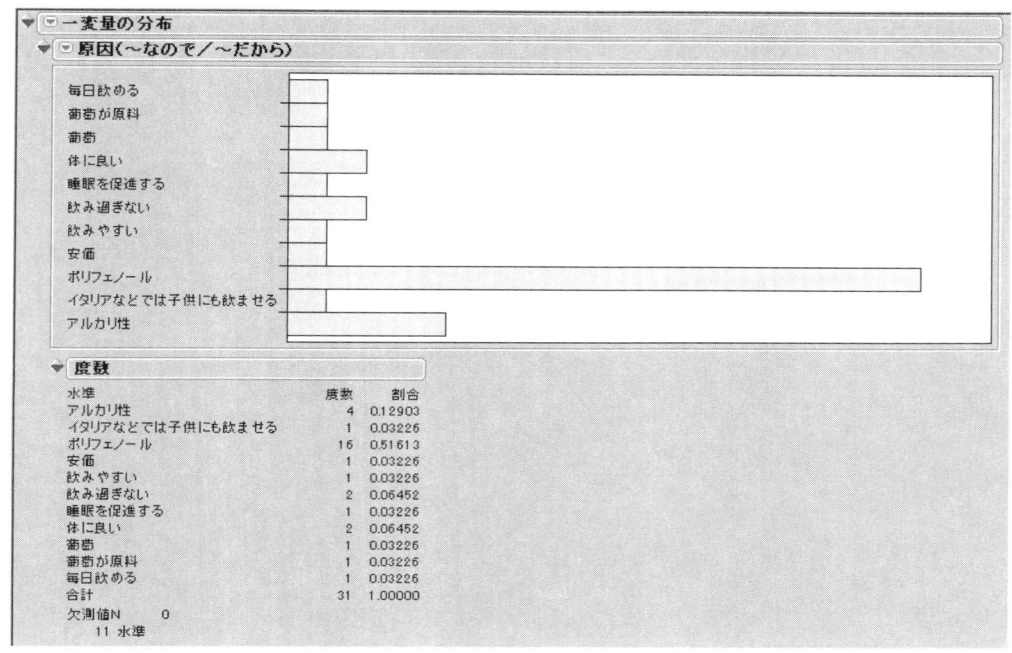

| 水準 | 度数 | 割合 |
|---|---|---|
| アルカリ性 | 4 | 0.12903 |
| イタリアなどでは子供にも飲ませる | 1 | 0.03226 |
| ポリフェノール | 16 | 0.51613 |
| 安価 | 1 | 0.03226 |
| 飲みやすい | 1 | 0.03226 |
| 飲み過ぎない | 2 | 0.06452 |
| 睡眠を促進する | 1 | 0.03226 |
| 体に良い | 2 | 0.06452 |
| 葡萄 | 1 | 0.03226 |
| 葡萄が原料 | 1 | 0.03226 |
| 毎日飲める | 1 | 0.03226 |
| 合計 | 31 | 1.00000 |

欠測値N　0
　　11 水準

いかがでしょうか。「ポリフェノール」「アルカリ性」以外にも、さまざまな原因があることが一目瞭然です。このあたりの言葉（概念）をうまく使って「体に良い」ことを訴求すれば、女性顧客に納得されやすいのではないでしょうか。ほかにも「困る」理由を調べてみると図10.24のようになりました。

「飲み過ぎちゃって困るの～」というのが女性の本音のようです。このように、因果関係を効率よく抽出できるように設計された定型自由文形式のアンケートを用いることで、JMPのクロス集計機能を使って簡単に因果関係を分析することができます。しかし、こんな程度で驚いていてはいけません。JMPには、もっと凄い機能が秘められているのです！

◆図10.24
「困る」の抽出(サブセット)結果

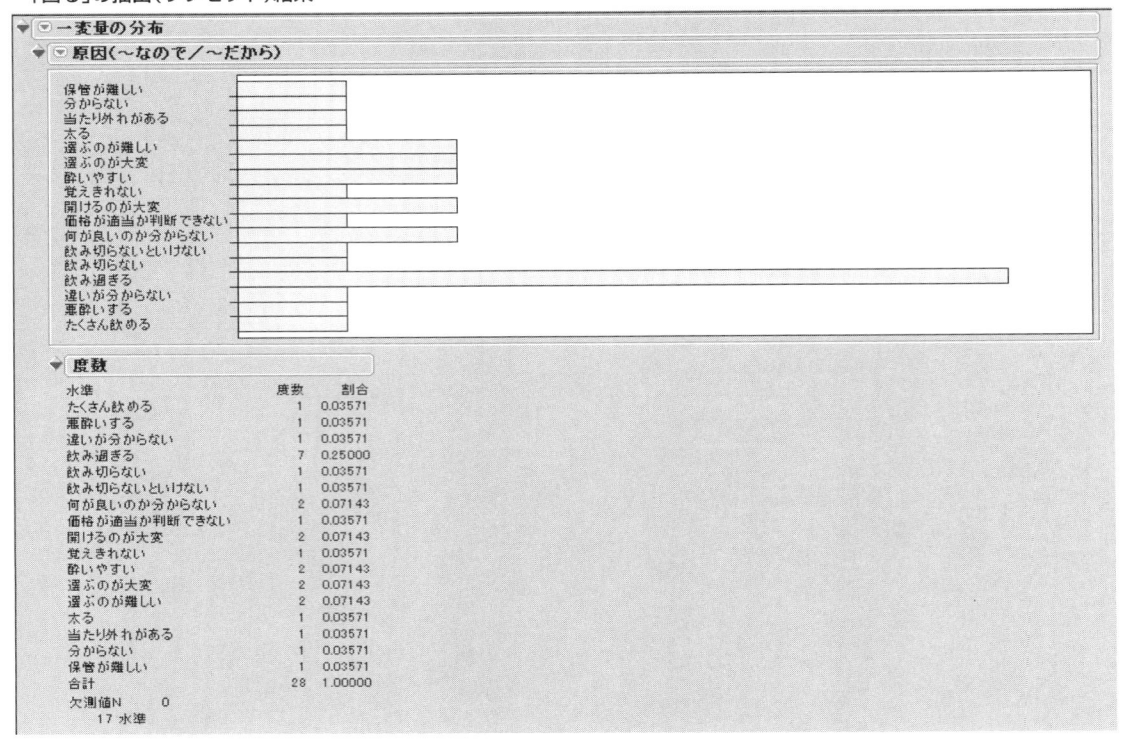

### ■ JMPの凄い機能、特性要因図を用いた因果関係の分析

「ワイン（因果）.JMP」に戻ります。JMPはバージョン5から、このような因果関係のあるデータをいきなりリンク分析にかける機能が実装されました。まだまだ稚拙であるとはいえ、なかなか使える機能ですので少し触れておきましょう。リンク分析とは、個々のデータ間の関係(前後、因果、上位下位など)から、全体の関係性をつかさどる法則性をモデルとして抽出しようとする方法なのですが、残念ながら、今までは汎用的に活用できるキラーアプリケーションが市販されておらず、実用領域にはほど遠い状況でした。筆者はこの分野の今後の発展に最も期待を寄せていたのですが、大好きなJMPにそのさわりともいうべき機能が実装されたのは、本当に嬉しいことです。早速この機能を使ってみることにしますが、その前に少しだけ準備をしておきます。

JMPに実装されたリンク分析機能は、残念ながら関係の有無は分析できますが関係の強さまでは考慮できないので、因果関係データの重複があると分析結果があまり美しくありません。そこで、あらかじめ因果関係のデータを要約して重複をなくしておきます。メニューから［テーブル］−［要約］を選びます。すると図10.25

## 10.4 ワインに関する定性調査から因果関係を把握する

のようなウィンドウが開きますので、原因と結果でグループ化します。

◆図10.25
グループ化の設定

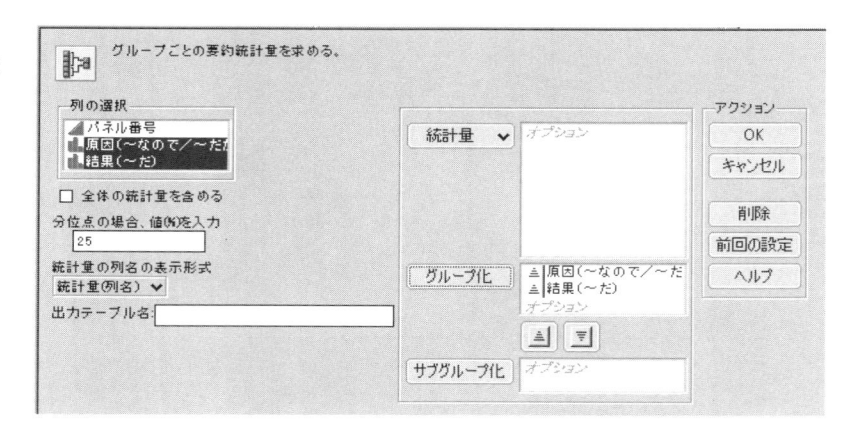

こうすることで、因果関係データの重複がグループ化され、因果関係の有無のみのデータとなります（図10.26）。

◆図10.26
グループ化の結果

| | 原因（〜なので／〜だから） | 結果（〜だ） | N |
|---|---|---|---|
| 1 | 20才ぐらい | 楽しい | 1 |
| 2 | あと | 酔いがまわる | 1 |
| 3 | アルカリ性 | 体に良い | 4 |
| 4 | アルコール | 酔い心地が良い | 1 |
| 5 | アルコール | 酔う | 1 |
| 6 | アルコール | 体の芯 | 1 |
| 7 | アルコールっぽくない | 飲み過ぎる | 1 |
| 8 | アルコール度が高くない | 飲みやすい | 1 |
| 9 | アルコール度が高くない | 誰でも飲める | 1 |
| 10 | アルコール度が高め | 飲み過ぎない | 1 |
| 11 | アルコール度が高め | 気軽に飲めない | 1 |
| 12 | アルコール度が高め | 気分がいい | 1 |
| 13 | アルコール度が高め | 酔いがまわる | 1 |
| 14 | アルコール度が高め | 酔いやすい | 2 |
| 15 | アルコール度が高め | 酔い心地が良い | 1 |
| 16 | アルコール度が高め | 酔う | 6 |
| 17 | イタリアなどでは子供にも飲ませる | 体に良い | 1 |
| 18 | いつでも極上のワインが手に入ると | 楽しい | 1 |
| 19 | インテリアになる | 飾ってある | 1 |
| 20 | インテリアになる | 雰囲気が出る | 1 |
| 21 | ウキウキする | 気分がいい | 1 |
| 22 | うれしい | おいしい | 1 |
| 23 | うれしい | 安心できる | 1 |
| 24 | うれしい | 友人たちと飲める | 1 |
| 25 | おいしい | うれしい | 8 |
| 26 | おいしい | おしゃれ | 1 |
| 27 | おいしい | 安価なものもある | 1 |
| 28 | おいしい | 飲みたい | 3 |
| 29 | おいしい | 飲みやすい | 1 |
| 30 | おいしい | 飲み過ぎる | 8 |
| 31 | おいしい | 楽しい | 2 |
| 32 | おいしい | 気分がいい | 1 |
| 33 | おいしい | 好き | 3 |

ここまでくれば、後は特性要因図にするだけです。この機能を使うには、メニュー［分析］からでなく、メニュー［グラフ］から入ります（図10.27）。

◆図10.27
メニュー［グラフ］

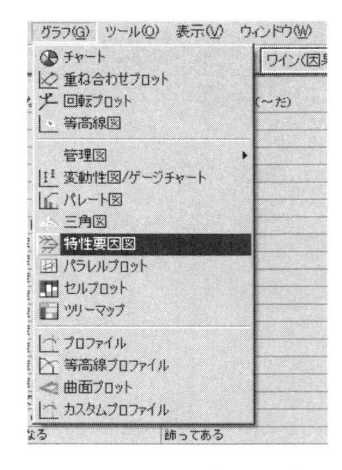

メニューから［グラフ］－［特性要因図］を選ぶと、図10.28のようなウィンドウが表示されます。

◆図10.28
特性要因図の設定

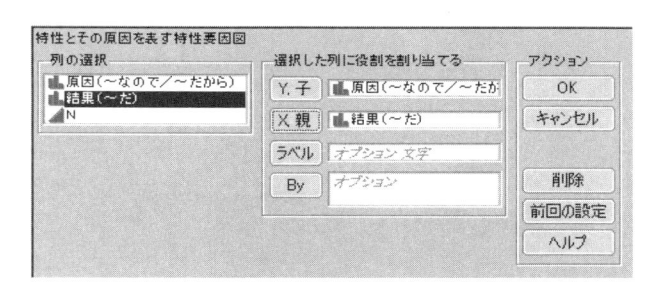

そこで、「Y, 子」を「原因」に、「X, 親」を「結果」に設定して、［OK］ボタンを押します。すると、図10.29のような特性要因図が描かれます。途中何度かエラーメッセージが出てきますが、構わず［OK］ボタンを押し続けてください。巨大な特性要因図が描かれます。

内容の読み解き方を紹介するために、一部のみを示します（少し下にスクロールしたあたりにある部分、図10.30）。

10.4 ワインに関する定性調査から因果関係を把握する

◆図10.29
特性要因図①

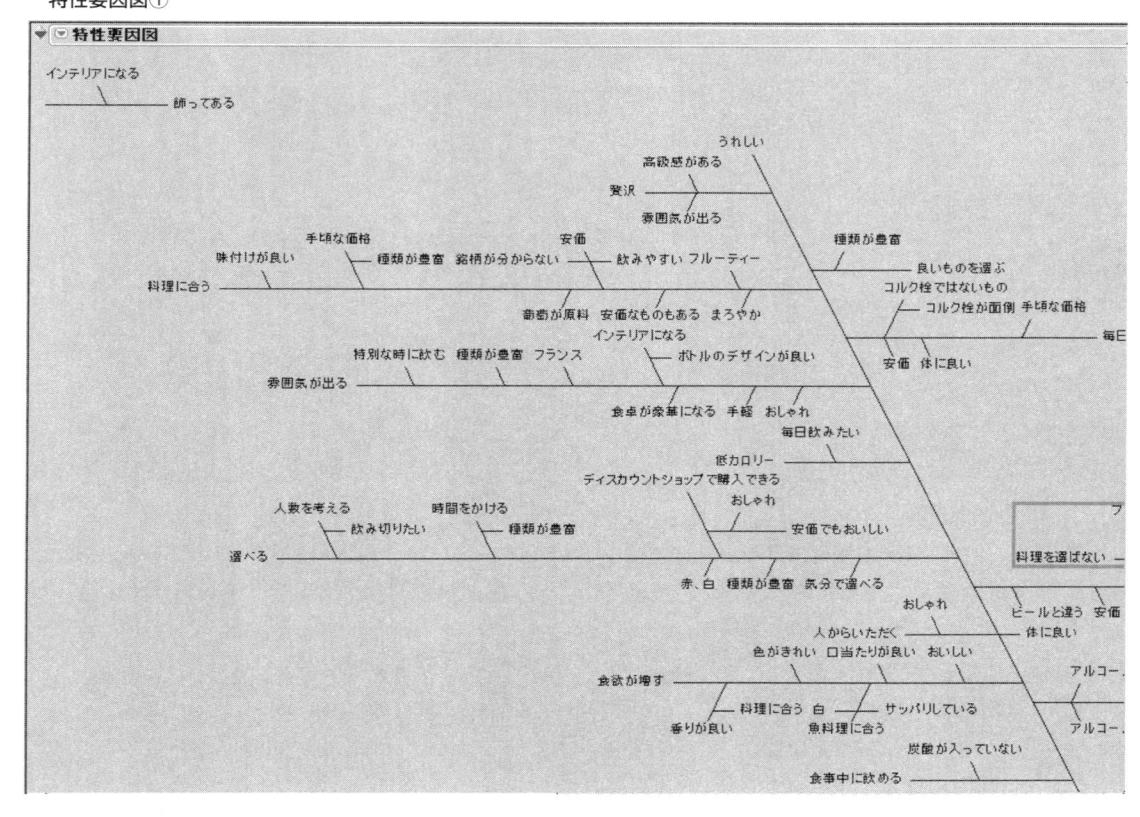

◆図10.30
特性要因図②

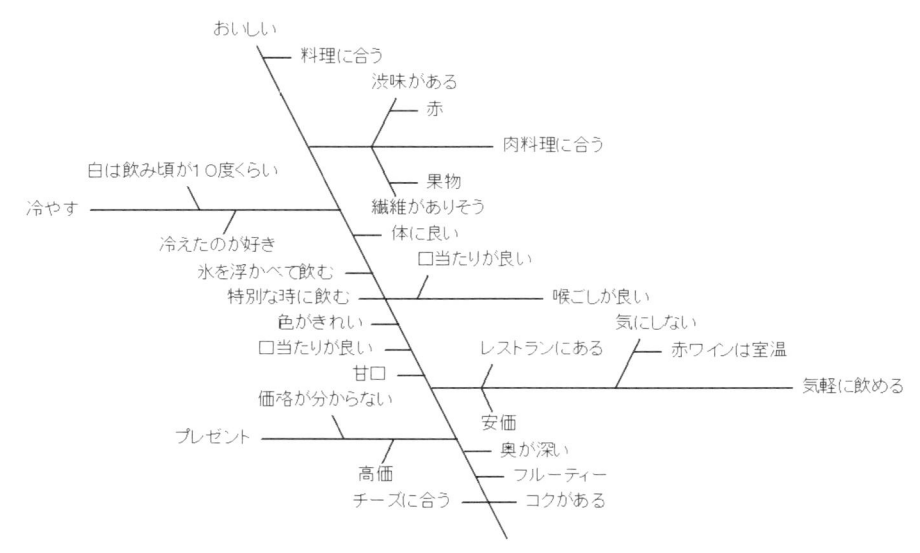

301

# 第10章　テキストマイニング

　ワインが、「料理に合うからおいしい」「レストランにあって安価だから気軽に飲める」「高価で価格もわからないからプレゼントに良い」といったようなロジックで語られていることがわかります。

　また、別の部分（先の例の少し上）の例では、「おしゃれでパーティーなどでみんなで飲め、ワイン通がいたりグラスにこだわったりして会話がはずむから楽しい」といった風にも語られていることが分析されています（図10.31）。

◆図10.31
　特性要因図③

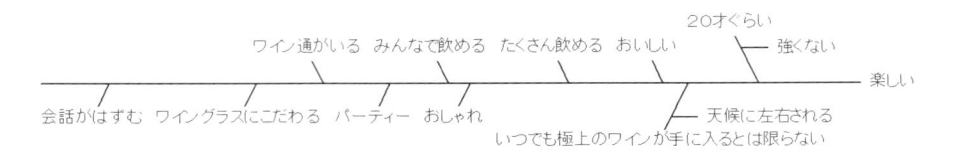

```
                ワイン通がいる  みんなで飲める  たくさん飲める  おいしい
                                                              20才ぐらい
                                                                  強くない
                                                                                楽しい
          会話がはずむ  ワイングラスにこだわる  パーティー  おしゃれ
                                                              天候に左右される
                                              いつでも極上のワインが手に入るとは限らない
```

## まとめ

　因果関係の把握のために、「（_____）ので、（_____）から、（_____）」というフォーマットの定型自由文形式のアンケートを工夫し、ワインについて文章化してもらったデータをもとに、ワインの価値認識、欠点認識にかかわるさまざまな因果関係を分析してみました。リンク分析に関しては、さすがのJMPといえどもまだまだ機能アップの余地が残されてはいますが、現時点で操作性よくリンク分析ができる汎用ソフトは筆者の知る限り世の中に提供されていません。その意味では、JMPの健闘に対し拍手を送りたいとともに、今後の一層の発展を期待したいところです。

# 参考文献

1) 朝野煕彦 編『魅力工学の実践——ヒット商品を生み出すアプローチ』海文堂出版、2001
2) 樋口正美・南部正典・内田貴 共著『経営品質を高めるCS調査法』日科技連出版社、2000
3) 石井栄造 著『図解でわかるマーケティングリサーチ』日本能率協会マネジメントセンター、2001
4) E. L. レーマン 著『ノンパラメトリック　順位にもとづく統計的方法』森北出版、1978
5) M. J. A. ベリー・G. リノフ 著、江原淳・佐藤栄作 訳『データマイニング手法——営業、マーケティング、カスタマーサポートのための顧客分析』海文堂出版、2005
6) 原子嘉継 著『はじめてのワイン』西東社、1991
7) 林俊克 著『Excelで学ぶテキストマイニング』オーム社、2002
8) 日本建築学会 編『よりよい環境創造のための環境心理調査手法入門』技報堂、2000
9) 日本建築学会 編『建築・都市計画のための空間学』井上書院、1990
10) 日本建築学会 編『建築・都市計画のためのモデル分析の手法』井上書院、1992

# 索 引

**[数字]**

4分位点 ........................................................... 7
50パーセンタイル ............................................ 7
98年度.JMP ................................................. 159

**[A]**

Aimai.JMP .................................................. 185
Atrium Data.JMP ........................................ 243

**[C]**

Ceiling 関数 ................................................. 59
Chisquare Density 関数 ......................... 54, 120
Chisquare Distribution 関数 ........................ 54
Col Mean 関数 ................................... 75, 60, 101

**[D]**

Dunnett の検定 .......................................... 107

**[E]**

Excel のデータ ............................................. 21

**[F]**

F Density 関数 ............................................. 54
F Distribution 関数 .................................. 54, 93
Floor 関数 ................................................. 129
F 検定 ........................................................ 95
F 比 .......................................................... 103
F 分布 ........................................................ 54

**[H]**

High-Heel.JMP ...................................... 92, 175
Hsu の MCB 検定 ....................................... 107

**[L]**

LOTO6.JMP ................................................ 29

**[M]**

Mann-Whitney の U 検定 ........................... 128
Match 関数 ................................... 92, 129, 177
MCA ......................................................... 107
MCB ......................................................... 107
MCC ......................................................... 107
Min 関数 ................................................... 130
Modulo 関数 .............................................. 129

**[N]**

N（モーメント）............................................ 7
Normal Density 関数 ............................... 43, 54
Normal Distribution 関数 ........................ 40, 54
Numbers3.JMP .......................................... 134
Numbers3-1-891.JMP ................................ 134
Nurse.JMP ......................................... 146, 198

**[P]**

Pearson のカイ 2 乗検定 ............................ 228

**[R]**

Random Binominal 関数 .............................. 71
Random Integer 関数 ................................. 121

305

# 索　引

Random Normal 関数 ............................................. 23, 59
Random Uniform 関数 ............................................. 69
Row 関数 ............................................................ 22, 59

## [S]
SD 尺度 ............................................................. 244
SD 法 ............................................................... 244
Student の t 検定 ................................................ 107

## [T]
t Density 関数 .................................................. 54, 78
t Distribution 関数 ............................................... 54
Tukey-Kramer の HSD 検定 ..................................... 107
Tukey の HSD 検定 ............................................... 107
t 検定 ............................................................. 89, 91
t 分布 ......................................................... 54, 77, 89

## [U]
U 検定 ............................................................. 126

## [W]
Welch の検定 ...................................................... 91
Wilcoxon の順位和検定 ......................................... 128

## [Z]
z 検定 .............................................................. 84

## [あ]
あわてものの過誤 ................................................ 50
一元配置 ........................................................... 16
一変量 ............................................................... 6
一変量の分布 ....................................................... 6
一変量の分布グラフ ....................................... 237, 276
一変量分布 ....................................................... 247
一様乱数 ........................................................... 69
お酒.JMP ......................................................... 167

## [か]
カイ 2 乗分布 ............................................... 54, 117
回帰 ............................................................... 198

回帰分析 .......................................................... 109
確率 ................................................................ 28
確率楕円 .......................................................... 114
確率分布 .......................................................... 28
確率密度関数 ......................................... 34, 35, 43
片側検定 .......................................................... 51
間隔尺度 ............................................................ 6
観察群 ............................................................. 47
棄却域 ............................................................. 51
棄却検定 .......................................................... 51
棄却検定法 ....................................................... 48
企業の求める学生.JMP ....................................... 142
基準正規分布 .................................................... 38
帰無仮説 .......................................................... 49
行 .................................................................... 3
行の追加 .......................................................... 24
行番号 ............................................................. 22
寄与率 ............................................................ 259
グラフの作成 .................................................... 17
クロス集計 ................................................ 159, 223
群間変動 .......................................................... 98
群間変動を表す平方和 ........................................ 102
群内変動 .......................................................... 98
群内変動を表す平方和 ........................................ 102
計算式エディタ ................................................ 9, 22
形態素データ ................................................... 281
系統誤差 .......................................................... 73
欠測値 .............................................................. 7
欠損値 .............................................................. 7
決定木 ............................................................ 211
検定の検出力 .................................................... 50
高校生.JMP ..................................................... 211
固有値 ............................................................ 259
固有ベクトル ................................................... 259
コレスポンデス分析 .......................................... 237
コントロール群 .................................................. 47

## [さ]
最小値 .............................................................. 7
最大値 .............................................................. 7

散布図 ................................................................. 16
ジャーナルファイル ............................................. 157
十字ツール ........................................................... 18
自由度 ......................................................... 65, 103
主成分係数 ......................................................... 259
主成分スコア ..................................................... 256
主成分分析 ....................................... 211, 255, 259
順序尺度 ................................................................ 5
信頼曲線 ............................................................. 114
数量化 III 類 ...................................................... 237
正規分布 ..................................... 36, 43, 54, 193
セクハラ.JMP ................................................... 204
相関 ..................................................................... 198
相関関数 ............................................................. 114

[た]
第 5 水準検定 .................................................... 107
第一種の過誤 ....................................................... 50
対応分析 ....................................... 211, 215, 232, 237
大数の法則 ........................................................... 69
第二種の過誤 ....................................................... 50
タイプ 1 の誤り ................................................... 50
タイプ 2 の誤り ................................................... 50
対立仮説 ............................................................... 49
多重比較 ............................................................. 106
多重比較検定 ..................................................... 107
多重ロジスティック回帰 ................................. 198
多変量解析 ......................................................... 211
多変量の相関 ..................................................... 254
茶筌 ........................................................... 278, 281
中央値 ..................................................................... 7
注釈ツール ................................................. 14, 144
中心極限定理 ....................................................... 71
定性調査 ..................................................... 272, 291
定量調査 ..................................................... 217, 264, 272
データクリーニング ........................................ 146
データテーブルの作成 ....................................... 19
データマイニング ............................................. 264
テキストマイニング ................................. 272, 291
手のひらツール ................................................... 13

統一模試.JMP ..................................................... 36
等分散 ................................................................... 92
特性要因図 ......................................................... 298

[な]
二項分布 ............................................................... 71
二変量 ........................................................... 15, 16
二変量の分布 ....................................................... 15
ネット犯罪 - 年度別.JMP ................................ 166
年度別.JMP ....................................................... 159
ノンパラメトリック検定 ................................. 185

[は]
パーセンタイル ..................................................... 7
パーティション ................................................. 264
バイプロット ................................... 211, 256, 261
箱ひげ図 ............................................................. 149
外れ値 ......................................................... 134, 192
パラメトリック検定 ......................................... 185
パレート図 ................................................... 34, 160
ピアソンの相関関数 ......................................... 114
非定型自由文データ ......................................... 278
標準化 ................................................................... 38
標準誤差 ............................................................... 68
標準正規分布 ................................................. 38, 45
標準偏差 ................................................. 37, 57, 68
標本 ............................................................... 58, 66
比例尺度 ................................................................. 6
不偏推定量 ........................................................... 65
不偏分散 ......................................................... 57, 87
分位点 ..................................................................... 7
分割表 ................................................................... 16
分散 ......................................................... 38, 56, 57
分散分析 ............................................................... 97
分散分析表 ......................................................... 104
分布 ....................................................................... 28
平均 ............................................................. 7, 38, 55
平均値の差 ......................................................... 175
平均値の標準誤差 ............................................... 73
平均の差 ............................................................... 80

307

# 索 引

平均の差 ... 86
平均の比較 ... 106
平均平方 ... 103
偏差 ... 56
偏差値 ... 39
偏差平方 ... 56
偏差平方和 ... 56
母集団 ... 55, 58
母標準偏差 ... 56
ぼんやりものの過誤 ... 50

## [ま]
名義尺度 ... 5
メディアン ... 7
モーメント ... 7
モザイク図 ... 226
モニタリング ... 134

## [や]
有意水準 ... 50
尤度比のカイ2乗検定 ... 228

## [ら]
ラベル ... 12
乱数 ... 23
ランダム誤差 ... 73
両側F検定 ... 95
両側検定 ... 51
累積確率密度関数 ... 35, 43
累積寄与率 ... 259
累積密度関数 ... 35
類別尺度 ... 5
列 ... 3
列の追加 ... 8
連続尺度 ... 6
ロジスティック ... 16
ロジスティック回帰分析 ... 229

## [わ]
ワイン(因果).JMP ... 292
ワイン(定義).JMP ... 275
ワイン(定量).JMP ... 218, 266

■ 著　者

**田久　浩志**（たきゅう　ひろし）
1977年3月　慶応義塾大学工学部電気科卒業
1980年3月　慶応義塾大学工学研究科電気専攻修了　工学修士
1993年6月　東邦大学医学部　医学博士
現在　中部学院大学人間福祉学部　健康福祉学科教授
受賞歴にSAS Users' Group International Japan　功績賞（1999）、主な著書に『実力養成Word&Excel』（共著、羊土社）、『統計なんかこわくない　データ整理から学会発表まで』（共著、医学書院）、『Excelで学ぶやさしい統計学』（オーム社）、『マンガでわかるナースの統計学』（共著、オーム社）

**林　俊克**（はやし　としかつ）
1982年　岡山大学農学部卒業
1983年　オークランド（NZ）大学理学部留学
1985年　岡山大学農学研究科卒業、同年　資生堂入社
1995年　博士（薬学）東北大学
現在　株式会社資生堂ビューティーソリューション開発センター　生活者調査・お客さま情報グループリーダー　薬学博士
CS開発業務の中で、お客さま価値調査システム（VACAS）テキストマイニングシステム（DIONISOS）の開発・活用に従事
受賞歴に日本動物実験代替法学会ゴールデンプレゼンテーション賞・多変量解析シンポジウム優秀事例賞・日本感性工学会出版賞、主な著書に『魅力工学の実践』（共著、海文堂出版）、『Excelで学ぶテキストマイニング入門』（オーム社）、『JMPによる多変量データ活用術』（共著、海文堂出版）

**小島　隆矢**（こじま　たかや）
1990年　東京大学工学部建築学科卒業、同年　東陶機器株式会社入社（1992年に退社）
1997年　東京大学大学院工学系研究科博士課程修了、博士（工学）
2000年　建設省建築研究所　第一研究部　研究員
現在　独立行政法人　建築研究所　主任研究員、筑波大学客員助教授（兼任）
受賞歴に多変量解析シンポジウム優秀事例賞（1997）、日本感性工学会出版賞（2005）、主な著書に日本建築学会編『よりよい環境創造のための環境心理調査手法入門』（分担執筆、技報堂出版）、『Excelで学ぶ共分散構造分析とグラフィカルモデリング』（オーム社）、『入門　共分散構造分析の実際』（共著、講談社）

- 本書の内容に関する質問は、オーム社開発部「JMPによる統計解析入門　第2版」係宛、E-mail（kaihatu@ohmsha.co.jp）または書状、FAX（03-3293-2825）にてお願いします。お受けできる質問は本書で紹介した内容に限らせていただきます。なお、電話での質問にはお答えできませんので、あらかじめご了承ください。
- 万一、落丁・乱丁の場合は、送料当社負担でお取替えいたします。当社販売管理課宛お送りください。
- 本書の一部の複写複製を希望される場合は、本書扉裏を参照してください。

JCOPY ＜(社)出版者著作権管理機構　委託出版物＞

**JMPによる統計解析入門　第2版**

平成 14 年 12 月 25 日　　第 1 版第 1 刷発行
平成 18 年 11 月 25 日　　第 2 版第 1 刷発行
平成 22 年 1 月 15 日　　第 2 版第 3 刷発行

著　者　田久浩志・林　俊克・小島隆矢
企画編集　オーム社 開発局
発 行 者　竹生修己
発 行 所　株式会社 オ ー ム 社
　　　　　郵便番号　101-8460
　　　　　東京都千代田区神田錦町3-1
　　　　　電話　03(3233)0641（代表）
　　　　　URL　http://www.ohmsha.co.jp/

© 田久浩志・林　俊克・小島隆矢 2006

組版　チューリング　印刷・製本　エヌ・ピー・エス
ISBN4-274-06667-3　Printed in Japan

## 好評関連書籍

### SPSS によるやさしい統計学

岸 学 著

A5 判 200 頁
ISBN 4-274-06620-7

### SPSS によるやさしいアンケート分析

小木曽 道夫 著

A5 判 176 頁
ISBN 4-274-06652-5

### はじめての S-PLUS/R 言語プログラミング

竹内 俊彦 著

A5 判 384 頁
ISBN 4-274-06623-1

### Excel で学ぶコレスポンデンス分析

高橋 信 著

B5 変判 224 頁
ISBN 4-274-06598-7

### Excel で学ぶ統計解析入門 第 2 版

菅 民郎 著

B5 変判 304 頁
ISBN 4-274-06546-4

### Excel で学ぶ多変量解析入門

菅 民郎 著

B5 変判 280 頁
ISBN 4-274-06438-7

### Excel で学ぶデータマイニング入門

上田 太一郎 監修／
上田 和明・苅田 正雄・渕上 美喜
高橋 玲子・古谷 都紀子 共著

B5 変判 304 頁
ISBN 4-274-06625-8

### よくわかる有限要素法

福森 栄次 著

A5 判 304 頁
ISBN 4-274-06628-2

◎品切れが生じる場合もございますので、ご了承ください。
◎書店に商品がない場合または直接ご注文の場合は下記宛にご連絡ください。
TEL.03-3233-0643 FAX.03-3233-3440 http://www.ohmsha.co.jp/

## 好評関連書籍

### マンガでわかるナースの統計学
データの見方から説得力ある発表資料の作成まで

田久 浩志・小島 隆矢 共著／
こやま けいこ 作画／
ビーコム 制作

B5 判 272 頁
ISBN 4-274-06649-5

### マンガでわかる統計学

高橋 信 著／
トレンド・プロ マンガ制作

B5 変判 224 頁
ISBN 4-274-06570-7

### マンガでわかる統計学 回帰分析編

高橋 信 著／
井上 いろは 作画／
トレンド・プロ 制作

B5 変判 224 頁
ISBN 4-274-06614-2

### マンガでわかる統計学 因子分析編

高橋 信 著／
井上 いろは 作画／
トレンド・プロ 制作

B5 変判 248 頁
ISBN 4-274-06662-2

### マンガでわかるフーリエ解析

渋谷 道雄 著／
晴瀬 ひろき 作画／
トレンド・プロ 制作

B5 変判 256 頁
ISBN 4-274-06617-7

### マンガでわかる微分積分

小島 寛之 著／
十神 真 作画／
ビーコム 制作

B5 変判 240 頁
ISBN 4-274-06632-0

### マンガでわかるデータベース

高橋 麻奈 著／
あづま 笙子 作画／
トレンド・プロ 制作

B5 変判 240 頁
ISBN 4-274-06631-2

### マンガでわかる初級シスアド

小高 知宏 監修／
かとう ひろし 作画／
ウェルテ 制作

A5 判 320 頁
ISBN 4-274-06583-9

◎品切れが生じる場合もございますので、ご了承ください。
◎書店に商品がない場合または直接ご注文の場合は下記宛にご連絡ください。
TEL.03-3233-0643 FAX.03-3233-3440 http://www.ohmsha.co.jp/

## 好評関連書籍

### Excelで学ぶやさしい統計学

田久 浩志 著

B5変判 296頁
ISBN 4-274-06544-8

### Excelで学ぶテキストマイニング入門

林 俊克 著

B5変判 248頁
ISBN 4-274-06493-X

### Excelで学ぶ 共分散構造分析とグラフィカルモデリング

小島 隆矢 著

B5変判 288頁
ISBN 4-274-06551-0

### Excelで学ぶ人口統計学

和田 光平 著

B5変判 248頁
ISBN 4-274-06658-4

### Excelで学ぶ 営業・企画・マーケティングのための実験計画法

上田 太一郎 監修／
渕上 美喜・上田 和明
近藤 宏・高橋 玲子 共著

B5変判 244頁
ISBN 4-274-06651-7

### Excelで学ぶ実験計画法 シックスシグマと重回帰分析

菅 民郎 著

B5変判 306頁
ISBN 4-274-06464-6

### SASによる金融工学

時永 祥三・譚 康融 共著

B5変判 400頁
ISBN 4-274-06495-6

### らくらく図解 統計分析教室

菅 民郎 著

B5変判 336頁
ISBN 4-274-06657-6

◎品切れが生じる場合もございますので、ご了承ください。
◎書店に商品がない場合または直接ご注文の場合は下記宛にご連絡ください。
TEL.03-3233-0643 FAX.03-3233-3440 http://www.ohmsha.co.jp/